陕南水利社會史料輯稿

胡　瀚◎整理

九州出版社
JIUZHOUPRESS

图书在版编目（CIP）数据

陕南水利社会史料辑稿 / 胡瀚整理. -- 北京：九
州出版社，2022.12
　　ISBN 978-7-5225-1383-6

　　Ⅰ．①陕… Ⅱ．①胡… Ⅲ．①水利史－陕西－文集②
社会史－陕西－文集 Ⅳ．①TV-092②K294.1-53

中国版本图书馆CIP数据核字（2022）第214012号

陕南水利社会史料辑稿

作　　者	胡　瀚　整理	
责任编辑	云岩涛	
出版发行	九州出版社	
地　　址	北京市西城区阜外大街甲35号（100037）	
发行电话	(010)68992190/3/5/6	
网　　址	www.jiuzhoupress.com	
印　　刷	定州启航印刷有限公司	
开　　本	710毫米×1000毫米　　　16开	
印　　张	25	
字　　数	400千字	
版　　次	2022年12月第1版	
印　　次	2023年1月第1次印刷	
书　　号	ISBN 978-7-5225-1383-6	
定　　价	98.00元	

序

　　20世纪80年代，我国社会史研究走向复兴之路，经过十余年的探索和发展，到了90年代中期，社会史研究的发展趋势开始由整体社会史转向区域社会史。与区域社会史研究相伴而生的是迅猛发展的区域水利社会史研究，在水利史、社会史、法律史、历史人类学、历史地理学等学科的共同推动下，区域水利社会史研究蔚然成风，已经成为社会史研究的理论热点和学术前沿，涌现了许多优秀的学术成果，新视角、新概念、新观点、新理论层出不穷。学者们关注的区域也从最开始的江南、山陕地区扩展到江汉平原、江西鄱阳湖、华北平原、河西走廊、豫西、两淮、珠江三角洲、台湾和陕南等地区，并运用社会学的"理想类型"方法，对上述区域水利社会进行了类型化研究。但是需要指出的是，相较于其他区域而言，陕南水利社会史的研究尚未终结，仍有广阔的研究空间，有必要继续开展更进一步的探析和讨论。

　　陕南水利建设最早可以追溯到两汉时期，至宋元年间已具相当之规模。明清两朝，移民大潮推动了陕南山区的大规模开发，促进了水利事业的大发展，诸多用于农田灌溉的水利工程在汉江支流——褒河、文川河、湑水河、冷水河、南沙河、溢水河、灙水河、月河、恒河之上修建起来。陕南山水之间的地理环境造就了山河堰、杨填堰、五门堰、万工堰等堰渠水利工程。这些堰渠不单是工程意义上的物质存在，同时还具有政治、法律、经济、社会、文化上的价值，它们嵌入先民的农业生产和日常生活，将各种社会因素组合在一起，以"堰渠"为中心的社会网络得以出现，具有陕南区域特色的"堰渠型"水利社会因之而形成。相对于流域型、库域型、泉域型、陂域型、围垸型等水利社会而言，由于自然环境和社会结构的特殊性，陕南"堰渠型"水利社会延伸出来的社会关系更为复杂，除了涵盖政治、经济、文化、宗教、习俗、环境、日常生活等因素外，还涉及移民、战争等问题。按照区域社会史研究的过往经验，陕南水利社会具有鲜明的区域特色，代表着一种水利社会类型，因此有必要进行专门的研究。

正是基于上述两方面的缘由，著者有意研究明清以来陕南水利社会权力秩序问题，并将其作为博士学位论文的选题。作为一个法律社会史研究，首先要完成的是史料的搜集与爬梳工作。梁启超先生有言："史料为史之组织细胞，史料不具或不确，则无复史之可言。"①诚哉斯言！如果史料问题无法得到有效解决，该选题的研究工作必将难以为继。幸运的是，陕南水利社会的相关史料相当丰富，使得本人的辑录工作成为可能，更使得本人的选题有了史料支撑，从而得以避免陷入"自说自话"的困境。

水利之于陕南地区的汉中、兴安、商州三地非常重要，可谓民生之本，因此历史上的陕南官民对水利十分重视，为此留下了大量的文字，这些文字或载之志乘，或勒诸碑石，或收录文集，或付梓期刊，记录了当时的水利建设、运行、管理、纠纷解决等情况。有鉴于此，本书辑录的史料按照来源，分为以下四类：一是方志类。明清以降，各地非常重视方志的纂修工作，陕南地区在方志编修方面亦多有成就，其中不乏《汉南续修郡志》这样的名志。陕南各府厅州县所修方志大都设置水利门或堰渠，专门记载当时的堰渠水利的建设成就及其相关情况。《陕西通志》《续修陕西省通志稿》作为省志亦不乏陕南三地水利方面的记载。为此，本书采用节录的方式，将清代民国时期方志中涉及陕南水利社会问题的史料进行了汇集，共计17余万字。二是石刻类。陕南地区有刻石记事的传统，并在明清之际达到鼎盛时期，"凡屋壁道侧，荒茔野冢，无不可以竖碑立碣以记人情物事。……所载文字涉及官府文告、乡规族约、地理物产、人情风俗，世事万象，无所不有"②。水利关乎民生疾苦，涉及赋税钱粮，历来为陕南各府县官吏、绅民所重视，故常将堰渠事务勒诸贞珉，立于堰局、渠首等处，以垂久远，因此在陕南各地留下了大量水利石刻。本书以《汉中碑石》《汉中水利碑刻辑存》《安康碑石》《安康碑版钩沉》为主要资料来源，共收录陕南水利石刻86通。三是著述类。除《宋史》《宋会要辑稿》等历史著述外，各级官员刊刻的文集中亦不乏关于陕南水利的文章，如严如熤《乐园文

① 梁启超. 中国历史研究法 [M]. 北京：东方出版社，2003:44.

② 李启良，李厚之，张会鉴，等. 安康碑版钩沉 [M]. 西安：陕西人民出版社，1998：序。

钞》、曾王孙《清风堂文集》、何桂芬《自乐堂遗文》、岳震川《赐葛堂文集》
等。本书采摭其中具有重要史料价值的水利文献，并按照朝代顺序加以编排。
四是期刊类。近代以来，西风东渐，西方水利学进入中国，并在民国时期得到
很大发展，水利类期刊应运而生。陕南作为重要的水利开发区域，进入了当时
水利学家、水利工程师的研究视域。民国一代水利大师李仪祉先生及其弟子、
僚属均有关于陕南水利的论文发表在《陕西水利季报》等期刊上。这些论文对
研究陕南水利社会在民国时期的变化十分重要，故而亦撷取其中关系綦重者，
编入本书。

　　陕西省档案馆藏有民国陕西省水利局档案 2115 卷（全宗代码96），陕南
各县档案局、水利局亦藏有民国水利档案若干，本书原计划将上述档案文献中
涉及陕南水利社会的史料一并辑录，但因主客观等方面的原因，终未能遂愿，
实为憾事。

　　水利社会史专家行龙教授曾言："水利与社会的发展紧密相连，水利社会
史研究大有可为。"[1] 但愿上述四类共计 35 万字的史料能够为陕南水利社会史
研究奠定"大有可为"的基础，也希望这本史料汇编的小书可以起到抛砖引玉
的作用，在一定程度上推动陕南水利社会史研究向更深层次发展。

　　是为序。

　　　　　　　　　　　　　　　　　　　　　　　　胡洪涛
　　　　　　　　　　　　　　　二〇二二年五月十五日于汉江之畔寓所

---

[1] 行龙.水利社会史研究大有可为 [N].中国社会科学报，2011-7-14（A08 历史学）.

整理说明

1. 本书从历代文献中择取能够反映陕南水利社会且具有较高史料价值的内容进行辑录，水利工程技术方面的史料未予辑录。

2. 史料按方志类、石刻类、著述类、期刊类等四类编排。方志类、石刻类史料先按地域进行划分，再以时间为序编排。著述类、期刊类按作者所处时代编排。同一书中所引史料，以卷序排列。

3. 各时期史料内容雷同而异文者，酌情录入，尽量避免重复。

4. 史料中节引他文，文字小异但大意相同的，不做校改。

5. 原文为繁体字的，今均改为简体字，但原文中部分不宜改用简体字的，仍用繁体字。原文中的通假字、异体字予以保留。

6. 为保留史料原貌，本书仅对原文中明显的文字错误、引文衍脱进行校勘。格式上按现代行文格式和版式进行编排处理，但文句中的"如左""如右"不做改动。遵照原文格式自然分段，仅在必要时根据原文大意酌情分段。

7. 原文中的错字在其后用"【 】"将正确的字标出。原文中缺的字或字迹模糊不清而无法考出的字，用"□"站位，若缺字较多，无法确定缺字数目的则用"……"。原文字迹模糊不清，经考证得出者，在□内补出。原文中所缺的字，经考据得出者，在"[ ]"内补出。原文中衍出的字，用"（ ）"标出。

8. 原文中的正文用五号宋体字，原文中的辅注小字、按语等改用单行六号楷体。

9. 本书按照国家标准《标点符号用法》使用标点，但对民国时期的期刊文献中的标点尽量不做校改，以保留史料原貌。

10. 为便于读者阅读、核对，整理者使用的方志版本与国家图书馆馆藏版本一致。石刻类史料标明资料来源。著述类、期刊类史料在文末标注出处。

目　录

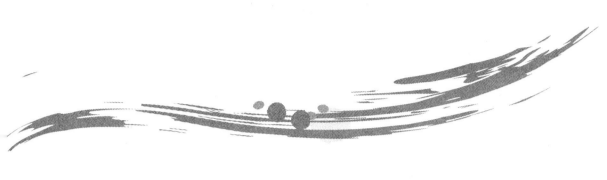

第一编　方志类

康熙陕西通志（节录）

卷之十一　水利

商州

商颜渠在州东，引洛水至商山下。

普济渠在州北，引黄沙溪及少谷、西平二泉入城，以资日汲。

丹水在州东二十里，见灌张村、龙车寨田数百顷。

雒南县

大渠在县南。

小渠在县西。二渠今废。

雒南河在县南二百余步。

南河在县东南九十里。以上二水，见资灌溉。

镇安县

乾祐渠在县北九十里。

镇安河在县南门外。

乾祐河在县东三里。

永安川在县东五十里。

秋林川在县东七十里。以上四水，俱资灌溉。

商南县

两河在县南四十里。

冰河在县东门外。

清油河在县西三十五里。以上三水，见资灌溉，亦有冲崩之患。

花水在县南一百里。

青崖水在县东南一百二十里。

沣水在县南。

甲水在县南一百二十里。

箭水在县东南一百一十里。以上五水，可资灌溉。

汉中府

南郑县_{附郭}

廉水河堰在府城西。

石梯堰在府城西南二十五里。

鹿头堰在府城南二十里。

杨村堰在府城南一十五里。

马岭堰在府城北。

野罗堰在府城南。以上引廉水。

老溪堰在府城南一十里。

石子堰在府城南。

石门堰在府城南。

黄土堰在府城南。

红花堰在府城南三十里。以上引冷水。

沙堰在府城西一十里。

羊头堰在府城西北一十五里。

度通堰在府城西北。

山河堰别见褒城。以上引褒水。

褒城县

廉水在县西南一百二十里。

逊水在县西北一百三十里。以上二水，见资灌溉。

鹤溪水在县南五十里。山峡流泉如瀑布，居民利之。

鹤腾泉在县西南六十五里，发源中梁山，南注分两渠，东西浇溉。

马鞍泉在县西南九十里马鞍山，开渠溉田，东流与廉水合。

凉水泉在县南四十五里，掬之如冰，可资灌溉。

城固县

五门堰在县西北二十五里。元至正间，县尹蒲庸以修筑，不坚，改造石渠，以通水利。明弘治间，推官郝晟重开之。

百丈堰在县西北三十里，阔百丈，故名。

高堰在县西北三十里。以上引壻水。

盘龙堰在县西南四十里，引南沙河。

横渠堰在县西三十五里。

邹公堰在县西北四十里。以上引北河水。

承沙堰在县南一十里，引小沙河。

西乡县

高川在县东南一百五十里，灌田分上中下。

金洋堰在县东武子山后，有大渠一支，分小渠二十有五。

五渠堰在县南三里，分五渠。

官庄堰在县南二里，分渠二。

平地堰在县西陵，分渠二。

空渠堰在县西南三十里，分渠二。

惊军坝堰在县西南。

洋溪河堰在县西南。

高川河堰在县西南。

高头坝堰在县西南。

长岭冈堰在县西南。

黄池塘堰在县西南。

罗家坪堰在县西南。

莎罗关塘堰在县西南。

东龙溪堰在县南二十五里，引渠一。

西龙溪堰在县南一十五里，引渠一。

洋县

溢水河在县西北二十五里。

苎溪河在县西北七里。

傥水河_{在县南一里。}

大龙溪_{在县东三十里。}

小龙溪_{在县东三十里。以上诸水，见资灌溉。}

龙泉_{在县东北一十五里，水清不涸，足灌田亩。}

七女池_{在县西北。}

明月池_{在县西北。以上二池，汉张良疏之，以资灌溉。}

斜堰_{在县北五里，居傥水下流，岁苦冲崩。明万历十七年，知县李用中以石条横甃数丈许，仍东开土渠，灌溉资之。}

土门堰_{在县北一十里。}

傥滨堰_{在县北一十五里，堰水所给甚远。明万历十五年，知县李用中创为石槽，引水始为永济。}

苲溪堰_{在县西北七里。}

二郎堰_{在县西一十五里。}

高原堰_{在县东三十里。}

三郎堰_{在县西二十里。}

杨填堰_{在县西六十里。}

凤县

紫金水_{在旧河池县北一里，法流自武休关入汉中，为山河堰，即褒水之源。}

红崖河_{在县西一十里。}

大散河_{在县东五里。}

鸣玉泉_{在县西一十里。以上诸水，可资灌溉。}

宁羌州

涧水河_{在州西三十里。}

七里堰_{在州西七里。明嘉靖间知州李应元修，溉田十余顷。}

沔县

金泉_{在县东南四十五里，源泉涌出，灌田千余顷。}

莫底泉_{在县东南四十五里，泉出不竭，灌田百余顷。}

马家堰_{在县南三十五里。}

白崖堰在县南三十里。

石燕子堰在县东南三十里。以上引养家河。

天分堰在县东四十里，引黄沙河。

石刺塔堰在县北二十五里，引旧州河。

罗村堰在县西南一百九十里，引罗村河。以上诸堰，见资灌溉，军民获利。

略阳县

嘉陵江在县西一里。

白水江在县西。以上二水，可资灌溉。

兴安州

越河在州西十里。

黄羊河在州东八里。

吉河在州西二十里。以上三水，可资灌溉。

长春堤在州东一里。明成化五年，知州郑福增修。

长乐堰宋西城民葛德出私财修此堰，引水灌溉乡户田，朝廷嘉其功，授本州司士参军。

千工堰在州西北七十里，引恒河水，灌田三十里。

大积堰在州西北二十里，引傅家河。以上三堰，见资灌溉。

平利县

坝河在县东。

峰口河在县南。

太平河在县东南。以上三水，见资灌溉。

月溪堤在县北。明嘉靖三十七年，署县事西乡主簿魏尚变筑。

长安堰在县东一百一十里，近有石嘴堰、黄沙堰，俱引界溪水。

秋河堰在县东一百五十里。

线口堰在县南九十里。以上三堰，见资灌溉。

石泉县

饶峰河在县西一十里。

大坝河在县西一十五里。

七里堰在县西七里，引珍珠河。

长安堰在县东五里，引汉江。

兴仁堰在县西一十里。

高田堰在县西一十里。以上二堰，引大坝河。

汉阴县

月河堰在县西门外。明成化二十一年，知县张大纶筑。

永丰堰在县南五里。

凤亭堰在县东三十里。以上三堰，见资灌溉。

池龙堰在县东三里。

卢峪堰在县东五里。

铁溪堰在县东一十里。

蒲溪堰在县东四十里。

花石堰在县东五十里。

田禾堰在县东五十里。

双乳堰在县东六十里。

观音堰在县西三里。

大涨堰在县南一百里。

墩溪堰在县西五里。

仙溪堰在县西一十五里。

沐浴堰在县西一十五里。

钟河堰在县北六十里。以上诸堰，俱资灌溉。

洵阳县

洵河在县东一里。

蜀河在县东一百一十三里，有堰。

间河在县西二十五里。以上三水，可资灌溉。

汉填堰在县南二十八里。

西岔河堰在县东一百里。

神河堰在县南五十里。

金河堰在县南七十里。

七里关堰在县南一百五十里。

麻饼河堰在县北九十里。

水田坪堰在县北一百三十里。以上诸堰，见资灌溉。

紫阳县

任河在县西。

权河在县南。

松河在县西北。以上三水，可资灌溉。

雍正陕西通志（节录）

卷四十　水利二

汉中府南郑县

大斜堰　在府西二十里《府志》。褒城山河第二堰水东流过小斜堰，入县界，首筑此堰，与褒邑分水灌溉，灌县境龙江铺田一千一百一十亩。第二堰水又东流五里为

柳叶洞　亦与褒城分水灌溉，灌县境草坝田二百余亩。按：大斜堰与柳叶洞皆与褒邑共灌田亩，下则专灌南郑。第二堰水又东流为

丰立洞　经流草坝村，灌田一千二百九十亩。丰立、柳叶二洞相连，故未著里数。第二堰又东流八里为

羊头堰　在府西北十五里，经流方家湾，灌田一千九百五十亩。第二堰水又东流五里为

度通堰　经流秦家湾，灌田一千九百三十七亩。第二堰水又东流三里为

小林洞　经流八里铺，灌田二百七十四亩。第二堰水又东流二里为

燕儿窝堰　经流大佛寺，灌田一千四百九十亩。第二堰水又东流一里为

红岩子堰　经流韩家湾，灌田五百二十五亩。第二堰水又东流二里为

姜家洞　经流叶家营，灌田一百七十五亩。第二堰水又东流二里为

营房洞　经流营房坝，灌田一千三百三十亩。第二堰水又东流半里为

李堂洞　经流李家湾，灌田六十七亩。第二堰水又东流半里为

李官洞　经流李家湾，灌田一千三百八十三亩。自褒城县金华堰至此为上坝。第二堰水又东流一里为

高桥洞　引水东南流，分为三沟，中沟灌漫水桥、梳洗堰地；东沟灌周家湾、魏家坝、文家河坎地；南沟灌大茅坝、皂角湾地，总灌田五千九百六十八亩《县册》。漫水桥下梳洗堰及东南二沟田亩胥赖高桥洞水灌溉，以免旱伤之苦，予量地形之高下，度田亩之多寡，约定梳洗堰水口二尺八寸，东沟水口一尺一寸，南沟水口五尺六寸《汉中守滕天绶均水约》。第二堰水又东流一里为

小王官洞　经流鄷都庙，灌田九十亩。第二堰水又东流半里为

大王官洞　经流王官营，灌田三百七十八亩。第二堰水又东流一里为

康本洞　经流舒家湾，灌田三十七亩。第二堰水又东流半里为

陈定洞　经流朱家湾，灌田四十亩。第二堰水又东流半里为

祁家洞　经流崔家营，灌田三十亩。第二堰水又东流半里为

花家洞　经流金家庄，灌田一千八百九十九亩。第二堰水又东流半里为

何棋洞　经流李家湾，灌田四百四十亩。第二堰水又东流半里为

高洞子　经流汪家山，灌田一千二百四十亩。第二堰水又东流半里为

东柳叶洞　经流汪家山，灌田七十五亩。第二堰水又东流半里为

任明水口　经流汪家山，灌田一百一十三亩。第二堰水又东流半里为

吴刚水口　经流汪家山，灌田三百亩。第二堰水又东流半里为

王朝钦水口　经流汪家山，灌田一百四十九亩。第二堰水又东流为

聂家水口　经流汪家山，灌田八十五亩。第二堰水又东流至三皇川，设木闸以节水，分渠七。首曰：

北高渠　经流叶家庙，灌田九千一十七亩。次

麻子沟渠　经流田家庙，灌田六百四十五亩。次

上中沟渠　经流三清店，灌田四百五十亩。次

北高拔洞渠　经流十八里铺，灌田一千五百二十九亩。次

南低中沟渠　经流兴明寺，灌田一千八百三亩。次

栢杨坪渠　经流三皇寺，灌田二千四百四十二亩。次

南低徐家渠　经流胡家湾，灌田一千一十六亩。自高桥洞至此为下坝

《县册》。

东沟　自褒城任头堰分山河第三堰水，东流灌龙江铺田一千九百八十五亩《县册》。

马湖堰　在县西南八十里，引廉水河，堰首在褒城梁家营，流一里入县界刘家营，灌田一百八十余亩，其下流仍入褒城界。廉水又东北为

野罗堰　堰首在褒城县野罗坝，经流三里入县界，灌田一百二十亩。廉水又东北为

马岭堰　在县境王家营筑堰，灌田一百二十六亩，其下流入褒城县界。廉水又东北为

流珠堰　堰首在褒城县殷家营，流五里入县界，灌新集田一千二百四十亩。廉水又东北为

鹿头堰　堰首在褒城县望江寺，流五里入县界，灌孟家店田一千一十四亩。廉水又东北为

石梯堰　堰首在褒城县小沙坝，流五里入县界，灌上水渡田三千八百六十亩。廉水又东北为

杨村堰　堰首在褒城县消停坝，流三里入县界，灌罗狮坝田三千八百七十一亩《县册》。

石门堰　在县西南三十五里，引汉山西南沟水，灌田一百八十亩《县册》。

小石堰　在县西南三十里，引汉山沟水，灌田二百二十四亩《县册》。

石子湃堰　在县西南二十里，引梁山泉水，灌田二百八十五亩《县册》。

荒溪堰　在县西南八十里，引荒溪山泉水，灌田二百二十余亩《县册》。

芝子堰　即老溪堰，在县南十五里，引冷水河水，灌田九百八十余亩，下流入汉《县册》。

黄土堰　在县东南二十里，引观沟河水，作堰分东西二沟，共灌田三千六十亩《县图》。

梁渠堰　在县东南三十二里，引许家山沟水，灌田二百八十五亩《县图》。

狟狟堰　在县东南四十里，引赵家山沟水，灌田六百三十亩，下流入汉《县图》。

古渠堰附

红花堰　引红花河水，今废《县册》。堰在县南三十里，副使张士隆筑，溉稻田千余顷，民甚赖之《马志》。按：《马志》又载，县北有石碑、狮子二堰，今堰废，无考。

褒城县

山河堰　在县东门外，引黑龙江水。按：黑龙江即褒水。兴元府褒斜谷口古有
六堰，浇溉民田，顷亩浩瀚。每春首，随食水户田亩多寡，均出夫力修葺。后
经靖康之乱，民力不足，夏雨暴水，冲损堰身。绍兴十二年，利州东路帅臣杨
庚奏，谓全资水户修理，农忙之时恐致重困，欲过夏月，于现屯将兵内差不入
队人，并力修治，庶几便民，从之。兴元府山河堰灌溉甚广，世传为汉萧何所
作。嘉祐中，提举常平史炤奏上堰法，获降敕书，刻石堰上。乾道七年，御前
统制吴珙经理，尽修六堰，浚大小渠六十五，复见古迹，并用水工准法修定。
凡溉南郑、褒城田二十三万余亩，昔之瘠薄，今为膏腴。四川宣抚王炎表珙宣
力最多，诏书褒美焉《宋史·河渠志》。四川宣抚使判兴州吴璘旌节移汉中，访境
内灌溉之原其大者，无如山河堰。堰导褒水，限以石，顺流而疏之。自北而西
者，注于褒城之野；行于东南者，悉归南郑之区。其下支分派别，各因地势，
周溉田畴，后寻隳废。逾二十年，堰水下流，惟供豪右轮杵之用。异时沃野皆
化洿卤，民实病之。公躬即其处，相方度宜，刻期而就，洿卤复为上腴杨绛《山
河堰记》。山河堰在褒城北山下。绍兴三年，汉中被兵，民多惊扰，而堰事荒。
乾道五年，王公炎宣抚四川，明年移府汉中。一日行堰上，顾视慨然，乃与都
统制吴侯珙商度之，图以献，曰：谨酌民言，堰败当自外增二垠，渠埋当竞力
通之，异时野水冲击，当浚以新港，俾不为渠病。顾规模弘深，非常岁比，乞
降旨发工徒，出官帑修之。冬十月，大出内府钱币，募兵市材。明年春正月丁
酉，厥役告成。增修二垠皆精坚，可永勿坏。二渠新港一万一千九百四十步，
其渠港分流为筒跋者九十有九，凡溉南、褒田二十三万三千亩阎苍舒《山河堰记》。
山河堰，汉相国萧何筑，曹参落成之。古刻云：巨石为主，锁石为辅，横以大
木，植以长桩，至今利赖，其下鳞次诸堰皆源于此《汉中府志》。山河堰引黑龙
江水，分三堰《县志》。黑龙江水入县界，南流至鸡头关下筑堰截水，第一堰名

铁桩堰　在县北三里，相传以柏木为桩，今废《县册》。第一堰东西分渠，
溉本县田寔充《曹公碑记》。江水又南流三里许，至县东门外为

第二堰　乃山河堰之正身也。堤长三百六十步，其下植柳筑坎，名曰柳边
堰，分水溉田。首为

高堰子　经流鲁家营，灌田三百五十亩。第二堰水又东流三里为

金华堰　经流新营村，支分小堰七。首

鸡翁堰　灌马家营田三百亩。次

沙堰　灌张家营田九百亩。次

周家堰　灌上清观田三百亩。次

崔家堰　灌张家营田二百亩。次

何家堰　灌何家庄田二百亩。次

刘家堰　灌谭家营田一百亩。次

蹬槽堰　灌柏乡田五十亩。第二堰水又东流三里为

舞珠堰　经流周家营，支分小堰五。首

鲁家堰　灌殷家营田二十亩。次

邓家堰　灌周家庄田八十亩。次

朱家堰　灌王家营田一百二十亩。次

瞿家堰　灌许家庄田二百亩。次

白火石堰　灌周家营哈儿沟田二百八十亩。第二堰水又东流五里为

小斜堰　经流草寺村，灌田二百余亩。又东流一里为

大斜堰　经流南郑龙江铺，分水灌本县郑家营田三百亩。又东流五里为

柳叶洞　经流南郑草坝村，分水灌本县韩家坟田七十九亩《县册》。按：大斜堰、柳叶洞与南郑分水灌溉。以上各堰专溉褒田。

第三堰　在城南五里，龙江下流，砌石为堰，流二里至三桥洞分两派。西流者为

西沟　自三桥洞分水，经流冉家营，灌田三百余亩。东流者为

东沟　自三桥洞分水，东流七里许至任头堰，又分二派。西为

西渠　灌县境周家营田三百亩，其东流者入南郑界《县册》。

龙潭堰　在县西南一百一十里，泉出龙潭寺左侧，南流灌梁家营田一千亩《县册》。按：此堰《冯志》以为引廉水河，下分马湖、野罗、马岭诸堰。今据《册报》，此堰与廉水相近，而所引实系泉水，与马湖等堰非一水也。

马湖堰　在县西南一百里，自县境梁家营筑堰，南流入南郑界，又流一里入县界七里坝，灌田二百三十亩。廉水又东北流二十里为

野罗堰　在县境野罗坝筑堰，灌水南坝田六十亩，又下流入南郑界。廉水又东北三里为

马岭堰　堰首在南郑县王家营，入县界，灌水南高台二坝田四十四亩。廉水又东北三里为

流珠堰 在县境西山坝殷家营筑堰,灌水南高台小沙三坝田二千四百三十亩。又流五里入南郑县界《县册》。流珠堰,势若流珠,亦汉萧何所筑。宋嘉祐、乾道、元至元十六年重修。明嘉靖二十八年,堤岸倾圮,用力实艰,邑监生欧本礼浚源导流,编竹为笼,实之以石,顺置中流,限以桩木,数月竣工,至今赖之《汉中府志》。廉水又东北流六里为

鹿头堰 在县境望江寺筑堰,灌消停坝田一千八百亩。又流五里入南郑界。廉水又东北流二十五里为

石梯堰 在县东南小沙坝筑堰,流五里入南郑县界灌溉。廉水又东北三里为

杨村堰 在县东南消停坝筑堰,流三里入南郑县灌溉《县册》。按:石梯、杨村堰首虽在褒邑,而所灌皆南郑田亩,褒邑不沾其利。

一碗泉 在县西南五十里苇池坝,居民借以溉田,源形如碗,故名《汉中府志》。今灌田百余亩《县册》。

金泉 在县西南三十五里,发源雍齿坝崖头山下,冬夏不竭,资以灌溉《汉中府志》。泉分东西两派,灌雍齿坝田三百余亩,至两河口入汉《县册》。

双泉 在县西南七十里,出中梁西南山峡中,两泉并涌,下溉民田《汉中府志》。泉水至双泉寺之山坡分东西二渠,灌姚家河、白马庙等处田二百八十余亩。又下合

淤泥洞泉 灌王家坝、香树岭等处田七百余亩,下流入沙河《县册》。

牛口泉 在县西北二十五里,泉出牛头山之石罅,溉田百余亩《县册》。

马道东沟水 在县北九十里,栈道地狭,此处独平衍,居民引流溉田《汉中府志》。水出山峡,南流三里至邵家坝,灌田百余亩。又下至王母塘,又下至宁家碥,灌田不及一顷《县册》。

古渠堰附

天生堰在县西南六十里,引鹤腾泉溉田《汉中府志》。铁炉堰在县西南七十里,引华阳水。龙河堰在县南九十里,引章溪水《冯志》。天分堰在县西四十五里,引黄沙河《冯志》。龙池沟在县南五十里,居民引以溉田《汉中府志》。今俱废《县册》。

城固县

高堰 在县西北四十里,引壻水河水,灌田一千八百五十亩。又南流,绕

庆山而下，于山下筑一堰为

百丈堰 灌田三千七百二十一亩《县册》。百丈堰在壻水南行之中流，以木石障水，约百丈，俾水东行以溉田，其为力亦劳矣。东北有骆驼山，遇天雨，其水甚猛，横冲旧道，一岁间屡冲屡修。予循山麓相水势，议以灰石塞山之南口，自东而西挑渠，长二百丈，深三尺，阔二丈，由庆山北归升仙口河内，一劳永逸，百世之利也。限于财力不克成，著于此，以俟后之君子杨守正《百丈堰干沟议》。城固北有壻水河，障石为堰，凿渠引水，堰凡五处，而百丈堰截河横堤，且与干沟为邻，用水之时常有暴水冲淤，随淘随塞，不胜疏凿之苦，董是役者每每称难。万历戊戌，邑侯高公登明议建石桥，以闸暴水，则渠可免于疏凿，乃捐俸鸠工，建桥沟三洞，每洞阔四尺许，仍于两岸筑堤数十丈，遇暴水则用板闸洞口，庶洪流可御，而渠道无冲淤之患《百丈堰高公碑记》，撰人失名。壻水又东为

五门堰 五门堰分割壻水，与壻相望，而下不十里皆抵斗山之麓，上抱石嘴，半中筑堤堰，上流横沟有五门，以泄山水，因名曰五门堰。溉田四万八百四十余亩。略值淫雨，壻必浩发，堤为尽去。至正丁亥，邑令蒲公庸诣彼相视，遂登高冈，视石嘴良久，曰：此可图也。遂董工役，召冶匠。侯奋袂攘衿，倡锥以击，而众乐为继。经始是岁之秋，而工成于戊子仲春贾中立《五门堰碑记》。城固西北有堰曰五门，为田几五万顷，激壻水以灌。堰抵斗山之麓，中抱石嘴，水弗可通，民始剜木为巢，集木跨石此门以引水。水若泛溢，槽木辄漂去，明岁复如之，民不堪其苦。元时，县尹蒲庸者始凿石为渠，民甚利之，而渠深广才以尺计，加以年久倾圮，水弥漫则仅能得一二以及下漥之地，而高壤仍不可得也，稍旱则皆为焦土矣。弘治壬子，司理郝公往摄县事。公素有能名，乃集环邑之民，教以疏导之法，因下令储薪木以万计，丁夫以千计，匠作以百计，积薪石门，炽火烧之，俟石暴裂，以水沃之，石皆融溃，督工匠悉力椎凿，无不应手崩摧。渠深二丈，广倍之，延袤七里。逾月工告成，峡遂豁然一通，渠水荡荡于田亩，高下无不沾足，是岁大稔郭恺《五门石峡记》。万历乙亥，河东乔公来令城固，省视五门堰，见上流旧工苟且，壻水泛涨，堰辄冲坏，下流渠道浅窄，猛雨迅急，崖随颓圮。自五门十里而下，有石峡者，积年渠岸不固，水旋入河，民甚苦之。侯乃于五门上流用石垒砌，以建悠久之基；下流修为河堰，以泄横涛之势；石峡用石固堤，以弭冲决之患。落成于七年己卯黄九成《五门堰碑记》。本朝康熙十一年，县令毛际可重浚。至二十五年，县令

胡一俊修筑，较前益坚《县志》。五门堰分水车九辆，灌田二百七十亩。又分七洞，曰：道流洞、上高洞、下高洞、青泥洞、双女洞、庙渠洞、药木洞，共灌田一千九百四十二亩。又分八湃，曰：唐公湃、肖家湃、演水湃、黄家湃、鸳鸯湃、小鸳鸯湃、油浮湃、水车湃，共灌田二万八千六百八十七亩五分。壻水又南为

杨填堰　堰截壻水，东南流为帮河堰，又东南为丁家洞，又东南为姚家洞，又东南于北岸立水车八具，又东南为青泥洞，又东南至宝山寺为鹅儿堰，又东南为竹杆洞，又东南至双庙为孙家洞，又东南至留村为梁家洞，<small>按：梁家洞水，城、洋二县分用。</small>又东南入洋县界《县册》。截河堰乃城、洋二县用水之源，<small>按：截河堰即杨填堰截壻水中流者。</small>帮河、鹅儿二堰乃城、洋二县洩水之要口，水车八具，城民设立，以救高田之旱，止可单轮，不许双具，恐其拦阻河道，壅塞下流也邹溶《杨填堰水利详文》。共灌城固田一千四百九十八亩。壻水又南为

新堰　在杨填堰南，距县六里，灌田四百亩《县册》。

上官堰　在县西三十里，引北沙河水于东岸作堰，灌田三千亩。沙河又南流，于西岸作堰，曰

西小堰　灌田四百亩。沙河又南流，亦于西岸作堰，曰

枣儿堰　灌田三百亩《县图》。<small>按：《冯志》载：县西引北沙河者，有邹公、横渠二堰。据《册报》，今无考。</small>

万寿堰　在县西南四十五里，引小沙河于东岸作堰，灌田一百八十亩。河水又北流五里，于西岸作堰，曰

上盘堰　古名盘蛇堰，灌田九百亩。稍下为

下盘堰　灌田一千五百亩。河水又北流五里，于东岸作堰，曰

新堰　灌田七百亩。稍下为

平沙堰　灌田六百亩。河水又北流五里，于西岸作堰，曰

沙平堰　灌田一千二百亩。稍下为

莲花堰　灌田三百亩。河水又北流十里，于东岸作堰，曰

倒流堰　灌田一千八百亩《县册》。

东流堰　在县正南五里，引南沙河水，在东岸筑堰开渠，故名东流。灌田五百亩。其在西岸筑堰者，曰

西流堰　灌田二百亩《县图》。<small>按：《冯志》：县南引小沙河者，有承沙、周公二堰。据《册报》，今废。</small>

洋县

杨填堰　在县西五十里，引湑水，自城固至留村入县界，首为梁家洞，_{按：此洞水尚与城固分用，下则止灌洋田矣。}又东南为新开洞，其北岸为倪家渠、魏家渠，又东南经马畅村为柳家洞，又东南为磨眼洞，又东南至五间桥为宿龙洞，又东南为赵家洞，又东南为黄家洞，又东南为汉龙洞，又东南为水磨堰洞，又东南为分水渠，其北岸为北高渠，引水经池南寺，北至白杨湾止，又下为野狐洞，又东南至谢村镇入汉江，共灌田一万八百四十亩《县图》。城固田在上水，用水三分；洋县田居中下，用水七分。其分工修堰，亦照三七为例《县志》。

溢水堰　在县西北二十里。溢水河出县北秦岭，南流五里，于东岸筑堰，分水东南流，下为小飞槽，又下为大飞槽，又下为剚坂堰，又下为腰渠，又下为西渠，又下为石堰渠，又下为吴家渠，又下为北渠，又下为南渠《县图》。渠傍山崖，岁遭山水冲崩。崇祯元年，县令亢孟桧创修飞槽，后常损坏。本朝康熙五年，县令柯栋计垂永久，刳木省费《县志》。共灌田一千三百三亩。溢水又南流五里，于西岸筑堰，引水西南流为

二郎堰　在县西一十五里，又下为高堰洞，又下分两派，东流者为东渠，西流者为西渠《县图》。自上范坝起至六陵村止，灌田八百亩《县志》。溢水又南流五里，于下流截河为堰，从东岸分水，与溢水偕下，而南者为

三郎堰　在县西十里，自傅家湾起至退水渠止，灌田三百三十亩《县志》。

灙滨堰　在县北十五里。灙水出县北石锉山，南流至周家坎，于西岸筑堰分水，西南流者为灙滨堰，又下名为上八工，灌田九百八十亩，又下过龙积山为下八工，灌田九百亩《县图》。县北距灙水之右，有田数千亩，其灌溉自溜坝湾引河水，循山麓迂回南下，中经二涧，涧深广数丈，旧架木为飞槽，渡渠水以达于田。夏月，涧水暴涨，木槽荡然无复存，邑侯李用中创建石槽以为渠道。以数丈之槽，利数千亩之田，李侯之惠利士民，岂可以数计哉！_{张四术《灙滨堰石槽碑记》}灙滨堰自周家坎东坡下土桥起，至双庙止，灌田一千八百亩《县志》。灙水又南流五里，于东岸筑堰分水，东南流者为

土门堰　在县北十里，横穿贾峪河，过土门子分东西两渠，东南流者至杨家庄，西南流者至时家村，灌田一千三百亩《县图》。土门古有堰，相近有贾峪河，出没无常，狂澜一倒，直断中流，陇亩间动苦枯竭。姚公立诚来令斯邑，蠲帑藏，架长堤，以障之，共修成石堰二座、飞槽九座、洞口十四处，遂成无

坏之业李时荸《土门、贾峪二堰碑》。土门堰沙砾善溃，又横当贾峪之冲，先是第用树杪、砂石权宜修葺，一经骤雨，漂决无存。姚公立诚捐俸建修，推去积砂，以巨石为底，上垒石条，高可及肩，长则亘河，其下流处预防冲激，置圆石木闸，贾峪中流留龙口一十二丈，渐低其半，以洩涨流李乔岱《土门、贾峪二堰碑记》。土门堰阻牛首山之麓，故凿为门，以通渠道，因名"土门"。自刘家草坝起，至北门外止，灙水又南流四里许，截河筑堰，从东分水，流至县西关外者为

斜堰 在县北六里，灙水河下流分东西二渠，灌田三百二十三亩《县图》。洋北灙水为堰者三，最下曰斜堰，广五十余丈，灌负郭田。旧用木桩、草石修筑，旋筑旋崩，殆无宁晷。李公用中捐俸建石堰，分门闸板，视水之消涨，以时启闭，虽洪涛数兴，终莫能坏。其左为渠二百四十丈，引水入阡陌，堰成而水安行焉李时荸《斜堰碑记》。斜堰自巨家洞起，至西关止《县志》。

苎溪堰 在县西北十里，引苎溪河《县志》。

华家堰 在县东北七里，引天宁溪《县志》。

高原堰 在县东三十里，引大龙溪《县志》。

鹅翁堰 在县西南十五里，引小沙河《县志》。

贯溪堰 在县东十里，引平溪河《县志》。

百顷池 在县西南十里，汇小沙河以溉田。隆庆六年，邑令阎邦宁以池西岸二十亩蓄水，余俱佃种，租入社仓。万历间，署县刘铖又请为学田《汉中府志》。

古渠堰附

张良渠 在县东南二里《汉中府志》。七女塚有七女池，池东有明月池，状如偃月，皆相通。《注》谓之张良渠，盖良所开也《水经注》。

西乡县

高川陂堰 在县东南一百五十里，引高川水自汉阴县来，入县界分大渠二道，灌田一百亩《县册》。

青溪河堰 在县东南一百七十里，引溪水，灌田一百五十亩《县志》。

褚河堰 在县东南一百二十里，引龙洞水，灌田一百亩《县志》。

洋溪河堰 在县东南一百二十里，引洋溪河水，灌田一百亩《县册》。

圣水峡河堰 在县东南二十里，引峡内泉水，灌田一百亩《县册》。

金洋堰 在县东南二十里《汉中府志》。西乡东南二十里，有峡口在巴山之

麓，洋河出焉，川原平夷可田，峡口两岸对峙如门，前人因障水为陂，名曰"金洋堰"，灌田数千亩。询作堰之始，前代远不可考。邑令丘俊慨然兴复，于峡口故址，植木、垒石、培土，横截河流，俾水有所蓄，然后依山为渠，随势利导以通洩，各令种树，以固其本。堤数百步即分支渠，堤长十余丈，支渠堤丈余，厚同之，自是燥土悉为腴田矣。成化戊子，满城李侯春令是邑，值雨圮堤，侯加培焉 何悌《金洋堰碑记》。金洋堰灌田四千六百亩，在县东南子午山左，有大渠一支，分小渠二十五道，上、中、下三坝。本朝康熙二十二年，知县史左重修。五十三年，知县王穆重筑《县志》。

黎坝河堰　在县南二百八十里，水自四川通江来，入县界，灌田三十亩《县册》。

故县坝河堰　在县南二百四十里，引捞旗河水，灌田三十亩《县册》。

葫芦坝河堰　在县南一百三十里，引山水，灌田三十亩《县册》。

法宝堂堰　在县南二十里，引龙洞水，灌田五十亩。又北为

五渠堰　在县南二十里，分渠五，灌田五十亩。又北为

官庄堰　在县南二里，分渠二，灌田五十亩《县册》。

梭罗关河堰　在县南二十里，引山水，灌田五十亩《县册》。

高头坝河堰　在县南十里，蓄雨水，灌田三十亩《县册》。

邢家河堰　在县南二里，蓄雨水，灌田三十亩《县册》。

惊军坝河堰　在县西南一百二十里，引大巴山水，灌田五十亩。又北为

男儿坝河堰　在县西南一百里，灌田三十亩《县册》。

私渡河堰　在县西南七十里，一名私陀河，引河水，灌田一百亩《县册》。

平地河堰　在县西南五十里，引左西峡河水，分渠二，灌田五十亩《县册》。

莒河堰　在县西南三十里，引马鞍山泉水，一名空渠河，灌田五十亩《县册》。

西龙溪河堰　在县西南二十里，引南山泉水，灌田三十亩《县册》。

黄池塘堰　在县正西二十里，蓄雨水，灌田十五亩《县册》。

别家坝河堰　在县北四十里，蓄雨水，灌田三十亩《县册》。

神溪铺河堰　在县北四十里，引山水，灌田三十亩《县册》。

桑园河堰　在县西北三十里，引东峪河水，灌田三十亩《县册》。

五渠　在县北《县图》。城之北有五渠焉：一东沙渠、一中沙渠、一北寺渠、离治二里许；一白庙渠、一西沙渠，离治各三里许。众山之水分落五渠，由渠入城濠，由濠达木马河。五渠淤塞，春夏淫霖旬积，山水陡涨，无渠道可泻，

横流田塍，没民庐舍。余按亩役夫，以均劳役，每岁于农隙时频加挑浚，使水有所蓄洩，而西北一隅之地赖以有秋王穆《疏五渠记》。

龙王沟河堰 在县东北三十里，蓄雨水，灌田三十亩《县册》。

五郎堰 在县东四十里，引山水，灌田三十亩《县册》。

罗家坪堰 在县东三十里，引山水，灌田五十亩《县册》。

古渠堰附

左西峡河堰 在县西南，引河水以灌田。磨儿沟河堰在县北，蓄雨水灌田。今无渠道《县册》。

凤县

古渠堰附

凤州梁泉有利民、堤隁子堰，宋祥符二年置《玉海》。今废，无考《县册》。斜谷河在县东二里。红崖河在县西四十里。紫金水在县东一百五十里。大散水在县东五里。鸣玉泉在县西十里。凉泉在县西二十里。以上六水，俱可疏引灌田《冯志》。今无灌溉利《县册》。

宁羌州

七里堰 在州西南。七里堰回水灌田千余亩《县册》。七里堰，嘉靖七年知州李应元修《汉中府志》。

古渠堰附

黄坝河在州东二百里，可资灌溉《冯志》。现今无灌溉利《州册》。

沔县

山河东堰 即石刺塔堰，在县东北三十五里，引旧州河水，分两派。东流者为东堰，自贾旗寨起，经流何家营、火安营，至旧州铺、仓台堡，灌田三千亩。西流者为

山河西堰 自刘旗营起，经流娘娘庙、苏曹村、柳树营，弥陀寺止，灌田三千九百八十亩《县册》。

天分东堰 即石燕子堰，在县东北三十里，引黄沙河水，分两派。东流者为东堰，自官沟起，经流刘家湾、雷家坪、黄沙镇，至栗子园止，灌田三千六百七十亩。西流者为

天分西堰　灌岭南坝田一千五百亩《县册》。

琵琶堰　在县南三十里《县图》。县南有养家河，居民引流溉田，首为琵琶堰，灌军官庄田三百亩。河水又北为

马家堰　灌上官庄田八百亩。河水又北为

麻柳堰　灌军民官庄田四百八十亩。河水又北为

白马堰　一名白崖堰，灌下军官庄田一千五百亩。河水又北为

天生堰　灌魏家寨、晏家湾田九百八十亩。河水又北为

金公堰　灌军民坝、板桥寨、马家庄、赵家营、牟家营田八百八十亩。河水又北为

泥水堰　灌军中坝、民中坝、黄沙驿田，自陆营起，经流曹营、潘营、陈营、谈营、丁营，至金家河坎止，共灌田八百余亩。河水又北为

康家堰　灌民中坝、曹家坎田八十亩《县册》。

古渠堰附

罗村堰　在县西南一百九十里《贾志》。罗村坝与宁羌州连界，近玉带河，今无灌溉利《县册》。三岔上下堰在县东南三十里《县志》。今无考《县册》。

兴安州

万春堤　在州西四里。其堤长二里，高一丈三尺，汉江水溢，赖此堵御《州册》。

长春堤　在州东一里。其北名白龙堤，其南名长春堤，实一堤也。其堤长一里六分，高一丈八九尺，中有石闸一，高五尺，阔四尺。如陈、施二沟之水下流，则起闸以疏其势；如汉江、黄洋两河上涌，则闭闸以遏其波。成化十五年，知州郑福增修。万历二十年，守道曾如春檄州判张海修理。崇祯间，州同蒋体元于堤上遍植桃柳。本朝康熙四十九年，官绅士庶捐修。雍正三年，又修《州册》。

惠壑堤　在州城东关北，长八分，高一丈八九尺。其堤逼近汉江，汉水涨溢，赖此捍御《州图》。万历三十二年，守道曾如春建筑。康熙二十一年，知州李翔凤复筑。三十二年，大水，堤复决。惠家壑石佛庵南会陈、施二沟之水，巨浪薄城，城为之湮。知州王希舜捐金，募夫先筑决口，南北之水始不为患《州志》。五十一年，知州张时雍、总兵杨世昌各捐俸修筑《州册》。

万柳堤　在旧城南、新城北，系居民避水之路。如遇江水泛涨，旧城之民

避水新城，俱行于堤上《州图》。康熙二十八年，知州李翔凤、城守副将黄燕赞建修，沿堤遍植桃柳，故名万柳。雍正九年，州牧鲍遐龄捐俸展修《州册》。

千工堰　在州西七十五里《州图》。恒河水南流，注于越河，千工堰在焉。多秔稻《州志》。恒河发源燕子岭，西南流二百七十余里至龙口筑堰，名千工堰，引水分上中下三渠。后下渠淤塞，守道郭之培令民疏通，未几复废。康熙五十六年，州牧张时雍以下渠沙漏易淤，重浚无益，乃于龙口南七里更筑一堰，名曰

永丰堰　与千工堰共灌田一千一百四十亩《州册》。

大济堰　在州西北三十里《州图》。王莽之山，傅家河水出焉，而南流注于越河，大济堰在焉，灌田颇饶《州志》。大济堰分六挡，其一挡、二挡、三挡、四挡、六挡俱现在，灌田二千余亩。惟第五挡相近越河，冲坏已久《州册》。

赤溪堰　在州西三十里秦郊铺《州图》。引赤溪沟水，灌田一千一百亩。赤溪沟水源出牛山，其流微细，居民筑堰分为四渠，遇雨泽时行则均得灌溉，旱则沟水断续，不能入渠，故土人名曰"雷公田"《州册》。

磨沟堰　在州西四十里《州图》。磨沟水源出鲤鱼山，出山口分二渠，灌田百余亩《州册》。

黄洋堰　在州东南十五里《州图》。引黄洋河水，灌田百余亩《州册》。

青泥堰　在州西十五里《州图》。引青泥湾水，开渠三道，灌田二百二十五亩《州册》。水源出小垭山，流甚微细，亦待雨以灌田《州册》。

南沟堰　在州西一百里《州图》。南沟水出凤凰山，在越岭之西、越河之南，土人名为大南沟，筑堰蓄水，灌田千余亩《州册》。

古渠堰附

长乐堰　熙宁七年，金州西城县民葛德出私财修长乐堰，引水灌溉乡户土田，授本州司士参军《宋史·河渠志》。吴家堰昔名长乐堰，宋西城民葛德修，灌田二百亩《州志》。堰在新城西门外，引南山水，开池蓄潴，以灌水田。历年久远，山水淤塞，今其地已为旱地《州册》。

平利县

月溪堤　在县北门外，以障月河《县图》。嘉靖三十一年，西乡魏尚变筑《冯志》。

古渠堰附

长安堰　在县东一百十里，相近有石觜、黄沙二堰，俱引界溪河水。秋河堰在县东一百五十里。线口堰在县南九十里《贾志》。今俱废《县册》。

洵阳县

中洞河堰　在县东北二百二十里，引中洞河水，灌田十余亩《县册》。

西岔河堰　在县东北二百里，引西岔河水，灌田五十余亩《县册》。

蜀河堰　在县东北一百四十里，引蜀河水，灌田百余亩《县册》。

水田坪堰　在县北一百八十里。洵河源出镇安县梅子岭，至水田坪筑堰，灌田三千余亩。洵河又南流五十里为

洵河堰　在县北一百三十里，灌田五十余亩《县册》。

麻坪河堰　在县北九十里，引麻坪河水，灌田四十亩《县册》。

干溪河堰　在县北五十里，引干溪河水，灌田十余亩《县册》。

冷水河堰　在县北四十里，引冷水河水，灌田三十余亩《县册》。

七里关堰　在县南一百五十里。间河源出湖广竹溪县，从青山观入县境，至七里关下筑堰，灌田二十余亩。间河又北流，会金河、神河、孟家、平顶诸水，至城南三十里为

间河堰　灌田百余亩《县册》。

水磨河堰　在县南一百里，引水磨河水，灌田十余亩《县册》。

金河堰　在县南七十里，引金河水，灌田百余亩《县册》。

神河堰　在县南五十里，引神河水，灌田十余亩《县册》。

孟家河堰　在县南三十五里，引孟家河水，灌田十余亩《县册》。

平顶河堰　在县南二十五里。平顶河水源出白马寺，分上下二坝灌田。上坝名平顶堰，灌田三十余亩。下坝为

汉坝川堰　灌田十余亩《县册》。

仙河堰　在县东一百六十里，引仙河水，灌田三十余亩《县册》。

古渠堰附

坝河堰　在县南十里。岩坞河堰在县东二百里。赵家河堰在县东一百八十里。大磨沟堰在县东三十里。竹川堰在县东北二百六十里。白崖河堰在县东北二十五里。东岔河堰在县北一百三十里《县志》。今俱废《县册》。

紫阳县

灌河堰　在县西南六十里。灌河一名权河，居民引流，灌田三十余亩《县册》。

古渠堰附

任河　在县西。松河在县西北，可资灌溉《贾志》。今未灌田《县册》。

石泉县

七里堰　在县西七里，引珍珠河水，灌田顷余《贾志》。

兴仁堰　在县西十里，引饶峰河水，灌田二百余亩《冯志》。

高田堰　在县西北十五里，引大坝河水，灌田百余亩《县册》。

古渠堰附

长安堰　在县东五里，引汉江《贾志》。今无考《县册》。

汉阴县

双乳堰　在县东北六十里，引双乳河水，经流后坝，灌田一顷六十亩《县册》。

田禾堰　在县东北五十里，引田禾沟水，经流胡家庄、翟家庄，灌田一顷八十四亩《县册》。

钟河堰　在县正北六十里，引钟河水，经流毛家庄、茹家庄，灌田八十七亩《县册》。

池龙堰　在县东三里，引池龙沟水，经流周家湾，灌田九十余亩《县册》。

观音堰　在县西二十里，引观音河水，经流邬家坝、杨家坝，灌田三百余亩《县册》。

沐浴堰　在县西十五里，引沐浴河水，经流丁家坝，灌田六十亩《县册》。

仙溪堰　在县西十五里，引仙溪河水，经流夏家坝，灌田三百三十余亩《县册》。

月河堰　在县西。明成化二十一年，知县张大纶筑《贾志》。引月河水，经流高梁铺、张家庄，灌田四百六十亩《县册》。

墩溪堰　在县西南五里，引墩溪水，经流汴家沟，灌田四百五十余亩《县册》。

永丰堰　在县南五里，引板峪河，经流季家庄、余家营，灌田五百七十余亩《县册》。

卢峪堰　在县东南五里，引卢峪河水，经流曾家营、蔡家岭，灌田二百九十亩《县册》。

铁溪堰 在县东南十里，引铁溪沟水，经流王家庄，灌田二百余亩《县册》。

凤亭堰 在县东南三十里。龙王沟水出沟，分二堰。东为凤亭堰，灌沈家岭田四百六十亩。西为

磨盘堰 灌梁家庄田二百一十亩《县册》。

蒲溪堰 在县东南四十里，引蒲溪水，经流曾家庄、王家坝，灌田三百余亩《县册》。

花石堰 在县东南五十里，引花石河水，经流郭家岭、况家营，灌田二百余亩《县册》。

大涨堰 在县西南一百里，引大涨河水，经流吴家坝、魏家庄，灌田三百三十亩《县册》。

商州

丹水 在州东二十里，经张村、龙车寨，灌田数百顷《西安府志》。丹水自燕脂关东流，过说法洞，绕州城南，又东至张村铺、商洛镇、龙车寨，经流二百里，两岸随地皆可开渠，但水性泛涨，每岁旋冲旋筑，约灌田千余亩《州册》。

黑龙峪水 在州西五十里，现灌田五十余亩《州册》。

十九河 在州北六十里，现灌田百余亩《县册》。

老君河 在州东八十里，灌田七百余亩《州册》。

花园泉 在城西南隅。其水昼夜流洩，郡人因修为园圃，又凿渠由东而南，出水门，入州河，以资灌溉《州志》。今灌田四亩《州册》。

郝家泉 在城东一里，可灌园蔬一顷《州志》。今灌田三亩《州册》。

石佛湾泉 在城东姚家碥，可莳园蔬一顷《州志》。今灌田三亩《州册》。

古渠堰附

漕渠 崔湜建言，山南可引丹水通漕至商州，自商镵山出石门，抵北蓝田，可通挽道。中宗以湜充使，开大昌关。禁旧道不得行，而新道为夏潦奔豗，数摧压不通《唐书·崔湜传》。普济渠在州北，旧引黄沙岭水，合大云山少峪、西平二泉，为砖渠，通入城市，岁久湮没。正德间，复浚入城，以达州治，微而难继，后亦废《州志》。山泉渠在州北七十里，明时新修，引泉水灌田，今废《州册》。

镇安县

化坪峪渠　在县北八十里，引西王岭水至化坪峪，灌田五十亩《县册》。

乾祐渠　在县北七十里，引乾祐河水，经流野猪坪，灌田三百四十亩《县册》。

涅池渠　在县北四十里，引熊里沟水，经流孔家湾，灌田四十亩《县册》。

纸桥渠　在县北三十里，引纸桥沟水，灌田三十亩《县册》。

许峪渠　在县东北三十里，引许峪沟水，灌田五十亩《县册》。

云盖川渠　在县西北四十里。水发源西王岭，即县河之源也。居民引流至云盖川，灌田一百五十亩。河水又南流三十里为

铁洞沟渠　灌田一百五十亩。又东折至县南，名县河，距城五里为

县河渠　一名县川渠，灌田一百二十亩《县册》。按：县河与化平峪水俱发源于县西北之西王岭。

永安川渠　在县东六十里。永安川水发源分水岭，居民引流灌田一百三十亩。又下流至高峰寨，入冷水河《县册》。

龙渠川渠　在县东南九十里，引龙渠川水，即冷水河源也，按《府志》：龙渠川一名龙洞川。灌田四十亩。川水又北为

张家川渠　灌田三十余亩。又北流至高峰寨，名冷水河，与永安川水合流为

高峰寨渠　灌田三十余亩，又折而西为

大岩寨渠　灌田五十亩。冷水又西南为

罗家硖渠　灌田百余亩《县册》。

社川渠　在县东北二百里，引社川河，经流曹家坪，灌田百余亩。河水又南流至胡家寨为

胡家寨渠　灌田百余亩。河水又南流至孟李寨，入金井河《县册》。

金井河渠　在县东北九十里。河水自咸宁界入县境，至孟李寨会社川河，居民引流灌田五十余亩。河水又东流为

野鹿坪渠　灌田三十亩。河水又东流为

安乐川渠　灌田十五亩。河水又东为

柴贾寨渠　灌田三十亩《县册》。

戴家河渠　在县东一百一十里。河发源戴家岭，居民引流灌田二十亩《县册》。

石瓮沟渠　在县东一百里，引石瓮沟水，经流藤花寨，灌田一百六十亩。沟水又西流十里为

岩屋河渠　灌田七十亩。沟水又西流十里为

秋林川渠　灌田一百三十亩《县册》。

龙王寨渠　在县东南一百二十里，引水碬沟水，即花水河上源也，经流龙王寨，灌田八十亩。河水又北流十里为

米粮川渠　灌田一百二十亩。河水又北至白塔寨，会石瓮沟水为

白塔寨渠　灌田五十亩《县册》。

长涧庵渠　在县西北一百六十里，引沙岭水，灌田五十亩。又南流为

校尉川渠　一名孝义川渠，灌田一百五十亩《县册》。

五郎坝渠　在县西三百五十里，引五郎河，灌田二百六十亩《县册》。

大仁河渠　在县西南一百里，引大仁河水，灌田三十余亩《县册》。

紫溪河渠　在县西南一百八十里，引紫溪河水，灌田六十亩《县册》。

草家川渠　在县东南一百五十里，引东茅岭水，灌田二十三亩《县册》。

古渠堰附

赤脚坪渠　在县东北八十里。小任河渠在县西南八十里。蚕房渠在县东百余里。池河渠亦在县东百余里《县志》。今俱无灌溉利《县册》。

雒南县

古渠堰附

洪门堰　在县境。绍兴十年，金人陷商州，州守邵隆破金人于洪门堰，遂复商州《宋史·高宗本纪》。今无考《县册》。雒南河在县南二百余步，南河在县东南九十里，二水俱资灌溉《贾志》。今无灌溉利《县册》。大渠、小渠在雒南县西《冯志》。大渠一名大渠川，引洗马河水，小渠一名小渠川，今渠废，而其迹尚存《县册》。

山阳县

虫家湾渠　在县西三里，引丰水河水，经流三义庙，灌田六十余亩。丰水又西为

水火铺渠　在县西五里，经流水火铺，灌田五十余亩。丰水又西为

泰山庙渠　在县西三十里，经流色河铺，灌田十五亩。丰水又折而西南

流，东岸为

王家村渠　在县西六十里，经流马家滩，灌田二十余亩。西岸为

庵沟口渠　在县西八十里，经流庵沟口，灌田十余亩《县册》。

磨沟村渠　在县北十五里，引磨沟河水，经流磨沟村，灌田十五亩《县册》。

干沟村渠　在县北五里，引干沟河水，经流干沟村，灌田三十余亩。河水又南为

宋家村渠　在县北三里，灌宋家村田二十余亩。河水又南为

东关渠　在县东关外，灌田五亩《县册》。

土桥子渠　在县北六里，引峒峪河水，经流土桥村，分渠三道，灌田七十余亩。河水又南为

伯盏子渠　在县西二十里，经流伯盏村，灌田十余亩。河水又南为

秤钩湾渠　在县西南四十五里，经流称钩湾村，灌田十五亩《县册》。

江家坪渠　在县西四十里，引色河水，经流江家坪，灌田十余亩。河水又南流为

乔家湾渠　在县西三十五里，经流乔家湾，灌田十余亩。河水又南为

乔家下湾渠　在县西三十三里，经流乔家下湾，灌田十余亩。河水又南为

色河铺渠　在县西三十里，经流色河铺，灌田二十余亩《县册》。

扈家原渠　在县西八十里，引金井河水，灌九里坪田四十余亩《县册》。

漫川渠　在县东南一百三十里，引漫川水，灌田十余亩《县册》。

北湾渠　在县东四十里，引银花河水，分渠二，经流高八店，灌田五十余亩。河水又东北为

中村渠　在县东七十里，分渠二，经流中村，灌田四十余亩。银河水又东北为

潜水湾渠　在县东八十里，分渠二，经流湘子庙，灌田十八亩。河又东北为

竹林关渠　在县东一百二十里，分渠二，经流竹林关，灌田五十余亩。河水又东北为

罩川渠　在县东二百三十里，经流罩川，灌田十余亩《县册》。

郝家渠　在县南一百里，引箭河水，经流郝家村，灌田十余亩。箭河又南为

李家渠　在县南一百三十里，经流莲花池、李家村，灌田十余亩《县册》。

古堤　城南旧有古堤，以御丰水。雍正六年五月，山水暴涨冲没，于八月内动支库银修葺《县册》。

古渠堰附

花水　在县南一百里。青崖河在县东南一百二十里，可资灌溉《贾志》。今无灌溉利《县册》。

商南县

张高堰　在县南二里。县河自县东北入境，两岸皆可灌溉。其在西岸灌田者，首为张高堰，灌武家泉田六十亩。河水又南为

二道堰　在县南三里，灌二道河田五十余亩。河水又南为

魏家堰　在县南微西十五里，灌三角池田二十亩。其在东岸灌田者，首为

洪厓堰　在县南二里，灌保合寨田八十余亩。河水又南为

李家堰　在县南三里，灌保合寨田六十余亩。河水又南为

张石堰　在县南七里，灌石门村田五十亩。河水又南为

沭河堰　在县南十里，灌沭河田八十亩。河水又南为

三角池堰　在县南微西十五里，灌三角池田三十亩《县册》。

秋千沟堰　在县西三十里，引清油河水，经流清油铺，灌田三十亩《县册》。

失马寨堰　在县西二十五里，引靳家河水，灌田四十亩《县册》。

捉马沟堰　在县西二十里，引马家崖泉水，经永安寨，灌田六十五亩《县册》。

五郎沟堰　在县西三里，引北山涧水，灌田四亩。涧水又南为

吉公堰　在县西五里，经党家店，灌田五亩《县册》。

红土岭堰　在县东南四十五里，其水发源于红土岭，东流经青山，在南岸立堰，灌田三亩《县册》。

青山寨堰　在县南四十里，引青山河水，灌田七亩《县册》。

瑶口沟堰　在县东南二十里，引龙山涧水，灌田三亩。涧水又西为

龙窝堰　在县东南二十五里，灌生龙堰田五亩《县册》。

马槽沟堰　在县东五里，引北山涧水，灌田三亩《县册》。

高家堰　在县东二十五里。富水河发源界岭，南流至磨峪口分四堰，东岸为高家堰，灌田八十余亩。次

郭家堰　在县东南二十五里，灌生龙寨田百余亩。西岸为

马家堰　在县东二十五里，灌磨峪田七十亩。次

兴龙堰　在县东二十里，灌磨峪田二百余亩《县册》。

古渠堰附

两河　在县南四十里，可资灌溉《贾志》。两河即丹水，商南万山环列，丹水夹山而流，临水之田每遭冲湮，利于州不利于县也《县册》。

卷五十三　名宦四

丘俊　河南汝宁人，举人，成化间知西乡，才猷偶侻，政务精勤。县治旧在蒿坪山之阳，频罹水患，俊改建于今治。修金洋古堰，水利永赖，邑人立庙肖像，祀名宦《汉中府志》。

李春　北直满城人，成化间知西乡，留心国本，经营有方。金洋堰遭水冲圮，稻田失溉，春设法重修，岸堤坚固，民沐其惠，肖像祀之，入名宦《汉中府志》。

张大纶　四川成都人，举人，初任扶风谕，转汉阴令。时县治未备，大纶剔蠹植善，树表范俗，崇广学舍，增修公署，疏月河，开渠堰，籾《县志》，邑政一新，后升徽州知州，民咸颂之《贾志》。

续修陕西省通志稿（节录）

卷五十九　水利三

商州

雒南县　镇安县　山阳县　商南县

商州

丹水两岸诸渠　罗文思《续州志》：由州西北息邪涧东南流，注龙驹寨，两岸开渠一百二十九道，共灌田五十二顷。

按：乾隆以后，山林尽辟，每逢大雨，水挟沙石而下，丹河两岸淹没民田甚多。光绪初，知州李素相度地势，在州城南筑堤捍水，至今城内外稻田弥望，利赖无穷矣。

南秦河由州南军岭川东南流，至流峪河入丹江，两岸开渠六十九道，灌田三十六顷。

大荆川水渠十八道，引秦岭之水灌田一顷。

岔口铺河由州北蒲头岭南流，至岔口铺入药子岭河，开渠十五道，灌田一百亩。

瓜峪河由州北雷家窑南流，经两岔口入药子岭河，两岸开渠十道，灌田一百五十亩。

泥峪川水渠十道，引秦岭水，灌田四百八十亩。

泉村河由州西秦岭北南流至板桥，开渠四十道，灌田六百六十亩。

大黄川河由州北北柴峪南流，经娘娘庙入泉村河，两岸开渠十道，灌田二百五十亩。

罗文思云：州境田亩，岸高土松，不能车水掘井，前牧许惟权教民引水灌田，民已获利，文思复随地指示。年来，如东乡之蒲峪沟、塔寺沟，约修水田二三十亩，又棣花蒲。康熙年间凿岩引水，因上下争执未成，文思勘明，倡捐工本，谕令协力修通，公议《均分水利约》，可灌田百十余亩。南乡之流峪沟三十里铺一带沙滩，约修水田二十余亩。西乡之野人沟、胭脂关、史家店，约修水田二三十亩。北乡之桃岔沟、砚瓦石，约修水田三四十亩。因势利导，随时制宜，岂不在司牧欤《续县志》？

《清史稿·循吏传》：李素，光绪初授商州直隶州知州。州城滨丹河，遇盛涨则负郭田庐漂没，城中亦半为泽国。素创筑石堤二百余丈，城门石堤十余丈，遂无水患；开州东棣花河山路三十余里，州西麻涧岭山路二十余里，行旅便之。按：《清史稿》所言与前按语可以相证，故附录之。素事迹具《名宦传》中。

雒南县

大渠一名大渠川，在县西南十里，引洗马河水溉田，旧渠废，今沿河开有支渠《县志》。

小渠一名小渠川，在县西南五里，旧渠废，今沿河开有支渠灌田《县志》。

按：

薛韫云：商洛间多有溪流，民颇得自取以溉，如大渠、小渠，犹踵故迹也。他如故县三要南河及石门诸川，随地疏渠，尝得水之十三。县水以雒为宗，清流灏灂带于境内夹岸土田连塍以数百里，旧应有资灌如大小渠者，而今则强半弃于无用之乡。呜呼！举臿为云，决渠为雨，岂宜于古而不宜于今，宜于彼而不宜于此欤？汉元鼎中，下诏曰：农，天下之本也。泉流灌寖，所以有五谷也。左右内史地名山川，原甚众细，民未知其利，故为通沟渎，蓄陂泽，所以备旱也。今内史稻田租挈重，不与郡同，其议减，令吏民勉农，尽地利平繇行水，勿使失时。是故，水之为利博矣。而陂山通道酾渠，既不得一一取给县官钱，民力又往往不能胜比。见东南引水法，径易可仿，为之附具水车图说、坝说、堰说、塘说，载之《续志》，以广因天乘地之义。盖薛尺庵侍御观察粤之广南，韶述所见闻，归饷桑梓，后之人循其规制，次第举行，何渠不如郑、白哉？

镇安县

县河渠、化坪峪渠、云盖川渠、铁洞沟渠、乾祐渠、永安川渠、冷水河渠、社川渠、金井河渠，详《旧志》。《采访册》：县北八十里有夹河滩渠，凿岩成堰，长一里，引王家河水，灌田八十亩。野猪坪渠在县北八十里，引乾祐河水，灌田八十亩。翻山堰在县西南，引青山沟水，灌田二十亩。

山阳县

虫家湾等渠，详《旧志》。惟庵沟口渠引丰水，在县西八十里。《旧志》：灌田十余亩。今《采访册》：灌田一顷五十余亩。色河铺渠引色河水，在县西三十里。《旧志》：灌田二十余亩。今《采访册》：灌田二顷二十亩。李家渠引箭河水，在县南一百三十里。《旧志》：灌田十余亩。今《采访册》：灌田二顷五十亩。

商南县

县河渠西岸张高堰在城南二里，灌五家泉田七十二亩。二道堰在城南三里，灌二道河田六十亩。魏家堰在城南微西十五里，灌三角池田三十亩。东岸红涯堰在城南二里，灌保合寨田一百余亩。李家堰在城南三里，灌保寨田七十余亩。张石堰在城南七里，灌石门村田六十亩。沐河堰在城南十里，灌沐河田一百余亩。三角池堰在城南微西十五里，灌三角池田三十六亩。

富水河渠东岸高家堰在城东十五里，灌田一百余亩。郭家堰在城东南二十五里，灌森龙寨田一百四十余亩。西岸马家堰在城东一十五里，灌磨峪田一百余亩。兴龙堰在城东二十里，灌磨峪田二十五亩。又高家、吴家、贾家、王家从上四堰东西分流，曰新堰，在城东二十五里，灌田二十亩至八亩不等。

清油河渠曰秋千堰，在城西三十里，引清油河水，灌田三十六亩。滔河渠什里坪堰在城南二百四十里，灌田八亩。余家棚堰在城南二百一十里，灌田八十二亩。

北山涧小河渠窑沟堰在城东南二十五里，灌森龙寨田八亩。

马槽沟北涧水渠马槽沟堰在城东五里，引北山涧水，灌田五亩。

五狼沟涧水渠五狼堰在城西三里，引北山涧水，灌田六亩。吉公堰在城西五里，迳党家店，灌田七亩。索峪堰在城西七里，灌田二十四亩。

马庄堰泉水渠捉马沟堰在城西二十里，引马家崖泉水，过永安塞，灌田七十五亩。

胡家新堰在城西南二十三里，引马庄泉水，灌田三十余亩。

靳家河渠失马寨堰在城西二十五里，引靳家河水，灌田五十六亩。青山河渠青山寨堰在城东南四十里，引青山河水，灌田二十亩。红土岭水渠红土岭堰在城南三十五里，引红土岭水，灌田四亩。狄坪河渠狄坪堰在城南一百三十里，引狄坪河水，灌田三十亩。薄河渠薄河堰在城南一百四十里，引薄河水，分左右三渠，各灌田十亩。

湘河渠乔家堰在城西南一百二十里，引湘河水，灌田八亩。

陈溪河渠寨子根堰在城西南二百里，引陈溪河水，分左右六渠，灌田三百五十亩。

卷六十 水利四

汉中府

附郭南郑县 定远厅 留坝厅 褒城县 城固县 洋县 西乡县 沔县 略阳县

汉中府

汉中水利以山河、五门、杨填三堰工巨利溥，汉唐以来备载史书。清代循吏辈出，官其地者，如滕天绥、严如熤二郡守，留心民事，水利兴废讲求尽善。严公有《汉中渠说》《六条管堰》《详文十一条》，总郡中渠利之大纲，陈其得失，后之人遵守毋渝，亦百世衣食之源也。《旧志》有凤县、宁羌、略阳，各境水利，今无变更，佛坪、留坝山溪小流，利亦无多云。

南郑县

《秦疆治略》：县南北山高路险，东西地皆平原，在汉江以北者为北坝，自汉江以南亦系平原，为南坝。北坝有山河大堰一道，又有第三堰一道，灌田八万余亩。南坝有堰十道，灌田五万余亩。《旧志》：山河堰在褒城县东，引乌龙水即褒谷水，一名让水。古有六堰，汉相国萧何筑，曹参落成之。古刻云：巨石为主，锁石为辅，横以大木，植以长桩，至今赖之。《宋史·河渠志》：兴元府山河堰世传为萧何所作，嘉祐中提举常平史炤奏上堰法，降敕书，刻石堰上。乾道元年，吴公又与提刑张某檄通判史祁增，培堤数百丈，为工以十万计，溉田三万余亩。有杨绛《山河堰记》刊于堰东岸石厓。

《宋史》又云：乾道七年，御前统制吴琪经理，尽修六堰，浚大小渠六十五，复见古迹，并用水工准法修定，凡溉南郑、褒城田二十三万亩，昔之瘠薄，今为膏腴。四川宣抚王炎表琫宣力最多，诏书褒美焉。有阎苍舒《山河堰记》。

绍兴【熙】四年夏，大水决六堰。五年二月，修堰告成，碑以记之。

历元明至国初，官斯土者筑堰濬渠，因时修葺，汉南水利兹堰为钜。兹据汉中府续南郑县志，详三大堰经流次第于右。

山河三大堰中，第一堰在褒城北三里，一名铁桩堰，相传以柏木为桩，在鸡头关下筑堰截水，东南分渠溉褒城田。今堰久废，其故址亦无可考，疑即自北而西导于褒城之野者。

第二堰乃山河堰之正身也。旧堤长三百六十步，其下植柳筑坎，名柳边堰。山水冲激，旋筑旋隳。嘉庆七年，布政使朱勋任陕安道，捐廉一千五百余两，修筑石堤五十五丈，工称巩固。至十五年夏，秋水涨于石堤下，将旧堤身冲决成河，两邑士民请于陕安道余正焕、知府严如熤，议就石堤上下加筑土堤七十九丈，买渠东地一十一亩五分九厘，另开新渠一百零三丈三尺五寸，深三尺，上宽八丈，底宽四丈。经始于十五年十二月，至十六年四月工竣。

经流之地首为高堰子，流经鲁家营，灌田五十亩《褒城旧志》：灌田二百六十四亩。又东流三里为金华堰，流经新营村，支分小堰七：

首鸡翁堰，灌马家营田三百亩；次沙堰，灌张家营田九百亩；次周家堰，灌上清观田三百亩；次崔家堰，灌张家营田二百亩；次何家堰，灌何家庄田二百亩；次刘家堰，灌谭家营田一百亩；次橙槽堰，灌柏乡田五十亩《褒城志》：共田二千五十亩。《旧志》云：二千五百亩。

第二堰水又东流三里为舞珠堰，流经周家营，支分小堰五：

首鲁家堰，灌殷家营田二十亩；次邓家堰，灌周家庄田八十亩；次朱家堰，灌王家营田一百二十亩；次瞿家堰，灌许家庄田二百亩；次白火石堰，灌周家营、哈儿沟田二百八十亩《褒城志》：共田七百亩。《旧志》作八百四十四亩。

第二堰水又东流五里为小斜堰，流经草寺，灌田二百余亩。

以上峕溉褒城田。

第二堰水又东流一里为大斜堰，流经南郑龙江铺，分水灌褒城郑家营田三百亩、南郑龙江铺田二千二百十亩。

又东流五里为柳叶洞堰，流经南郑草坝村，分水灌褒城韩家坟田七十九亩、南郑草坝村田二百余亩。

又东流为丰立洞，流经草坝村，灌田一千二百九十亩。

以上峝灌南郑田，丰立、柳叶二洞相连，故未著里数。

第二堰水又东流八里为羊头堰在府西北十五里，流经秦家湾，灌田一千九百五十亩。

又东流五里为杜通堰，流经秦家湾，灌田一千九百三十七亩。

又东流三里为小林洞，流经八里桥铺，灌田二百七十四亩。

又东流二里为燕儿窝堰，流经大佛寺，灌田一千四百九十亩。

又东流一里为红岩子堰，流经韩家湾，灌田五百二十五亩。

又东流二里为姜家洞，流经叶家营，灌田一百七十五亩。

又东流二里为营房洞，流经营房坝，灌田一千三百三十亩。

又东流半里许为李堂洞，流经李家湾，灌田六十七亩。

又东流半里许为李官洞，流经李家湾，灌田一千三百八十三亩。

以上今称为中六道洞口，李堂洞口田少，不在数中也。又南郑县境用水人户又分三坝，自大斜堰至李官洞为上下汉卫坝。

乾隆四年，署知府吴敦僖定山河堰夫工洞口尺寸，碑在府城东南十五里兴明寺，按四六分水暨分段行夫。各洞口宽窄本系旧制，吴公特加申明。自吴公以来，相沿已久，官民共相遵循，所谓利不十不变法也。

以上由高堰子至李官洞、张家洞口，共军民夫二百四十二名，共田一万九千六百八十亩，定例上四日用水。

第二堰水又东流一里至二道官，渠分高低两渠，高渠下达三皇川，低渠为高桥洞，引水东南流，分为三沟。中沟灌漫水桥、梳洗堰地，东沟灌周家湾、魏家坝、文家河坎地，南沟灌大茅坝、皂角湾地，总灌田五千九百六十八亩。漫水桥下流梳洗堰及东南二沟田亩均高桥洞水灌溉。康熙年间，知府滕天绥量地形之高下，度田亩之多寡，约定梳洗堰水口二尺八寸，东沟水口一尺一寸，南沟水口五尺六寸，均水有约。

第二堰高渠水又东流一里为小王官洞，上去李官洞二里，高桥洞口一里，流经酆都庙地，灌田九十亩。

又东流半里为大王官洞，流经王家营，灌田三百七十八亩。

又东流一里为康本洞，流经舒家沟，灌田三十七亩。

又东流半里为陈定洞，流经朱家沟，灌田四十亩。

又东流半里为祁家洞，流经崔家营，灌田三十亩。

又东流半里为花家洞，流经金家庄，灌田一千八百九十九亩。

又东流半里为何棋洞，流经李家沟，灌田四百四十亩。

又东流半里为高洞子，流经汪家山，灌田一千二百四十亩。

又东流半里为东柳叶洞，流经汪家山，灌田七十五亩。

又东流半里为任明水口，流经汪家山，灌田一百一十三亩。

又东流半里为吴刚水口，流经汪家山，灌田三百亩。

又东流半里为王朝钦水口，流经汪家山，灌田一百四十九亩。

又东流未半里为聂家水口，流经汪家山东北，灌田八十五亩。

自高桥洞至聂家水口为高桥洞坝。

第二堰水又东流至三皇川，设木闸以节水，分渠七：

首为北高渠，流经叶家庙，灌田一千一十七亩。按：《通志》载九千一十七亩，系误。次为麻子沟渠，流经田家庙，灌田六百四十五亩。次为上中沟渠，流经三清店，灌田四百五十亩。次为北高拔洞，流经十八里铺，灌田一千五百二十九亩。次为南低申沟渠，流经兴明寺，灌田一千八百三十亩。次为柏杨坪渠，流经三皇寺，灌田一千四百四十二亩。次为南低徐家渠，流经胡家湾，灌田一千一十六亩，均系第二堰水。

自高桥洞至此为下坝，有洞口尺寸碑。《碑》曰：张家水口用五寸。高桥洞洞口一尺八寸，旧本二洞，后合为一洞，共三尺六寸。张明水口田一十二亩，孙家水口田四十亩，宋家水口田四十亩，王家举水口田四十亩，张方良水田十五亩。小王官洞洞口圆五寸，大王官洞洞口圆六寸，康本洞洞口圆五寸，陈定洞洞口圆五寸，郭家水口圆四寸，花家柱槽洞洞口一尺，徐广洞洞口圆五寸，何棋洞洞口六寸，金聪水口田五十亩，舒福水口田五十亩，邹兴水口田六十亩，杨俸水口田六十亩，高洞子洞口六寸，朱洪水口田三十亩，汪洪水口田一百二十亩，汪金水口田一百七十三亩，金銮水口田二十五亩，李家水口田二十亩，柳英水口田七十五亩，任明水口田一百一十三亩，吴刚水口田三十亩，王朝钦水口田一百四十九亩，聂家水口田八十五亩，三皇川北高沟砰口四尺八寸，上中沟石砰九寸，柏杨下中二沟砰口四尺七寸，徐家沟砰口一尺一寸。以上高桥至三皇川、徐家沟，共军民夫一百六十六名，共田二万五千一百四十二亩（清《南郑志》作三万一千六百三十亩），定例下六日用水。《府志》：以上浇灌水田坝分亩数悉遵《陕西通志》（即《旧志》）叙入，盖往时旧额也。近日《行水册》分襄城三处之外，南郑使水人户又分上下汉卫，自大斜堰至李官洞、高桥洞，自高桥洞至聂家水口、三皇川为三坝。数十年来，高桥以上得水稍易，近堰旱地多改水田，而下坝渠高水远，亦有昔日水田今为旱地者，又有水田改作庐舍园墓者，现时各坝使水田册核与原额多寡不符，但田额即有今昔之殊，而实灌溉以为利则有赢无绌也。

第三堰在第二堰下五里，于乌龙江中砌石截水为堰，其工较省于第二堰，灌田之多寡，亦悬殊焉。然堰地当下游，受第二堰金华、柳叶、大小斜堰、丰立各洞之洴水，两邑居民借依水利，垦旱地为水田者甚多。今南郑入册水田至七千余亩，褒城田亦盈千，上下坝争讼在所难免，但其水尚充足，不致因田多而失灌溉之利也。由堰口东南流二里，至三桥洞分东西两派。西流者为西沟，流经冉家营，灌田三百余亩。东流者为东沟，自三桥洞分水，流七里许至任头堰，又分二派。西为西渠，灌周家营田三百亩。以上皆褒城田。其东流者入南郑，灌南郑龙江铺田一千九百八十余亩。迨宣统季年，灌田至七千余亩。

第三堰东沟经流之处有祷福沟、莲花沟、二小渠，其下分水处，褒城渠在西，名党家沟，南郑正渠在东。嘉庆十二年，南、褒人民争水及挖拦河工段，互控至院。十三年，知府严如熤督同委员勘讯断定：褒城党家沟水口一丈二尺五寸，南郑东沟水口一丈六尺七寸，两岸均用石砌，中竖石墩，渠底内外各铺平石五尺。挖河工程共夫一百名，褒城上十工出夫四十名，南郑中下二坝出夫四十名，下十工出夫二十名。派钱亦照此例。南郑于党家堰沟口安设闸板，俟党家堰有工无工之田水足，将板闸住。其党家堰洴水由中下二坝水口洴给南郑军田，余水免至洴河。党家堰未足之时，不得私擅下闸。由道宪何详抚部院方批准，永远遵行。

莲花沟灌田无多，经知府严如熤勘断，东沟仍旧设闸安板，凡稻田未插秧以前，浇灌不拘时刻；插秧以后，每三日中轮莲花沟，点香一枝，一尺为度，按香放水，香尽即将板掣去。行夫照旧例帮南郑军工夫三十名。

汉水之南、旱山之西为廉水流域。廉水左右，南郑、褒城犬牙相错，故分灌两县田。其上流砌石导水，首马湖堰，次青龙堰，次野罗堰，次马岭堰，次流珠堰，次鹿头堰，次石梯堰，次杨村堰。

马湖堰在褒城西南一百里，南郑西南八十里，引廉水灌两县之田，自褒城梁家营筑堰，南流入南郑界，又流一里入褒城七里坝，灌田二顷三十亩，又流入南郑刘家营，灌田一百八十余亩。

廉水又东北流经钓鱼台下，北灌者为青龙堰，引水西北流，灌南郑田数十亩，余灌褒城田。

廉水又东北流经二十里为野罗堰，在褒城野罗坝筑堰，灌褒城水南坝田六十亩，又流三里入南郑境，灌廉水坝田一百二十亩。又东北流南灌者为马岭堰，堰首在南郑王家营，灌王家营田一百二十三亩，入褒城界，灌水南、高台二坝田四十四亩。

又东北流三里，北灌者为流珠堰，在褒城西山坝殷家营筑堰，灌南郑新集田一千二百四十亩，灌褒城水南、高台、小沙三坝田二千四百三十亩。《府志》载：流珠堰，势若流珠，亦汉相萧何所筑。宋嘉祐、乾道，元至正十六年，重修。明嘉靖二十八年，堤岸倾圮，用力实艰，褒城监生欧本礼浚源导流，编竹为笼，实之以石，顺置中流，限以桩木，数月工竣，至今赖之。《南郑新志》：流珠堰于嘉庆十二三年，经褒城武生张鉴等，以争堰长为名，敛钱滋讼。经抚部院方提省审办，照律遣戍。上坝设立堰长二名，出夫三十二名，分水四日四夜；中坝亦设堰长二名，出夫二十九名半，下坝仍设堰长四名，出夫六十四名半，除巡查洞口夫八名外，实出夫五十六名，分水六日六夜，均按午时接水，周而复始，轮流灌溉。咨部在案。

廉水又东北流六里为鹿头堰，在褒城境望江寺筑堰，灌南郑孟家店田一千一十四亩，灌褒城萧停坝田一千八百亩。

又东北流二十五里为石梯堰又名柳堰子，在褒城东南小沙坝筑堤，流五里入南郑界，灌上水渡田三千八百六十亩。

又东北流一里为杨村堰，堰首在褒城萧停坝筑堰，流三里入南郑旱麓坝，即螺蛳坝，灌田三千八百七十一亩《南郑新志》：以上堰皆引廉水，为马湖、野罗、马岭、流珠、鹿头五堰，兼灌南褒之田；石梯、杨村二堰，堰筑褒城界内，灌田则专在南郑，又有龙潭堰者，向与马湖等共称廉水八堰，而所引实为泉水，今遵《旧志》改正。

廉水西北，不资廉水为堰者，有龙潭堰，引龙潭及剪子河水，分灌南、褒，溉南郑龙潭坝田五百二十余亩。又有荒溪堰，引荒溪山泉水，灌田二百二十余亩。

廉水东南，不资廉水为堰者，有石门堰。《府志》：在县西南三十五里。引旱山西南沟水，灌田一百八十亩。又长岭、石子二堰，引旱山沟水为堰，分左右流。右流者为长岭堰，灌沙塘坝田一千余亩；左流者为石子堰，灌旱麓坝田一千余亩。

邑北境水利以天台山麓各泉筑堰，潴池水至王子山，分东西沟。东沟水源出天台山西老虎岩、凉水泉、万家沟等处，灌田六百余亩。西沟水源出天台山西土地岩、楚家崖、钓鱼崖等处。康熙六十年，定章勒石，名曰石崖堰，灌田一千余亩。

东西二沟合流之处，今名接堰。下流分水西灌者，首新池池面约一百五十亩，溉田四百亩。次金龙池池面约一百二十亩，溉田三百亩。又次白洋池池面一百亩，溉田一百八十亩。又次莲花池池面约一百二十亩，溉田二百九十亩。

又下流为正沟季家堰，由西趋南至石桥分水，流经小堰五处，灌田百余亩。分注王道池_{池面约二百五十亩}，溉田四百二十亩。又注下王道池_{池面约一百亩}，溉田二百五十亩。又注草池_{池面约五十亩}，溉田一百二十亩。又注月池_{池面约五十}_亩，溉田一百二十亩。

　　由石桥东出者为东沟_{此东沟指石桥分水处言}，砌有洞闸，流经四里，注顺池_池_{面一百二十亩}，溉田三百八十亩。又注铁河池_{池面约一百亩}，溉田二百八十亩。又注老张池_{池面约三十亩}，溉田一百余亩。又注南江池_{池面一百二十亩}，溉田三百八十亩。又有蒿池、江道池、塔塘、三角塘，四池均在顺池下。又有官塘_{在南江池东南}，_{池面三十亩}，溉田八十余亩。马家塘_{在狮子坝}，池面二十余亩，溉田五十余亩。皆引沟水，不堰流。《府志》：正沟底高，水难入沟；东沟势低，得水较易。两沟居人因修洞构讼。嘉庆十四年，知府严如熤勘断：李家堰桥洞分水之处，将正沟底垫石，用平水准定，水可下流。其分注东沟洞口，用石垫平四尺五寸，东沟虽低，既经垫石，其水趋下之势稍杀，又于近桥四尺五寸，立两石桩，不许挑挖。忙水均用，开水以八月初一日为始，王道池先灌，顺池挨灌，均以十日为期，周而复始，各池塘灌足。及山水暴涨，即开闸起板，俾水由东沟泮入汉江。至王道池上五小沟，无池贮水，忙时于堰中先下闸板，将所管田百余亩灌足，准启闸。详抚部院朱立案遵行。

　　刘公堰，昔名双河堰，水出宝峰山后袁家溜、老龙泉等处。明嘉靖年间，褒民争水，上控大吏，檄委刘公临堰勘明，定无褒民水分，因名刘公堰。康熙、道光年间，讼事迭起，经上宪判定，仍照旧规。其水流至彭家河凿安堰，砰分东西二渠，灌田一千四十余亩。轮水之例，分十九股，每股燃香六炷，依次昼夜轮放，周而复始。

　　汉水之南、旱山之东为冷水流域_{即池水}，沿流筑堰有五：首杨公堰，在河西；次覆润堰，在河东；次隆兴堰，次芝子堰，均在河西；最下为班公堰，在河东。

　　杨公堰在县南三十八里下红花河坝。嘉庆十五年，居民李凤发倡首，呈请知县杨大坦开田筑堰，逾年工成，名曰杨公堰。上自冷水雷鸣滩，流经十余里，灌十亩地、车湾、邝家坝、柳湾田三百亩。堰头每年培修，只准垒石铺草，拉沙塞水，不得编笼，按田派夫，惟创始人李凤发永远免其出资。冷水又北流三里为复润堰，在高皇山下坝之郭家坝筑堰。乾隆三十九年，创始于庠生韦文焯，耆民韦天吉废产助工，逾二载堰成，引河东灌。下流五里许至圆山子、湘水寺，河东来横贯渠流，筑堤截河，使水归渠。又下北流十里，观沟河东来贯之，筑堤归渠，势与前同流，灌高皇山下坝、中所营之孙家坝、水南村上坝。例分二十六工，按田均水。上流堤西洞五道为第一工（洞口分寸载堰碑，灌田一百七十二亩六分），下为上高沟、中高沟、下高沟，分第二工（灌田三百七十八亩三分）轮水（每十日截水一日一夜），下为上西沟，开平一尺二寸三分六厘，分第三工（灌田一百二十七亩五分）轮水（一日一夜）、第四工（灌田三百零五亩九分）轮水（三日二夜）、第五工（灌田一百一十七亩九分）轮水（一日一夜）、第六工（灌田二百一十九亩六分）轮水（一日二夜）、第七工（灌田二十五亩）轮水（三时，由申止戌），此工又（灌田二十七亩五分）轮水（四时，起亥止寅）。下为官沟，开平四尺一寸五分二厘，下分二道，曰下西沟、下东沟。两沟之上，有洞二道。分第八工（洞口分寸载碑，灌田一百一十八亩六分），下为下西沟，开平一尺五寸一分五厘，分第九工（灌田一百亩零八分）轮水（一日一夜）、第十工（灌田一百一十二亩八分）轮水（一日一夜）、第十一工（灌田一百五十三亩九分）轮水（一日二夜）、第十二工（灌田一百一十六亩）轮水（一日一夜）、第十三工（灌田二十六亩三分）轮水（半日）、第十四工（灌田一百六十三亩八分）轮水（一日一夜又半日）、第十五工（灌田一百六十亩）轮水（一日二夜）、第十六工（灌田六十九亩六分）轮水（一日）、第十七工（灌田一百亩零九分）轮水（一日一夜）。下东沟，开平二尺四寸五分八厘，第十八工（灌田一百八十三亩）轮水（一夜又半日）、第十九工（灌田二百三十一亩）轮水（一日一夜又多半日）、第二十工（灌田三百零三亩三分）轮水（一日一夜）、第二十一工（灌田三百一十七亩二分）轮水（二日一夜）、第二十二工（灌田一百二十四亩二分）轮水（半日一夜）、第二十三工（灌田六十亩零四分）轮水（半日）、第二十四工（灌田八十五亩四分）轮水（一夜）、第二十五工（灌田三百零九亩二分）轮水（一日一夜）、第二十六工（灌田一百一十五亩四分）轮水（一日）。

以上详堰碑，计共灌田四千一百四十二亩有奇。

冷水又北流十里为隆兴堰，在县南二十五里下红花河之祖师殿，引冷水西灌。据堰碑，此堰昔名红花堰堰在红花河入冷水处，故名。《孙志》谓即石门堰。按：《王志》：石门堰在县西南三十五里，引旱山西南沟水。与此方向、里数不符，误矣。不知昉自何代，年久就湮。雍正五年，分府张公复修堰渠，继之者皆未成功。乾隆四十一年，增生张拱翼、乡耆吴承学、姚帝辅禀承知县郭公嵩疏凿，鸠工五载，废者复兴，因锡名曰"隆兴堰"。分二十一工。其渠西北流经十里，至小石堰河下流岸上，河低渠高，跨河施架木槽俗名旱船，接水而北，下分四洞口，灌卢家沟、李家营田二百一十亩。下流二里许，分岔为山南沟逢三、六、九等日用水，灌余家沟田九十余亩。又下至五岔沟，分中、西、东三沟。东沟灌边家山田四百余亩。中沟灌吴家坎、张家村、高坝、倒灌坝、店子街、油房街田一千一百余亩。西沟水北流一里许至周家山，又安平石分二道。小平西流，灌苏、杨二山等处田五百余亩；大平直下，灌康家营、姚家店、中所营、王家营、高墩梁田一千一百余亩。通计灌田三千四百余亩。

冷水又东北流十里为芝子堰，在县南十五里，旧名老溪堰。筑于水南中坝之李家营，引冷水西灌。北流三里，东有倒灌洞，灌倒灌坝田三百余亩。又流半里，有渠分东西二道。西为高官渠，灌海会寺、慈家营、杜家营田八百余亩；东为桐车堰。又东流，北分一支为罗家堰口宽三尺一寸，灌鱼营一带田九百余亩。桐车堰又东折北流，灌高田坝、高家营、董家营田四百余亩。此堰共灌田二千四百余亩。

冷水又东北流里许为班公堰，堰东灌七里上、中、下三坝，共灌田八千七百亩。《府志》：嘉庆七年，署知县班逢扬引冷水，开渠作堰，改旱地作水田。堰首自李家街起，绕赖家山、石鼓寺、大沟口、黄龙渠、楮家河口、梁滩河、娘娘山口，至城固之干沙河止，湾环三十余里。水行至上坝，适逢扬升任定远同知去，知县杨大坦继之。至十三年冬，知府严如熤为竟其功，相度地势，改修中、下渠道，委照磨陈明申往来督役。十四年，水至中坝；十六年，水达下坝。严大守暨士民以此堰创之逢扬，因名之曰"班公堰"。光绪元年秋，河水横发，冲崩老堰六十余丈，别购地十余亩，新开堰沟，创修龙门。今上、中、下三坝统分八工：首七里上坝，分三工，上头工灌田一千二百亩，上二工灌田一千亩，上三工灌田六百亩，轮水四日四夜。次七里中坝，分二工，中头工灌田一千亩，中二工灌田八百亩，轮水四日四夜。次七里下坝，分三工，下头工灌田一千八百亩，轮水五日五夜；下二工灌田一千一百亩，轮水四日四夜；下三工灌田一千二百亩，轮水四日四夜。二十一日一轮，周而复始。

冷水之西，不资冷水为堰者，有浸水堰，在县南二十五里上廉水坝，引旱山丁家坪凉水井水为堰，灌田五百余亩。又有小石堰，亦引旱山溪水为堰，灌田一千八百余亩，下流入冷水。

冷水之东，不资冷水为堰者，有三公堰，在城南四十五里关爷庙坝，引尤家河作堰，灌干坝、车坝田二百余亩。黄土堰，在下高皇山坝。《府志》：县东南二十里，引观沟河水，分东西二沟，灌田一百七十余亩。

又有梁渠堰 《府志》：县东南三十二里，引许家山沟水，灌田二百八十余亩。

又有狪狪堰 《府志》：县东南四十里，引赵家山沟水，灌下七里坝、麻柳林田六百三十亩。

定远厅

《厅志》：定远地形大概类蜀，每越一二大梁，即有平坝，如平落堰、盐场堰、九阵坝、三元坝、渔渡坝、固县坝、黎坝、上楮河等处均产稻谷，水旺渠高，可资灌溉，旱不为忧，但夏秋水涨，渠易冲淤。近日垦田灌溉虽数倍往时，利终难恃，故各渠溉田数目多本《汉中志》。

龙泉堰　在城南，长二里。光绪四年，同知余修凤开引泉水，溉田灌园约四十亩，城东民汲水利之。

钓鱼观堰　在厅南，长一里许，引大洋河水，溉田五十亩。

下堰二　在厅南，长半里，一引河水，一引周家营龙泉水，溉田五十亩。

七里沟堰　在厅南，长一里，引沟口龙泉水，溉田三十亩。

小洋坝堰　在厅东，长二十里，引东沟、洋水，溉田八十余亩。

鹿子坝堰　在厅东，长八里，引洋河水，溉田五十亩。嘉庆二十年，粮户程纪、田永春募修。

捞旗河堰　在厅东，长半里，引捞旗河水，溉田五十亩。

周家坝堰　在厅东，长二里，引洋水，溉田十余亩。光绪三年，邑绅程敬民募修。

谭家坝堰　在厅东上楮河，长二里许，引东河水，溉田五十亩。

长兴堰　在厅东中楮河，长二里许，引楮河水，溉田五十余亩。

水田坝堰　在厅东中楮河，长一里许，引楮河水，溉田四十亩。

倒流堰　在厅东下楮河，长五里，从下引上，溉田五十亩。嘉庆年，里民李承良开修。

蜡溪堰　在厅东六十里，引山沟水，溉田二百亩。

黄龙堰　在厅东大市川，长一里，引黄龙洞水，溉田五十亩。

偏溪河堰　在厅东，引溪水，溉田五十亩。

黑龙堰　在厅东大市川，长一里，引黑龙洞水，溉田五十亩，但水性最寒，久雨则谷难熟。

下牌堰　在厅南双北河，长五里，引北河水，溉田十余亩。

北河堰　在厅南，长五里，引河水，溉田十亩。康熙间，粮户贺大用开修。

渔渡坝堰　在厅南渔渡坝，长四里，东引溪水，西引河水及龙泉，溉田六十亩。

盐场堰　在厅南一百六十里，引大河水，溉田六十亩。

平落堰　在厅南一百四十里，引山沟水，溉田五十亩。

仁村堰　在厅西一百二十里，引山沟水，溉田五十亩。

九阵坝堰 在厅西三十里，引山溪水，溉田一百亩。

小河堰 在厅西石虎坝，长三里，引河水，溉田六十亩。

山沟堰 在厅西石虎坝，引山沟水，溉田百亩。

上坝堰 在厅西黎坝，长五里许，引舒家营水，溉田六十亩。

柳家沟堰 在厅西，长二里，引龙泉水，溉田四十余亩。

上堰 在厅西三元坝，长一里，引龙泉水，溉田五十亩。道光年开修。

以上凡二十八堰，计溉田一十六顷五十亩。

留坝厅

《府志》：留坝本无水利，近年以来，川楚徙居之民就溪河两岸地稍平衍者，筑堤障水，开作水田，又垒石溪河中，导小渠以资灌溉。西江口一带资太白、紫金诸河之利，小留坝以下间引留水作渠。各渠大者灌百余亩，小者灌数十亩、十数亩不等，町畦相连，土人因地呼名。至夏秋川涨，田与渠常并冲淤，故不得名水利也。其后，光绪二十九年十二月，署同知李复于城外淘沙坝筑渠开田，三十年三月十五日工竣，由新办学堂经费内用钱一千二百四十缗，计灌田四百四十八亩，款由学堂筹给，渠租归学堂用，并定水则章程，经水利总局验工立案，其禀文章程列后。《禀修淘沙坝渠工》曰：前以城外淘沙坝河岸堪以筑渠，开田以兴水利，当经筹费督工，延绅董廪生吴从周、陈世虞筹商，动用学堂专款，以扩充学堂经费。嗣经该绅等复加相度，渠道若更向南展远，由山根绕越开田，可多一百余亩，所增经费约需二百余串。自上年十一月十二日动工起，至本年三月十五日工竣，祭堰放水止，所修工程大率土石相间，或专用石工，或镶以石条。山嘴拦遮，则堑崖划壁，以取其直；地势狭隘，则培土垒石，以增其厚；高者凿之，使平；陷者填之，使实；沙底性松，则加筑油灰，以防其漏；沟间相隔，则跨造石槽，以渡其流。并恐河水暴涨之时，性猛流激，冲崩堪虞，乃于堰头受水箭许之间建立牐座，旁开涵洞，使水大时，旁由涵洞宣泄归河，不令十分入渠。惟水涨既有所恃，水微不可无备，并于渠之下游相地开挖池塘一区，平时蓄水，遇旱水少，下游不数灌溉，则用塘水挹注，以资补苴。共计用经费一千二百四十串文。查新开地土均已放水成田，次第插秧，逐段丈量，共计成田四百四十八亩三分，转瞬西成，民间递增稻粮一千余石，学堂岁可得息一百余石，公私两便，利益无穷，并订《渠工水利章程》：一、明示宗旨。以现动学堂公款，开南岸堰渠，上禀时，虽有准各业户按亩分年摊还之说，然分年征还，整款反同零欠，各业户获利倍丰，还本必易，嗣后无论田归某姓，堰渠总为学堂永久之业，不容更易。一、计亩定课。新开堰渠，灌田四百四十八亩余，凡沾渠水利之田，每年于秋后按亩纳交堰稞三斗，每年可得花息一百三十余石，由堰长经收，汇交学堂司事储仓。一、渠口用闸。此渠既为沿渠三十八公共之利，自应一视同仁，将水田亩数多寡，通为计算，以渠水盈绌，按亩均匀分摊，乃为公溥。应将水口安设闸板，每板宽八寸，量水浅深，层递累堵。遇灌溉之时，如第一口去闸板一块，除分流外，二块闸板以下之水仍可下流；至第二口，则去闸板二块，第三口则去三块，以次递加。庶渠口以下不至断流，用水之时得以同时灌注，上下流通，水利均沾。虽地居下游，不致有等候失时之虞，以示均平，而免纷争。一、造册立券。渠工既成，凡沾渠利之地，逐亩履丈，分别花户、亩数、应纳稞数，亲向学堂书立券据，名曰稞约。由学堂造具花名清册二分，一存厅案，一存学堂，用备稽。一、轮举堰长。每年应举公正绅耆者一人，专司堰事，名曰堰长。凡渠道壅淤疏浚，催稞换约等事，皆归稽查经理，由沾渠利益各户按年轮充。一、预定岁修。每年夏秋雨多之时，山水暴涨，挟带泥沙，一经平减，不无沙泥停滞，议于每年兴作之前，由堰长定期，传知沾渠水利各业户，按地多寡，均匀出夫，按段疏浚，务期通畅而止。如遇暴雨时行之时，在于各户轮派水夫四人，由堰长督率，昼夜巡视，抢险防护，不得推抗，以免溃决。一、田间水道，不得阻滞。干渠灌田水口，其数有定，不能按户开挖，其相隔较远不临渠身之田，必须上流下接，由近及远，以次接灌，则田间水道，不惟己田行水之路径，亦乃邻田假道所必需。一经勘定，永远遵行，田主不得借口阻滞，致距渠较远之地，独抱向隅。一、开塘蓄水，以备不虞。现于渠之下游，开挖池塘一处，若遇旱干之时，渠水来源不旺，不敷引注，则地居下游者，不无觖望。兹特备预不虞，俾水缺之时，有所挹注。一、兵民一律，以期公允。查沿渠各地内有营中之产，向为旱地，今则得沾水利，悉成沃田。一切赋税向俱照依民间一律办理，今既较往昔倍食其利，则堰稞岁修等项，应与民间一体照办，不得两歧。一、预权轻重，以定限制。查傍渠向有水碓，系拦用大河之水，若果河流畅旺，水力有余，原可渠碓并用，两不相妨，第恐天旱水缺，其势万难兼顾，彼时自应先尽渠中应用，以资灌田，水碓不得拦截相争，致碍田禾。一、禁挖沙坡，以固渠埂。查荒草沟口一带沙坡，逼近渠埂，该处虽异石田，究非沃壤。该地主鄙见小利，间岁一种，冀得升斗之粮。第坡势既陡，沙脉复松，夏秋雨淋，水沙杂下，殊于渠道有害。今由学堂每岁于堰稞项下，津贴该地主稻谷三斗，嗣后不得再行挖种，仍由学堂艺植树木，俟学费充裕，给价承买，以断纠葛。一、预立水限，以示均平。南岸新开之田，惟资河水灌注，其用水不及平方尺五。北岸旧田向分三坝，天福宫左右一带之田为上坝，文庙对面之田为中坝，大滩、画眉关一带之田为下坝。统计不及南岸新田三分之二，其需水亦不过如新田平方尺五足矣，且上坝、下坝，尚有石硖沟、官塘沟两水汇流伙助，则分用大河之水仅止中坝一处。常年水源，本属不可胜用，无虑缺少，所虑奇旱为灾，沟水或致缺乏，官堰地据上流，竭泽其易，则中坝、下坝之田必致无水可灌。今特预立水限，除常年外，设遇奇荒之年，官堰与北岸民堰，按五日轮流分灌，庶北岸旧有之田，水利一体均沾，以杜纷争，而示公溥。

褒城县

山河第一堰详《旧志》。第二堰自县境高堰子引水起，至柳叶洞止。第二【三】堰自县境西沟引水起，至西渠等止，共灌田四千余亩。详上南郑县并《旧志》。

龙潭等十四堰、泉，自县境梁家营起，至宁家塥止，引龙潭泉、廉水、各山泉，共灌田七千三百一十余亩，均详《旧志》。

城固县

《秦疆治略》：县地东西狭，南北长。由庆山至县城为适中膏腴之地，有堰八处，灌田八万余亩；西南二郎坝与四川接壤，有堰十一道，灌田四万余亩。县境水利首称壻水，西岸二堰曰高堰，曰五门堰，东岸二堰曰五丈堰，曰杨填堰。高绥宇《四大堰议》曰：四堰均引壻水，水源发蓥屋终南山，周廻曲折，历千余里至城洋之交汉王城而入于汉。西岸大堰二道：一曰高堰，口在山内北沟下，灌田二千余亩；次曰五门堰，在伏牛山下，口列五洞，汉高祖都汉中时，萧酂侯所开，至明城固知县高、乔二公绕斗山角渠，引至平川，分九洞八湃，灌田五万余亩，诚一邑养民之源也。东岸亦大堰二道：一曰五大【丈】堰，口在庆山角，灌田五千余亩，至今一半圮于河；次曰杨填堰，口在丁家村上，宋吴玠将杨从义所开，其渠绕宝山下直达洋县西界，城固三分，洋县七分，灌田三万余亩。一堰经二县地方，遇事商议，辄彼此抵牾，殊难措手。此四堰之原委也。

湑水西有高堰，灌田四千八百五十亩，又有丈堰，灌田三千七百二十一亩，详《旧志》。

五门堰，《旧志》：引壻水作堰，凡五门。元至正以前灌田四万八千四十余亩。清康熙时，堰地灌田二万八千六百八十七亩，定水车九辆灌田二百七十亩。又分七洞，曰：道流洞、上高洞、下高洞、青泥洞、双女洞、庙渠洞、药木洞灌田一千九百四十二亩。又分八湃，曰：唐公湃、萧家湃、黄家湃旧作水，误、王乾湃、枣堰湃、鸳鸯湃、油浮湃、水车湃灌田二万八千六百八十七亩五分。历代修堰工程自元至正时县令蒲庸开凿石嘴，明弘治时司理郝晟又万历时县令乔、高二公前后凿石浚渠，砌堤护堰，水利益扩。乔公刊定洞湃水口尺寸，以木径尺为准，平均水则，高公以洞湃水口旧用井字卷木入水易朽，蠲俸易买石条，各照修砌，刊碑永垂，今据《府志》列下：五门堰，石砌水门五洞，宽阔二十余丈。小龙门堤共三十七丈六尺，石砌水口五丈，名为活堰，以备退水。定额水车九辆，每辆溉田不过二三十亩，自然打水，不许拦截官渠。唐公湃田六百八十三亩五分，照旧截堰引水，不许加高。道流洞田一百五十一亩，渠道稍下，水口周一尺八寸。上下高洞田共二百亩三亩，渠道稍下，水口各周一尺六寸。青泥洞田一千七十四亩，渠道最低，水口周二尺，今加一尺。双女洞田一百四十八亩，渠道平流，水口周一尺四寸。药木洞田二百七十五亩，渠道最低，水口周二尺。萧家湃田一千二百四十一亩，渠高田高，本湃平水浐流，不许拦截官渠。黄家湃田八千二百五亩，渠道最低，水口周三尺八寸。苏家橙槽渠田四十八亩。鸳鸯湃田四千七百七十六亩，渠道最低，水口二尺九寸。黄土堰田八百一十九亩，渠道平流，水口九寸。油浮湃田三千三百亩，渠道最低，原定水口三尺八寸，湃当山水直冲，实为西高渠要害，今以石条一百三十二丈，石灰五十余石，砌修活堰，宽阔顺下各四丈，以备退水。东高渠田一百八十亩，渠道平流，水口四寸，堰下田万亩，水口一丈五尺。水车湃田三千四百五十九亩，渠道最低，水口三尺八寸。官渠尾分水洞下一十六处。王家洞田一百五十六亩七分，渠道低流，以下同水口周一尺六寸。罗家洞田三十亩，水口周六寸。张家洞田二十亩，水口周围四寸。董家洞田九十一亩三分，水口周一尺。王乾湃田四十九亩，水口一尺。张家洞田一百三十七亩五分，水口周一尺四寸。高家洞田一十二亩，水口周三寸。任家洞田八十二亩，水口周八寸。大小橙槽渠田二百六十亩，水口七寸八分。西官渠以下分水渠洞六处，共田三千八百四十三亩，水口平木一丈一尺五寸。砖洞渠田七十七亩五分，水口平木三寸九分。小汉渠并中沟渠田六百五十六亩七分，水口平木三尺寸九分。大汉渠田二千三百六十六亩五分，水口平木一丈一尺九寸。花黎堰田二百二十亩四分，水口平木一尺一寸三分。高渠田五百二十一亩，水口平木二尺六寸一分。铁王湃田四百八十亩，水口二尺四寸。枣堰湃田三百一十亩，水口一尺五寸五分。何家渠田一百亩。龚家堰田三百三十亩，水口一尺五寸五分。陈家渠田二百亩，水口一尺。西渠田九百亩，水口四尺五寸。

乾隆间，河深下冲，渠岸渐高，春时农田用水，只在堰口移石砌坎，水即入渠，尚易为力。嘉庆六七年后，生齿繁多，山民斩木作柴，垦土种田，山濯土松。每逢暴雨，沙石俱下，横塞河身，冲压田禾，河失故道。用水之时，不得不截高坎，钉木圈，垒石为墙，以防水冲，然大水之内决洞梁，外浐田禾，浸村庄，愈冲愈宽。五门堰截坎直至三里之遥，每亩派钱五六百文，较雍正时，渠费不啻倍蓰，农民深受其病，而无赖首事以为利，赂通县役，逐加用费，小民窭苦，结讼连年。至道光二年，知县俞逢辰凤谙渠弊，谓拦河截堰宜低修，不可高，洪水冒堰，直过清水，自入堰口，每亩出钱百文，功即可成。百姓感焉，然终不能一劳永逸也。议者以为，宜于两岸两堰合修水口于焦厓对门，两岸石山所距一箭之地，平时水清，累石砌坎，潦时水洪，冒坎而下，任其所流，如此则工小，可省费无算，迤下以高堰之渠尾，接五门堰之渠头，因势利导，绝不费力。但高堰田少渠窄，五门堰田多渠宽，上流开渠必宽，从升仙村穿心出，拆房数区，方能畅流高绥宇《四大堰合修议》。同治三年，署知县张开鉴以办公余款置田二百亩，议定积租钱至三四千串，为修堰工之用，除民间摊派之累。未几，管理非人，亏租兴讼，岁派民间堰工钱五六千缗。至光绪二十一年，经抚院鹿传霖判断积弊，清算欠款，以前置田二百亩，其后又增为三百余亩，计官田及发商存款实足三万缗之数，以岁息八厘计，可得钱二千四百串，乃因王、卢二绅经手，亏短堰费存钱二千二百六十串，饬李县令均珩传案缴清，由新举渠首赵、吕两姓管理，遵照原议，积钱至四五千串，足敷一年堰费，不再向民间摊派。

杨填堰在城固东北十五里，洋县西五十里，截湑水河中流为堰，相传亦酂侯、平阳侯所创。至宋，知洋州开国侯杨从义大加修濬，民赖其利。元明仍之。惟堰两岸皆沙土，河流急湍，易至冲圮。明嘉靖时，直指于公永清等始砌石筑堰，为洞五，为堤二，以防溃溢。邑绅李时孳有《新建杨填堰碑》。

《旧志》有新堰，在杨填堰南，灌田四百亩。

县境有北沙河，于东岸引渠曰上官堰，灌田三千亩；于西岸引渠曰西小堰，灌田四百亩；又南曰枣儿堰，灌田三百亩，均详《旧志》。县境又有小沙河，于东岸引渠曰万寿堰，曰新堰，曰平沙堰，曰倒流堰，共灌田三千八百亩；于西岸引渠曰上下盘，曰沙平堰，曰莲花堰，共灌田三千九百亩，均详《旧志》。

县境又有南沙河，于东西岸开二渠，曰东流堰，曰西流堰，共灌田七百亩，均详《旧志》。

嘉庆十五六年，山水频涨，杨填堰旧渠平为河身，两邑士民公请于知府严如熤，以洋邑贡生蒙兰生总理修复，又城、洋武生李调元、张文炳、高鸿业等共襄其事，买河东岸地一十四亩，将渠身改进，筑帮河堰堤二百二十八丈九尺，于河水入渠之处，修石门五洞。经始于嘉庆十六年二月，至十七年五月工竣。陈鸿训有《重修五洞工程记》。

堰截湑水东南流为帮河堰，又东南流为丁家营洞，又东南流为姚家洞，又东南流于北岸立水车八具，又东南流为青泥洞，又东南流至宝山寺绕而东为鹅儿堰。康熙二十五年，郡守滕公天绶以截河大堰系城、洋二县用水之源头，帮河堰、鹅儿堰乃二县洩水之要口，定二县修堰工丈尺、分水日时如下：凡沿河地界，在城田用水地方者，城民照[旧]例拨夫浚筑；在洋田用水地方者，洋民照旧例鸠工挑修。至于截河大堰，系二县用水之源头；帮河堰、鹅儿堰乃二县洩水之要口，须照田地用水之多寡分计工程，合力修筑。查城田十之三，用水亦十分三，工宜三分；洋田十之七，用水亦十分七，工宜七分，是用水既均而力役尤平。[又查帮河堰、鹅儿堰二处系浅水要口]，若二堰修筑不得其法，不惟若许田亩灌溉不继，而且徒劳无益。如往者以乱石垒砌，难免随水漂流之患。兹欲其巩固，一劳永逸，莫若编设芦囤之法为善。其法：芦囤每一个长一丈，高二三尺许，约与堰堤量矮数寸，其芦囤内填以乱石，编立两条，中间数尺，仍填乱石于内，水小障栏不竭，水涨任其漫过，自是工可久而水利有赖矣。他如城田洞口俱要另修，合照闸式，高不过四尺，宽不过三尺，余其所费无几，便于封锁。其修堰丈尺：杨填堰以下，自帮河堰起至鹅儿堰止，共计一千二百八十八杆，内帮河堰至丁家洞四百杆，城固县挑修一百二十杆，洋县挑修二百八十杆；长岭沟至鹅儿堰六十三杆，城固县挑修一十八杆九尺，洋县挑修四十四杆一尺。续议定丁家洞起，至长岭沟止，共计八百二十五杆，城固县于放水洞口附渠切近，洋县离渠颇远，分定城固民挑五百四十五杆，洋民挑二百八十杆。杆长一丈。至临期用水之时，城田洞口俱开，放水三昼夜，三日已满，许洋县管水利官率同堰长逐一封锁。洋田洞口以七日七夜为期，自此周而复始，水无不给，利无不均矣。再考城民设立水车八具，亦高田救旱之必需，无禁遏之理，但止许单轮，不许双具，恐其拦阻河道，壅塞下流。即单具水车，亦止许小堑取水转轮【输】而已，不得过高阻遏下河之水。照此永远遵行，毋违！

又东南流为竹竿洞。

又东南流至双庙子为孙家洞。

以上各洞尚灌城固之田，为上堰。

又东北南流至留村入洋县界为梁家洞此洞城、洋二县分用，又东南流为新开洞。康熙二十六年岁旱，上堰壅水，下堰田枯，不循三七之例，知府滕公天绥重申旧例，刊立分水碑，详上。嘉庆四年，上堰又截水，洋县绅民控诉，汉中道余公饬县如旧例分水，岳君震川有《碑记》。

其北岸为倪家渠、魏家渠。

又东南经马畅村为柳家洞。

又东南为磨眼洞。

又东南至五间桥为宿龙洞。

又东南为赵家洞。

又东南为黄家洞。

又东南为汉龙洞。

又东南流为水碹堰洞。

又东南流为分水渠。

其北岸为北高渠，引水经池南寺，北至白杨湾止。

又下为野狐洞，又东南至谢村镇入汉江。自新开洞至谢村镇均灌洋县田。

共计杨填堰灌城田一千四百九十八亩,灌洋田一万八百四十亩,城田在上,用水三分,洋田居中堰下堰,用水七分,其分工修堰亦照三七为例,详《旧志》。同治初,蓝匪扰县境,田荒堰坏。三年,匪平。知县范学光奉巡抚刘公蓉札文,修复堰渠,由郡守杨光澍拨饷银一百两,县拨军谷十石,又由县绅刘瀚贷钱五千串,秋成后按亩摊派清收,渠工告竣。

洋县

杨填堰见前城固县,水入县境为新开洞,至谢村镇止,灌洋县田。

溢水、二郎、三郎等堰,《洋县志》:均引溢水,共灌田二千四百三十三亩。余详《旧志》。同治间,溢水堰坏,知县李承玖督首事、田户修筑如故。又本堰有大小飞槽,易于冲崩,光绪二十一年,知县李嘉绩督堰首廪生宋培等用石灰桐油修筑完固。向为上八工、下八工,通共灌田一千八百余亩。

灙滨、土门、斜堰等堰三均引灙水,共灌田三千四百二十亩,余详《旧志》。《洋县志》:土门、斜堰二堰同治二三年间荒芜损坏,三年四月,知府杨光澍发军米修筑,至光绪二三年,大雨冲毁,知县刘文炳筹款修复如旧。明时李时孳有《石堰碑记》,李乔岱有《土门贾峪二堰碑记》,张企程有《重修三堰碑》。

苧溪华家等六堰,《洋县志》:共灌田八百亩。余详《旧志》。

《洋县采访册》曰:杨填堰,嘉庆以前《县志》引《府志》但云随时修补。今考:康熙中,县丞张仕宪重修大渠内城固留村境上之长岭沟冲口鹅儿堰一次。乾隆十五年,县典史协办城固主簿事高洪又修。嘉庆七年之水,渠堤冲崩数百丈,八年春修复时,又议将鹅儿堰与宝山以西之洪沟冲口帮河堰加用闸板,改作活堰,用便蓄洩,并为守闸人置田。是年,帮河活堰成,置地五亩;明年,成鹅儿活堰,置田四亩。至十五年之水,河身又夺渠,蒙兰生乃承两县之举、汉中道之委,统堰首渠堤而大修之。为由昔至今数百年之更始,自是节年培补,即蓝逆乱后,亦仅祠宇之工较多,堤渠不过小有筑凿耳。其帮河、鹅儿两堰之外,水磨堰在县之五间桥,地为南北高低分水处,亦次要之工。乾隆五年,因争水,经水利同知吴敦僡命知县倪之铮及管堰典史俞思孟,于该堰五丈以上立分水合用之洞口两水平。十六年,知县陈某暨高主簿洪复改修而坚之。其工水等例,自康熙二十六年滕太守定约后,城固人于黄家洞又私造木堤截水,县人讼之,历五年,朱士炎署篆,躬履详勘,断令一遵旧规,犹恐于洞口私有改修，特立碑记之，与滕太守之三七例同为堰政大纲。而三七例于乾隆四十二年因水乏，知县崔豫与城固知县朱承休会议，小变其章，以三六九日分于城固，余皆属洋，乃城固人更生奸巧。嘉庆十九年，城邑稻田尽插，而洋田不得水，禀诸汉中道余正焕，复断从滕太守原定之约，城人仍事矫虔。道光二年，汉中道严公、知府巩公复相偕躬履详勘，委经历会两县断结。城固人辄于两家洞_{碑误两为堰}用石拦截，洋邑人复以从无此例，录朱县尹之碑为证，并陈五大患。道、府怒，再委审。城固人乃自惟情曲，畏罪俯伏。统计争讼凡八九年始息，旋因挑渠又诉，严观察断令分界挑修，定有杆数。同治六七年，城固人又因水冲其田千余亩，欲变工例，汉中道谢质卿饬委会两县讯断，暂令洋人津贴工费田，复而罢；彼又赖以为常，光绪中乃更讼结。溢水三堰工费旧例，大堰分上下二坝，计数均摊而水为下昼上夜。光绪三年因大旱争讼，详定工费仍旧，别改水为二日轮流，先下后上。及光绪二十八年，又因新田兴讼，断以新田原是地粮，只许收正田有余之水，无余仍作旱地耕种。其二郎坝，道光十二年即因霸截渗水与私，在三郎堰龙口附近沙地开田，由三郎堰田户具控，批判不准截开。同治九年，二郎本堰又自上下相争，讯明工为上六下七，水分上夜下昼，仍如此定，皆有碑志之。

瀵滨堰在乾隆以前，当康熙二十七年至四十一年，渠堤数被水崩，先后由知县薛翼、王钦佑延训导贺爵督理，从新改作，田户立有遗爱小碑，以后随时修补，至嘉庆二十二年迄。道光十八年，添修颇多，皆有《碑记》。其分上下各八，溜瀛湾居中，而二财费按田亩均之。水当插秧之时立夏后，无论如何，先从下八工起，以夏至前十三日轮流，及溜瀛湾灌两日夜，乃归上八工，迨插秧迄，则下八工专灌夜水，而溜瀛湾从上八工用昼，仍以二八分流，此光绪三年碑例也。

土门堰自同治十三年修治后，光绪十九年以渠道近河易决，买地别开之。其分水，上坝之田原只二百四十余亩，每日灌二时，下坝二千余亩，灌十时。后因上坝新垦沙田，争讼数年，控至抚辕，由汉中府提讯断令，仍依旧例，不准再垦，立碑垂远，光绪二十九年事也。

苎溪堰旧新各《志》俱不详所始，今考《碑记》，始于明万历十八年，知县李文芳奉各部院札饬兴工，其用水亦自下而上。原田四百二亩七分，较《志》文尚多八十亩，盖以水少，有复作旱地种者矣。其余华家等堰，亦俱明代所开，惟高原堰见于宏【弘】治五年庙碑，为瀵、溢以下各堰最早之实据_宋

乾道中《杨公墓志》虽云洋州有八堰，而杨坝之外皆无所指。

各堰当创开时，本皆按水造田，而后世之上流田与堰并增，下坝水逐俱乏，往往但能种麦豆，土门、鹅翁、灌溪尤甚，至有谚语传为"井儿坝，收不得是为土门堰之尽水"。又云："鹅翁堰，三年二不收。"

百顷池近年并池亦涸。

山谷小堰池随地皆有，其灌田或数十亩，或数亩不等，且有水低地高，堰不能灌，别作车戽而为田者，又有并无杯水，池亦徒凿，惟收天雨犹作田者，大都斩山填壑，堋石载土，非百其功弗成。山民勤劳，几无遗利而害辄随之，冲崩淤垫，无岁不有，甚至一荡无遗，而伐垦仍不休。小人生命所系，不自恤也。因之，以车名地者，则有灙水流域之简车坝；以堰名地者，则有酉水流域茅坪以上之自来堰二名俱见《新志·疆域分图》。而杨庄河之宋家堰，堰堋尤为坚固，创于土人宋氏，颇费工本其时未详，不过百年许，灌田近百亩或言五十亩。知者莫不称赞。沙溪河之刘家坝堰，灌田五十三亩。同治初以寇乱废，光绪元年修复，工程亦可有《碑记》。溢水下流之马扈堰，讹为蚂蟥，草坝村之贾峪堰亦曰小堰对灙滨、土门二堰而名之，其上又有雪坝堰，则皆有专名而尤著者也。以其本为民间私开，故未载于《志》。

《新洋县志》于《拾遗中》载道光时之铁桩堰，此事久传人口，系光绪季年典史梁直臣甫以水利为其所职，尝欲约绅粮禀上修之，以倖其功。近年蓄此意者尤多，然以汉江之大，其地并无片石，当日铸铁费金六万两既不能成，今则工料愈贵，财力愈艰，公修又不能如专修之致力，即使实致其力，须知水发无常，经多日之炼筑，跟脚犹未砌稳，骤逢暴涨，一夕便可荡尽，壻水之汉王城新堰几次修筑，尚皆空劳，此庸可以尝试乎？汉王城新堰嗣于丙寅岁，土人按地亩筹凑工赀，又拨官款修砌，洞口、渠堤虽未坚稳，现已开田引流，岁收数百石。

西乡县

《秦疆治略》：县属皆高山邃谷，东路地更硗瘠，全赖天雨。近城西南二路，地稍平衍，称为县属精华，渠堰共四十三道，灌田六万余亩。农忙之际，用水启闸，各堰口官为经理，俱有成法，不至纷争。高川陂等二十二堰详《旧志》。嘉庆八年，析置定远厅、余黎坝等十八堰列入《厅志》。五渠堰在县治北，康熙时知县王穆疏浚，已详《旧志》。五渠者，东沙渠、中沙渠、北寺渠、白庙渠、西沙渠也。考《县志》，康熙时北山尚多老林，土石护根，不随山水而下，故沟渠不受其害。乾隆以后，山荒开垦，水故为患。嘉庆二十五年，东关被灾；道光二年，又被灾。三年，代理知县方溥恩相度地势，将东沙一渠改挖河身，取直增高培薄，劝谕后山居民不许垦种。工竣，立有《碑记》。六年五月，山水下涨，营署民房又遭冲坏。各渠向系民间自为挑修，知县张廷槐传绅耆居民，捐廉倡助，按亩役夫，五渠同修，于北寺渠另开长直河一道，迳下木马河，以遂水性。其余四渠挑浚比旧宽深，以能消容宣泄。且令各渠上密栽桑树，通计可得桑数千株，树长根深，苞固渠岸，每岁采桑养蚕，获利即交渠长，以作挑修经费，永将北山封禁，以绝后患。各山地主情愿遵谕，不再开挖，各栽桐漆等树，立碑为记。

秋水堰　康熙时知府滕公天绶令民堰秋水灌田，有《碑记》。

双鲤鱼堰《采访册》：在县西二十里石峡子，经始之时失考。《旧志》载：雍正十二年，知县包瓒重修此堰，灌溉田亩，工虽未就，亦勤于民事者，回滇办项遂卒于家。按：昔时堰高河低，上水綦难，故废。今河身淤填坟起，水易上堰。现北堰虽填成官道，似觉费工，而南渠故道犹存，略一经营，利源即辟。年来屡议重修，均以款钜难筹中寝。彼郑国者，何如人耶？诚起而复之，财赋增进，当不可以道里计也。

沔县

《秦疆治略》：县境东南两乡皆系平原，有水渠十二道，各筑堤堰，灌田二万余亩，能时为疏浚，可以水旱无虞。《县新志》：汉江虽大，备亩浍之疏泄而已。其有利于民者，东路则旧州河、黄沙河，南路则养家河为最。《通志》即《旧志》详焉，而亦有错讹者。《严志》照钞，未遑考订，今稍加补正如下。

山河东堰在县东北三十五里，引旧州河水，分两派。东流者为东堰，自贾旗寨起，下分三沟。西沟上水边西寨，中水何家营，下水火家营；中东沟上水皂角湾，中水三官堂，下水魏家庙；大沟上水仓台堡，中水驸马寨，下水旧州铺，共灌田三千亩，详《旧志》并《沔县新志》。西流者为山河西堰即上下三岔堰，自刘旗营起，下分军民二沟，灌溉娘娘庙、周家山、赵家庄、汤家寨、弥陀寺、柳树营等处，共田三千九百八十亩。

牛栏堰在县东四十里，自宏化寺起，上水五堂，中水金家坡，下水汪家沟，共灌田三百亩。

天分堰按：《旧志》无此堰在县东北四十里牛栏堰下，引黄沙河水，水分两派，近北流者名东堰，官沟为上水，大小洞沟为中水，南北沟为下水，沔与襄分十六牌，下八牌灌田四千二百亩《旧志》：灌田三千六百七十亩，第九牌至第十六牌为上八牌，灌田四千二百亩《旧志》：共灌田三千亩，上下共十六牌，每牌一昼一夜。光绪二年，巡道三观察与襄城县令书示，无论每岁（不计闰），准于清明后五日，上下牌或彼此分放，或互相间查，以济秧苗。至旧章分水程日，上八下八，照牌轮流，周而复始，余水入黄沙河。

其近南流者为天分西堰，自堰口灌至黄沙，分为十牌，每月三旬，各轮流放水一昼夜，自下而上。每旬前三日为军水，后七日为民水。每值放水之期，定前一日午后封沟，至本日对时止。每年二月初一日为第一牌军家查牌得水，初九日午后归第十牌民家查接，初十日午后又归第一牌军家查接，周而复始，逢小建三月至二十八日午后即归第十牌查接，二十九日午后乃归第一牌军家查接，此旧规也。《旧志》：灌田一千五百亩。

琵琶堰在县南三十五里，引养家河水，分马家堰、白马堰、麻柳堰、天生堰、金公堰、尽水堰、康家堰，共灌田六千七百余亩，较《旧志》增灌一千余亩。

《县志》又云：养河水钻洞以上在阜川界内者，有毛家堰在河东，灌田三百余亩；曹家堰在河西，灌田四百余亩；唐家堰在河东，灌田千余亩，此亦养家河之利也。又小中坝之孟家濠香水堰，引龙洞泉水，灌田二百余亩。

晏家湾之南有龙潭堰，引胭脂川水，灌田三百亩。黄坝河、白马河、小堰河凡有水经过之地，居民引以灌田，或数十亩，或百余亩，居民私开，无渠堰名，亦《旧志》所不载。又闻诸乡贤曰：南山之堰利于旱，雨多则堰口淤塞，刻难疏浚，反成凶荒；北山之堰利于潦，雨少则堰源枯竭，终难分溉，争讼时起。诸堰规则不同，或以尺寸分水，或以昼夜分水，询其缘起，皆云定自明洪武年间，而无记载，大率祖父相传，不容紊乱。父母我民者，每年立夏以后，若遇渠堰争讼，即以旧章酌为结案，则原告悦服，被告亦帖然，不生枝节，以彼本不守旧章故。若稍戾旧章，众心难厌，往往酿成大狱。盖樊氏失业庚氏昌，亦犹南方湖田利之所在，其势不得不然也。每见乡民聚谈，动称："军务事大，堰务事大。某官懂水利，某官不懂水利。"其所谓不懂水利者，则不管旧章，断结而已。不管旧章，结犹不结也，又何怪我民之不以为利耶？附论于此，以为泰山河海之一助云尔。

略阳县

《府志》：县境无水利可言。近如娘娘坝、金池院、庙坝、接官亭等处有水田者，皆因川楚人民来此开垦，引溪溉亩，或数亩、十数亩。时值夏秋山潦，往往冲淤，不能收灌溉之利也。

兴安县【府】

附郭安康县　汉阴厅　平利县　白河县　紫阳县　石泉县　洵阳县

安康县

万春、长春、惠壑、万柳各堤堰已详《旧志》。

大济堰灌田二千余亩，赤溪堰灌田一千一百亩，磨沟、黄洋二堰各灌田百余亩，青泥堰灌田二百二十五亩，南沟堰灌田千余亩，均引山溪水，详《旧志》。

永丰一堰，《旧志》云：引恒河东岸水。初为千工堰，后废，改筑为永丰堰，灌田一千一百四十亩。乾隆时，灌田增至万亩。

万工堰，《府志》：引恒河西岸水，堰久废。乾隆十五年，知州刘公士夫重开，灌田二千二十五亩，有《记》。

汉阴厅

《秦疆治略》：厅南北皆高山重叠，东西尚属平坦。其渠堰之在官者十九处，民间私堰不下数百处，灌田数十万亩。境内平原约长百里，在在均系水田。双乳堰灌田一顷六十亩，田禾堰灌田一顷八十亩，钟河堰灌田八十七亩，池龙堰灌田九十余亩，观音堰灌田三百余亩，沐浴堰灌田六十亩，仙泾堰灌田三百三十亩，月河、墩溪二堰各灌田四百五十六亩，永丰堰灌田五百七十余亩，蒲溪、大涨、庐峪三堰各灌田三百余亩，铁溪、磨盘、花石三堰各灌田二百余亩，均引山溪水，详《旧志》。

《采访册》：祖师堰由城东祖师殿湾开渠，导月水东北行，灌田四百九十余亩。济屯堰由庙王滩开渠，引月水东北行，灌田五百余亩。补济堰即济屯堰之下，因水不足，又于吴家湾开渠引水，灌田二百余亩。赵公堰由云门铺卡家庄开渠，导洞河水南行，灌田四百余亩。

平利县

月溪堤详《旧志》。

《县志》：丰口堰引灞河。河北旧有小堰三道，河南旧有小堰一道，灌田一百七十余亩。

狮子灞堰，河南旧有小堰二道，灌田一百五十余亩；河北新堰一道，灌田六十余亩。

太平堰旧有小堰，灌田一百八十余亩。

冲河堰旧有小堰，灌田一百五十余亩。

下堰、河西新堰灌田四十余亩。芍药沟新堰水流至长沙铺，河东河西灌田四十余亩。

太平河堰、黑虎庙新堰水流河西，灌田六十余亩。黄土岭河东新堰灌田五十余亩。太平河东西新堰灌田七十余亩。坝堰、仙佛洞河东新堰灌田四十余亩。官沟河东新堰灌田一百余亩。柴家沟河东河西新堰各一道，灌田一百余亩。曾家坝堰、牵牛河北新堰灌田八十余亩共十三项。

白河县

《县志》：龙王沟渠长十里，宽四尺，深一尺，灌田十六亩。

水田河渠长十里，宽四尺，深一尺，灌田十六亩。

东坝渠长十里，宽四尺，深一尺，灌田四十亩。

西坝渠长十里，宽四尺，深一尺，灌田六亩。

店子沟渠长十里，宽四尺，深一尺，灌田二十亩。

宽平渠长十里，宽四尺，深一尺，灌田六亩。

高庄峪渠长十里，宽六尺，深一尺，灌田四十亩。

南岔沟渠长三十里，宽四尺，深一尺三寸，灌田四十亩。

康家坪渠长三十里，宽二尺，深一尺三寸，灌田三十五亩。

磙子沟渠长二十里，宽四尺，深六寸，灌田八亩。

觅潭沟渠长三十里，宽四尺，深一寸，灌田六亩。

紫阳县

《秦疆治略》：县境四面皆山，依山之麓，除沟窄水陡者，余悉开成稻田，引水灌溉，旱潦咸收。

灌河堰，《旧志》：灌田三十余亩。蒿坪河堰，《采访册》：在县东北五十里，灌田一百亩。任河堰在县西南一里，灌田一百亩。汝河堰在县东南三十八里，灌田一百亩。

石泉县

《秦疆治略》：县西北南三乡山地俱种苞谷，东乡与汉阴接界亦有稻田。

兴仁堰，《采访册》：引饶风河水，渠长八里，计宽五六尺，深四尺余，灌田约一千亩《旧志》云：堰水灌田二百余亩。

七里堰，引珍珠河水，渠长七里，计宽三尺，深三尺，灌田约三百余亩。按：《旧志》云，堰水灌田顷余。

高田堰，引大堰河水，渠长八里，计宽三尺，深三尺，灌田约三百余亩。按：《旧志》，堰水灌田百亩余。

大坝堰，引池河水，渠长九里，计宽四尺，深三尺五寸，灌田约五百亩。

偏桥堰，引头道河水，渠长九里，计宽三尺，深三尺，灌田二百五十余亩。

梧桐堰，引梧桐沟水，渠长十五里，计宽七尺，深五尺，灌田二百余亩。又香末碓一十二架，均资此堰之水。

简车堰，境内约五十处，平均计算每架简车溉田四十亩，惟迟河、沿河最多，熨斗坝河次之，约共灌田二千余亩。

迟河即直水，源出宁陕厅之腰竹岭，迳镇安县界，流入迎风沟为上迟河，又南流为中迟河，又东南流为前迟河，又折而西流至莲花石入汉。县境诸水，汉江而外，惟此水来源最远，见于《水经注》。其谷为直谷，以简车引水资灌溉焉。今讹为池河。

简车之制，以竹二丈四尺者二十四根，中横木轴，以竹为辐，分轴两肩，穿入而交其末为轮状，每二竹末缚一竹筒，每筒后加一竹芭，乃竖木安此车于渠上，引水急流，下边插入，面激竹芭，则车自转动，上边筒旁高架木槽，接水入田间。每一车灌田一顷，不烦人力，可夺天巧。近有以木为之者，虽较竹为坚好，然不如竹之省约。

洵阳县

《秦疆治略》：县山麓平衍，水势迂回，居民因势开堰，虽无官渠而稻田极多，民多富足。南乡山势颇平，五谷皆宜，而稻田十居其二。

《旧志》：中洞河、西岔河、洵河、麻坪、干溪、冷水、七里关水、磨河、神河、孟家河、平顶河、汉坝川、仙河等十三堰各灌田十余亩至三四十亩，共灌田三百十余亩。蜀河、闾河、金河三堰各灌田百余亩。水田坪堰灌田三千余亩。

康熙汉南郡志（节录）

卷之七　食货志

水利

南郑县

廉水河堰

石梯堰

杨村堰

石门堰 以上皆在县西南，引廉水河之水。

老溪堰 在县南，引冷水河水。

红花堰 在县南，引红花河水。

黄土堰 在县南，引观沟水。

石子拜堰 在县南。此皆汉江以南所属。

小石堰

梁渠堰

回回堰

荒溪堰

马岭马湖等六堰

大斜小斜等一十六堰

褒城县

山河堰在县南，长三百六十步，横截龙江中流而东逸，资以溉田。汉相国萧何创筑，曹参落成之。古刻云："巨石为主，锁石为辅，横以大木，植以长桩，列为井字。"蜀诸葛亮驻汉，宋吴玠、吴璘相继修筑，至今利赖。其下鳞次诸堰，皆渊源于此。

金华堰东南六里，乃山河堰水折流之总渠也。

第三堰南五里，乃龙江下流，分东西两渠，南褒共之者。

高堰

舞珠堰

大斜堰

小斜堰

龙潭堰

马湖堰

野罗堰

马岭堰

鹿头堰

铁炉堰

四股堰

流珠堰在县南八十里，星浪喷迅，势若流珠，亦汉萧何所筑。明嘉靖二十八年，堤岸倾圮，用力实艰，邑监生欧本礼和方度宜俊源导流，编竹为笼，实之以石，顺置中流，限以椿木，胼胝数月，方克毕工，至今赖之。

城固县

杨填堰县北一十五里，出壻水河。宋开国侯杨从义于河内填成此堰，故名。城固田在上水，用水三分；洋县田在中下水，用水七分。此《旧志》所载之定例，不可移易者也。其修堰分工、疏挑渠道，亦照用水三七例摊派，各挑各渠，无容争辩。清康熙二十六年，天旱，不循三七之例，水无下流，洋田之在下名为尽水者，如白杨湾，如智果寺，如谢村桥等处，尽失栽插，颗粒无收，控诉无已。知府滕暨同知梁单骑亲踏，随檄洋令谢景安、城固令胡一俊会勘至三，覆讯定案，中详宪金，立碑照旧例用水分工，修堰浚渠，至栽插用水，饬行上流不得要【腰】截，永为定例。

五门堰西北二十五里，出壻水河。元至正间，县令蒲庸以修筑不坚，改创石渠一道，与壻水相望而下，抵斗山北麓，土抱石觜，半中筑堤，过水碧潭，去此土流，横沟五门，恐水或溢，约弃入壻水，用保是堤，因白曰"五门堰"也。灌田四万八百四十余亩，动磨七十。每岁首凡一举修，竹木四万九百有奇，夫六百七十五人。明弘治间推官郝晟重开；清康熙十一年，县令毛际可查久淤古渠，侵占在民者，仍照旧宽阔挑浚，水大通行；二十五年，堤崩，县令胡一俊申请上宪，亲诣修筑，较前益坚。

百丈堰县西北三十里，横截壻水百丈，故名。

高堰县西北三十里，出壻水河。

盘蛇堰县西南四十里，出南沙河。

横渠堰县西三十五里，出北沙河。

邹公堰县西北四十里，出北沙河。

承沙堰县南十里，出小沙河。

倒柳堰县西南二十五里。

西小堰县西北四十里。

上官堰县西二十里。

枣儿堰县西北三十里。

周公堰

沙平堰

东流堰

坪沙堰

西流堰

鹅儿堰县东北十里，宝山之麓。相传宝山寺柱木龙化鹅吃水，故名。

流沙堰县西南四十里。

洋县

溢水堰县西二十里，出溢水东流。渠傍山崖，岁遭山水冲崩。明崇祯元年，令亢孟桧创修飞槽，后尝崩，至清康熙五年，令柯栋计垂永久，乃刳木省费。

二郎堰在县西十五里范坝村。

三郎堰在县西十里戚氏村。

斜堰北五里，居灙水下流，岁苦冲崩。明万历十七年，县令李用中以石条横砌数丈，仍东开土渠，灌溉资之。

土门堰县北十里。水阻牛首之横山于此，开凿为门，以通渠道，故名。沿渠而北有小溪，名贾峪河。每遇大雨，其水甚猛，横冲渠道，水浅不得溉田，冲止则复修，一岁之间，时冲时修，民甚苦之。

瀣滨堰县北十五里。堰水所及甚远，其下为南阳村，村东有二涧，横断渠道，每设板槽引水过涧，值水暴发，槽辄渝落，田涸苗稿，民甚苦。明万历十五年，县令李用中创建二石槽接水，通行灰嵌完固，始克济。

苧溪堰在县西五里院寺侧。

高原堰在县东北，水出小龙溪。

天宁堰县东北七里，今名华家堰。

贯溪铺堰县东十里。

鹅翁堰县西南十五里，出小沙河。以上三堰系新附。

池

二王池县西十五里马厄铺。

大塘池县西二十里，每岁储水灌田。

沔县

马家堰在县南三十里。

石门堰

白崖堰在县西三十里。

石燕子堰

天分堰在县东四十里，有东西二堰。

山河堰去县三十五里，有东西二堰。

金公堰在县南二十五里。

二岔东堰

三岔西堰在县东南三十里。

石刺塔堰

罗村堰在县西南一百九十里。

泉

二金泉在县东南四十五里，源泉涌出，灌田千余顷。

没底泉东南四十里，泉出不竭，俗传无底，灌田百余亩。

西乡县

金洋堰在县东午子山后，有大渠一支，分小渠二十有五，其名不具载出水东三坝，灌田四百六十顷。

五渠堰去县五十里。

官庄堰去县五里。

空渠堰去县五里。

东龙溪堰去县三十里。

西龙溪堰去县三十里。

惊军坝堰去县三十里。

洋溪河堰去县一百里。

高川河堰去县一百里。

高头坝堰

长岭岗堰

黄池塘堰

罗家坪堰

梭罗关堰

褚河堰去县三十里。

邢家河堰去县三十里。

左西峡堰去县三十里。

男儿坝堰去县五十里。

私渡河堰去县一百里。

小洋溪河堰去县三十里。

固县坝堰去县三百里。

黎坝河堰去县三十里。

清溪河堰去县五十里。

葫芦坝河堰去县三十里。

圣水峡堰去县一百里。

三郎铺河堰去县一百里。

磨儿沟河堰去县三十里。

龙王沟河堰去县三十里。

神溪河堰去县三十里。

桑园铺堰去县三十里。

法宝塘堰去县十五里。

宁羌州堰

七里堰明嘉靖七年李应元修，灌田十余顷。近溪多有小堰，其养家河、沮水河、旧州河、罗州河四河俱有堰。

略阳县无堰

卷之十八　艺文志四

重修山河堰记

杨绛左从仕郎

乾道元年，四川宣抚使判兴州吴公璘，朝行在所，上宠嘉之，再拜上公，进爵真王，仍以奉国节旄移汉中。粤自用武而来，戎马充斥，民事寝缓。公至，则曰："国基于民，而民以食为天。凡所以饱吾师、疆【强】吾国者，民也。民事固缓，而恬不加恤，是不知本之甚也，其可乎哉？"乃申饬僚吏，具诏令之忠厚爱民，与夫政事之偏而不起者，次第施行之，给和籴之缗，而人无白著；停逾时之赋，而困穷以苏。兼并均敷，悍黠弗贷，严而不苛，宽而有制，至若划蠹除害，惠泽流布，家至户到，咸知乐业。

明年春，农务未举，公首访境内浸溉之原，其大者无如汉相国曹公山河堰。导褒水，限以石，顺流而疏之。自北而西者，注于褒城之野；行于东南者，悉归南郑之区。其下支分派各遂地势，周溉田畴之渠，百姓飨其利。惟时二邑，久矣息作。每岁鸠工度材，以巨万计。见有事于沟洫，狡狯者赢其财，侥幸者啬其工。重以异时，小夫贱隶，染污习熟，卖丁黜货，并缘为奸，以故无告蒙害，泽不下究。公慨然念之，锐意改作，与提点刑狱兼常平使者密阁张公商榷利病，先事设作，乃檄通判军府事史祁，俾总督之。仅两浃月断手，凡用工若材，视曩为省，而增创护岸之堤又数百丈。祁会邑宰，宣劳殚力，往来其间，申画畔岸，以杜纷争，检校精确，以别勤惰，如公指挥，人自知畏，不扰而辨【办】。先是，光道捷积弊，隳废逾二十年，而堰水下流，惟供豪右轮杵之用，异时沃野，皆化泻卤，民寔病之。公又躬即其处，相方度宜，易地穿渠，料简卒徒，官给财用，分授方略，俶道使之，刻期而就。凡以工计者，又十万有奇。水利至是惟广，能周溉三万余亩，泻卤复为上腴。讫事，而民弗预，抑又难焉。

惟钦我公，威名骏烈，为社稷之卫，而司全蜀之命者，历三纪矣。建兹保厘，功崇位极，乃复推原本始，笃意民事，为朝廷固不拔之基，与黔首垂无穷之福，殆非识虑浅近者之所能为也。曹为异代创业之辅，公实今日中兴之佐，先后相望，千有余岁，其爱民利物之心及所成就不约而同，可谓盛德事也。召父杜母，何足拟伦，褒中之石，幸可磨镌，辞虽不腆，绛职在是，庸敢直书，昭示来世。

重修山河堰记

阎苍舒 左承直郎

山河堰在兴元褒城县北山下，《图志》载："水出太白山。"山在凤州，梁泉南流入斜谷，下入褒中，又南入汉江。父老相传，此堰曹相国作。考之《史》，元年四月，汉王就国，留萧丞相收租给军。五【八】月，王引兵出梁雍，建成侯为将军，从，还定三秦。三年，王与诸侯、郦侯守关中，则此堰疑非萧、曹所亲临。诏云：蜀汉民给军事劳苦，复勿租税二岁。三年，关中大饥，令民就食蜀汉，则汉中馈饷亦多矣。平土上腴，必资水利，三堰之兴，安知不出于二公乎？由汉迄今，维梁为巨镇，世宿重兵，取足南亩，税事宜力。国朝有山河军，嘉祐三年，提举常平史照谓游手扰人，罢之岁用，食水民，计亩出工，官为董，齐其役，疏利害，厘蠹弊，新簿书，严赏罚，条而上之。是时，富公、韩公、曾公当国，奏下都水，植碑褒城，至今遵用。绍兴三年，汉中被兵，民多惊扰，而堰事荒矣。既而复业，稍寻旧役，则户版凋稀，功绪鲁莽，堰既疏漏，渠亦垮浅，每秋潦猥盛，即败堰堙渠，下民告病，田收十六七，旱岁尤甚。

乾道五年，上命参知政事相台王公，宣抚四川，明年移府汉中。一日，行堰上，顾视慨然，乃命知兴元府利州路安抚使御前诸军都统治【制】吴侯供【珙】商度之，图以献，曰：谨酌民言，堰败，当自外增二埂，渠堙当竞力通之。异时野水冲激，当浚以新港，出飞槽，俾不为渠病。顾规模宏深，非常岁比，乞用绍兴累降旨，发工徒，出官币修之。冬十月，公命大出后府钱币，募兵市财，积岸跻山。明年春正月丁酉，厥役告成。合六堰，袤一千二里【百】五十步，外增修二埂，皆精坚，可永勿坏。二渠若新港，一万一千九百四十步，悉力浚之，因得桐板若角石状，而渠遂复。视比岁所修，深广倍之。使伐石十板，复置渠下以为识。用长岁水夫四千四百六十八人，发官军民兵合九千六百八十一人，用堰渠料工，凡材木若干，人夫总五十三万五千八百七十八工。自行府出钱，鸠工飨犒，及帅司赏给有差，合计用钱三万一千二百六十缗。其渠港分流，为筒跋者九十有九，凡溉南郑、褒二十三万三千亩。

是役也，公尝一再临视，谓宾客曰：汉河防之役，将军以负薪竟塞之。天下事功，苟以身先，无不济者，不特水事也。于是，守帅、郡使者、宾僚、吏属、将骑、熊罴之士皆在，而工徒人卒云兴，椎凿雷动，欢讴之声，响撼一川；耆老孺童，遮迎马首，舞跃歌呼，再拜投谢，曰："父兄子弟闻之先民，未尝睹斯役也。公之功德远矣，其敢忘赐？"帅、吴候属苍舒记之，不得辞。维秦汉以来，言水利者日益众，其最著者，则郑、白二渠。郑国起前，白公继后，相距才百五十二年，民得其饶而歌之。今我褒渠自汉丞相开迹，迄今千三百七十有三年，公始以副丞相临之，而后兴其工，斯民之咏歌，宜哉！苍舒以诸从事，辱公命，是役也，皆所经见，于是书之无愧辞。

山河堰赋

佚名

山河三堰，盖汉相国懿英侯曹公所肇创。昔高皇帝分王汉中，安养百姓，励志兵食。公因江河以继续禹之绩，随山浚川，瀹流九州，卒致储衍丰牣，军需大备，用能辅助大业，克成厥勋。迁、固作传，文实阙如，而耆旧相传，图经具载，碑记可考，班班不诬。由汉迄今，民赖其赐。

是堰也，围之以木，聚木以石。每岁孟陬，鸠工集材，以缮修之。虽出于人为，补造化之缺，然胜【盛】衰兴废，物理之常，以逸待劳，有备无患。绍熙四禩，工役不虔，夏潦暴涨，六堰尽决，田畴几芜，民用战栗。常平使者国史右司蜀郡范公顾瞻吁嗟，乃捐钱千万，助民输木；劝农使者连帅、阁学侍郎广汉张【章】公实主盟之。集材于癸丑之冬，明年春大役，工徒日以万计，畚锸运斤，如列行阵，进退作止，枹鼓相应，皆有准绳，桁樘栿楣，数千万章。作于仲春之乙未，告成于三月之甲子。南郑令临淄晏表【袤】实司是职。窃以二公心乎爱民，先事备具，所谓先天下而忧其忧、后天下而乐其乐者也！请记成绩，而为之赋云：

阅汉中之形胜兮，实关梁之奥区。

控斜谷之冲要兮，隶褒中而与俱。

山连大麓兮，势若从万马。

江从太白兮，滥觞而纤徐。

不舍昼夜兮，盈科而后进。

铿轖澎湃兮……

（下有缺文）

妙严院碑记

比丘道虞

自兴元东底味溪，取道北行，凡六十有五里，步西北冈，登斗峰，山高千尺，松植万株。山之巅有蟾蜍之穴，山之腹有松桧之树，山之根有堮谷之水，截水作堰，别为五门，溉灌民田之利，盖甚溥也。岸之北，稻畦千顷，烟火万家，乃有古迹妙严佛氏之宫，不知其创自何代，隶城固安乐乡。嘉祐八年，诏赐今额，地望爽垲，卜筑奇胜，疏筜翠柏，烟笼云霭，面揖斗峰，在目睫许，嘉木千寻，断崖万仞，灵禽韵美，野草花香，四顾山川，风景佳丽，殆胜地也。

乾道丁亥，院寺将绝，檀越齐普明等闻诸有司，与善济，沙门道深者主之始深之来，败垣破屋，弗堪其居，补弊修新，渐加增葺，其徒祖兴、祖俊相与周旋，辅佐之。厥后，祖俊南游，师孙海源等协力无倦，化富者财，诱贫者力，伐杞梓木，选斧斤巧，三门两廊，晕飞幻现，法堂佛殿，位置庄严。是役也，经始起于艰难，成就资于众力。历年既久，今始落成。呜呼！经之营之，可谓难矣。受业于是者甚无忘前人之勤办则无愧于广厦之庇矣。嘉定改元戊辰上元日，镜庵比丘道虞记。

汉相国懿侯曹公庙记

窦充

古者通沟洫，凿陂泽，所以备旱也。建一事，兴一利，所以惠众也。昔秦用郑国凿泾水，自中山抵瓠口，为渠溉田，收皆亩一钟，关中号称沃野，无凶年之患。汉任白公，复引泾水，首起谷口，尾入栎阳，均水溉田，大获厥利，民到于今称之。是谓郑白之渠，衣食之源。盖云郑国在前，白公在后，秦汉之际，两渠之饶莫盛于此。汉中是维梁之奥壤，褒邑控斜谷之隘首，群山始尽，一川砥平，辐辏众流，合成巨派。智者乐水，惟仁博施，粤自谷口作为三堰，横截中流，擘四浇渠，左右股引。第一堰东西分两浇渠，溉本县田；第二、第三堰分东浇四渠，溉南郑田，西浇四渠平注，疏入田畴。制桐板以限其多少，量地给之，俾水均足，而民绝争矣。沟洫绮错，原隰龙鳞，灌溉脉连，畎浍周布，沮洳汙莱，悉茂稻粮。每秋成望之多，稼如云露，积如坻。虽天时亢旸，岁亡灾沴之虞。一廛之直或售之不下五十万钱，厥田膏腴，厥俗富庶，仰三堰之利兼济然矣。

堰之制，则聚之以石，束之以木。盛夏谿谷暴涨，或至隤陊，故褒城、南郑两邑，每岁孟陬籍丁役以缮完。讫工，府牧必亲际其绩，帅为常矩。李唐旧除山南西道节钺，皆兼营田使额，乃知堰之设不其重乎？按《图经》，即汉相国曹公参所肇创也。询耆旧之说，咸亦如之。详本传，始以战斗、筹略、差校、勋伐及列，领视三堰当时以为琐末，岂非史氏之阙也欤？今祠宇宏阔，血食斯飨，盖导其源流，启一时之利，循其经制，有千古之赐。祭法曰：法施于民则祀之。又曰：能御大菑则祀之。是则三堰之法施于民，复能御旱暵之灾，诚有钟水丰物辅世之大功，为庙致祀，固其宜也。抑又知萧曹二相国，属高皇分王汉中之际，愤鸿门之挫衄，爱养士卒，励意兵食，复出心术，始营兹堰，卒致储峙丰稔，军需大备，不旋踵而奄宅中夏，是克弼成王业者也。订郑白二渠，后绩辽远，不啻相万尔。昔召伯甘棠听讼，子产脱骖济人，而尤谓古之遗爱，矧三堰之利，世济粒食，斯民赖之，其爱之厚，不亦愈乎？而千百年来，寂亡纪述，吁可怪也。克叨守是邑，缅怀前烈，摭其事实，而即为之制云。

卷之二十　艺文志六

汉中府酌均水利四六碑记

崔应科

天下事有迹若相拂，而实则相利者，众人疑之，达者信焉。盖不便于一时而便于千万世，不便于一人而便于千万人，则相拂者勿恤其拂，而相利者贵图其利，若汉南水利之法，上四下六。是已水利之大者，无如山河堰，自高堰子迄三皇川，为洞口者，四十有八，灌溉军民田亩四万四千八百二十有三。上坝与下坝利实共之，迩者下坝之民每苦浇灌之难，一值亢旸，苗枯若燎，秋成无望，国课奚输，嗷嗷之众，有转而为沟中瘠耳。夫君子不以所养人者害人，同此苍赤，同此渠堰，使远水氓曾不得丐升斗之水以自润，不均不安。司牧谓之何，议者曰："地之远近殊也，田之多寡异也，浇灌之时日未均也，豪强之把截未杜也。相度通变之术，是在人矣。"万历二十三年，司理宋公奉文踏看灾伤，巡历两坝，察利病之原，酌民情之变，定其期限：由高堰子至李官儿、张家洞口浇田一万九千六百八十亩，临近官沟，注水甚易，议为四日；由高桥至三皇川浇田二万五千一百四十三亩，坐落窎远，注水甚难，议为六日。均为两轮，周而复始。在上者不知其余，在下者无有不足，数年聚讼，一旦息争，洵万事永利哉。无何宋公以内召去矣，顷以日久寝格。迨二十八年，巡道李公复查，准其议，命竖贞珉以垂久远，未果。三十一年，郡丞张公至，以职水利，巡陇亩传采群议，无如宋公法善，乃遵其所行之善，仍为上四下六之法，殚心筑堤，捐俸直囷，议拨田夫分为两班，赴上坝洞口宿守防范，完日归农。每轮毕，则差役同小甲、工头封闭焉。经画周以悉矣。时皂角湾、茅坝军民何济民、魏时耀等咸欲勒碑，以识不忘。余窃闻之，害不十者不易业，利不百者不革旧，四六之规，创于一人非属独见，成于数人非属扶同。盖上坝之田亩什五，下坝之田什七；上坝之水朝疏而夕沾，下坝之水经日而未遍；上受其盈则积之者漏卮，下受其缩则流之者蹄涔。上得其四，不为偏瘠；下得其六，不为偏肥。下之六仅足以当上之四，灌注未几而日已周，田畦未满而洞旋闭，果孰利而孰病乎？兹法也，化而裁之，与民宜之；绝争竞之端，革盗决之弊；酌彼此之利，垂永久之规，讵不善始终哉，非智谋畴能至此乎？宋公讳一韩，号圃田。

五门堰碑记

贾中正

天下之物大能为天下利害者，水而已。刊山川，浚亩浍，行其所无事者，备其害也。兴堰务，开渠道，因之以灌溉者，资其利也。故能计其功业之大，宜以莫之如焉。若乃忧民之忧，利民之利，足食而壮国者，其蒲侯之谓欤。

侯，鄜延人，名庸，字时中，世儒业，由学官登进士。至正丁亥夏六月，来宰是邑，公平正大，境宇一新，以宣化抚民、兴利除害为务，但可为者，不择难易，汲汲焉，常若不及。

县治北谷，湑水出焉，有堰截水，分割其派，与湑相望而下，不十里皆抵斗山之麓，上抱石嘴，半中筑堤，过水碧潭，去此上流，横沟五门，恐水或溢，约弃入沟，用保是堤，因曰"五门堰"也。溉田四万八百四十余亩，动磨七十。每岁首，凡一举修，竹木四万九百有奇，夫六百七十五人，逾月方毕。略值雨淫，堰必浩发，激湍迫荡，堤为尽去，复如费修筑。稻乃薄收，蒙害尚矣。秋八月，无故崩溃，侯诣彼此相视，顾左右曰："此为湑水正冲之要。虽极殚民力而加亿万之计，欲其无害焉，可得乎？"如是冀利用厚生，犹枉寻直尺，弗忍为，遂登高冈，视于石嘴，盘桓良久，曰："此可图也。虽通底皆石，果哉不难，甫及农隙，命堰长董工役，召冶匠锻器具，率磨夫百余，以役其事，应期咸集。"或曰："此神堰也，无乃不可。"侯曰："我当之。"又有进其说曰："甲申之间，亦尝大圮，有匠欲凿，酬其缗三万五千，不允，掉臂而去。今幸不动其财，不扰其众，止以若等之力，将敌无量之坚，不亦远乎？"侯勃然而叱之曰："是非若而所知？"遽奋袂攘襟，倡锥以击，而众心乐为，[月]以继日。焚之以火，淬之以水，皆自暴裂而崩，乃以所取之石，仍塞旧渠，示以次成功。及半途，石韧而确，莫不畏难退怯，嗔心排沮之者，乘衅而入。侯藐不为意，躬操其器，忾如与敌，一勇皆摧。惊相语曰："力耶，术耶，抑天之所辅耶？"愈信服，莫敢后先。经始是岁之秋，功成于戊子之春仲。其广丈一，其深四仞，袤一十八丈。余所可理，无不致力。卑者崇，狭者广，曲者直，圮者完，其固莫当，功竟乃还。堰长贾文羡、李起宗及耆宿奔告予曰："我侯，真邑宰也。凡治行，姑请置之。惟是役之兴，若可苟为，固不待夫千百载之下。今一为之，不言可知，请为纪其绩，勒于珉，树之堰侧，将示诸来世，知其开凿之源。"此余亲及见之，义不容辞。详夫侯之举，此可谓极其心目之诚始。余之见其一利一害，已判然矣。遽至义气所发而不能遏，惟其所向，何物不屈；惟其所感，何物不格。况彼之冥顽，奚以能抗其诚哉？是则摧挫暴裂、分崩离析而莫之堪，偶遇颇艰，群沮海沸，正谓"震惊百里，不丧匕鬯"。及其以身先之，与民同甘蓼，一感遂通。呜呼！非诚之至、义之至，其孰能与于此是，能卒成永久之业，而建远大之功？俾民绝其修筑之劳，而乐无穷之利，猗欤至哉！民图一报，无所措施，乃为立祠，绘其坐容，唯旦夕瞻仰而伸敬焉。窃谓宋之鲁公后、阎公苍舒，皆由是邑而达宰辅，名著青史。昔好事者，为具载其行事，立于县圃之东，昭然可考。惟令治行功业，殊与无愧，他日宠荣旌异，虽不敢必，亦知时之有待。铭曰：

粤惟上帝，于焉赫赫。降此忠良，挥扬奕奕。

忠良为何，是曰蒲侯。曰强哉矫，克忠其猷。

去彼顽害，而导其利。左右斯民，侯惠极致。

仁慈岂弟，德音孔良。民之思之，山固水长。

百丈堰乾沟议

古燕杨守正

余视堰务至百丈堰，设于壻水南行之中流，以木石障水，阔约有百丈，俾水东行，循渠以溉田，其为力亦劳矣。渠之东北曰骆驼山，遇天雨，其水甚猛，横冲渠道，水洩不得溉田。冲止则复修，一岁之间，屡冲屡修，民甚苦之。余循山麓，相水势，议欲以灰石塞山之南口，约十丈，自东而西挑渠，长二百丈，深三尺，阔二丈，由庆山北归升仙口河内，一劳永逸，百世之利也。限于财力，不克易成，余深惜之，特著于此，以俟后之君子需时丰[稔]为之。是为记。

新建杨填堰碑记

李时孳

洋之迤西与城固接壤，有河曰壻水，导水灌田，因截其流为堰，堰名曰"杨填"，而洋与城之民咸共之，总计所灌田一万六千五百亩有奇。先者居农以杙梁横竖于外，荆棘绸缪其中，借为障水具，每遇河伯扬涛，率淘然澎湃，而新畬禾苗归之一浪矣。父老怅望咨嗟，莫可谁何，坐是国税民生为之两病。余邑宰张公，目击其艰，即欲兴役大创，以为事非一邑事，而费非一邑费也，并协谋于城宰高公，上其状闻于郡守李公、郡佐张公，皆恻然动念，亟赞曰："可！"闻于分守蔡公、分巡张公，二公悯悯乎，若饥渴之由已也，亦曰："可！"又转闻于直指于公，公以修之名实详载，覆之，卒允其议。命甫下，洋以俞丞，城以张幕董其事。砥石于山，锻灰于炉，而群材毕集焉。经营才月，而畚锸告完。敞其门为五洞，傍其岸为二堤。水涨则用木闸以沮【阻】

泛滥，水消则去木闸以通安流。凡筑砌防范，无不坚以固、周以密也。于今庤钱镈而瞻眺者，惊同九里润，回视向之，枯木朽株，焕乎一新矣。余因是为之言曰："洋、城之民无异业，惟此水田为常产，第水利每岁动称不足者，盖由上之人积习因循，以致堰之败坏使然。谁有倡率综理如今日之举乎？即如今日之举，藉令财不裕未善，工不省未善，利不百亦未善且也。所转移者，赈贷之谷也；所度支者，三百之需也；所沾滞者，万民之伙也。一举而三利附，孰谓此堰之修，非一劳而永逸者哉？"又有说焉：非常之功，非常之人建之。此堰之修，不知几更，而处置得宜，率未前闻。迩者建议启工，洋之张公、城之高公；而诱掖计划、力为主张者，则郡守李公、郡佐张公；轸恤阡陌，区为指示者，则分守蔡公、分巡张公。至于专委任严科条者，直指之力居多焉。厥功之成，岂偶然哉？于此益信创之者固难，而守之者亦不易也。何者天下事以众人成之常不足，以一人败之恒有余？千丈之堤，溃于蚁穴，矧此堰乎？倘后之人，因其基而时为补葺之，则歌帝力者将世世不休，而数君子缔造之恩波，庶几与此河俱长矣。不然，任其颓敝而莫恤，则有【又】非今日意也。是役也，论田，则洋之田多，城之田少；论费，则洋之费七，城之费三。因并记之，以为后鉴焉。余躬睹盛事，愧不能文，两邑父老固恳以垂不朽，道其事如左，因以口为碑。于公讳永清，山东青城人。蔡公讳应科，福建龙溪人。张公讳太征，山西蒲州人。李公讳有实，山东黄县人。张公讳书绅，直隶柏乡人。

开石门堰石峡记

郭岂

城固为汉中属邑，介梁洋之间，南控巴山，北距【踞】汉水，东西皆平壤，风土淳厚，甲于诸邑。而民皆治陂堰，浚畎浍，以力农业。邑西北二十里有堰曰五门，为田几五万顷【亩】，当激湑水以灌之，而堰抵斗山之麓，中抱石嘴，水弗可通，民始刳木为槽，集木跨石此门以引水。水泛溢，槽木辄为漂去，明岁复如之，民不堪其苦。胜国时县尹蒲庸者始凿石为渠，民顺利之，而渠深广才以尺计，加以年久圮毁，始复如砥，水弥漫则仅能得一二，以及污下之地，而高壤复不可得，稍遇旱则皆焦土矣。民甚病之，所以至今民以堰告者无虚岁，尹邑者类不能为计。弘治壬子，汉中府司理郝公往摄县事。公素有能誉，民即以告。公亲往视，得其方略，即白太守袁公，具以请于钦差抚治汉中宪副朱公、少参崔公，皆曰："民之失业，吾属之忧也。以利民宜急为之。"太守与之同心协谋，以济厥事，大集环邑之民，告以疏导法，因下令储薪木以万计，令丁夫以千计，与夫匠亦百计。事既集，即率众往治之。民知其利己也，莫不忻跃从事，无敢后者。于是积薪石间，炽火烧之，俟石暴裂，乃以水沃之，石皆融溃，遂督匠悉力椎凿，无不应手崩摧。石且坚，复烧而沃之，如是者数。渠深几二丈，广倍之，延袤六七里，逾月而工告成，峡遂豁然一通，渠水荡荡于田亩，高下无不霑足，而所谓五万者无遗利矣。是岁，因以大稔。民欢欣鼓舞，感德不已，乃相与集邑庭，请大尹韦，尹恭曰："堰乃吾民百世之利也，享其利可忘其所自耶？谨具石，愿求言以纪治堰之绩，树诸堰侧，以垂永久，庶少展吾民图报之私。"韦君以属余。余惟水之利于人大矣。昔叔孙敖起芍陂而楚蒙其惠，李冰凿江水而蜀以富饶。今诸公开此堰，以利城固之民，而民遂享其利，视孙、李二公何如哉？余闻之，官民一体也，上下一心也；忧民之忧者，民亦忧其忧；乐民之乐者，民亦乐其乐。今诸公之忧民如此，而民之乐也固宜。诸公他日立要津，登枢辅，其爱民忧国之心发而成正大光明之业，又奚啻如是而已哉？宪副公名汉，字景云，江右世家。少参公名通，字仕亨，河南巨族。太守公名宏，字德宏，居□舒之桐城。府推官名晟，字景阳，家济南之历城。记之者，则山右之高平郭岂静之也。是为记。

改修三道石堰记

田起凤

城固，堰凡一十九处，各堰之下又各有堰。邑西十里许，介在童、杨、尹三村间，有堰名三道堰，盖五门堰之分水，油浮湃之支流也，所灌田不下数顷。旧制堰材俱系木砖垒砌，遇堉水泛涨，上流梓橦沟洪涛汹涌而下，堰口栈木如漂落叶，直抵汉流。每当插秧时，偶值暑雨堰圮，滴水不得入田，秋获无望。虽时岁暮修筑，旋成旋倾，百姓吁嗟浩叹，亦徒付之，无可奈何而已。邑绅张公讳凤翩者，恻然悯之，力请于邑令梁侯，申文郡宪，慨捐己赀，募工匠，采石办灰，躬亲督理，晏食露宿者凡阅月。一时之民知其有利于民生，咸鼓舞踊跃，子来趋事，不逾数月而告竣。嗣是岁岁秋禾以登，远近欢洽，举手加额，造碑亭于杨家坎之西，尹营之东，丐余为文，刻石以纪其事。余惟士君子以天下为己任，事无巨细，举凡有利于民者，悉乐与兴，而况凿堰通渠，有关国课民生之重者乎？但人情乐于观成，难于虑始。兴一事而少有掣肘，废然中阻者有之。公独不较锱铢，不扰众议，慷慨解囊，为民竖一劳永逸、长久不朽之绩，则公之仁心义气、雄才大略，其视古人为何如耶？吾乐城自元蒲公创开石峡，历明而乔而高相继修理，邑人食其德，为建生祠，祀名宦，至今黄童白叟传颂不绝，谓其与秦郑国、汉白公后先辉映。今公之改造三道堰也，其功不在郑、白下，而谓不可与乔、高两侯颉颃上下哉？昔之人有言曰："居桑梓而无善行可称，则其居官可知。"公之念切桑梓如此，若其居官，又可操券而卜矣。是为记。

修土门贾峪二堰碑记

李时孳

土门古有堰，民间阡陌，利之沟洫。贾峪河西南越三里许，民田方受灌溉。此河出没无常，狂澜一倒，直断中流，于是陇亩之间动若枯渴，其收入盖不可以丰凶定也，是邦称大患焉。晋安邑姚公来领斯邑，目击其害，恻然动心，申蠲帑藏，架长堤以障之，修成石堰二座，共五十丈，飞槽九座，龙门洞口一十四处，安垛得宜，畔灌有法，遂成有基无坏之绩焉。斯役也，经始之者姚公万涵，而胼手胝足以董厥事，则洋之莲幕楚黄赵君璧耳。其功始于乙巳年孟夏之廿六，而至小春而绩报竣。缘百姓之喜色相告也，故勒石以志。

土门贾峪二堰碑记

李乔岱

灙水上游去邑城可十里许，斗折蛇形，连汇三堰，独土门堰沙砾善溃，又横当贾峪之冲，先是第用树杪沙石权宜修葺，一经骤雨，狂澜漂决，扫无一存，灌溉不给，岁以为常。禹都姚侯至，问弊于民，顾瞻咨嗟，遂议修石堰，为久远计，排众论，持独断，因捐俸金百余，助民兴作。推去沙石，其堰巨石为底，上累条石，涂以石灰。橄幕史赵公璧日董其役，夙夜拮据，殚厥心力，侯三日间一巡犒焉。起乙巳正月，逾年三月工竣。高可及肩，长则亘河，其下流处预防冲击，多置圆石，本闸其外。贾峪中流留龙口一十二丈，渐低其半，以泄涨流。款致坚密，而官不辞劳，役不告疲，诸父老欢呼踊跃，相语道路，谓："侯不一劳，吾不永逸。今而后灙水不涸，则石堰不朽。"以余亦得食堰之毛者，且职在文墨，请记巅末。呜呼！《书》纪禹功小及亩浍，兹堰经几千百余年，及营石为之，实自今伊始，况侯已上膺诰命，行补谏铨，渐涉【陟】政府，他日掀揭事业要亦兴于此。盖可忽乎哉？后之来者，睹后之堰，企后之功，尚其谨视而嗣葺之，以永其利于无穷云。

金洋堰碑记

何悌

西乡县治东西【南】越二十里许，有峡口在巴山之麓，洋河出焉。河源来蜀境，逶迤曲折，历千谿万壑，至此盖始出峡。下流百余步，则其派渐阔，川原平夷可田。峡口两岸对峙如门，前人因障水为陂，名曰"金洋堰"，下溉数千亩，其利甚溥。

弘治春，余承台符来摄，值东作方兴，居民来言，堰上有祠，故事有祀，祀则邑之官僚亲莅，重民事也。越四月二十日，余暨邑簿鲁君、庠博古君联骑诣祠，既举祀毕，乃乘扁舟泝渠达堰，周览堤岸。是日也，天宇晴明，风光清来，鸟啼花放，水碧石青。入峡口约里余，遥见崖壁奇绝，疾棹而至，下有石磴，可坐数人，遂系舟少憩，从人进肴觞，连酌微醺，命吏纪姓名岁月于石壁，旋挽舟还祠。因询作堰之始，父老俱称起自前代，远不可考。惟祠二像，左为汝宁丘侯俊，右为蒲城李侯春，则在国朝先后修堰者也。

盖景泰初，丘侯来邑，循视渠道，慨然兴复，因召居民，谕以筑堤灌田之利，民乐从命，候乃躬自督励，缘于峡口，访址植木，垒石培土，横截河流，俾水有所蓄，然后依山为渠，随势利导以通洩，各令种树以固其本。堤旁数百步即分支渠，以溥其济，区画布置，虑无遗方。经始辛未之秋，就竣丙子之冬。盖农隙始用民力，故历六年而后成，虽迟不厌。堰之堤长十余丈，广半之；渠之堤高丈余，厚同之。渠面阔二丈许，自堰向北折而西，长二十里，燥土悉为腴田，而一方水利称匪鲜矣。成化戊子，李侯继来，值雨圮堤，侯为加倍。民念丘功，意为建祠，侯许。成之，民乃并像祀焉。余乃叹曰："政在养民，养先农事。水利犹农事所亟也，故司牧者重之。然而为政在人，人存政举，故良牧又不多见焉。"夫金洋之堰，旧矣！其废也不知凡几年，令邑者又不知经几人，乃重修仅见于丘，而丘之后建祠始见于李，固皆所谓有待而行者。彼俗吏[辈]，精敝簿书，念营声利，至于民事略不关心，以视二公，其贤不肖何如也。昔召伯尝以听讼憩棠下，而民之咏思者，歌甘棠遗爱难忘耳。西民之粒食，千载有金洋，则二公之遗泽亦千载在也，而谁其忘之？余犹取贞珉者，以表景仰私怀，并为后世同志者言耳。

卷之二十一 艺文志七

重建开国侯庙记

陈鼎

夫神人一也，盖神不言而善应，有感而遂通。原始反终，故有幽明之说。其体物而不遗，亦未外乎人者也。不然，则神何以显其灵，人何以感其休【庥】哉？

洋邑西一舍许，池南村有神祠祀开国侯者。侯，凤翔天兴人也，杨姓，从义名，子和，其字也。维神系绪远矣，自东汉太尉震起于关西，以清白遗子孙，奕世戴德，代不乏人。侯也，绍祖遗风，奋乎有宋，累成勋绩，位至于侯。父仲方、母高氏，累赠大夫、硕人，夫人累赠封令人。子八人，孙男十一人，曾孙男三人，元孙男二人，皆任大夫、郎官。女十人，孙女十七人，曾孙女三人，皆适大夫、郎官。爵封三代，贵给满门。侯年逾七十，自叹曰："吾奋身畎亩，荷国恩宠，誓欲捐躯，以效尺寸，力所不逮，勉强而不可得矣。"会主帅解严，丐归田里，其请甚确。主帅以侯精力未衰，止听解兵职，遂辟知龙州，又知文州，复知洋州，尤以爱民为本。

初，洋州有杨填堰等八堰，久废不治，侯皆再葺之，溉田五千余顷，复税五千余石，又增营四十四屯，公私以济。乾道五年二月十八日，以侯终于所居之正寝，享年七十有八，葬于安乐乡水北村生祠之侧。朝廷雅闻侯德，命立祠肇祀，以迄于今。

池南村旧有行祠，经年血食，惠及于民。日久殿宇摧残，砌垒颓毁。近年以来，是处水利灌溉不周，民扰税租，艰于贡赋。然此何，莫非神祠所不宁耶？适有堰长刘洪、庙祝封有才等与众议曰："水之源脉，根于杨侯，行祠敝坏，实负于河，可不修饰以答神庥？"欲为之不得。踌躇间，蒙邑侯崔公，抱经济之材，备不世之德，来宰是邑，首以敬神恤民为本，兴利除害为念。洪等赴告其详，公就委洪，鸠工聚材，命匠经营，广其基址，大其规模，既勤于朴斫，复绘于丹青。工未已，水利大通，民被其泽，靡不欢心，非神不言而善应，有感而遂通。崔公敬神恤民之验欤。

今既复完，索予以神之丕绩，勒诸坚珉，俾百世之后，民知有以戴神之麻，而神亦有无穷之锡。顾予陋，未足以侈神之盛德，再辞弗获，故勉为之考。侯以数百孤军，出重围不测之地；亲从吴氏伯仲，挫乘胜方张之气。鲁堰杨堰，以惠梁洋之民，复散关，以壮川蜀之势。起匹夫之微，而爵通侯之贵；勤劳百战，而享乎二千石之荣。明哲保身，以功名始终；光前裕后，而斯民蒙惠。盖鲜有能出乎侯之右者也。异时载在盟府绘像，血食一方，祀必百世，其谁不宜？崔公敬神恤民，重建之德，亦耿耿而不磨矣。若富民耆士，常捐财助，并书于碑。

卷之二十三 艺文志九

郡伯滕公倍兴水利功德碑记

汉南水利之兴，始于前汉，萧相国疏治渠堰，以资灌溉。有田者世食其德，陇不与焉。盖水之为性趋下，利于平畴，陇居高阜，难以逆致也。而汉南为地高下不一，田陇相半，陇树二麦，田独种稻，惜乎，稻之望岁于水者，固可必，而田止一秋。麦之望岁于天者，不可必，而陇居其半。然在秋稻既获，二麦方时，又不得不舍田而事陇。苟春雨愆期，二麦不登，岁鲜有不罹于俭。夫岂风土使然，务宜变通阊酌，恒以为陇止宜麦，田止宜稻，时俗相因，执为成见，不惟补救无术，且甘自安于俭，反以丰为过望者，其来旧矣。郡伯滕公下车以来，凡为地方起见，固无弊不革，无利不兴矣。是在农务，尤其属念者，若劝植桑柘而蚕工举，均平水利而纷竞息，从此男无废耕，女无废织。其为吾民长养之计，可谓周且备矣，德亦厚矣，然犹自以为未也。恒是以陇亩若旱，未得补救之术，为民生忧，由是教民多备种粒，无分田陇，并树二麦，且复叮咛诚谕，谓宜固蓄堰水，及期插种，雨时则田陇并登，即不时□□，□陇就田，以趣水利。顾水之为利甚溥，既得之秋，未必不得之春。田之为力薄，既宜于稻，未必不宜于麦。且刈麦后始事种稻于田，则获两秋，于农又不妨时，是一变通，其间工力所至，可使野无旷土，仓有余粒。不雨而旱，自救虽俭，而岁亦丰，不犹愈于终朝悒悒，登陇看天，恒恐违时，甘心守俭，以自约者哉？令下，民初未之信，趣勉试之，历今三载，两罹旱虐，而吾民卒无流离之□、饥饿之状者，艮由我公预为远计，水田播种二麦故也。猗欤伟哉！我公之德萧相而下其谁与俦？士民欢戴，曷其有极！爰是备述其事，而戴诸石。若曰志公之德，则不独吾沔士民已也，务亦借以鉴示后来，使父得以是传之子，子得以传之孙，世世相传，永食公德，倍收水利于无穷云尔。

沔□绅士百姓

城、洋两县分修水利碑记

滕天绶

昔王元翰先生《续文献通考》载，明嘉靖中，汪鋐奏云："丘濬有言，井田之制虽不可行，沟洫之制则不可废，诚确论也。夫秦郑国开泾水为渠，溉潟卤之地四万余顷，关中遂为沃壤，其迹可仿而行也。如敕陕西抚臣，相地之宜，某水可导，某水可疏。其导之也，或为洫；其疏之也，或为遂，或为潴。因地势高下，或为防以止水，或为浍以泻水，或当为陂，或当为堰，因时制宜，三年之后，必有成效云。"

汉南诸属之各有堰也，始于秦汉，迄于明。留心水利者，盖非一人，亦非一日矣。唯是邑既分疆，民遂惜力，如彼杨填之水，城固、洋县所并用者。城固去杨填也，近；洋县去杨填也，远。浚水之工，城三洋七，奉有往例。而丁家洞至鹅儿堰，城固资其水者便，洋县欲以其工全诿之城固，城固则曰："我之用水也，十分之三耳，安得独劳我为？"由是纷纷讼端起矣。

余典是邦，城与洋视水为二，余视城与洋水则为一，于是亲履其所，集城与洋之令、尉，谕城、洋之民，既有重轻远近，议分议合，而佥悦服矣。又于丁家洞至长岭沟，酌其劳逸，使城为主，而洋为客，分浚分挑，城不独劳，洋不独逸，主客互用，彼此相协，而杨填波流，遂直注于谢村之桥。见夫城、洋两岸沟浍皆盈，隰畛俱润，依塍穿壑，莫不能交沮也。城、洋两地主伯偁载，妇子喷饷，有黍有稌，与与翼翼也。佥谓比年来，水未有今之足且沃也。余顾而乐之，呼民而告诫之曰："夫天下爱宝，故壻河水自太白山流经城固北，尔民得利其利，向使壻水别流，堰又不立，民其如水何？尔乃各惜其力，置杨填于不问，任其壅阻遏抑，槁尔禾稼亦愚矣哉！天不惜水源，官不惜筹虑，民其惜力，以违天心，违上意，可乎？不可乎！"今已供厥用剂，厥力吾民，其永遵厥令，而保此水也。况今圣天子为天下蓄泄大河，数遣大臣往堪，至于再，至于三。我汉南远在疆界，莫非王土，曷敢有佚厥志？利人之所害，害人之所利乎？今而后毋惜己力，以答天心，受水德，顺上令，如茨如梁，有仓有廪，上输天庚，下盈百室，予其大庆汝。否则，惰厥力弗，公厥心由，水去留各以秦越人相视，予则大罚汝，谓予不信汝，其问诸水滨。

今列城固县洋县印捕各官会同公定挑修杆数如左：杨填堰以下，自帮河堰起至鹅儿堰止，共计一千二百八十八杆，内帮河堰至丁家洞四百杆，城固县挑修一百二十杆，洋县挑修二百八十；长岭沟至鹅儿堰六十三杆，城固县挑修一十八杆九尺，洋县挑修四十四杆一尺。续议定丁家洞起至长岭沟止，共计八百二十五杆，城固县于防水洞口附渠切近，洋县离渠颇远，分定城固民挑五百四十五杆，洋民挑二百八十杆。杆长一丈。

蓄水灌麦碑记

滕天绶

粤稽汉南水利，肇始自前汉萧、曹二公。嗣是疏浚修筑，代不乏人，数千载而下，讲之详矣，利云普矣。惟是蓄水灌麦，从未讲及，岂前贤未之思耶，抑后人虑未周耶？余于丙寅冬来守是邦，缘地方恒以水利是角，遂得辙迹各堰坝、洞口，深晰地势、水利之原，更思各堰之水，夏秋借以灌溉水田，俾一方免旱灾之苦，厥功大矣，毋复嗛矣。然自秋成之后，各堰之水胥于无用。切思水之为患固巨，为利益弘，既可救夏秋之旱，独不可以救春冬之旱乎？既可以溉稻，不可溉麦乎？爰谓九属父老曰："何莫因已获之田播种二麦，即因此见在之水利，撤入【水】灌之，不几田有两秋而水尽其利也？"众父老曰："否否。"复进而谓之曰："何为否否？"父老因谓曰："若田可两秋，水可两用，何上下千古未闻是言也？"余再进而谓之曰："子既不以余言为信，何莫耕稻田数亩，撤水灌之，以试余言何如？"父老曰："唯唯。"

是岁庚午冬，父老各耕田种麦，如余言灌溉，待至麦熟，倍出寻常，已有成效，各属士民咸诉勒石，以志其事。然查往例，每岁春时，各堰工头督修堰坝，引水溉田，迨至七月间，遂弃不问。今既蓄水灌麦，每年秋冬九月间仍复加修，方克有济，此乃地方永远自然之利也。但恐事久梗【更】弛，应如士民所讲，勒之于石，以垂永远。虽据各属士民勒有贞珉，然此蓄水灌麦之利，关系民生，爰是直书其事，勒石于府门之右。倘后之君子，亦如汉南水利，详察劝谕，则蓄水之利自与各堰之水利并垂不朽矣。因是记之。

汉中守滕公劝民冬水灌田种麦碑记

《月令》："孟夏麦秋至。"夏也，何名之以秋？盖百谷皆成于秋，惟麦成于夏，故曰"麦秋"。江、淮、兖、豫间，纳稼后皆艺麦，洎乎麦实刈之，而后播谷，一岁如有二秋云。汉、洋之民异，是以原则麦，以田则稻，是以岁止一秋，而民日以蹙。夫天与人以时，人不知乘；地与人以利，人不知因，是负天地也。蚩氓昧焉，不得哲人导之，其负天地也，历几千百年而莫之觉。

大夫滕公，哲人也，来守汉郡，孜孜以民事为亟。先是汉之畎亩皆滋堰渠以灌溉，久而有堙废者，公督吏辑治，淤者疏之，圮者筑之，堰制以复，仍令岁修，以防其溃，民胥赖焉。然而堰渠所及之田，自冬徂春，皆为旷土，民不知其可麦。公曰："何不艺？"民曰："冬月渠水涸，厥田龟坼，其何能麦？"公笑曰："匪伊渠涸，人自涸之耳。尔仅及春一浚为稻计，苟能及秋再浚，则冬水且泪泪而不竭。矧汉南气燠无坚冰，冬水漤活，无不可灌者。若之，何其不麦？"民从之，果验。于是始知岁有两秋，而民日以裕。

昔召信臣为南阳守，与穰县南六十里造钳卢陂，累石为堤，旁开六石门，以节水势，用广溉灌，岁岁增多，人得其利。后杜诗复修其业，时有召父杜母之歌。今滕公乘天时，因地利，发前人所未发，以粒我蒸民。从此饮和食德，颂声与水俱长者，洵与古名臣若合节也，哲人之贻泽大矣哉！惟是庸人好逸而恶劳，向之堰渠岁一浚，惰者犹或惮之，奸者犹或格之。兹为麦计，而岁再浚，罔知劳之所以惠之也。保毋惰者、奸者不流于惮且格乎？若然，则仍无麦，而负天地且负滕公也。邦人士虑之，请勒贞珉，以垂永久，俾千百世守之而莫渝。是为记。

时康熙三十一年，岁次壬申，正麦秋之月也。

洋县知县邹溶谨识。

创修秋堰碑记

事有创之一时，而善即宜垂之万世，而使可久。凡关国计，类然也，而系于民生者为尤要。城固，岩邑也。山麓高原什之三，其平地可为田者，大抵什之七焉。四郊之外，沟洫交错，阡陌鳞集。耆老相传曰："是畇畇者，皆宜于稻者也。"咸相习以固然。

自我太守滕公莅任来，留心堰务，悯水旱之不时，慨雨旸之多愆，客秋炕阳致叹，高阜苦难耕植。我公多方区处，以为宜于稻者，即宜于麦。田虽龟折，引水可灌也。饬令各属堰役，修堤疏渠，修理一如春例，爰是水利疏通，田皆种麦，是曩之一岁一稔者，今竟一岁而再稔。若田肥而力勤，甚且亩可一石。城邑之堰，冬无闲田，法称善也。邑之士民，家给人足，享其乐利，曰："此我太守滕公之所赐也，而可忘所自哉？"咸思勒石颂功，以垂永久。因思事为之而无其利，民或不旋踵而弛之；为之而倍收其利，则鲜有不旦夕记忆者。虽然农隙之民，每好逸而恶劳，况汉南川源率多，山泉合流，秋潦泛涨，堰堤不无啮决。城邑之民，备蓄洩而善种植，虽其性使然哉，而疏凿不时，因仍苟且以自便，则是上之人不忘省忧，民或视为故事而奉其令，因以不勤也。今与民更始，俾西成之后，水源必浚，田皆植麦，毋为闲旷，毋俾异种，将见冬水涓涓不竭，而四野麦浪翻秋。此万世之利也，宁独一时称善云尔哉？爰命石工，镌文于珉，因以志公创造之德于不朽云。

城固县绅士百姓。

滕公创修西邑秋堰碑记

事有出于创而似因者，功固贵于善因，亦有出于因而实创者，功则倍于能创。盖原其意，若为一时权宜之计，而蒙其利实深，万代难忘之德也，则我太守滕公之饬秋堰是矣。

夫堰以滋稻也，而又用之以滋麦，顺其势而利导之，因之事也。麦熟于夏也，而先使固其本于冬，此师其意而神明之，因之事而实创之事。汉之民所为有创修秋堰之记，盖欲志公德于不朽云。独是西邑之堰，则更有异焉者。西邑环城皆山，中间平原可田者，不过数里，故虽有二水，而木马西来，竟属废弃，惟洋川自东南来，至武【午】子山之西，县两岸以束之，始可田，计其利可千余顷。然而飞泉险溪，时多横溢，不无啮决壅滞之虞，是旧虽有三坝之名，而秬秠黑黍，常半在沟洫间矣。即有省忧如公者，申令修筑，亦旋复之而旋废之，故汉东之地，惟西邑不多田。迩来雨旸愆期，三载于兹，我太守滕公慨黍麦之稿落，恤民食之维艰，多方区画，因成迹而创新例，爰著为令，使秋冬之堰一如其春夏，终岁之中，蓄洩不断。我西邑之勤于堰务者，亦既坚且深矣。于是汉之民喜稻禾者，复喜麦秀，而独我西邑之民不惟乐再稔，抑且庆全获也。是公之功直可补造化之不及，而公之德实足与天地而并垂。吾侪小人食其德，敢忘其报？乌得不思所以感之，而乌得不志之哉？爰勒石以记。

卷二十四　艺文志十

张公德政碑记

黄玉铉

……公专司水务。水之利，利在堰田，如溢水，如二郎，如三郎，公莫不经理而督修之，而功之最巨者为杨填。乐城横截上流，洋亩下且遥，公年年开之导之，暑不张盖，寒不拥炉，上下数十里往来，徒步于峻坎深隧之间，不言劳，一贫彻骨，自备米薪，以日供于用，不言苦。水之患，患在陆野，如白杨湾，如贯溪铺，如龙泉以下，秋潦水涨，无岁无灾，公莫不亲历而浚治之，而害之永除者，则在东郊以外，其渠上接堰口，下通大江，往亦时加挑修，然不得其法，与不得其人，则时修时淤，每逢暴溢，万顷茫然，民其立沼矣。公亲诣勘验，目击心伤，张示于众，令宽五尺，深七尺，加往功一倍，不及式者，法无贷。挑至左氏村，从生员白斗垣等之议，新开一渠，以接二渠之水入于江。自今以往，创者劳于前，守者常能继于后。洼下成高壤矣，沸波狂澜，莫复为梗矣，挽输不苦无资矣。代治两月，渠竣。数期公心侯之心，行侯之行，公与侯之功不在一时，而在百世。公与侯之德不仅及身，而积孙子矣。洋人士用是，属余序列其事，伐石书以代俎豆。公讳仕宪，号简硕，系江南苏州府长洲县人。

请均杨填堰水利详

谢景安

窃照汉南水利，勒诸贞石，载列郡志，其功最著，其利甚普，国赋民生，至今攸赖。近缘水势冲决不常，河道淤塞不一，兼以修筑人事之不齐，世道之不古，遂有乐利不均之偏，以致城、洋二县争端竞起。数十年来，兵连祸结，不啻疆场，将昔人良法美意，几致终坠。今本府会同清军厅，亲历其地，相视河道上下情形，审查水势消涨时候，并查田地之多寡，地方之远近，堰堤之长短，洞口之高下，不惟二县争执，利弊灼然可见，即古人立法之心，亦宛然在目矣。及后人酌议三七分工、三七分水，甚得其平，如城民所谓田地之多寡，定洞口之广狭，岂有是理哉？今本府约量城固县洞口，小者八九寸，大者一尺五六寸不等，若以三七较之，则洋县之洞口，小者宜有二尺余矣，大者即该四五尺矣。夫何又未之见也？斯言固不可以自欺，尚敢以欺人，并欲欺官长哉？如洋民所谓节年分定工役，竟不挑浚，藉淤塞为拦阻之计是矣。及本府查勘该县地界，堰岸未修，河渠淤塞，亦如城境，岂责人不知责己耶？除并责徵外，今本府推古人创立之志，为士民作普利均沾之计，与以永远无争。善后良图，姑俟十月终期，秋成告毕之候，专委干员，另示兴工。河道淤塞者挑浚之，堰堤低颓者修筑之。凡沿河地界在城田用水地方者，城民照旧例拨夫浚筑；在洋田用水地方者，洋民照旧例鸠工挑修。至于截河大堰，系二县用水之源头，帮河堰、鹅儿堰乃二县洩水之要口，须照田地用水之多寡分工计程，合力修筑。查城田十之三，用水亦十之三，工宜三分，洋田十之七，用水亦十之七，工宜七分。用水既均而力役尤平也。又查帮河堰、鹅儿堰二处系洩水要口，若二堰修筑不得其法，不惟若许田地灌溉不继，而且徒劳无益。如往者以乱石垒砌，难免随水漂流之患。兹欲其巩固，一劳永逸，莫若编设芦囤之法为善。如编用芦囤之法，芦囤每一个长一丈，高二三尺许，约与堰堤量矮数寸，其芦囤内填以乱石，编立两条，中间数尺仍填乱石于内，水小障拦不竭，水涨任其漫过，自是工可久而水利有赖矣。他如城田洞口俱要另修，合照闸式高不过四尺，宽不过三尺，余其所费无几，便于封锁。至临期用水之时，城田洞口俱开，放水三昼夜，三日已满，许洋县管水利官率同堰长，逐一封锁，洋田洞口以七日七夜为期，自此周而复始，水无不给，利无不均矣。再考城民设立水车八具，亦高田救旱之必需，无禁遏之理，但止许单轮，不许双具，恐其拦阻河道壅塞下流，即单具水车亦止许小堑取水转输而已，不得过高阻遏下流之水也。倘或筹谋未及，内有不齐，亦未可必，俟堰渠毕集放水之时，本府单骑亲勘，放水验式，再为酌画，务使二县均得水利，一劳永逸，并杜争端。至于勒石垂守，容俟工程告竣之日，水利普均之后，另行申饬可也。合行饬知为此，仰县官吏查照来文事理，即委县丞、典史督催堰长，人夫照依城三洋七分工，修筑堰堤，挑浚河渠，务俾两县均得水利，事竣之日申报本府，以凭亲临查勘，毋得迟缓等因。奉此查得

卑县渠道挑完，即关移城固，订期赴堰，确遵宪式看验，帮河、鹅儿等堰，洩水要口合力加修，务期水利疏通，不致中阻，使穷乡尽水之田亩，咸沾灌溉，均戴洪恩，随于本月初十日，同张县丞、公同胡令、楼典史，自鹅儿堰

至截河堰逐一相视源流，分工修筑。其鹅儿堰原修坚固，永无水患，不必加修。至截河、帮河二堰，俱系要工，牢固根底，无如芦囤砌石，方免吹底之虞。但系河中垒石，时值严寒，夫役势难久于水中用力，宽俟春初，及时兴工，至期即令张县丞及卑职，亲加督率分修，不妨东作，用保万全。至于一路渠道，前蒙颁示，各照用水地方，各挑各界，原以均劳逸，清推诿，杜争端，革坐享水利之弊，至公至明，无逾于此。宪令方新，城民遂欲更张，卑职昨至堰口，城邑士民遮道声言，城邑用水一路洞口俱要洋县分挑。卑职因思水利不均，荷蒙宪台亲勘，定百世不易之规，下属只有恪遵，焉敢纷更，再将宪示宣扬，异其凛凛奉法？复又劝谕卑县士民，自帮河堰起，至丁家洞止，长岭沟起，至鹅儿堰止，强之三七分工帮挑，总欲急速完工，仰副宪恩之意。至于丁家洞口以下，长岭沟洞口以上，皆系城田用水洞口，自应城民挑修，曾同胡令三面议明。在洋民方咎卑职违法徇情，帮挑上下两处，而城民尚欲自上而下一概三七分工，不惟大违宪示，更且碍理难言。以丁家洞起，渠南八洞，渠北八车，皆城田车水放水之路，乃俱欲洋民挑浚，将洋邑数十里之渠道，又责之何人耶？无怪洋民哓哓不已，万不能代城民挑渠之语。卑职已面覆胡令，自应城民早行挑浚转报，庶免迟延推诿，致干严谴也。

嘉庆汉南续修郡志（节录）

卷二十　水利

水利图

南褒山河堰图 附南郑王道池渠图
南褒廉水、冷水各渠图
南郑班公堰图
城洋杨填堰图
城固五门各堰图

城固沙河各堰图

洋县灙滨、溢水各堰图

西乡各堰渠图

沔县各堰渠图

图略

水利　按：《旧志》未专载水利。查汉中各渠，始于萧、曹，历代疏导，实为汉南大政，故特分一门。

查山河第二堰、第三堰，暨马湖、野罗等八堰，均兼溉南、褒田，杨填则城三洋七。各县分载，反致脉络不清，故于数堰两县共利者，特为提出，其某县灌至某处止，仍为分清。

山河堰，汉相国萧何所筑，曹参落成之。引黑龙江水为三堰，古刻曰："巨石为主，琐石为辅，横以大木，植以长桩。"宋绍兴间，宣抚使吴璘驻节汉中，访山河堰灌溉之原，导褒水，限以石，顺流而下，自北而西者，导于褒城之野；行于东南者，悉归南郑之区。乾道二年，宣抚王炎、都统制吴珙增修二限【垠】，皆精坚可永。二渠新港，一万一千九百四步；其渠港流为筒跋者，九十有九，规制称大备焉。历元明至国初，官兹土者，筑堤浚渠，因时修葺，汉南水利，兹堰为巨焉。

山河第一堰在褒城北三里，一名铁桩堰，相传以柏木为桩，在鸡头关下桩，筑堰截水，东西分渠，溉褒城田。今堰久废，其故址亦无可考，疑即自北而西导于褒城之野者。

山河第二堰乃山河堰之正身也。旧堤长三百六十步，其下植柳筑坎，名柳边堰。山水冲激，旋筑旋隳。嘉庆七年，布政使朱勋任陕安道，捐廉一千五百余两，修筑石堤五十五丈，工称坚固。至十五年夏秋，水涨于石堤下，将旧堤身冲决成河。两邑士民请于陕安道余正焕、知府严如熤，议就石堤上下加筑土堤七十九丈，买渠东地一十一亩五分九厘，另开新渠一百零三丈三尺五寸，深三丈，上宽八丈，底宽四丈，委官同两邑绅士开凿。经始于十五年十二月，至十六年四月工竣。流经之地：

首为高堰子，经流鲁家营，灌田五十亩。又东流三里为

金华堰，经流新营村，支分小堰七首鸡翁堰，灌马家营田三百亩；次沙堰，灌张家营田九百亩；次周家堰，灌上清观田三百亩；次崔家堰，灌张家营田二百亩；次何家堰，灌何家庄田

二百亩；次刘家堰，灌谭家营田一百亩；次橙槽堰，灌柏乡田五十亩。

第二堰水又东流三里为

舞珠堰 经流周家营，支分小堰五首鲁家堰，灌殷家营田二十亩；次邓家堰，灌周家庄田八十亩；次朱家堰，灌王家营田一百二十亩；次瞿家堰，灌许家庄田二百亩；次白火石堰，灌周家营、哈儿沟田二百八十亩。

第二堰水又东流五里为

小斜堰 经流草寺村，灌田二百余亩。以上专溉褒田。

第二堰水又东流一里为

大斜堰 经流南郑龙江铺，分水灌褒城郑家营田三百亩，南郑龙江铺田二千二百十亩。

第二堰水又东流五里为

柳叶洞堰 经流南郑草坝村，分水灌褒城韩家坟田七十九亩，南郑草坝村田二百余亩。

第二堰水又东流为

丰立洞 经流草坝村，灌田一千二百九十亩。以下专灌南郑田，丰立、柳叶二洞相连，故未著里数。

第二堰又东流八里为

羊头堰在府西北十五里，经流秦家湾，灌田一千九百五十亩。

第二堰水又东流五里为

杜通堰 经流秦家湾，灌田一千九百三十七亩。又东流三里为

小林洞 经流八里桥铺，灌田二百七十四亩。又东流二里为

燕儿窝堰 经流大佛寺，灌田一千四百九十亩。又东流一里为

红崖子堰 经流韩家湾，灌田五百二十五亩。又东流二里为

姜家洞 经流叶家营，灌田一百七十五亩。又东流二里为

营房洞 经流营房坝，灌田一千三百三十亩。又东流半里许为

李堂洞 经流李家湾，灌田六十七亩。又东流半里为

李官洞 经流李家湾，灌田一千三百八十三亩。

自褒城县金华堰起，至此为上坝，均为第二堰水。又东流一里至二道官渠，分高低两渠，高渠下达三皇川，低渠为高桥洞，引水东南流，分为三沟：中沟灌漫水桥、梳洗堰地；东沟灌周家湾、魏家坝、文家河坎地；南沟灌大茅坝、皂角湾。总灌田五千九百六十八亩。漫水桥下梳洗堰及东南二沟田亩，均高桥洞水灌溉。康熙年间，知府滕天绶量地形之高下，度田亩之多寡，约定梳

洗堰水口二尺八寸，东沟水口一尺一寸，南沟水口五尺六寸。

第二堰高渠水又东流一里为

小王官洞　经流酆都庙地，灌田九十亩。又东流半里为

大王官洞　经流王家营，灌田三百七十八亩。又东流一里为

康本洞　经流舒家湾，灌田三十七亩。又东流半里为

陈定洞　经流朱家湾，灌田四十亩。又东流半里为

祁家洞　经流崔家营，灌田三十亩。又东流半里为

花家洞　经流金家庄，灌田一千八百九十九亩。又东流半里许为

何棋洞　经流李家湾，灌田四百四十亩。又东流半里为

高洞子　经流汪家山，灌田一千二百四十亩。又东流半里许为

东柳叶洞　经流汪家山，灌田七十五亩。又东流半里为

任明水口　经流汪家山，灌田一百一十三亩。又东流半里为

吴刚水口　经流汪家山，灌田三百亩。又东流半里为

王朝钦水口　经流汪家山，灌田一百四十九亩。又东流未半里为

聂家水口　经流汪家山，东北灌田八十五亩。又东流至三皇川，设木闸以节水，分渠为七：

首为北高渠　经流叶家庙，灌田一千一十七亩。按：《通志》载，九千一十七亩，系误。

次为麻子沟渠　经流田家庙，灌田六百四十五亩。

次为上中沟渠　经流三清店，灌田四百五十亩。

次为北高拔洞渠　经流十八里铺，灌田一千五百二十九亩。

次为南低中沟渠　经流兴明寺，灌田一千八百三亩。

次为柏杨坪渠　经流三皇寺，灌田二千四百四十二亩。

次为南低徐家渠　经流胡家湾，灌田一千一十六亩。

均系第二堰水，自高桥洞至此为下坝。高桥洞口宽三尺六寸，嘉庆二十二年修建渠头，石门上下左右均砌以巨石，洞口尺寸仍旧例。

以上浇灌水田坝分亩数，悉遵《陕西通志》叙入，盖往时旧额也。近日《行水册》分襃城三处之外，南郑使水人户又分上下汉卫自大斜堰至李官洞、高桥洞自高桥洞至聂家水口、三皇川为三坝。数十年来，高桥以上，得水稍易，多将近堰旱地改为水田，而下坝渠高水远，亦有水田废为旱地，又有将水田改作庐舍园墓者。现在各坝，使《水田册》核与原额，多寡不符，但地方情形虽变更，

无常久之，必仍复其旧，当天不爱道，地不爱宝之。

盛时货恶，其弃于地，总期利在民生耳。田额即有今昔之殊，而资灌溉以为利，则有赢无绌也。

滕太守定南褒二县梳洗堰均水约

查照漫水桥下梳洗堰及东南二沟，田亩胥赖斯水灌溉，以免旱伤之苦。士民相安已久，乐利多年，前缘多事之际，兵民乘势掘挖，以致东沟田亩数载失收。昨于二十六年二月内，据东沟百姓李芬、周梦臣、魏瀛等，又据南沟士民李登、朱自贵、牛君弼等各诉前来，随委照磨所张文英踏丈田亩，本府即单骑诣勘，量地形之高下，度田亩之多寡，约定水口分寸，因酌计议定：

梳洗堰水口二尺八寸，石桥二洞东高沟水口一尺一寸，石桥二洞皂角湾水口五尺六寸，各安立平木并严禁掘挖在案。至于上坝自金华堰起，至李官洞口止，一十四道洞口两边各立木柱二根，安设闸板，便于封闭。其放水日期仍照往例上四下六为定。其封锁上坝洞口许下洞之人亲自封锁看守。如遇山水暴发，即将所封洞口并开，以免骤水鼓冲堤堰之患。今本处水利均沾，各获农收，人心已平，遂会恳勒石，以垂久远，相应如其所请，永杜争端可也。自勒石之后，各依前定水口分寸，照常起闭，以备灌溉。至于奇旱伤苗，乃系天灾，亦不得借口不均，恃强掘挖，混乱前规。倘有强掘不遵者，许士民公举立拿，严究重处，断不可姑宽，又将争竞于将来也。

又，乾隆四年，士民立署知府吴敦僖所定《夫工桐口尺寸碑》，在府城东十五里兴明寺，按四六分水，暨分段行夫，各桐口宽窄，查碑载本系旧制，吴公特加申明。自吴公以来，相沿已久，官民共相遵循，所谓"利不十不变法"也。兹录原碑于左：

计开山河堰丈尺军民夫田桐口尺寸数目

头工：褒城三十三丈三尺，开山八丈四尺；上下汉卫三十三丈三尺，上下南郑三十三丈四尺。

二工：褒城十六丈五尺，开山四丈二尺；上下汉卫十六丈五尺，上下南郑十六丈五尺。

三工：褒城八丈四尺，开山二丈；上下汉卫八丈四尺，上下南郑八丈四尺。

四工：褒城一十二丈，开山三丈；上下汉卫一十二丈，上下南郑一十二丈。

五工：褒城二丈，开山五丈；上下汉卫二丈，上下南郑二丈。

六工：褒城六丈四尺，开山一丈五尺；上下汉卫六丈四尺，上下南郑六丈四尺。

七工：褒城二丈，开山五尺；上下汉卫二丈，上下南郑二丈。

八工：褒城二丈，开山五尺；上下汉卫二丈，上下南郑二丈。

九工：褒城二丈，开山五尺；上下汉卫二丈，上下南郑二丈。

十工：褒城七丈三尺，开山一丈八尺；上下汉卫七丈三尺，上下南郑七丈三尺。

十一工：褒城二丈二尺，开山三尺现行《水册》五尺六寸，上下汉卫二丈二尺，上下南郑二丈二尺。

十二工：褒城二丈七尺，开山七尺八寸；上下汉卫二丈七尺，上下南郑二丈七尺。

十三工：褒城三丈三尺，开山八尺四寸；上下汉卫三丈三尺，上下南郑三丈三尺。

十四工：褒城二丈八尺，开山七尺八寸；上下汉卫二丈八尺，上下南郑二丈八尺。

十五工：褒城一丈，开山三尺三寸；上下汉卫一丈，上下南郑一丈。

高堰子上筑洞口，左右各宽二尺例不封闭，以下各洞例皆封闭。

金华堰桐口宽八尺。

舞珠堰桐口宽三尺。

小斜堰桐口二尺。

大斜堰桐口三尺。

柳叶洞桐口一尺二寸。

丰立洞桐口一尺。

羊头堰桐口一尺二寸。

杜通堰桐口一尺二寸。

小林洞桐口八寸。

燕儿窝桐口一尺。

红岩子桐口八寸。

姜家洞桐口六寸。

营房洞桐口一尺。

李堂洞桐口五寸。

李官洞桐口一尺。

以上由高堰子至李官洞、张家桐口，共军民夫二百四十二名，共田一万九千六百八十亩，定例上四日用水。

张家水口用五寸。

高桥洞桐口一尺八寸旧本二洞，后合为一洞，共三尺六寸。

张明水口田一十二亩，孙家水口田四十亩，宋家水口田四十亩，王中举水口田四十亩，张方良水口田十五亩。

小王官洞桐口圆五寸。

大王官洞桐口圆六寸。

康本洞桐口圆五寸。

陈定桐口圆五寸。

郭家水口圆四寸。

花家柱槽桐口一尺。

徐广桐口圆五寸。

何棋洞桐口六寸。

金聪水口田五十亩，舒福水口田五十亩，邹兴水口田六十亩，杨俸水口田六十亩。

高洞子桐口六寸。

朱洪水口田三十亩，汪洪水口田一百二十亩，汪金水口田一百七十三亩，金銮水口田二十五亩，李家水口田二十亩，柳英水口田七十五亩，任明水口田一百一十三亩，吴刚水口田三百亩，王朝钦水口田一百四十九亩，聂家水口田八十五亩。

三皇川北高沟砰口四尺八寸。

上中沟石砰九寸。

柏杨下中二沟砰口四尺七寸。

徐家沟砰口一尺一寸。

以上由高桥至三皇川、徐家沟，共军民夫一百六十六名，共田二万五千一百四十二亩，定例下六日用水。

第三堰，在第二堰下五里，于黑龙江中砌石截水为堰，其工较省于第二堰，灌田之多寡，亦悬殊焉。由堰口东南流二里至三桥洞，分东西两派。

西流者为西沟，自三桥洞分水，经流冉家营，灌田三百余亩。

东流者为东沟，自三桥洞分水，东流七里许至任头堰，又分二派：

西为西渠，灌周家营田三百亩以上皆褒城田。其东流者，灌南郑龙江铺田一千九百八十余亩。

查第三堰本山河三堰之一，地当下游，受第二堰金华、柳叶、大小斜堰、丰立各洞之湃水，两邑居民藉依水利，垦旱地为水田者甚多。今南邑入册水田至七千余亩，褒城田亦盈千，上下坝争讼在所难免，但其水尚充足，不致因田多而失灌溉之利也。

又第三堰东沟，经流之处有祷福沟、莲花沟二小渠，其下分水之处，褒城渠在西，名党家沟；南郑正渠在东。嘉庆十二年，南、褒人民争水口宽窄，及挖拦河工段，互控至院。十三年，知府严如熤督同委员，勘讯断定：褒城党家沟水口一丈二尺五寸，南郑东沟水口一丈六尺七寸，两岸均用石砌，中竖石墩，渠底内外各铺平石五尺，挖河工程每夫一百名，褒城上十工出夫四十名，南郑中下二坝出夫四十名，下十工出夫二十名。派钱亦照此例。南郑于党家堰沟口安设闸板，俟党家堰有工无工之水田足，将板闸住。其党家堰湃水，由中下二坝水口湃给南郑军田，余水免至湃河。党家堰未足之时，不得私擅下闸。由道宪何详抚部院方批，永远遵行。

莲花沟，灌田无多，经知府严如熤勘断，东沟仍旧设闸安板，未插秧以前，浇灌不拘时刻；插秧以后，每三日中轮莲花沟，点香一枝，一尺为度，按香放水，香尽即将板掣去。行夫照旧例，帮南郑军工夫三十名。

马湖堰，在褒城西南一百里，南郑西南八十里，引廉水浇灌两县之田。自褒城梁家营筑堰，南流入南郑界。又流一里入褒城七里坝，灌田二百三十亩。又流入南郑刘家营，灌田一百八十余亩。

廉水又东北经流二十里为野罗堰，在褒城野罗坝筑堰，灌褒城水南坝田六十亩。又流三里入南郑地，灌田一百二十亩。

又东北流为马岭堰，堰首在南郑王家营，灌王家营田一百二十三亩。入褒城界，灌水南、高台二坝田四十四亩。

廉水又东北经流三里，为流珠堰，在褒城西山坝殷家营筑堰，灌南郑新集田一千二百四十亩，灌褒城水南、高台、小沙三坝田二千四百三十亩。《旧志》载：流珠堰，势若流珠，亦汉相萧何所筑，宋嘉祐、乾道、元至正十六年重修。明嘉靖二十八年，堤岸倾圮，用力实艰，褒城监生欧本礼浚源导流，编竹为笼，实之以石，顺置中流，限以桩木，数月工竣，至今赖之。

廉水又东北经流六里为鹿头堰，在褒城境望江寺筑堰，灌南郑孟家店田一千一十四亩，灌褒城萧停坝田一千八百亩。

廉水又东北经流二十五里为石梯堰，又名柳堰子，在褒城东南小沙坝筑堤，流五里入南郑界，灌上水渡田三千八百六十亩。

廉水东北又经流一里为杨村堰，堰首在褒城萧停坝筑堰，流三里入南郑螺蛳坝，灌田三千八百七十一亩。

以上七堰，皆出廉水。马湖、野罗、马岭、流珠、鹿头五堰兼灌南、褒之田，石梯、杨村二堰，堰筑褒城界内，灌田专在南郑。又有龙潭堰者，向与马湖等共称廉水八堰，而所引实为泉水，今遵《通志》改正。

查流珠堰，嘉庆十二三年，褒城武生张鉴等，以争设堰长为名，敛钱滋讼，经抚部院方提省审办，照律遣戌。上坝设立堰长二名，出夫三十二名，分水四日四夜；中坝亦设堰长二名，出夫二十九名半；下坝仍设堰长四名，出夫六十四名半，除巡查洞口夫八名外，实出夫五十六名，分水六日六夜，均按午时接水，周而复始，轮流灌溉，咨部在案。

城、洋二县水利

杨填堰在城固东北十五里，洋县西五十里，截壻水河中流，垒石为堰，相传亦郑侯、平阳侯所创。至宋，知洋州开国侯杨从义大加修浚，民赖其利。堰两岸皆沙土，河流湍激，易至冲圯，元明至国初，官民随时修补。嘉庆十五六年，山水频涨，旧渠平为河身，两邑士民公请于知府严如熤，以洋邑贡生蒙兰生总理修复，又城洋武生李调元、张文炳、高鸿业等共襄其事。买河东岸地一十四亩，将渠身改进，筑帮河堤二百二十八丈九尺，于河水入渠之处修石门五洞。经始于嘉庆十六年二月，至十七年五月工竣。堰流东南为丁家营洞，又东南流为姚家洞，又东南流，于北流立水车八具，又东南流为青泥洞，又东南流至宝山，绕山而东为鹅儿堰，又东南流为竹竿洞，又东南流至双庙子为孙家洞以上各洞专灌城固之田。又北，东南流至留村，为梁家洞此洞城、洋二县分用。堰又东南流，入洋县界。首为新开洞，其北岸为倪家渠、魏家渠，又东南经流马畅村为柳家洞，又东流为砲眼洞，又东南流为黄家洞，又东南流为汉龙洞，又东南流为水砲堰洞，又东南流为分水渠，其北岸为北高渠，引水经池南寺北，至白杨湾止，又下为野狐洞，又东南至谢村镇入汉江。自新开洞至谢村镇，均灌洋县田。

共计杨填堰灌城田一千四百九十八亩，灌洋田一万八百四十亩。城田在上，用水三分；洋田居中堰、下堰，用水七分。其分工修堰，亦照三七为例。

请专委府经历专管公堰详文

严如熤

查汉属堰务，旧设水利通判。乾隆年间，奏将通判移安留坝，嗣改抚民同知，水利遂无专管之员。从前尚少争控事端，缘近年以来，老林开垦，土石松浮，每逢夏秋，淋雨过多，遇有水涨，溪河拥沙推石而行，动将堰身冲塌，渠口堆塞，必乘冬春雇募人夫修砌挑挖，使水之时，方能无误。工费日加繁重，需用银钱虽按地均摊，民间各举首事收支，而派拨人夫，必须官为督催。其各县所管堰渠，与他县不相交涉者，地方官自行督办，尚易经理。内如南、褒之山河大堰、第三堰、流珠等七渠，及城、洋之杨填堰，均一渠浇灌两县田亩，一应修堤、挖沙、拾拦河、筑洞口各工，或上游恃其易于得水，不肯照例行夫，或尾坝逶以难以得水，不肯踊跃从事。至使水之时，或将洞口尺寸私行挖宽，或于封洞日期暗行盗启。人户既众，又属两邑，关查移讯，动需时日，以至挑修不能赶紧，栽蒔辄至误期。若委员督办，终非专管之官，事多掣肘。或届署事不能久留，更易生手，辄至茫无头绪，小民辄起争端，此士庶恳请设官经理之实情也。卑府查留坝关防，虽有水利字样已改抚民同知，有命盗、户婚、田土等案之责，该厅距郡窎远，实难分身兼顾。而设官自有定制，未便添设。惟查卑府经历，系属闲曹，并无专管要政，可否请将南、褒、城、洋交涉两县堰务，责令该经历管理，不时赴交涉各堰督办。庶有专员经理，堰渠之争端可以稍息，于急工亦免至互推贻误。所有应议各条，胪列于左：

补筑堰堤，修整各洞决口，挑挖堰口淤沙，钉拾拦河桩石，均有旧例，按照段落行夫。如举、贡、生、监及各衙门充当书役人等，恃符依势，从中挠阻，抗不行夫，以致工不速竣，浇灌失利，贻害地方者，许该经历即行严拿，一面移会地方官讯详治罪。至使用银钱，向系民间自行按地摊派，仍交公举首事掌管，该员不得经手，以杜书役侵渔之弊。

各洞口大小均按照浇田多寡，定有尺寸，勒碑为记，永远遵守。如遇修整决口，不遵定例，私自增添，暨需水之时，暗行挖宽者，该经历一经查出，即将为首之人拿究，照例治罪。该经历如有隐徇，即行参处。

大田需水之时，洞口启闭，或轮日，或分香，大堰由本道给发封条，余堰照旧规办理。如私启封条，暗行挖开，至下游水缺，该经历严拿究治，不得瞻徇。

各堰各洞所灌田亩均有定数，射利之徒，间有将旱地开作水田，垦田日增，需水亦多，往往不循旧例，恃强争水，原灌正田反至失利。除已往不咎外，该经历不时稽查，再有将旱地开作水田者，立即拿究；如无契据者，照例入官充公。

各洞册内原灌正田，岁修有费，轮甲行夫，为日已久，是以永沾灌田之利。至不入册之田，其田多系旱地所垦，并不派夫派费，只许收正田有余之涆水。如遇需水之时，借收涆水为名，偷挖堰水及聚众竞争者，立即严拿惩治。

水利易涉争端，劣衿豪棍，往往煽惑愚民，藉争水利为名，敛钱聚众，而伊反坐食其利。该经历不时稽查，如访有此等播弄乡愚之徒，即先行严拿，移会地方官，按律治罪。

南、褒、城、洋交涉各堰，设有堰差、堰长、小甲。遇应行修浚等事，必须差遣分拨办理。应饬该四县，将堰差、堰长、小甲开列簿册，用合缝印交该经历查点。两县交涉堰务，听该经历差遣指使，如有抗违玩误，亦听该经历责处。倘该县违祖不发，许该经历禀明道府查究。

该经历既管四县交涉堰口之事，遇有争告呈状，许该经历接管，差遣堰差，传唤到堰，随时剖析；事务稍巨，必须会同地方官办理，听其会办。如遇堰民上控，牵扯该经历接受呈状之事，不以擅受民词论，预杜刁告之风。其余民事，不得干涉，仍议如律。

堰务交涉各事，既责成该经历管，遇有上控两县堰务交涉之事，自应一体批发该经历审办，不得以滥批论。俾有事权，不致棘手。如该经历审断不公，听地方官据实禀请道府提讯。

该经历冬春督工，夏秋查巡洞口，在堰日多，应设管理堰务文案之书吏，及随带跟役、马夫，除本员每日酌给饭食银二钱，书吏一名，跟役二名，马夫一名，每名酌给银五分，共计每月需银一十二两，每年需银一百四十八两。设经历系冷署闲曹，难以赔垫，转致裹足不前，请酌量堰务之繁简，地方官分别捐给。南郑县捐银五十八两，褒城三十两，洋县四十两，城固二十两，每月初一日致送。如有藉词抗交，令该经历径禀藩宪，在于各该县应领银两内扣发。设此月内遇有交卸，准交接任官按日入抵。

以上各条是否可行，伏乞宪核饬遵。董抚宪批准行。

留坝厅

留坝本无水利，近年以来，川楚徙居之民，就溪河两岸地稍平衍者，筑堤障水，开作水田，又垒石溪河中，导小渠，以资灌溉。西江口一带，资太白、紫金诸河之利；小留坝以下，间引留水作渠。各渠大者灌百余亩，小者灌数十亩、十数亩不等，町畦相连。土人因地呼名，然至夏秋山涨，田与渠尝并冲淤，故不得名水利也。

定远厅

定远地形大概类川中，每翻越一二大梁，辄有平坝，如平落、盐场、九阵三坝，渔渡坝、固乡营、黎坝、上中楮河各处，均产稻谷。水旺渠高，资灌溉之利，故不忧旱。但夏秋山涨，田渠亦易冲淤。近日垦田资渠灌溉者，虽数倍往时，而其利终不可恃，故各渠溉田数目仍循《旧志》。

楮河堰，厅东北一百四十里，引龙洞水，灌田一百亩。

固县坝堰，厅郭外，引捞旗河水，灌田三十亩。

葫芦坝堰，厅治北，引山水，灌田二百亩。

黎坝堰，厅西一百二十里，水自四川通江来，入厅界，灌田三十亩。

偏溪河堰，厅东，引溪水，灌田五十亩。

捞旗河堰，厅北十五里，引捞旗河水，灌田五十亩。

楼子坝堰，厅东十里，引山水，灌田五十亩。

九阵坝堰，厅西三十里，引山溪水，灌田一百亩。

渔渡坝堰，厅南九十里，引山水，灌田一百亩。

盐场堰，厅南一百六十里，引山溪水，灌田一百亩。

仁村堰，厅西南一百二十里，引山沟水，灌田五十亩。

平落堰，厅南一百四十里，引山沟水，灌田五十亩。

石虎坝堰，厅西一百八十里，引山沟水，灌田三十亩。

蜡溪堰，厅东六十里，引山沟水，灌田二百亩。

大市川堰，厅东北，引山沟水灌田三十亩。

南郑县

水利 按：南郑与褒城互相用水之山河大堰暨第三堰、马湖、野罗、马岭、流珠、鹿头、石梯等堰，均刊载于前，兹不复赘。

班公堰，县东南三十里。嘉庆七年，署南郑知县班逢扬，引冷水河水开渠作堰，以资灌溉，改旱地作水田。堰脑自李家街子上起，绕赖家山、石鼓寺、大沟口、黄龙沟、楮家河口、梁滩河、娘娘山口，至城固之干沙河止，湾环三十余里。水行至上坝，逢扬升任定远同知去。至十三年冬，知府严如熤为竟其功，相度地势，改修中、下渠道，委照磨陈明申往来督役。十四年，水至中坝。十六年，水达下坝。计上坝堰自赖家山、石鼓寺起，至黄龙沟止，灌湖广营、白庙、七里、上坝等处田二千三百余亩。堰又自黄龙沟起，至郑家沙河止，灌七里、中坝等处田一千三百余亩。堰又自郑家沙河起，至城固之乾沙河止，灌七里、下坝、王营、牛营等处田三千三百余亩。严知府暨士民以此堰创之逢扬，因名之曰"班公堰"。

石门堰，《通志》：在县西南三十五里，引旱山西南沟水，灌田一百八十亩《县册》。

小石堰，《通志》：在县西南三十里。引旱山沟水，灌田二百二十四亩《县册》。

石子洴堰，《通志》：在县西南二十里，引梁山泉水，灌田二百八十五亩《县册》。

荒溪堰，《通志》：在县西南八十里，引荒溪山泉水，灌田二百二十余亩《县册》。

芝子堰，《通志》：即老溪堰，在县南十五里，引冷水河水，灌田九百八十余亩，下流入汉《县册》。

黄土堰，《通志》：在县东南二十里，引观沟河水作堰，分东西二沟，共灌田三千六十亩。

梁渠堰，《通志》：在县东南三十二里，引许家山沟水，灌田二百八十五亩，下流入汉。

狗狗堰，《通志》：在县东南四十里。引赵家山沟水，灌田六百三十亩，下流入汉。

隆兴堰，《征实录》：引老溪水作堰。乾隆四十年，庠生张拱翼相地疏筑，庠生姚维藩佐之，逾岁堰成。

复润堰，《征实录》：引老溪水作堰。乾隆三十九年，庠生韦文卓创始者，民韦天吉废产助功，逾二载堰成，灌田二千余亩。

王道池宽三百数十亩、下王道池、草塘、月塘三池各宽百余数十亩不等、顺池宽二百八十亩、南江池宽二百八十亩、铁河池、江道池、高池、塔塘、三角塘、老张塘六塘各宽百余亩数十亩不等。

按：南郑县北乡有李家堰，正沟由西趋南，冬春干涸，俟天台山水发涨，接流入沟。李家堰附近十堰，鳞次设闸，灌田数十亩，向系上足下用。李家堰正沟即西沟由石桥分水处趋南，流经小堰五处，灌田百余亩。下注王道池，接注下王道池等三塘，分水石桥，在堰东砌成洞闸。有沟一道即东沟，沟水经流四里，注顺池，接注南江池等七塘。各池塘所灌稻田，不资堰水，惟从堰沟引山水入池，贮蓄备用。正沟底高，水难入沟；东沟势低，得水较易。两沟使水人因修洞构讼。嘉庆十四年，知府严如熤勘断：李家堰桥洞分水之处，将正沟底垫石，用平水准定，令水可下流，其分注东沟洞口，用石垫平四尺五寸。东沟虽低，既经垫石，其水趋下之势稍杀。又于近桥四尺五寸，立两石桩，不许挑挖。忙水均用，闲水以八月初一日为始，王道池先灌，顺池挨灌，均以十日为期，周而复始。各池塘灌足，及山水暴涨，即开闸起板，俾水由东沟湃入汉江。至王道上五小沟，无池贮水，忙水时于堰中先下闸板，将所管田百余亩灌注，准起闸。详明护抚部院朱批准遵行立案。

古渠堰附

《通志》：红花堰，引红花河水，今废。堰在县南三十里，副使张士隆筑，溉稻田千余顷，民甚赖之《冯志》。按：《冯志》又载：县北有石碑、狮子二堰，今堰废无考。

褒城县

水利按：褒城与南郑互相用水各堰，均刊载于前，兹不复赘。

一碗泉，《通志》：在县西南五十里苇池坝。居民借以溉田，源形如碗，故名，灌田百余亩。

金泉，《通志》：在县西南三十五里。发源雍齿坝崖头山下，冬夏不竭，资以灌溉，泉分东西两派，灌雍齿坝田三百余亩，至两河口入汉。

双泉，《通志》：在县西南七十里。出中梁西南山峡中，两泉并涌，下溉民田。泉水至双泉寺之山坡，分东西二渠，灌姚家河、白马庙等处田二百八十余亩。又下合：

淤泥洞泉,《通志》:灌王家坝、香树岭等处田七百余亩,下流入沙河《县册》。

牛口泉,《通志》:在县西北二十五里。泉出牛头山之石罅,溉田百余亩。

马道东沟水,在县北九十里,栈道地狭,此处独平衍,居民引流溉田。水出山峡,南流三里至邵家坝,灌田百余亩。又下至王母塘,又下至宁家堨,灌田不及一顷。

古渠堰附

天生堰,在县西南六十里,引鹤腾泉溉田。

铁炉堰,在县西南七十里,引华阳水。

龙河堰,在县南九十里,引章溪水《冯志》。

天分堰,在县西四十五里,引黄沙河水。

龙池沟,在县南五十里,居民引以灌田。

今俱废。

城固县

水利　按:城固、洋县互相用水之杨填堰已刊载于前,兹不重赘。

高堰,《通志》:在县西北四十里,引湑水河水,灌田一千八百五十亩。又南流绕庆山而下,于山下筑一堰为

百丈堰,灌田三千七百二十余亩《县册》。百丈堰在湑水南行之中流,以木石障水,约百丈,俾水东行以溉田,其为力亦劳矣。东北有骆驼山,遇天雨,其水甚猛,横冲旧道,一岁间屡冲屡修。予循山麓相水势,议以灰石塞山之南口。自东而西,挑渠长二百丈,深三尺,阔二丈,由庆山北归升仙口河内,一劳永逸,百世之利也。限于财力不克成,著于此,以俟后之君子杨守正《百丈堰干沟记》。城固北有湑水河,障石为堰,凿渠引水,堰凡五处,而百丈堰截河横堤,且与干沟为邻。用水之时,尝有暴水冲淤,随淘随塞,不胜疏凿之苦。董是役者,每每称难。万历戊戌,邑侯高公登明议建石桥,以闸暴水,则渠可免于疏凿。乃捐俸鸠工,建桥沟三洞,每洞阔四尺许,仍于两岸筑堤数十丈,遇暴水则用板闸洞口,庶洪流可御,而渠道无冲淤之患《百丈堰高公碑记》,撰人失名。

五门堰,在县西北二十五里,出湑水河。元至正间,县令蒲庸以修筑不坚,改创石渠一道,与湑水相望。而下抵斗山北麓,上抱石嘴,半中筑堤,过水碧潭,去此上流,横沟五门,恐水或溢,约弃入湑水,用保是堤,因名

曰"五门堰"也。灌田四万八百四十余亩,动磨七十。每岁首凡一举修,竹木四万九百有奇,夫六百七十五人。明宏【弘】治年间,推官郝晟重开。康熙十一年,县令毛际可查久淤古渠侵占在民者,仍照旧宽阔挑浚,水大通行。二十五年,堤坍,县令胡一俊申请修筑,较前益坚。将前乔令、高令《水册》附后。

右五门堰浇田五万余亩,分水洞湃三十六处,惟西高渠田高水远,常年失旱,民多告扰。该本县乔亲诣堰所,相其高低,查田编夫,各用井字桩木修理其洞湃水口以木径尺为则。不料年久桩烂,水利照旧不均。该本县高审其由来,亲诣堰所,看得旧用木桩易坏,于是蠲俸易买石条、石灰,各照旧规修砌,合行给册,立碑永遵。

五门堰,因桩木修理不能坚固,今议石条、石灰修砌,水门五洞,宽阔二十余丈,水流势大,亦无阻滞仍令僧人看守,不许人畜损坏。

小龙门,堤岸共计三十七丈六尺。今议井字桩木石灰修砌,空流水口五丈,名为活堰,以备退水。如有损坏,各该堰长不时修补。

定额水车九辆,每辆溉田不过二三十亩。今后安车务要轮板增大,听其自然打水,不许拦截官渠。

唐公湃,田六百八十三亩五分,照旧截渠定堰,务要眼同各堰长公定,不许加高阻滞。

道流洞,田一百五十一亩,渠道稍下,议定水口周围一尺八寸。

上下高洞,田共二百一十三亩,渠道稍下,议定水口各一尺六寸。

清泥洞,田一千七十四亩,渠道最低,议定水口周围二尺,告加一尺,与官渠平砌,不许安深。

双女洞,田一百四十八亩,渠道平流,议定水口周围一尺四寸。

药木洞,田二百七十五亩,渠道最低,议定水口周围二尺。

萧家湃,田一千二百四十一亩,渠高田高,但萧家湃定有平水,则本湃水得淹流,不许拦截官渠。

黄家湃,田八千二百五亩,渠道最低,原定平木水口三尺八寸,因中沙渠渠高水漫,加添一寸,共三尺九寸。今议石条、石灰并将两边堤岸照旧规一通修砌,高低水利均平,不许紊乱。

苏家橙槽渠,田四十八亩。近因本渠于常年淤塞,各户修理,宽深况官渠,因亩数多,不许邀截。

鸳鸯湃，田四千七百七十六亩，渠道最低，旧规水口二尺九寸。今议石条、石灰修砌。其本湃原与黄土堰同渠分水，因本湃另开一渠，该湃使水人户，自认加定石条平口，如有日后渠低水剩，仍复比前增加，庶高低水利均平。

黄土堰，田八百一十九亩，渠道平流，照旧水口九寸。

油浮湃，田三千三百亩，原定水口三尺八寸，渠道低流，又兼山水直冲本堰，实乃西高渠要害。今议石条一百三十二丈，石灰五十余石，修砌活堰，宽阔顺下各四丈，以备退水，则西高渠亦不为害。原议堰夫六十八名，专理本堰，挑浚本渠，庶远近有别，劳逸均平。

东高渠，田一百八亩，渠道平流，照旧水口四寸，仍截官渠，定堰下田万亩。旧规平木水口一丈五尺，不许加高定窄。

水车湃，田三千四百五十九亩，渠道最低。今议石条安置照旧，水口三尺八寸，不许紊乱。

官渠尾，分水洞湃一十六处，俱用石条、石灰，因时修砌。

王家洞，田一百五十六亩七分，渠道低流，议定水口周围一尺六寸。

罗家洞，田三十亩，渠道低流，议定水口周围六寸。

张家洞，田二十亩，渠道低流，议定水口周围四寸。

董家洞，田九十一亩三分，渠道低流，议定水口周围一尺。

王乾湃，田四百四十九亩，原议石条水口平木，照旧一尺。

张家洞，田一百三十七亩五分，渠道低流，议定水口周围一尺四寸。

高家洞，田一十二亩，渠道低流，议定水口周围三寸。

任家洞，田八十二亩，渠道低流，议定水口周围八寸。

大小橙槽渠，田三百亩，内将四十亩归入西高渠，使水迄止田二百六十亩，议定平木水口七寸八分。

西官渠以下分水渠洞六处，共田三千八百四十三亩，与橙槽分水，议定照旧平木一丈一尺五寸。

砖洞渠，田七十七亩五分，议定水口平木三寸九分。

小汉渠并中沟渠，共田六百五十六亩七分，议定水口平木三尺二寸九分。

大汉渠，田二千三百六十六亩五分，议定水口平木一丈一尺九寸。

花梨渠，田二百二十亩四分，议定水口平木一尺一寸三分。

高渠，田五百二十一亩，议定水口平木二尺六寸一分。

淤塞渠道应该挑浚共四处：

自小龙门起，至第三辆水车止，共二百九十步，俱系沙淤，工程不重。该车夫并唐公湃使水人夫挑浚，深宽不得阻滞水利。

斗山、前湾、高桥上下，共二百三十步，该四里堰长挑修，务低深二三尺，方无阻碍。

白家滩起至萧家湃止，共一百四十步，四里均挑，宽深不许阻滞水利。

铁王湃，田四百八十亩，该水口二尺四寸。

枣堰湃，田三百一十八亩，该水口一尺五寸五分。

何家渠，田一百亩。

龚家渠，田三百三十亩，该水口一尺六寸五分。

陈家渠，田二百亩，该水口一尺。

西渠，田九百亩，该水口四尺五寸。

查官渠，两边俱系陡坎官地，日久恐附近居民垦辟侵种，势必淤塞渠道，虽勒碑示禁，然不时查缉，杜渐防微，是在后之君子。

新堰，自堉水河作渠，在杨填堰南，距县六里，灌田四百亩。

上官堰，《通志》：在县西三十里，引北沙河水，于东岸作堰，灌田三千亩。沙河又南流，于西岸作堰曰西小堰，灌田四百亩。沙河又南流，亦于西岸作堰曰枣儿堰，灌田三百亩。

万寿堰，在县西南四十五里，引小沙河于东岸作堰，灌田一百八十亩。

上盘堰，古名盘蛇堰，灌田九百亩。

下盘堰，灌田一千五百亩。

新堰，灌田七百亩。

平沙堰，灌田六百亩。

沙平堰，灌田一千二百亩。

莲花堰，灌田三百亩。

倒柳堰，灌田一千八百亩。

东流堰，在县正南五里，引南沙河水，在东岸筑堰开渠，故名东流堰，灌田五百亩。其在西岸筑堰者曰西流堰，灌田二百亩。

鹅儿堰，在县东北十里宝山之麓，相传宝山寺柱木化鹅，戏水堰塌，故名。

流沙堰，在县西南四十里。

邹公堰，在县西北四十里，出北沙河。

横渠堰，在县西三十五里，出北沙河。

承沙堰，在县南十里，出小沙河。

周公堰无考。

洋县

水利 按：洋县城固互相用水之杨填堰已刊载于前，兹不重赘。

溢水堰，《通志》：在县西北二十里。溢水河出县北山中，南流五里，于东岸筑堤，分水东南流，下为小飞槽，又下为大飞槽，又下为铡板堰，又下为腰渠，又下为西渠，又下为石堰渠，又下为吴家渠，又下为北渠，又下为南渠。渠傍山岩，岁遭山水冲塌。崇祯元年，县令亢孟桧创修飞槽，后常损坏。皇清康熙五年，县令柯栋计垂永久，刳木省费，共灌田一千三百余亩。溢水又南流五里，于西岸筑堤，引水西南流为

二郎堰，在县西一十五里。又下为高堰洞，又下分两派，东流者为东渠，西流者为西渠。自上范坝起，至六陵村止，灌田八百亩。溢水又南流五里，于下流截河为堰，从东岸分水，与溢水偕下，而南者为

三郎堰，在县西十里。自傅家湾起，至退水渠止，灌田三百三十亩。

灙滨堰，在县北十五里。灙水出县北石锉山，南流至周家坎，于西岸筑堰，分水西南流者为灙滨堰，又下为上八工，灌田九百八十亩，又下过龙积山，为下八工，灌田九百亩。县北距灙水之右，有田数千亩，其灌溉自留坝湾引河水，循山麓迂回南下，中经二涧，涧深广数丈，旧架木为飞槽，渡渠水以达于田。夏月，涧水暴涨，木槽荡然无复存。邑侯李用中创建石槽，以为渠道，以数丈之槽，利数千亩之田，李侯之惠利土民，岂可以数计哉！张四术《灙滨堰石槽碑记》。灙滨堰自周家坎东坡下土桥起，至双庙止，灌田一千八百亩。灙水又南流五里，于东岸筑堰分水，东南流者为

土门堰，在县北十里，横穿贾峪河，过土门子，分东西两渠，东南流者至杨家庄，西南流者，至时家村，灌田一千三百亩。土门古有堰，相近有贾峪河，出没无常，狂澜一倒，直断中流，陇亩间动苦枯竭。姚公立诚【诚立】来令斯邑，蠲帑藏，架长堤，以障之。共修成石堰二座、飞槽九座、洞口一十四处，遂成无坏之业李时挈《土门、贾峪二堰碑》。土门堰沙砾善溃，又横当贾峪之冲，先是第用树杪、砂石权宜修葺，一经骤雨，漂决无存。姚公立诚【诚立】

捐俸建修，推去积砂，以巨石为底，上垒石条，高可及肩，长则亘河。其下流处，预防冲激，置圆石木闸，贾峪中流留龙口一十二丈，渐低其半，以泄涨流_{李乔岱《土门、贾峪二堰碑记》}。土门堰阻牛首山之麓，故凿为门，以通渠道，因名"土门"。自刘家草坝起，至北门外止，潕水又南流四里许，截河筑堰，从东分水，流至县西关外者为

斜堰 在县北六里，潕水河下流，分东、西二渠，灌田三百二十三亩。洋北潕水为堰者三：最下曰斜堰，广五十余丈，灌负郭田。旧用木柱、草石修筑，旋筑旋坍，殆无宁晷。李公用中捐俸建石堰，分门闸板，视水之消长，以时启闭，虽洪涛数兴，终莫能坏。其左为渠二百四十丈，引水入阡陌，堰成而水安行_{李时萃《斜堰碑记》}。斜堰自巨家洞起，至西关止。

苎溪堰 在县西北十里，引苎溪河水灌田。

华家堰 在县东北七里，引天宁溪水灌田。

高原堰 在县东三十里，引大龙溪水灌田。

鹅公堰 在县西南十五里，引小沙河水灌田。

贯溪堰 在县东十里，引平溪河水灌田。

百顷池 在县西南十里，汇小沙河水以溉田。乾隆六年，邑令阎邦宁以池西岸二十亩蓄水，余俱佃种，租入社仓。万历间，署县刘钺又请为学田。

古渠堰附

张良渠，在县东南二里；又七女塚北有七女池，池东有明月池，状如偃月，皆相通。《注》谓之张良渠，盖良所开也_{《水经注》}。

西乡县

水利

金洋堰，《通志》：在县东南二十里。有峡口在巴山之麓，洋河出焉。川原平夷可田，峡口两岸对峙如门，前人因障水为陂，名曰"金洋堰"，溉田数千亩。询作堰之始，代远不可考。邑令邱俊慨然兴复，于峡口故址植木、垒石、培土，横截河流，俾水有所蓄，然依山为渠，随势利导以通泄。各令种树，以固其本。堤数百步即分支渠，堤长十余丈，支渠堤丈余，厚同之，自是燥土悉为腴田矣。成化戊子，蒲城李侯春令是邑，值雨圮堤，侯加培焉_{何悌《金洋堰碑记》}。金洋堰，灌田四千六百亩，在县东南午子山左，有大渠一支，分小渠二十五道，上、中、下三坝。皇清康熙二十二年，知县史左重修。五十三

年，知县王穆重筑《县志》。

　　罗家坝堰　在县东三十里，引塔儿山水，灌田五十亩《县册》。

　　三郎铺堰　在县东四十里，引山沟水，灌田一百亩《县志》。

　　白汚峡堰　在县东七十里，引小河水，灌田五十亩《县册》。

　　五郎河堰　在县东四十里，引山沟水，灌田三十亩《县志》。

　　洋溪河堰　在县东七十里，引山沟水，灌田一百亩《县册》。

　　圣水峡堰　在县东六十里，引山沟水入渠，灌田一百亩。

　　龙王沟堰　在县东北三十里，蓄雨水，灌田三十亩《县志》。

　　高川堰　在县东一百六十里，引父子山水入渠，灌田一百亩《县册》。

　　五里坝堰　在县东二百里，系山沟水入渠，灌田五十亩《县册》。

　　官庄堰　在县南二里，渠分二道，灌田五十亩《县志》。

　　邢家河堰　在县二里，蓄雨水，灌田三十亩《县志》。

　　高头坝河堰　在县南十里，蓄雨水，灌田三十亩。

　　法宝堂堰　在县南二十里，渠分六道，引南山龙洞水，灌田二百五十亩《县册》。

　　棱罗关堰　在县南十五里，引龙洞水，灌田五十亩。

　　莘莒河堰　在县西南三十里，渠分三道，一名空渠，引马庵山水，灌田四百亩《县册》。

　　五渠河堰　在县南二十里，分渠五，灌田五十亩《县志》。

　　黄池堰　在县南二十里，引南山龙洞水，灌田二十亩《县册》。

　　白铁河堰　在县南六十里，引山沟水，灌田三十亩《县册》。

　　碓臼坝堰　在县南八十里，引龙洞水，灌田二十亩《县册》。

　　西龙溪堰　《通志》：在县西南二十里，引南山泉水，灌田三十亩《县册》。

　　二里桥堰　在县西二里，引北冈龙洞水，灌田一百亩《县册》。

　　枣园子堰　在县西三十里，引山沟水，灌田三十亩《县册》。

　　古溪铺堰　在县西三十里，引老家山溪水，灌田一百亩《县册》。

　　苦竹坝堰　在县西六十里，引山沟水，灌田二百亩。

　　风口坝堰　在县西五十里，引山沟水，灌田二百亩《县册》。

　　男儿坝堰　在县西八十里，引私渡河水，灌田五十亩《县册》。

　　平地河堰　在县西九十里，引木马河水，灌田五十亩《县册》。

　　私渡河堰，在县西一百二十里，一名私陀河，引河水，灌田一百亩《县志》。

桑园铺堰，在县西北四十里，引东峪河水，灌田五十亩。

铁佛寺堰，在县西五十里，引山沟水，灌田三十亩《县册》。

五郎堰，在县西二百三十里，引龙洞水，灌田三十亩《县册》。

平水楼，在县西一百二十里，引楼门河水，灌田七十亩《县册》。

左西峡堰，在县西一百二十里，引大巴山河水，灌田四十亩《县册》。

惊军坝堰，在县西一百五十里，引龙洞水，灌田五十亩《县志》。

磨儿沟堰，在县北五里，引北山寨沟水，灌田八十亩《县册》。

簸箕河堰在县北三里，引北山寨沟水，灌田一百五十亩《县册》。

别家坝堰，在县北三十里，引龙洞水，灌田三十亩《县志》。

沈家坪堰，在县北三十里，引山沟水，灌田八十亩《县册》。

神溪铺堰，在县北五十里，引山沟水，灌田三十亩。

响洞子堰，在县北七十里，引山沟水，灌田一百亩。

五渠，《通志》：在县北。有五渠焉，一东沙渠，一中沙渠，一北寺渠，离治二里许；一白庙渠，一西沙渠，离治各三里许。众山之水，分落五渠，由渠入城濠，由濠绕木马河。五渠淤塞，春夏淫霖旬积，山水陡涨，无渠道可泻，横流田塍，没民庐舍。余按亩役夫，以均劳役，每岁于农隙时，频加挑浚，使水有所蓄泄，而西北一隅之地，赖以有秋王穆《疏五渠记》。

凤县

水利

古渠堰附

凤州梁泉有利民堤、砲子堰，宋祥符二年置《玉海》，今废无考。

斜谷河，在县东二里。

红崖河，在县西四十里。

紫金水，在县东一百五十里。

大散水，在县东五里。

鸣玉泉，在县西十里。

凉泉，在县西二十里。

以上六水，俱可疏引灌田，均遵《通志》叙人。

宁羌州

水利

七里堰,《通志》:在州西南七里,灌田千余亩《州册》。七里堰,嘉靖七年,知州李应元修。

古渠堰附

黄坝河　在州东一百里,可资灌溉《冯志》,现今无灌溉利。

沔县

水利

山河东堰　即石刺塔堰,在县东北三十五里,引旧州河水,分两派。东流者为东堰,自贾旗寨起,经流何家营、火安营,至旧州铺、仓台堡,灌田三千亩。西流者为

山河西堰　自刘旗营起,经流娘娘庙、曹村、柳树营、弥陀寺止,灌田三千九百八十亩。

天分东堰　即石燕子堰,在县东北五十里,引黄沙河水,分两派。东流者为东堰,自官沟起,经流刘家湾、雷家坪、黄沙镇,至栗子园止,灌田三千六百七十亩。西流者为

天分西堰　灌岭南坝田一千五百亩。

琵琶堰　在县南三十里,引养家河水,筑堰溉田,首为琵琶堰,灌军官庄田三百亩。沔水又北为

马家堰　灌上官庄田八百亩。河水又北为

麻柳堰　灌军民官庄田四百八十亩。河水又北为

白马堰　一名白崖堰,灌下军官庄田一千五百亩。河水又北为

天生堰　灌魏家寨、晏家湾田九百八十亩。河水又北为

金公堰　灌军民坝、板桥寨、马家庄、赵家营、牟家营田八百八十亩。河水又北为

泾水堰灌军中坝、民中坝、黄沙驿田,自陆营起,经流曹营、潘营、陈营、谈营、丁营,至金家河坎止,共灌田八百余亩。河水又北为

康家堰灌民中坝、曹家坎田八十亩。

古渠堰附

三岔上下堰在县东南三十里,今无考。以上各堰,均遵《通志》叙入。

略阳县

略阳原无水利，如娘娘坝、金池院、庙坝、接官厅等处，现有水田者，近因川、楚人民徙居，来此开垦，引山沟水，以资灌溉，每处或数十亩、十数亩不等。然至夏、秋山涨，多被冲淤，不得称为水利也。

杨填堰重修五洞渠堤工程纪略

陈鸿训

杨填堰在城固县北十五里，斗山北，宝山南，截河为堰，渠宽三丈许，深一丈余，由西东二十五里至两河洞入洋界，又东南流四十五里至洋之谢村镇入汉。新旧灌城田六千八百余亩，洋田一万七千余亩。湑水河由杨填堰折转而东，与渠并行，屡冲刷渠堤，至宝山前南流入汉，渠距河渐远。渠南地势低，皆民田；渠北逼近山坡，坡日益开垦。堰口下里许曰洪沟，又七里许曰长岭沟，尤巨且深，每逢暴雨，挟沙由沟拥入渠，旧设有帮河、鹅儿两堰，以泄横水。嘉庆十五年六七月间，河水屡涨，堰淤百余丈，堰下二里许杨侯庙前渠道冲去一百一十余丈，渠截为两，河身夺渠北民地行，上下决口在河中，宝山上下沙石壅塞，几与渠平，民坐失秋成。郡伯严公于除夕前三日亲临堰所，履勘上下，至再至三，相度形势，示以方略。从公议，以洋邑贡生蒙兰生等董其事。

十六年正月中旬起，工从杨侯庙上西茔村沿河买地，至丁家堡侧。除旧年买地外，又买地一十三亩九分五厘三毫，承粮一斗五升三合五勺，粮稍浮于地，以已冲地合堰承粮，将来渠外若淤，不得争占故也。将买地除五尺为渠岸，重开渠道。渠之南堤，从河中修砌，底宽四丈有余，内外俱用顽石、桐油、石灰修筑，高丈许。坎外又用大竹编笼，装石页顺叠砌，上钉木桩联络，以护根基。竹笼仿前任邹明府芦囤之法，每个长一丈二尺，中宽三尺，大小石能入不能出，水冲摇则愈实，且竹在水中最耐久。堰口淤塞处，开新渠五十余丈，以顺水性。鹅儿堰上下渠，委官督工挑浚渠底，通彻无碍。是岁有秋，蒙兰生欲辞其任，郡伯以堰口三处尚淤塞，两岸距河仅二尺，河水稍发，即漫入堰，沙石壅积，水不能入渠，且新修渠堤，河水直冲，根基尚未稳固，不允其请。

十七年三月，蒙兰生承谕，照前明万历年间旧规，重修五洞，长二丈四尺有奇，抉出本土，先用大木开板平砌，相隔尺许，琢眼加桩与板平，覆石条为底，上修五洞界坎，各四丈，长与洞齐。中洞宽三尺五寸，洞旁礵岸，量地势宽窄，用石条修砌，顶盖长石梁数层，高一丈五寸不等，洞口高七尺，留闸式，水涨，本板闸之，以阻沙泥。本岁闸一尺六寸，若将来河低，仍将闸木扯去。桥两岸低处，外用油灰石叠砌，内用沙土筑实，南北长六十三丈余，高与桥平。其桥外河岸，俱用竹笼包石，加木桩联络。五洞至帮河堰一里余，南岸向无渠堤，地势卑下，苦无土石，亦用竹笼装石砌堤，宽丈许。自杨侯庙至丁家渡二里许，河之傍渠堤行者，俱用竹笼砌护。堤基中筑三矶，以杀水势。其截河大堰，往岁用木圈装石，横绝中流，密加以桩，遇大水尽冲去，水落又无用，屡年苦之。今岁俱用竹笼装石页顺砌，仍用竹笼外铺，宽丈许，以防水翻冲坑，较洞口低二尺许。水大则翻漫入河，小则障拦入渠。共用竹二十一万二千二百六十六斤，桩三万一千一百八十根，桐油一万三千三百四十九斤，石灰一十九万四千零二十七斤，石条五百丈，石梁五十七条，长八尺。计用钱一万三百二十余千文，按城三洋七摊出。

城居上流，岁比登输纳颇易，洋居中下，岁歉不能敷应。蒙贡生垫己财一千余金，郡守严公给匾以旌，并请学使者平泉陆公，亦旌以匾。襄事之人，久往堰所者，城固武生李调元、张文炳、孙璞、监生林喜春、卢天叙等，洋县武生袁守儒、高鸿业、木铎朱继魁、农官罗文广等，均有劳。其不避嫌怨，筹画布置，则城增生丁龙章、洋武生高鸿业及生等数人而已。兹幸堰之有成也，为志其大略，特详于修砌之法者，堰之淤通无常，后之人尚知所采择云。

祷雨九真洞文

毛际可

于戏！夏秋之交，不雨者弥月，禾苗渐已就枯，汉之九属皆然，不独城固一邑也。夫以天之降灾九属，而区区一令，乃敢呼吁而冒请于神也，可谓不自量力，而为无益之求矣。况迩者闻京师亢旸，烦圣天子忧劳步祷，而始能回天意。若际可自莅任数载，其间听断之混淆，胥役之蒙蔽，或过出于无心者，姑不论，即清夜扪心，果能如古悬鱼饮冰之吏欤？敢于欺神，是敢于欺天。然则神之视际可，不过一庸碌之令耳。以庸碌之令，而为此无益之求，不几徒增神怒，而赐之愆耶？虽然上天甚仁爱下民，其所以罚者，皆因有司之失职，以及间左之凌竞侈僻，有以致之。夫以吏之故，而移祸于民，民不任其责也。即以一二弗类之氓，而并移祸于万姓，俾善者无所知劝，而不善者何所知惩？似亦为上天所不取也。

际可自数日来，遑遑宵旦，询之父老，皆云境内惟神为最灵，祈祷无不立应，何不为一方之民而请命于上帝乎？即或势不得请，窃谓如古良臣汲黯之流，皆能矫诏赈饥，不惟当时天子不怒，而且声施赫赫至今。以神之灵，蛟龙风雨之属，无不统辖，即分其鳞甲喷沫之余，已足苏时之枯槁，谅亦彼苍所不禁耳。且九属之中，惟城邑之正课，荒逃无征者，以数百计，若益以秋不登，则鞭扑愈多，逃亡益众，国课民生，关系匪浅。

又有虑者：自黄家湃以下，支流繁碎，得水维艰，而西高渠为最，全赖雨旸。时若可以，幸望丰穰。今枯渴已极，弥望俱焦，其民又协力而尚气，将来争决水道，斗讼不已，或致杀伤，是民之困于桎梏囹圄而死者，又不止饥殍足悯已也。

际可自比年劳悴忧郁，每至呕血，此神之所知者。今跋涉五十里，冒暑而来，非敢以区区之诚，望达神听。惟祈不以鄙弃令之故，膜视其民。且仰体天子忧劳元元之意，立赐甘霖，稍慰黎庶之望，以其余旁沾九属，总出鸿慈，非际可祈祷所取必也。谨告。

卷三十一 拾遗上

吴玠，顺德【德顺】军人，川陕宣抚副使。初为秦陇等州制置使时，屡破敌兵，尝若【苦】远饷，益治屯田。修褒城废堰，民知灌溉，得以归业者数十万家。

《汉中府志》赘语（节录）

连城山人雪轩氏

绍兴二十二年，利州东路帅臣杨庚请修褒口六堰，在吴璘前。

乾道五年修山河堰，安抚使吴侯当是吴挺，今谓是吴拱，未详。按：吴玠子拱，知襄阳府京湖招讨使；璘子挺，世任汉中。

大抵汉中多附会汉初事，如萧何追韩信于韩溪，樊哙造桥于马道，曹参修堰于山河，事属可通。若戚氏村戚姬生处、冉家山冉闳故址、相公山载之别墅、隗器台、陈仓道、古梁州、美农台、曹操城、郑子真宅、钓鱼台、扁鹊城、张良辟谷处、蔡伦造纸坊、建文崖、鬼谷墓、萧何墓，则半属无稽也。张良赂项伯得汉中，却又不载。

乾隆南郑县志（节录）

卷之二　舆地下

水利

按：川水导而为渠，壅而为堰，而水利兴焉，故次川后。

山河大斜堰　《府志》：在县西二十里。《通志》：褒城山河第二堰水东流，过小斜堰入县界，首筑此堰，与褒邑分水灌溉，灌县境龙江铺田。第二堰水又东流五里为柳叶洞，亦与褒城分水灌溉，灌县境草坝田。

按：大斜堰与柳叶洞皆与褒城共灌田亩，下则专灌南郑。

第二堰水又东流为丰立洞，经流草坝村灌田。又东流八里为羊头堰，在县西北十五里，经流方家湾灌田。又东流五里为度通堰，经流秦家湾灌田。又东流三里为小林洞，经流八里铺灌田。又东流二里为燕儿窝堰，经流大佛寺灌田。又东流一里为红岩子堰，经流韩家湾灌田。又东流二里为姜家洞，经流叶家营灌田。又东流二里为营房洞，经流营房坝灌田。又东流半里为李堂洞，又东流半里为李官洞，并经流李家湾灌田。

按：自褒城金华堰至此为上坝，皆第二堰水。

第二堰水又东流一里为高桥洞，引水东南流，分为三沟：中沟灌漫水桥、梳洗堰地，东沟灌周家湾、魏家坝、文家河坎地，南沟灌大茅坝、皂角湾地。

按：《郡守滕公天绶均水约》："漫水桥下梳洗堰及东南二沟田亩，胥赖高桥洞水灌溉，以免旱伤之苦。予量地形之高下，度田亩之多寡，约定梳洗堰水口二尺八寸，东沟水口一尺一寸，南沟水口五尺六寸。"

第二堰水又东流一里为小王官洞，经流酆都庙灌田。又东流半里为大王官洞，经流王官营灌田。又东流一里为康本洞，经流舒家湾灌田。又东流半里为陈定洞，经流朱家湾灌田。又东流半里为祁家洞，经流崔家营灌田。又东流半里为花家洞，经流金家庄灌田。又东流半里为何棋洞，经流李家湾灌田。又东流半里为高洞子，又半里为柳叶洞，又半里为任明水口，又半里为吴刚水口，又半里为王朝钦水口，又东流为聂家水口，并经流汪家山灌田。又东流至三皇川，设木闸以节水，分渠七：首曰北高渠，经流叶家庙灌田；次麻子沟渠，经流田家庙灌田；次上中沟渠，经流三清店灌田；次北高拔洞渠，经流十八里铺灌田；次南低中沟渠，经流庆丰寺灌田；次柏杨坪渠，经流三皇寺灌田；次南低徐家渠，经流胡家湾灌田。

按：自高桥洞至此为下坝，皆第二堰水。

东沟　《通志》：自襄城任头堰分山河第三堰水，东流灌龙江铺田。

马湖堰　《通志》：在县西南八十里，引廉水河，堰首在襄城梁家营，流一里入县界刘家营灌田，其下流仍入襄城界。又东北为野罗堰，堰首在襄城县野罗坝，经流三里入县界灌田。又东北为马岭堰，在县境王家营筑堰灌田，其下流入襄城县界。又东北为流珠堰，堰首在襄城县殷家营，流五里入县界，灌新集田。又东北为流珠堰，堰首在襄城县望江寺，流五里入县界，灌孟家店田。又东北为石梯堰，堰首在襄城县小沙坝，入县界灌上水渡田。又东北为杨村堰，堰首在襄城县萧停坝，流三里入县界，灌螺蛳坝田。按：杨村堰与石梯堰相近，屡起争端。乾隆四十年，庠生苏万善禀县修月牙沟一通，水利均平。

按：已上皆引廉水。

石门堰　《通志》：在县西南三十五里，引旱山西南沟水灌田。

小石堰　《通志》：在县西南三十里，引旱山沟水灌田。

石子湃堰　《通志》：在县西南二十里，引梁山泉水灌田。

荒溪堰　《通志》：在县西南八十里，引荒溪山泉水灌田。

芝子堰　《通志》：即老溪堰，在县南十五里，引冷水河水灌田，下流入汉。

黄土堰　《通志》：在县东南二十里，引观沟河水作堰，分东西二沟。

梁渠堰　《通志》：在县东南四十里，引赵家山沟水灌田，下流入汉。

隆兴堰　《征宝录》：引老溪水作堰。乾隆四十年，庠生张拱翼相地疏筑，庠生姚维藩佐之，踰岁堰成。

复润堰　《征宝录》：引老溪水作堰。乾隆三十九年，庠生韦文焯创始，耆民韦天吉废产助功，踰二载堰成，灌田二千余亩。

续修南郑县志（节录）

卷二　建置志

水利

邑之疆土，以全国水界按之，适入长江流域。地质多沙，垫淤者易冲去，与北方纯然土质性粘者异。故汉与泾渭同隶陕西，泾之郑白渠壅塞非旧，而邑山河堰由汉至今，畎浍愈增，因势利导，土宜然也。南则廉、冷二河，近代以势节次筑堰，凡山麓高下平地，无不遍成稻田，诚一邑民食所资，而赋税所由出。第南北各堰，多兼溉南、褒，两县共利，鼠牙易兴。即轮水先后，虽一地亦每起甲多乙少之嫌。故凡旧定分水尺寸，轮流时刻，与夫判案，永成规例者，必详志之，以觇分润专溉之利焉。

褒水即黑龙江水山河堰　首起于褒城县南一里，昔有废堰，在褒城北三里鸡头关下，称第一堰。故以今褒城东门外堰，上溉褒田，下灌南田者，为第二堰。汉上诸堰此为巨，亦最古。《府志》：汉相国萧何所筑，曹参落成之。古刻云：巨石为主，锁石为辅，横以大木，植以长桩。宋绍兴间【乾道元年】宣抚使吴璘驻节汉中，访山河堰灌溉之原，导褒水，限以石，顺流而下。自北而西者，导于褒城之野即第一废堰，行于东南者，大半归南郑之区。历元、明、清，官兹土者，代有修葺。旧堤长三百六十步，其下植柳筑坎，名柳边堰。山水冲激，旋筑旋堕【隳】。嘉庆七年，布政使朱勋任陕安道时，捐廉一千五百余两，修筑石堤五十五丈。至十五年夏秋，水涨及堤，将旧堤身冲决成河，两邑士民请于陕安道余正焕、知府严如熤，议就石堤上下加筑土提七十九丈，买渠东地一十一亩五分九厘，另开新渠一百零三丈三尺五寸，深三丈，上宽八丈，底宽四丈五。阅月而工竣。

山河堰图（略）

其流经次第：

首高堰子即柳边堰，土筑洞口，左右各宽二尺，拦渠灌田，不准封闭，次金华堰洞口宽八尺，次舞珠堰洞口宽三尺，次小斜堰洞口宽二尺。上下十一里，所灌皆襄城田。

此下东流一里，始接灌邑境，为大斜堰洞口宽三尺，流经邑之龙江铺，灌田一千一百十亩分灌襄田三百亩。

又东流五里，为柳叶洞口宽一尺二寸，流经草坝村，灌田二百余亩分灌襄田七十九亩。

又东流，专灌邑田柳叶、丰立二洞相连，故未著里数为丰立洞口宽一尺，流经草坝村，灌田一千二百九十亩。

又东流八里，为羊头堰洞口一尺二寸，流经秦家湾在府城西北十五里，灌田一千九百五十亩。

又东流五里，为杜通堰洞口宽一尺二寸，流经秦家湾，溉田一千九百三十七亩。此堰以上，湖之襄城金华堰，今称为上八道洞口。

又东流三里，为小林洞宽八寸，流经八里桥铺，溉田二百七十四亩。

又东流二里，为燕儿窝堰即石马堰，口宽一尺，流经大佛寺，溉田一千四百九十亩。

又东流一里，为红岩子堰洞口宽八寸，流经韩家湾，溉田五百二十五亩，下流即东门桥渠。

又东流二里，为姜家洞口宽六寸，流经叶家营，灌田一百七十五亩。

又东流二里，为营房洞口宽一尺，流经营房坝，灌田一千三百三十亩。

又东流半里许，为李堂洞口宽五寸，流经李家湾，灌田六十七亩。

又东流半里，为李官洞口宽一尺，流经李家湾，灌田一千三百八十三亩。以上今称为中六道洞口，李堂洞田少，不在数中也。

邑境使水人户，又分三坝。自大斜堰至李官洞为上下汉卫坝，定例上四日用水。堰水至此，东流一里为二道官渠，分高低两渠，高渠经流下达三皇川，低渠支流为高桥洞。

低渠支流高桥洞口宽三尺六寸，引水东南流，下分三沟：中沟流漫水桥、梳洗堰地；东沟灌周家湾、魏家坝、文家河坎地；南沟灌大茅坝、皂角湾。总灌田五千九百六十八亩。漫水桥下，梳洗堰及东、南二沟水口，康熙年间，知府滕天绥量地形之高下，度田[亩]之多寡，约定梳洗堰水口二尺八寸，东沟水口一尺一寸，南沟水口五尺六寸。此后三沟又有左右高桥之名。宣统元年，两桥居民复因争水，挖据旧定水平。经知县秦骏声勘定，南沟之右高桥改定水口五尺九寸二分，中沟之左高桥改定水口三尺五寸二分。详院立案，永远遵行。

高渠经流小王官洞口圆五寸，上去李官洞二里，高桥洞口一里，流经鄷都庙，灌田九十亩。

又东流半里，为大王官洞口圆六寸，流经王官营，灌田三百七十八亩。

又东流一里，为康本洞口圆五寸，流经舒家湾，灌田三十七亩。

又东流半里，为陈定洞口圆五寸，流经朱家湾，灌田四十亩。

又东流半里，为祁家洞口圆四寸，流经崔家营，灌田三十亩。

又东流半里，为花家洞口宽一尺，流经金家庄，灌田一千八百九十九亩

又东流半里许，为何棋洞口宽六寸，流经李家湾，灌田四百四十亩。

又东流半里，为高洞子口宽六寸，流经汪家山，灌田一千二百四十亩。

又东流半里许，为东柳叶洞，流经汪家山，灌田七十五亩。

又东流半里，为任明水口，流经汪家山，灌田一百一十三亩。

又东流半里许，为吴刚水口，流经汪家山，灌田三百亩。

又东流未半里，为王朝钦水口，流经汪家山，灌田一百四十九亩。

又东流未半里，为聂家水口，流经汪家山东北，灌田八十五亩。

又东流至三皇川。

自高桥洞至聂家水口为高桥洞坝。

高渠经流之尾为三皇川，设木闸以节水，分渠为七：

首为北高渠坪口四尺八寸流经叶家庙，灌田一千一百七十亩。

次为麻子沟渠，流经田家庙，灌田六百四十五亩。

次为上中沟石坪九寸，流经三清殿，灌田四百五十亩。

次为北高拔洞渠，流经胡家塂，灌田一千五百二十九亩。

次为南低中沟渠，流经兴明寺，灌田一千八百三亩。

次为柏杨坪渠，流经三皇寺，灌田二千四百四十二亩。

次为南低徐家渠坪口一尺一寸，流经胡家湾，灌田一千十六亩。

自北高渠至此，为三皇川坝。高桥洞，三皇川两坝定例下六日用水。三坝共灌田三万一千六百三十亩。《府志》：高桥以上，得水稍易，多将近堰旱地改成水田，而下坝渠高水远，亦有水田废为旱地者，又有将水田改作庐舍、园墓者。现在各坝使水田册，核与原额不符。田额虽有今昔之殊，而资灌溉以为利，则有赢无绌也。

《山河堰军民夫工丈尺暨洞口尺寸碑》，乾隆四年，署知府吴敦僖所定，竖于府城东十五里兴明寺。按碑载，四六分水，分段行夫，各洞口宽窄本系旧制，吴公特加申明。自吴公以来，官民相沿遵守，所谓利不十不变法也。兹录原碑夫工丈尺如左：

头工：褒城三十三丈三尺，开山八丈四尺；上下汉卫三十三丈三尺；上下南郑三十三丈四尺。

二工：褒城十六丈五尺，开山四丈二尺；上下汉卫十六丈五尺；上下南郑十六丈五尺。

三工：褒城八丈四尺，开山二丈；上下汉卫八丈四尺；上下南郑八丈四尺。

四工：褒城一十二丈，开山三丈；上下汉卫一十二丈；上下南郑一十二丈。

五工：褒城二丈，开山五丈；上下汉卫二丈；上下南郑二丈。

六工：褒城六丈四尺，开山一丈五尺；上下汉卫六丈四尺；上下南郑六丈四尺。

七工：褒城二丈，开山五尺；上下汉卫二丈；上下南郑二丈。

八工：褒城二丈，开山五尺；上下汉卫二丈；上下南郑二丈。

九工：褒城二丈，开山五尺；上下汉卫二丈；上下南郑二丈。

十工：褒城七丈三尺，开山一丈八尺；上下汉卫七丈三尺；上下南郑七丈三尺。

十一工：褒城二丈二尺，开山三尺现行《水册》五尺六寸；上下汉卫二丈二尺；上下南郑二丈二尺。

十二工：褒城二丈七尺，开山七尺八寸；上下汉卫二丈七尺；上下南郑二丈七尺。

十三工：褒城三丈三尺，开山八尺四寸；上下汉卫三丈三尺；上下南郑三丈三尺。

十四工：褒城二丈八尺，开山七尺八寸；上下汉卫二丈八尺；上下南郑二丈八尺。

十五工：褒城一丈，开山三尺三寸；上下汉卫一丈；上下南郑一丈。

第三堰，在第二堰下五里，于黑龙江中砌石，截水为堰，其工较省于第二堰，灌田之多寡亦殊。西灌褒田，东灌邑田。近代两邑居民，藉水依势，旱地率垦成田，田增于旧数倍。惟地当下流，受第二堰金华、柳叶、大小斜堰、丰立各洞之渐水，尚不致因田多而失灌溉之利焉。

由堰口东南流二里，至三桥洞分东西两派。西者支流为西沟，东者经流为东沟。东沟经流又七里许，至任头堰，又分二派，西为西渠以上所灌皆褒城田。东流者入邑境，灌龙江铺田。今邑田水册至七千余亩。

东沟经流之处，有祷福沟、莲花沟二小渠，其下分水之处，褒城渠在西，名党家沟，南郑正渠在东。嘉庆十二年，两邑居民争水口宽窄及挖拦河工段，互控至院。十三年，知府严如熤勘定褒城党家沟水口一丈二尺五寸，南郑东沟水口一丈六尺七寸，两岸均用石砌，中竖石墩，渠底内外各铺平石五尺。挖河工程共夫一百名，褒城上十工，出夫四十名；南郑中下二坝，出夫四十名；下十工，出夫二十名。派钱亦照此例。南郑于党家沟堰口设闸板，俟党家堰有工无工之田水足，将板闸住，其党家堰渐水由中下二坝水口渐给南郑军田，余水免至渐河。党家堰未足之时，不得私擅下闸。由道宪何详抚部院方批，永远遵行。

邑之北区，水利不广，近天台山麓一带，筑堰潴池者，其水皆自王子山之东西出焉。经王子山之东者为东沟，其水发源于天台山西老虎岩、凉水泉、万家沟等处，灌田六百余亩。经王子山之西者为西沟，其水发源于天台山西土地岩、楚家崖、钓鱼崖等处。康熙六十年定章勒石，命名曰"石崖堰"，灌田一千余亩。东西二沟合流之处，今名接堰。下流分水西灌者：

首新池池面约一百五十亩，溉田四百亩。

次金龙池池面约一百二十亩，溉田三百亩。

又次白洋池池面一百亩，溉田一百八十亩。

又次莲花池池面约一百二十亩，溉田二百九十亩。

正沟由西趋南，《府志》：李家堰今作季家堰正沟，由石桥分水，流经小堰五处，灌田百余亩。分注：

王道池池面约二百五十亩，溉田四百二十亩。

又下接注下王道池池面约一百亩，溉田二百五十亩。

又下接注草池池面约五十亩，溉田一百二十亩。

又下接注月池池面约五十亩，溉田一百二十亩。

由石桥东出者为东沟此东沟指石桥分水处言，砌有洞闸，流经四里。注顺池池面一百二十亩，溉田三百八十亩。

又下接注铁河池_{池面约一百亩}，溉田二百八十亩。

又下接注老张池_{池面约三十亩}，溉田一百余亩。

又下接注南江池_{池面一百二十亩}，溉田三百八十亩。

《府志》：又有蒿池、江道池、塔塘、三角塘，四池均在顺池下。

此外，又有官塘_{在南江池东南，池面三十亩}，溉田八十余亩；马家塘_{在狮子坝，池面二十余亩}，溉田五十余亩。皆引沟坡水，不资堰流。

《府志》：正沟底高，水难入沟。东沟势低，得水较易。两沟使水人因修洞构讼。嘉庆十四年，知府严如熤勘断，李家堰桥洞分水之处，将正向底垫石，用平水准定，令水可下流。其分注东沟洞口，用石垫平四尺五寸，东沟虽低，既经垫石，其水趋下之势稍杀，又于近桥四尺五寸，立两石桩，不许桃挖。忙水均用，闲水以八月初一日为始，王道池先灌，顺池挨灌，均以十日为期，周而复始，各池塘灌足。及山水暴涨，即开闸起板，俾水由东沟湃入汉江，至王道池上五小沟，无池贮水，忙时于堰中先下闸板，将所管田百余亩灌足，准启闸。详抚部院朱立案遵行。

刘公堰，昔名双河堰，沟出宝峰山后袁家溜、老龙泉等处。明季嘉靖年间，襄民在此争水，上控大吏，檄委刘公临堰勘明，定无襄民水分，因此名曰"刘公堰"。康熙、道光年间，讼事迭起，经上宪判定，仍照旧规。其水流至彭家河凿安堰，砰分东西二渠，灌田一千四十余亩。轮水之例，分十九股，每股燃香六炷，以次昼夜轮放，周而复始。

汉水之南，旱山之西为廉水流域。廉之左右，邑境与襄城犬牙相错，故此河诸堰，大半分灌南、襄，溯其上流，砌石导水，沿岸皆是。志其大者，自马湖堰始，次青龙堰，次野罗堰，次马岭堰，次流珠堰，次鹿头堰，次石梯堰，次杨村堰。

马湖堰，在县西南八十里。自襄城梁家营引廉水为堰，南流入邑境。又流一里，经襄之七里坝灌襄田二百三十亩，复入邑境，流灌刘家营田一百八十余亩。

廉水又东北，流经钓鱼台下，北灌者为青龙堰。自青龙岩引河西北流，溉邑田百数十亩，余则概灌襄田。

廉水又东北流，南灌者为野罗堰。在襄城野罗坝筑堰，始灌襄之水南坝田_{六十亩}。又流三里入邑境，灌廉水坝田一百二十亩。

廉水又东北流八里，南灌者为马岭堰。首在邑境王家营，灌田一百二十三亩。入襄之水南、高台二坝_{灌田四十四亩}。

廉水又东北流三里，北灌者为流珠堰。在褒城西山坝殷家营筑堰，灌邑新集田一千二百四十亩，又灌褒之水南、高台、小沙三坝田二千四百三十亩。《府志》载：流珠堰，势若流珠，亦汉相萧何所筑。嘉庆十三年，褒城武生张鉴等，以争设堰长为名，敛钱滋讼。经巡抚方公提省审办，照律遭戍。上坝设立堰长二名，出夫三十二名，分水四日四夜；中坝亦设堰长二名，出夫二十九名半，下坝仍设堰长四名，出夫六十四名半，除巡查洞口夫八名外，实出夫五十六名半，分水六日六夜。均按午时接水，周而复始，轮流灌溉。咨部在案。

廉水又东北流六里，南灌者为鹿头堰。在褒城望江寺筑堰，灌邑孟家店田一千一十四亩。流入褒境灌田一千八百亩。

廉水又东北流二十五里，北灌者为石梯堰又名柳堰子。在褒城小沙坝筑堤，流五里入邑境，灌上水坝田三千八百六十亩。

又分廉水南灌者为杨村堰。首在萧停坝筑堰，流三里入邑境旱麓坝即螺蛳坝，灌田三千八百七十余亩。以上八堰，石梯，杨村虽堰筑褒境，专灌邑田，余皆灌两县。

《孙志》：石梯、杨村两堰，乾隆六年碑载：官定章程、合同，其中要者，康熙二十三年，郡守滕公谕令石梯堰安桩拦水，半河进石梯堰，仍存水半河归杨村堰。后因水势，南北淤积成滩，遇旱无水下流。乾隆四年，断定河心共宽十六丈，北岸钉桩八丈四尺，拦水进石梯堰，南岸河身七丈六尺，俾水下流，通归杨村堰。二堰两口各宽八尺，两边镶砌石帮，各宽五尺，下安石底，长一丈。北岸河心既已拦桩，水洗河深，南岸日积沙淤，听杨村堰长督人，不时挑修，石梯民不得拦阻；杨村堰许淘深，不得再行开宽。有碑可稽，文不备载。

《王志》：杨村与石梯二堰相近，屡起争端。乾隆四十年，庠生苏万善禀县，修月牙沟一道，水利均平。

《孙志》：石梯在左，杨村在右，旧栏桩已毁。光绪十八九年，两堰讼事复起。经道、府、县屡往勘验，以左高右低，若不栽桩拦水，石梯只得水二分，杨村得水八分，且栽柱并不碍杨村堰事。断令石梯永远栽桩，以昭公允。

汉水之南，旱山之东，为冷水流域即池水。冷水正干节次筑堰有五：首杨公堰，在河西；次复润堰，在河东；次隆兴堰，次芝子堰，均在河西；最下为班公堰，在河东。

杨公堰，在县南三十八里下红花河坝。嘉庆十五年，居民李凤发倡首，呈请知县杨大坦开田筑堰，逾年工成，名曰"杨公堰"。上自冷水雷鸣滩，流经十余里，灌十亩地、车湾、邝家坝、柳湾田三百亩。堰头每年培修，止准垒石铺草，拉沙塞水，不得编笼；按田派夫，惟创始人李凤发永远免其出资。

冷水又北流三里，为复润堰，在高皇山下坝之郭家坝筑堰。乾隆三十九年，创始于庠生韦文焯，耆民韦天吉废产助工，逾二载堰成，引河东灌。下流五里许，至圆山子，湘水寺河东来，横贯渠流，筑堤截河，使水归渠。又下北流十里，观沟河东来贯之，筑堤归渠，势与前同，流灌高皇山下坝、中所营之孙家坝、水南村上坝。例分二十六工，按田均水。其上流堤西洞五道为：

第一工洞口分寸载堰碑，灌田一百七十二亩六分。下为上高沟、中高沟、下高沟，分：

第二工灌田三百七十八亩三分，轮水每十日截水一日一夜。下为上西沟，开平一尺二寸三分六厘，分：

第三工灌田一百二十七亩五分，轮水一日一夜。

第四工灌田三百零五亩九分，轮水三日二夜。

第五工灌田一百一十七亩九分，轮水一日一夜。

第六工灌田二百一十九亩六分，轮水一日二夜。

第七工灌田二十五亩，轮水三时，由申止戌。此工又灌田二十七亩五分，轮水四时，起亥止寅。下为官沟，开平四尺一寸五分二厘，下分二道，曰下西沟、下东沟。两沟之上，有洞二道。分：

第八工洞口分寸载碑，灌田一百一十八亩六分。下为下西沟，开平一尺五寸一分五厘，分：

第九工灌田一百亩零八分，轮水一日一夜。

第十工灌田一百一十二亩八分，轮水一日一夜。

第十一工灌田一百五十三亩九分，轮水一日二夜。

第十二工灌田一百一十六亩，轮水一日一夜。

第十三工灌田二十六亩三分，轮水半日。

第十四工灌田一百六十三亩八分，轮水一日一夜又半日。

第十五工灌田一百六十亩，轮水一日二夜。

第十六工灌田六十九亩六分，轮水一日。

第十七工灌田一百亩零九分，轮水一日一夜，下东沟，开平二尺四寸五分八厘，分：

第十八工灌田一百八十三亩，轮水一夜又多半日。

第十九工灌田二百三十一亩，轮水一日一夜又多半日。

第二十工灌田三百零三亩三分，轮水一日二夜。

第二十一工灌田三百一十七亩二分，轮水二日一夜。

第二十二工灌田一百三十四亩二分，轮水半日一夜。

第二十三工灌田六十亩零四分，轮水半日。

第二十四工灌田八十五亩四分，轮水一夜。

第二十五工灌田三百零九前二分，轮水一日一夜。

第二十六工灌田一百一十五亩四分，轮水一日。

以上照堰碑载入，通共灌田四千一百四十二亩有奇。

冷水又北流十里，为隆兴堰，在县南二十五里，下红花河之祖师殿，引冷水西灌。据堰碑，此堰昔名红花堰堰在红花河入冷水处，故名。《孙志》谓即"石门"。按：《王志》：石门，在县西南三十五里，引旱山西南沟水。与此方向、里数不符，误矣。不知昉自何代，年久就湮。清雍正五年，分府张公复修堰渠，继之者皆未能就绪。乾隆四十一年，增生张拱翼、乡耆吴承学、姚帝辅，值郭公嵩在邑任时，禀承疏凿，鸠工五载，废者复兴，因锡名曰"隆兴堰"。分二十一工。

其渠西北流经十里，至小石堰河下流岸上，河低渠高，跨河施架木槽俗名旱船，其上接水而北，下分洞口四道，灌卢家沟、李家营田二百一十亩。下流二里许，分岔为山南沟逢三、六、九等日用水，灌余家沟田九十余亩。又下至五岔沟，分中、西、东三沟。

东沟，灌边家山田四百余亩。

中沟，灌吴家坎、张家村、高田坝、倒灌坝、店子街、油房街田一千一百余亩。

西沟，水北流一里许，至周家山，又安平石分二道。小平西流，灌苏、杨二山等处田五百余亩；大平直下，灌康家营、姚家店、中所营、王家营、高墩梁田一千一百余亩。通计灌田三千四百余亩。

冷水又东北流十里，为芝子堰，县南十五里，旧名老溪堰。堰筑水南中坝之李家营，引冷水西灌。北流三里内，堤东有倒灌洞，灌倒灌坝田三百余亩。又半里，渠分二道。西为高官渠，灌海会寺、慈家营、杜家营田八百余亩。东为桐车堰渠，东流，北分，一支为罗家堰口宽三尺一寸，灌鱼营一带田九百余亩，桐车堰又东折北流，灌高田坝、高家营、董家营田四百余亩。此堰共灌田二千四百余亩。

冷水又东北流里许，为班公堰。东灌七里上、中、下三坝。《府志》：嘉庆七年，署知县班逢扬引冷水，开渠作堰，以资灌溉，改旱地作水田。堰脑自李家街起，绕赖家山、石鼓寺、大沟口、黄龙沟、楮家河口、梁滩河、娘娘山口，至城固之干沙河止，湾环三十余里。水行至上坝，逢扬升任定远同知去。知县杨大坦继之。至十三年冬，知府严如熤为竟其功，相度地势，改修中、下渠道，委照磨陈明申往来督役。十四年，水至中坝。十六年，水达下坝。严太守暨士民以此堰创之逢扬，因名之曰"班公堰"。光绪元年秋，河水横发，冲崩老堰六十余丈，别购地十余亩，新开堰沟，创修龙门。今上、中、下三坝统分八工。

首七里上坝，分三工：上头工，灌田一千二百亩；上二工，灌田一千亩；上三工，灌田六百亩。轮水四日四夜。

次七里中坝，分二工：中头工，灌田一千亩；中二工，灌田八百亩。轮水四日四夜。

次七里下坝，分三工：下头工，灌田一千八百亩，轮水五日五夜；下二工，灌田一千一百亩，轮水四日四夜；下三工：灌田一千二百亩。轮水四日四夜。二十一日一轮，周而复始，共田八千七百亩。

廉水西北，不资廉水为堰者，有龙潭堰，引龙潭及剪子河水，分灌南、褒，溉邑龙潭坝田五百二十余亩。又有荒溪堰，引荒溪山泉水，灌田二百二十余亩。

廉水东南，不资廉水为堰者，有石门堰。《府志》：在县西南三十五里。引旱山西南沟水，灌田一百八十亩。又长岭、石子二堰，引旱山沟水为堰。右流者为长岭堰，灌沙塘坝田一千余亩；左流者为石子堰，灌旱麓坝田一千余亩。

冷水之西，不资冷水为堰者，有浸水堰，在县南二十五里上廉水坝，引旱山丁家坪、凉水井水为堰，灌田五百余亩。又有小石堰，亦引旱山溪水为堰，灌田一千八百余亩。下流入冷水。

冷水之东，不资冷水为堰者，有三公堰，在城南四十五里关爷庙坝，引尤家河作堰，灌干坝、车坝田二百余亩。黄土堰，在下高皇山坝，《府志》：县东南二十里。引观沟河水，分东西二沟。灌田一百七十余亩。又有梁渠堰，《府志》：县东南三十二里。引许家山沟水，灌田二百八十余亩。又有㐀㐀堰，《府志》：县东南四十里。引赵家山沟水，灌下七里坝、麻柳林田六百三十亩。

第七卷 艺文志

小辋川志景有序

邑诸生王德馨

尝览《摩诘辋川图》与《裴道士唱和集》，叹其山水幽邃，形胜峭绝，恨不身临。壬午秋，至旱麓之东南登天坡，望曲水一坝，宛如画屏，小石堰诸境俱现。因思辋川山水，兹亦不多让也，以无能诗者，而山水之胜遂隐。呜呼！佳水灵山，一系乎作者之显晦。辋川为宋延清所有，归于王氏，其地始传。王氏后至今，千有余年，而辋川终为王氏有。诗之有无，其关系于胜迹也，何如乎！归来与老友张石桥剧谈妙景，并系以诗。若仿为画图，请俟来者。

曲水岩

澄碧流芳曲，幽岩点古苔。

堰凭沙势筑，田背水汀开。

茅屋三间稳，诗人一个来。

所愁江浪涌，荡去旧蒿莱。

光绪沔县志（节录）

卷一 地理志

水利

汉江虽大，备畎浍之疏洩而已。其有利于民者，东路则旧州河、黄沙河，南路则养家河为最。《通志》详焉，而亦有错讹者。《严志》照抄，未遑考订，今稍加补正焉。至其田亩则开垦日新，不能详也。

山河东堰，即石刺塔堰，又名石门堰，以开堰从石门子始也。在县东北二十五里，引河水，分两派。东流者为东堰，自刘旗营起，下分军民二沟，灌溉娘娘庙、周家山、赵家庄、汤许寨、弥陀寺、柳树营等处，共灌田四千余亩。西流为

山河西堰，即上下三岔堰，自贾旗寨起下分三沟：西沟上水边西寨，中水何家营，下水火安营；中东沟上水皂角湾，中水三官堂，下水魏家庙；大沟上水仓台堡，中水驸马寨，下水旧州铺，共灌田三千余亩。以大沟又分三岔，故曰上下三岔堰也。《滕志》有二岔东堰、三岔西堰之文，其说较明《通志》以上下三岔堰无考则非。

牛栏堰，在县东四十里，自宏化寺起，上水五堂，中水金家坡，下水汪家沟，共灌田三百亩。

天分堰，在县东北四十里牛栏堰下，水分两派，近北流者名东堰，官沟为上水，大小洞沟为中水，南北沟为下水。沔与襄分十六牌：第一牌润沟水，自大洞沟以下皆得开沟，但不得沟中邀截，第二牌程玺户，第三牌石伯户，第四牌张伯户，第五牌史伯户，第六牌张刘户，第七牌王选户，第八牌陈伯户，此下八牌也，共田四千二百亩；第九牌赵伯户，第十牌陈独沟水，第十一牌何伯户，第十二牌林三化伯詹户，第十三牌下民，第十四牌上民，第十五牌上民，第十六牌范刘，此上八牌也，共田四千二百亩。上下共十六牌，每牌一昼一夜。光绪二年，三观察与襄沔县主示令：无论有闰无闰，许于清明后五日上下牌或彼此分放，或互相间查，以济秧苗，俟至旧章程日，然后下八上八照牌轮流，周而复始，不得紊乱。有余之水洩入黄沙河。其近南流者为

大分西堰，自堰口灌至黄沙分为十牌，每月三旬，每旬各轮流放水一昼夜，自下而上，每旬前三日为军水，后七日为民水。每值放水之期，定于前一日午后封沟，至本日封时为止。每年三月初一日，第一牌军家查牌得水，初二日归第二牌军家，初三日归第三牌军家，至午后归第四牌民家查牌接水，初四日午后归第五牌民家查接，初五日午后归第六牌民家查接，初六日午后归第七牌民家查接，初七日午后归第八牌民家查接，初八日午后归第九牌民家查接，初九日午后归第十牌民家查接，初十日午后又归第一牌军家查接，周而复始。逢小建三月，至二十八日午后即归第十牌查接水，二十九日午后仍归第一牌军家查接，此多年旧规也。

琵琶堰，在县南三十五里，引养家河水。自钻洞子以下从右数起，上水上王家湾，中水蜡家寨，下水下王家湾，共灌田三百余亩。河水又北左为

马家堰，上水罗家营，中水习家营，下水杨家山，共灌田八百余亩。河水又北右为

白马堰，一名白崖堰，上水刘家山，中水酆都庙，下水关家嘴，共灌田二千余亩。河水又北左为

麻柳堰，上水郭寨，中水王家花园，下水沈寨，共灌田五百余亩。河水又北右为

天生堰，上水魏寨，中水晏家湾，下水曹家营，共灌田千余亩。查魏寨之堰本名海棠堰，因堰口沦入水中，故至今借天生堰水。河水又北左为

金公堰，上水牟家营，中水赵家庄，下水板桥寨，共灌田千余亩。查板桥寨东之张家庄子旧有张家堰，因堰口沦入水中，故至今借金公堰水。河水又北右为

康家堰，灌曹家坎田百余亩，此堰离河最近，放水堰沟道光十五年已沦入水中。河水又北左为

尽水堰，自宁家营起下分中漕南三沟。中沟上水五郎庙，中水陈家庄，下水丁家营。南沟上水岳家营，中水潘家寨，下水薛家庄。漕沟上水陆家营，中水谭家营，下水金家河坎，共灌田千余亩。以上皆见于《通志》者也。而钻洞以上，其在阜川界内者有

毛家堰，在河东，灌田三百余亩。有

曹家堰，在河西，灌田四百余亩。有

唐家堰，在河东，灌田千余亩。此亦养家河之利也。至于小中坝之孟家濠尚有

香水堰，引龙洞泉水，灌田二百余亩。晏家湾之南尚有

龙潭堰，引胭脂川水，灌田三百亩。他若黄坝河、白马河、小堋河，凡有水经过之地，居民俱引之，灌田或数十亩或百余亩，特零星不成渠堰耳。闻诸乡贤曰："南山之堰利于旱，多雨则堰口淤塞，刻难疏浚，反成凶荒；北山之堰利于潦，少雨则堰源枯竭，终难分溉，即起争讼。"诸堰规矩不同，或以尺寸分水，或以昼夜分水，询其缘起，则皆洪武年间，而其实并无确据然。祖父传之子孙，前辈后辈各抱旧章，不容紊乱，亦有由矣。父母我民者，每年立夏以后，若遇堰争讼，即以其旧章斟酌结之，则原告固心悦诚服，即被告亦不妄生枝节，以彼本不守旧章故耳。若稍戾旧章，意存因时权宜，而众志成城，往往酿成大狱。盖樊氏失业庾氏昌，亦犹南方湖田利之所在，其势不得不然也。

每见乡民聚谈，动称："军务事大，堰务事大。某官懂水利，某官不懂水利。"推其所谓懂水利者，则水利词讼但照旧章断结。所谓不懂水利者，则不照旧章断结而已。不照旧章是结而不结也，又何怪我民之不以为利耶？附论于此，以为泰山河海之一助也云尔。

卷四 艺文志

杂记

署沔县正堂加五级记录十次柳，为查照入

奏成案刊石立碑，永远遵行事。案查前抚宪富奏沔县武生王尊信等京控杨钟麟等审明定拟一折内开。该处山场既系王尊信祖业，应听其伐木为薪，第东西两堰为农田水利所关，放柴必致损堰，与汉中府属之南郑、城固各县河道情形不同。嗣后柴木令由旱路运过两堰，方准入河，不准再由堰口放运。仍责成汉中府，督县勘定地界，详明立案，以杜讼端等因奉。钦此。于道光十九年正月二十二日，由府行县，久经奉行在案。兹据木厂王祖训以纠众挡柴，堰长董云等以违断放柴等情互控到案，除本县秉公讯断外，合行查照钦奉上谕旧章，明白晓示，日后木厂运柴必由堰河上流石门子以内桃源子上岸，自旱路运过两堰，方准入河，不得由堰口放柴。若该木厂由旱路运柴过堰，两堰田户人等不得阻挡滋事，倘有不遵定行，按律究办。特立碑石以垂久远，各宜钦奉勿违。

本县示：清明以后，中秋以前，不得拦河札栏，致河水不得下流照。

咸丰五年十二月初八日立石。

康熙城固县志（节录）

卷之一　舆地第一

陂堰

杨填堰，县北一十五里，出壻水河。宋开国侯杨从义于河内填成此堰，故名。城固田在上水，用水三分；洋县田在中下，用水七分。此旧志所载之定例，不可移易者也。其修堰分工、疏挑渠道，亦照用水三七例摊派，各挑各渠，无容争辩。本朝康熙二十六年，天旱，不循三七之例，水无下流，洋田之在下名为尽水者，如白洋湾、如智果寺、如谢村桥等处，尽失栽插，颗粒无收，控诉不已。郡侯滕公天授、郡司马梁公文煊单骑亲踏，随檄洋令谢景安、城固令胡一俊会勘至三，覆讯定案，申详汉兴道金公立碑，照旧例用水分工，修堰浚渠，至栽插用水，饬行上流不得邀截，永为定例。

五门堰，西北二十五里，出壻水河。元至正间，县令蒲庸以修筑不坚，改创石渠一道，与壻水相望，而下抵斗山北麓，上抱石嘴，半中筑堤，过水碧潭，去此上流，横沟五门，恐水或溢，约弃入沟，用保是堤，因曰"五门堰"也。灌田四万八百四十余亩，动磨七十。每岁首凡一举修，竹木四万九百有奇，夫六百七十五人。明宏【弘】治间，推官郝晟重开。本朝康熙十一年，令毛际可查久淤古渠侵占在民者，仍照旧宽阔挑浚，水大通行。二十五年，堤崩，令胡一俊申请上司，亲督修筑，较前益坚。

百丈堰，县西北三十里，横截壻水，阔有百丈，故名。

高　堰，县西北三十里，出壻水河。

盘蛇堰，县西南四十里，出南沙河。

横渠堰，县西三十五里，出北沙河。

邹公堰，县西北四十里，出北沙河。

承沙堰，县南十里，出小沙河。

倒柳堰，县西南二十五里。

西小堰，县西北四十里。

上官堰　县西二十里。

枣儿堰　县西北三十里。

周公堰

沙平堰

东流堰

坪沙堰

西流堰

鹅儿堰，县东北十里，宝山之麓。相传宝山寺柱木化鹅戏水，堰崩，故名。

流沙堰，县西南四十里。

卷之二　建置

寺观

杨四将军庙，县北一十五里，祀宋总管杨从义也。绍兴从事郎袁渤《记》见《兴元集》。按：《记》："将军名从义，字子和，凤翔天兴人。靖康丙午，应原州之募，从忠烈吴公玠，屡功晋秩，赐爵安康郡开国侯，食邑一千七百户。年逾七十，丐归田里，吴公以公精力未衰，止听解兵职，辟知龙门，再改文州，及吴公移镇汉中，仍辟公复洋州。公锐意求退，上章力请归休。乾道二年丁巳九月，授提举台州崇道观，介梁、洋间居焉。享年七十有八。甲申举公之丧，葬于城固县安乐乡水北村。公军旅之暇，采撷诸史兵家实效，厘为三十卷，目之曰《兵要》。汉中守张行成、太学博士李石为之序。其书行于世。"

蒲尹祠，斗山之麓。元至正间，乡民建，祀邑令蒲庸。

古迹

石峡，在斗山后。怪石嵯峨，阻遏水道，元邑令蒲唐始凿石为渠，遇旱，水终不能远引。明洪【弘】治中，郡司理郝公晟摄县事，积薪烧之，石皆融溃，遂豁然成峡，深几二丈，广倍之，由是得通五门堰水，五万民田赖以灌溉。后乔令起凤、高令登明相继疏葺，至今皆享其利也。

石堰，北六十里壻水之上，石堤横截河流，状如马齿。

卷之四　水利第六

杨填堰，县北一十五里，出壻水河。宋开国侯杨从义填成此堰，故名。城固田在上水，用水三分；洋县田在中下水，用水七分。其修堰分工、疏挑渠道，亦照用水三七例摊派，各挑各渠，无容争辩。康熙二十六年，天旱，不循三七之例，水无下流，洋田之在下名为尽水者，如白杨湾、如智果寺、如谢村桥等处，尽失栽插，颗粒无收，两县之民控诉无已。郡守滕暨府佐梁亲为踏勘，檄洋令谢景安、城固令胡一俊会勘，覆讯定案，申详立碑，照旧例用水分工，修堰浚渠，至栽插用水时，上流不得邀截，永为定例。

五门堰，西北二十五里，出壻水河。元至正间，县令蒲庸以修筑不坚，改创石渠一道，与壻水相望，而下抵斗山北麓，上抱石嘴，半中筑堤，过水碧潭，去此上流，横沟五门，恐水或溢，约弃入壻水，用保是堤，因名曰“五门堰”也。灌田四万八百四十余亩，动磨七十。每岁首凡一举修，竹木四万九百有奇，夫六百七十五人。明宏【弘】治间，推官郝晟重开。康熙十一年，县令毛际可查久淤古渠侵占在民者，仍照旧宽阔挑浚，水大通行。二十五年，堤崩，县令胡一俊申请修筑，较前益坚。将前乔令、高令水册附后。

右五门堰浇田五万余亩，分水洞湃三十六处，惟西高渠田高水远，常年失旱，民多告扰。该本县乔亲诣堰所，相其高低，查田编夫，各用井字椿木修理，其洞湃水口以木径尺为则，不料年久桩烂，水利照旧不均。该本县高审其来由，亲诣堰所，看得旧用木桩易坏，于是蠲俸易买石条、石灰，各照旧规修砌，合行给册，立碑永遵。

五门堰，因桩木修理，不能坚固。今议石条、石灰修砌，水门五洞，宽阔二十余丈，水流势大，亦无阻滞，仍令僧人看守，不许人畜损坏。

小龙门，堤岸共计三十七丈六尺。今议井字椿木、石灰修砌，空流水口五丈，名为活堰，以备退水。如有损坏，各该堰长不时修补。

定额水车九辆，每辆溉田不过二三十亩。今后安车务要轮板增大，听其自然打水，不许拦截官渠。

唐公湃田六百八十三亩五分，照旧截渠，定堰务要眼同各堰长公定，不许加高阻滞。

道流洞，田一百五十一亩，渠道稍下，议定水口周围一尺八寸。

上下高洞，田共二百一十三亩，渠道稍下，议定水口各一尺六寸。

青泥洞，田一千七十四亩，渠道最低，议定水口周围二尺，告加一尺，与官渠平砌，不许安深。

双女洞，田二百七十八亩，渠道平流，议定水口周围二尺。

庙渠洞，田一百四十八亩，渠道平流，议定水口周围一尺四寸。

药木洞，田二百七十五亩，渠道最低，议定水口周围二尺。

萧家湃，田一千四百七十五亩，渠道最低，议定石条水口一尺。

演水湃，田一千二百四十一亩，渠高田高，但萧家湃定有平木，则本湃水得潆流，不许拦截官渠。

黄家湃，田八千二百五亩，渠道最低，原定平木水口三尺八寸，因中沙渠渠高水慢，加添一寸，共三尺九寸。今议石条、石灰并将两边堤岸照旧规一通修砌，高低水利均平，不许紊乱。

苏家橙槽渠，田四十八亩，近因本渠于常年淤塞，各户修理，宽深况官渠，田亩数多，不许邀截。

鸳鸯湃，田四千七百七十六亩，渠道最低，旧规水口二尺九寸。今议石条、石灰修砌，其本湃原与黄土堰同渠分水，因本湃另开一渠，该湃使水人户自认加定石条平口，如有日后渠低水剩，仍复比前增加，庶高低水利均平。

黄土堰，田八百一十九亩，渠道平流，照旧水口九寸。

油浮湃，田三千三百亩，原定水口三尺八寸，渠道低流，又兼山水直冲本堰，实乃西高渠要害。今议石条一百三十二丈，石灰五十余石，修砌活堰，宽阔顺下各四丈，以备退水，则西高渠亦不为害。原议堰夫六十八名，专理本堰，挑浚本渠，庶远近有别，劳逸均平。

东高渠，田一百八亩，渠道平流，照旧水口四寸，仍截官渠，定堰下田万亩。旧规平木水口一丈五尺，不许加高定窄。

水车湃，田三千四百五十九亩，渠道最低。今议石条安置，照旧水口三尺八寸，不许紊乱。

官渠尾，分水洞湃一十六处，俱用石条、石灰，因时修砌。

王家洞，田一百五十六亩七分，渠道低流，议定水口周围一尺六寸。

罗家洞，田三十亩，渠道低流，议定水口周围六寸。

张家洞，田二十亩，渠道低流，议定水口周围四寸。

董家洞，田九十一亩三分，渠道低流，议定水口周围一尺。

王乾湃，田四百四十九亩，原议石条水口平木，照旧一尺。

张家洞，田一百三十七亩五分，渠道低流，议定水口周围一尺四寸。

高家洞，田一十二亩，渠道低流，议定水口周围三寸。

任家洞，田八十二亩，渠道低流，议定水口周围八寸。

大小橙槽渠，田三百亩，内将四十亩归入西高渠，使水讫止田二百六十亩，议定平木水口七寸八分。

西官渠以下分水渠洞六处，共田三千八百四十三亩，与橙槽分水，议定照旧，平木一丈一尺五寸。

砖洞渠，田七十七亩五分，议定水口平木三寸九分。

小汉渠并中沟渠，共田六百五十六亩七分，议定水口平木三尺二寸九分。

大汉渠，田二千三百六十六亩五分，议定水口平木一丈一尺九寸。

花梨渠，田二百二十亩四分，议定水口平木一尺一寸三分。

高渠，田五百二十一亩，议定水口平木二尺六寸一分。

淤塞渠道应该挑浚共四处：

自小龙门起，至第三辆水车止，共二百九十步，俱系沙淤，工程不重，该车夫并唐公湃使水人夫挑浚，深宽不得阻滞水利。

斗山、前湾、高桥上下共二百三十步，该四里堰长挑修，务要低深二三尺，方无阻碍。

白家滩起，至萧家湃止，共一百四十步，四里均挑，宽深不许阻滞水利。

黄家湃起，至鸳鸯湃止，共七百七十七步，该二里堰长人夫挑修。

大汉渠以下分水：

铁王湃，田四百八十亩，该水口二尺四寸。

枣堰湃，田三百一十亩，该水口一尺五寸五分。

何家渠，田一百亩。

龚家渠，田三百三十亩，该水口一尺六寸五分。

陈家渠，田二百亩，该水口一尺。

西渠，田九百亩，该水口四尺五寸。

查得官渠两边俱系陡坎官地，日久恐附近居民垦辟侵种，势必淤塞渠道，虽经勒碑示禁，然不时查缉，杜渐防微，是在后之君子。

百丈堰，西北三十里，横截壻水百丈，故名。

高堰，西北三十里，出堉水河。

盘蛇堰，南四十里，出南沙河。

横渠堰，西三十五里，出北沙河。

邹公堰，西北四十里，出北沙河。

承沙堰，南十里，出小沙河。

倒柳堰，西南二十五里。

西小堰，西北四十里。

上官堰，西二十里。

枣儿堰，西北二十里。

周公堰

沙平堰

东流堰

坪沙堰

西流堰

鹅儿堰，东北十里宝山之麓。相传宝山寺柱木龙化鹅唧水，故名。

流沙堰，西南四十里。

卷之八　艺文第十

诗

石峡堰

袁宏

秦岭压天高莫极，秦潭流水源千尺。

千尺源头庆深长，马盘高堰遥相望。

百丈龙门通霹雳，源流混混承天潢。

就中石峡势磅礴，石齿凿凿鲸牙腭。

辟开石峡果伊谁？汉中府推东鲁郝。

积薪举火借天风，五丁不用驱神工。

二酉秘检斯漏洩，云根销防泉源通。

下有高腴田五万，不假人工自浇灌。

苍生粒食国税充，平地恩波天不旱。

我来立石登斗山，纪功自惭才力悭。

斯民坐享无穷利，万古镌名宇宙间。

石峡

迟煐

汉南山农重渠堰，蓄洩藉以防潦旱。

月令季春诏筑修，余也遵行周近远。

策塞为过斗山隈，相度形势期中窾。

巍然怪石峙中流，流水至此疑已断。

突兀巉屼莫可名，为溯生平见亦罕。

哪知一线划然开，奔腾迅驶何剽悍。

飞流直向五门来，分行支港旋舒缓。

灌溉周遭五万田，丰年蔀屋仓箱满。

即使淫霖注浍沟，叹乾亦得滋禾秆。

为问开凿自何人，有明司理劳筹算弘【宏】治间本府司理郝公署蒙凿成。

余以邻封得代庖，修之筑之固堤岸。

尔民若非此峡通，安得熙熙长饱煖。

光绪凤县志（节录）

卷一 地理志

水利

梁泉利民堤、砲子堰宋祥符二年置《玉海》，今废。

斜峪河在县东二里。按：即安河，可灌田三十余亩。红崖河在县北四十里。紫金水在县东一百五十里。按：近日水出留坝，此为上源，未得其利。大散水在县东。按：即故道水，今河身沙石积高，两岸田少。鸣玉泉在县西五里约灌田三百余亩。凉泉在县西三十里今灌田二百余亩。以上六水，遵《通志》叙入。

按：境内惟安河稻田尚多，引水灌溉，沿河皆有沟渠。此外，两山相逼，中即水沟，民间安置水磨、水砣，所在多有，间或砌石堤拦水种田，而夏秋冲决，得不偿失。盖近年老林开垦之后，土石俱松，雨水稍多，浮沙下壅，反有水患而无水利。山地多于平地十倍，农民旷地甚多今岁种后，明年或种他地，且地气阴寒，畏潦甚于畏旱，故水利不如他处也。

光绪定远厅志（节录）

卷三　地理志四

堰附

定远地形大概类蜀，每越一二大梁即有平坝。如平落、盐场、九阵（坝）、三元坝、渔渡坝、固县坝、黎坝、上楮河等处均产稻谷，水旺渠高，可资灌溉，旱不为忧，但夏秋水涨，田渠亦易冲淤。近日，垦田灌溉数倍往时，其利终难恃，故各渠溉田数目多本《汉中志》。

厅属堰凡二十八，曰：龙泉堰在城南，长二里。光绪四年，同知余修凤开引泉水溉田灌园约四十亩，城东民汲水利之、钓鱼观堰在厅南，长一里许，引大洋河水溉田五十亩、下堰二在厅南长半里，一引河水，一引周家营龙泉，溉田五十亩、七里沟堰在厅南，长一里，引沟口龙泉水溉田三十亩、小洋坝堰在厅东，长二十里，引东沟洋水溉田八十余亩、鹿子坝堰在厅东，长八里，引洋河水溉田五十亩。嘉庆二十年，粮户程纪、田永春募修、捞旗河堰在厅东，长半里，引捞旗河水溉田五十亩、周家坝堰在厅东，长二里，一引洋水溉田十余亩。光绪三年，邑绅程敬民募修、谭家坝堰在厅东上楮河，长二里许，引东河水溉田五十亩、长兴堰在厅东中楮河，长二里许，引楮河水溉田五十余亩、水田坝堰在厅东中楮河，长一里许，引楮河水溉田四十亩、倒流堰在厅东下楮河，长五里，从下引上溉田五十亩。嘉庆年里，民李承良开修、蜡溪堰在厅东六十里，引山沟水溉田二百亩、黄龙堰在厅东大市川，长一里，引黄龙洞水溉田五十亩、黑龙堰在厅东大市川，长一里，引黑龙洞水溉田五十亩，但水性最寒，久雨则谷难熟、偏溪河堰在厅东，引溪水溉田五十亩、下牌堰在厅南双北河，长五里，引北河水溉田十余亩、北河堰在厅南，长五里引河水溉田十亩。康熙间，粮户贺大用开修、渔渡坝堰在厅南渔渡坝，长四里，东引溪水，西引河水及龙泉，溉田六十亩、**盐场堰**在厅南一百六十里，引大河水溉田六十亩、**平落堰**在厅南一百四十里，引山沟水溉田五十亩、**仁村堰**在厅西一百二十里，引山沟水溉田五十亩、**九阵坝堰**在厅西三十里，引山溪水溉田一百亩、**小河堰**在厅西石虎坝，长三里，引河水溉田六十亩、**山沟堰**在厅西石虎坝，引山沟水溉田百亩、**上坝堰**在厅西黎坝，长五里许，引舒家营水溉田六十亩、**柳家沟堰**在厅西，长二里，引龙泉水溉田四十余亩、**上堰**在厅西三元坝，长一里，引龙泉水溉田五十亩。道光年开修。

道光西乡县志（节录）

卷三　名宦

明

邱俊　河南汝宁举人，正统间令。才猷倜傥，政务精勤，锐意兴除。县治旧在蒿坪之阳，频罹水患，俊建于兹。复修金洋古堰，水利永赖，堰人立庙肖像。入名宦祠。

李春　直隶满城人，成化间令。留心国本，经营有方。金洋堰遭水冲圮，稻田失溉，公设法重修，岸堤坚固，民沐其惠，堰祀有肖像。入名宦。

卷四　水利

金洋堰　在县东南二十里。有峡口在巴山麓，洋河出焉。峡口两岸对峙如门，川原平夷可田，前人因障水为陂，名曰"金洋堰"，溉田数千亩。作堰之始无考，前明正统知县邱俊复修；成化年间，值雨圮堤，知县李春加培，详见何悌《碑记》。金洋堰灌田四千六百亩，有大渠一支，分小渠二十五道，上、中、下三坝。国朝康熙二十二年，知县史左重修；五十三年，知县王穆重筑。

罗家坝堰　在县东三十里，引塔儿山水，灌田五十亩《县册》。

三郎铺堰　在县东四十里，引山沟水，灌田一百亩《县志》。

白沔峡堰 在县东七十里，引小河水，灌田五十亩《县册》。

五郎河堰 在县东四十里，引山沟水，灌田三十亩《县志》。

洋溪河堰 在县东七十里，引山沟水，灌田一百亩《县册》。

圣水峡堰 在县东六十里，引山沟水入渠，灌田一百亩。

龙王沟堰 在县东北三十里，蓄雨水，灌田三十亩。

高川堰 在县东一百六十里，引父子山水入渠，灌田一百亩。

五里坝堰 在县东二百里，系山沟水入渠，灌田五十亩。

官庄堰 在县南二里，渠分二道，灌田五十亩。

邢家河堰 在县[南]二里，蓄雨水，灌田三十亩。

高头坝堰 在县南十里，蓄雨水，灌田三十亩。

法宝堰 在县南二十里，渠分六道，引南山龙洞水，灌田二百五十亩。

梭罗关堰 在县南十五里，引龙洞水，灌田五十亩。

荜河堰 在县西南三十里，渠分三道，一名空渠，引马鞍山水，灌田四百亩。

五渠河堰 在县南二十里，分渠五道，灌田五十亩。

黄池堰 在县南二十里，引南山龙洞水，灌田二十亩。

白铁河堰 在县南六十里，引山沟水，灌田三十亩。

碓臼坝堰 在县南八十里，引龙洞水，灌田二十亩。

四龙溪堰 《通志》：在县西南二十里，引南山泉水，灌田三十亩。

二里桥堰 在县西二里，引北岗龙洞水，灌田一百亩。

枣园子堰 在县西三十里，引山沟水，灌田三十亩。

古溪铺堰 在县西三十里，引老家山水，灌田一百亩。

苦竹坝堰 在县西六十里，引山沟水，灌田二百亩。

风口坝堰 在县西七十里，引山沟水，灌田二百亩。

男儿坝堰 在县西八十里，引私渡河水，灌田五十亩。

平地河堰 在县西九十里，引木马河水，灌田五十亩。

狮驼河堰 在县西一百二十里，俗名私渡河，引河水，灌田一百亩。

桑园铺堰 在县西北四十里，引东峪河水，灌田五十亩。

铁佛寺堰 在县西五十里，引山沟水，灌田三十亩。

五郎堰 在县西一百三十里，引龙洞水，灌田三十亩。

平水楼堰 在县西一百二十里，引楼门河水，灌田七十亩。

左西峡堰　在县西一百二十里，引大巴山河水，灌田四十亩。

惊军坝堰　在县西一百五十里，引龙洞水，灌田五十亩。

磨儿沟堰　在县北五里，引北山寨沟水，灌田八十亩。

簸箕河堰　在县北三里，引北山寨沟水，灌田一百五十亩。

别家坝堰　在县北三十里，引龙洞水，灌田三十亩。

沈家坪堰　在县北三十里，引山沟水灌田八十亩。

神溪铺堰　在县北五十里，引山沟水，灌田三十亩。

响洞子堰　在县北七十里，引山沟水，灌田一百亩。

五渠堰　在县治北。一东沙渠，一中沙渠，一北寺渠，离治二里许；一白庙渠，一西沙渠，离治各三里许。众山之水分落五渠，由渠入城濠，由濠达木马河入汉。夏秋暴雨，山水陡发，五渠赖其分洩。若值淫霖旬积，山水大发，北山各水自高处崩崖，推石漂沙，带泥而下，一出山口便已土石淤高，渠身水遂横溢，淹没田庐。且西乡土系沙土，见水即融，渠岸俱无坚固之性，地方官随时防救，屡加挑筑。康熙年间，知县王穆浚疏，有《记》。彼时北山尚多老林，土石护根，不随山水而下，故沟渠不受其害。乾隆以后，山尽开垦，水故为患。嘉庆二十五年，东关被灾。道光二年，又被灾。三年，代理知县方传恩相度形势，将东沙一渠改挖，河身取直，增高培薄，劝谕后山居民不许垦种，工竣，立有《碑记》。六年五月，山水大涨，营署民房又遭冲坏。各渠向系民间自为挑修，知县张廷槐乃复传集绅耆居民，商办缓急之功，蒸筹久远之计，捐廉倡助，按亩役夫，五渠同修。于北寺渠另开长直河一道，迳下木马河，以遂水性，其余四渠挑浚，比旧又宽又深，庶能消容宣洩。且令各渠上密栽桑树，通计可得桑数千株，树长根深，苞【包】固渠坎。每岁采桑养蚕，获利即交渠长，以作岁修经费。永将北山封禁，庶绝后患，各山山主情甘具结，永不开种，各栽桐椿等树。请示立碑。

重修五渠碑记

张廷槐

从来蓄陂筑堰，所以广水利之兴；而浚浍疏渠，又所以除水涨之患。山内情形，兴利与防患并重；平原沟壑处，今较创昔倍难。当年山地未开，沙泥罕溃；此日老林尽开，土石进流，偶值猛雨倾盆，便如高江下峡，一出山口，登时填起，河身四溢，平郊转瞬化为湖泽。虽淫霖降自天家，而人事当先捍御，且近山逼于地势，而擘画尤其周详。在昔王令曾记五渠之浚，历年司土皆有随时之修。嗣经前道台严督令代理方令修东沙一渠，颇劳筹备，乃自回任山，亦照挑修，幸安居三载，复被灾裗。兹又禀命上游，博咨众论，不如通修五渠，以广众流之洩；改添直河，以遂水性之趋。其浚各沟也，务宽务深；其培各岸也，必高必厚。申明封山之禁，讲究岁修之功。渠虽民间自修，官为捐廉倡助，按亩役夫，委员监督。除东沙渠已取直河之外，又于北寺渠改修直渠一道，皆所以顺其水性，俾可迳达木马河。每当水险要处，俱用石砌，又加灰土坚筑。复捐廉采购桑苗，普令渠岸密栽，三年长成，根深盘结，借资苞【包】固。通计五渠可栽桑数千株，培桑既广，养蚕之家自多。即计其每岁鬻桑之利，以作岁修之资，点数登簿，即交各渠。渠长轮流司理，利害务身，经管自到，董以乡约，赏罚随之。遍唤北山山主，谕以洪水有碍城池，逐户取结，永不垦种山地。责令栽树，蓄林亦可见利。此举也，公私永赖，上下同心。费数月之劳，有备无患；蓄三年之艾，享利曷穷。既以防维，田舍暗全实多，亦可保护城垣，关系非细。后之深谋远虑者，嗣而修之，是所厚望于将来钦！兹列规条于左：

（1）岁修之期务必共守勿违也。每岁于开篆后，官长发谕，着令该管乡约、渠长持赴各渠应修之户，催督起夫，分段修挖。凡渠中有崩土朽坏及堆积渣滓，皆令起出肥田。又如渠岸颓缺，皆必培筑完好。必待一体修竣，缴谕消差。如有抗违不遵者，着乡约、渠长指禀，以凭唤惩。倘乡约外谕不催，及借端滋扰，亦许该粮户据实禀究不贷。

（2）栽桑之令务必加意护守也。本县捐廉采买桑苗，令于本年秋分后各渠分栽，尔等各人分段应栽桑苗。抗延不遵者，许乡约随时禀惩。如既栽插桑株，又必编竹围罩，或插棘防护。稍长，各涂记号，亦不可拔去围棘。尔等各自与乡邻立约，三年之内不许纵放畜生践食桑苗。倘有践踏官桑数根至十根以外者，罚令倍数补栽。如不认过受罚，及限数日抗不补栽者，乡约立即禀官，究惩示警。

（3）封山之禁又必公同稽查也。今北山地主眼见田庐冲淤，并灾及关厢衙署，情愿具结，护蓄林木，永不垦种。唯恐阳奉阴违，本县若遽签差往查，尚恐徇隐欺蒙，不如仍派尔平原之民，身受其害，稽查必严。令限各地派出两人，轮流每季上山，近或数里，远或至十余里不等，总以高脊分水为断。除查验已栽有各树株不计外，若仍复抗违不栽蓄桐、椿、花栎各苗，并敢翻土垦种，许尔等指名回禀，以凭差拘，责惩示众。庶顽梗知警，而封山之禁有所必申矣。

卷五 艺文

重修城隍开城濠疏五渠记

王穆

古者设官分职，建仓库狱囚，集居民而立市肆。虑有寇盗之侵，故筑城凿池以卫之；分队卒，稽出入，以守御之，未闻其防虎也。西邑城垣，《旧志》云创自元时，至明及清初，前令屡曾修葺之矣。甲寅岁，遭吴逆之变，干戈扰攘，其城遂倾。定平以来，从未有过而问焉者。壬辰秋，余捧檄来西，阅城崩塌，仅存基址。迩年来，承平日久，时和年丰，百姓安堵，雉堞不惊，城可不修。独是西邑，虎患未息，每至薄暮，虎游于市矣，惊怖街衢，伤及牲畜，必鸣金燎火，彻夜方去，则城有不得不修之势。癸巳春，余先捐赀，购足需用砖灰若干，俟农务消暇，即役夫召匠，日给青蚨数十缗，荷插插杵，肩摩声应，架木为梯，运土石如飞鸟，至嘉平月，工竣。扁其四门，东曰招徕，西曰射虎，南曰开运，北曰安澜。登城周视，山光罗列如屏障，女墙整密，重门锁钥，巩固疆隅，于是虎不能越，而民始安枕，余亦可以释忧矣。夫城之有隍，古制宜然，而西之隍久为平陆。乙未春，复捐囊赀，募夫开浚，并发仓廪以补不足，亦不费民间一草一木。其濠之袤延深广丈尺，悉循旧迹扩充之。仰瞻崇墉，俯临带水，岂不壮观哉？越明年，父老相聚而告余曰："以数十年残破之疆域，今则金城汤池，使君之保我西民至矣。惟是城之北有五渠焉：一东沙渠，一中沙渠，一北寺渠，各离治二里许；一白庙渠，一西沙渠，离治各三里许。众山之水分落五渠，由渠入城濠，达木马河，归于汉江。今五渠久已淤塞，春夏之交，淫霖旬积，山水陡涨，滓浊下冲，无渠道可泻，横流田中，没民庐舍，频年五谷不登，皆水不利顺之故也。"余曰："有是哉！水利为民命攸关，而可不及时修筑乎？"于是按亩役夫，以均劳逸，每岁于农隙之时，频加挑浚，使水有所蓄泄，而西北一隅之地赖以有收。修城开濠疏渠，前后董其事者，则为典史林晋杰、王志宪、巡检袁昆山、郭光润、胡兆隆，均有功焉。爰作文以记之，而为之铭曰：

　　瞻此荒残，城濠非故。白虎入城，人民惊怖。

余甫下车，修筑是务。竭蹙捐赀，子来超父。
固我金汤，保我黎妇。北山五渠，沙冲草污。
开浚时勤，蓄洩有度。旱涝无虞，仓箱盈富。
劝尔小民，力田毋惰。后之君子，现劳莫误。

卷六　艺文

金洋堰

御史何悌

为爱洪流足溉田，十旬雨度此登旋。
日催岚色开图画，风领泉声奏管弦。
墨载贞珉追往事，祠临高渚报先贤。
三农何幸当平世，蒸粒常歌大有年。

戴公渠行并序

戴公渠，洋川堰古渠也。古渠曷戴公？堰不渠久，戴公来而渠之也。童而耇者不习见，故渠道忽渠，则歌舞曰"戴公渠"。农丈人扶杖逍遥，睹故渠忽易，瓦砾、蔓棘而森森者，波也。则喜呼其妇子曰"戴公渠"。渠亘二十里，因山蜿蜒，通舴艋，分流溉田，青黄万畦者，界以喷雪，罜枰然矣。廿载堰不理，渠废，水东下坝田于是始易，其秧针尽，树黑柜与山曲，旱则对龟坼以泣。盖宁叫蜥蜴，而竟瞿塘激滟，其衣带水焉。岁甲午，皖城雪看夫子，下车徘徊，瞻眺久之，曰："嘻！桔槔之力，可以佐雨，篱壁间白波，奈何弃之？海视若河渠，而精卫若力，白郑之谓何力？"董诸父老，出赎锾羡，为掮工昇石计。凡两阅月，事竣。屋篱场圃俄易，其山农而泽以国村之水也。橘柚荫其上，鹜雏浴其下。豆棚瓜蔓，牷饮妇漂，若山携尺幅江南春野之画，来锡此洋川。问泥一石得稑稑几何？亩计可益数千许，而呼戴公渠者，乃于是悔其旧不渠之大愚。杨尔祯曰："是宁独若农之愚哉？"山逼以怒，水激以争，悉其力以副堰，故渠道弗遍。今遍矣！山水有力，独不能抗贤令君心耳。余今秋骑驴三过，水东新稻香迷，我几不能出也，归而为戴公渠诗。

洋川一水箭括通，盘山蜿蜒怒苍龙。

架木挶土束龙腹，千沟百塍水之东。

水东稻田沃如许，肥秧大茎饱甘雨。

秋老庄翁面酒归，春深饁妇髻花语。

堤崩渠恶二十年，龟坼瓯脱石为田。

乳兔穿苗成窠盛，苍蚓出穴粪泥干。

可惜把犁但种黍，可怜下种只忧天。

我侯骑马古桑下，停鞭好语髺农话。

农也攒眉侯知之，赠以青青十万稼。

凿渠引水一月间，借得龙伯波如山。

负薪不必劳贵子，驱石何用说神仙。

渠水通舟自来去，村村有水生画意。

鹜雏浴波波际眠，蟹虫啄稻稻头戏。

粳香秫香人鼻迷，新饭之烟数里余。

携杖牵儿看赛鼓，提壶过庙飨豚蹄。

无米无炊杜子美，年年乞人一两穗。

斗量驴载在今秋，砺齿扪腹拜君惠。

筑堰叠前韵

王穆

东郊廿里到精舍时筑金洋堰，信宿杨氏旧园，犬吠迎人猿鹤咤。

无数青山屋外遮，几湾渠水分沟泻。

春来香气酿花天，秋里清光腾月夜。

翛然习静绝尘氛，真率消融人巧诈。

但得忘机狎野鸥，不妨牛马随呵骂。

我来信宿桂林中，三十二株分高下。

老梅久岁色如铁，赏心畅饮劳尊斝。

苍松怪石作龙形，应忘伏暑烧炎夏。

池塘嫩绿拂荷珠，风来欲减蒲葵价。

蔷薇红间白山栀，栩栩穿花看蝶化。

主人化鹤不复归，临风每忆东山谢。

往日亭台已倾圮，周遭丛棘塞墙罅。

时闻水怒声如雷，金洋石堰中流跨。

年年修筑费辛勤，山田逢稔应多稼。

水东之人何无良，水东之田多强霸。

除奸剔弊不易为，如理乱丝宁敢暇。

我来只饮洋川水，悉索□愁何处借。

家乡三径尚未荒，急辞五斗莫相讶，

□鲈待我味正鲜，云亭载酒依然乍。

君不见，斜阳阵阵有归鸦，而我何时得返驾？

道光留坝厅志（节录）

卷四 土地志

留坝在明代仅设巡司而已矣。我朝乾隆十五年，移汉中水利通判驻此，无管辖也；三十年，分凤县地为留坝厅，职抚民；三十九年，改设总捕水利同知兼理柴关凤岭驿务；乾隆二十九年，分褒城武关以北，凤县南星以南，设留坝厅，改汉中水利通判为留坝厅抚民通判。

水利

留坝本无水利，近年以来，川楚徙居之民，就溪河两岸地稍平衍者，筑堤障水，开作水田，又垒石溪河中，导小渠，以资灌溉。西江口一带，资太白、紫金诸河之利，小留坝以下间引留坝水作渠，各渠大者灌百余亩，小者数十亩、十数亩不等，町畦相连。土人因地呼名，至夏秋山涨，田与渠常并冲淤，故不得名水利也《府志》。

康熙洋县志（节录）

卷之二 建置志

陂堰

国资赋于民，民仰食于田。畎亩沟洫所首重也。雨旸因乎天，肥饶存乎地，蓄洩灌溉恃乎人，浚筑及时，把截有禁，毋依势以为威，毋违制而挠法，则利于是乎溥，志陂堰。

杨填堰在县西五十里城固界。宋开国侯杨从义填堵水河成堰，故名杨填。水与城固分用。城固田居上流，用水三分；洋县田居中下，用水七分，其分工修堰亦照三七为例，渠道则二县各挑各渠。洋县用水自留村起为上水，至谢村镇白羊湾为尽水。至栽插之时不许上流要截，著有定规。合计一堰大渠内，分水洞口自留村起，至谢村镇止，共四十九洞，其小渠内洞口难以悉计。其灌洋田一万八百四十亩零。知县邹溶会同城固，大浚上流渠道，详见《艺文·理洋略中篇》。

溢水堰在县西北二十里，出溢水河。渠傍山崖，岁遭山水冲崩。明崇祯元年，知县亢孟桧创修飞槽，寻被水冲。我清康熙五年，知县柯栋为木槽以省费，至今仍之。合计一堰大渠内，分水洞口自魏家村起，至咸氏村止，共一十二洞，其小渠内洞口难以悉计。共灌田一千三百零三亩。

二郎堰在县西十五里，出溢水河。合计一堰大渠内，分水洞口自上范坝起，至六陵村止，共一十二洞，其小渠内洞口难以悉计，共灌田八百亩。

三郎堰在县西十里，出溢水河。合计一堰大渠内，分水洞口自傅家湾起，至退水渠止，共六洞，其小渠内洞口难以悉计，共灌田三百三十亩。

灙滨堰在县北一十五里，出灙水河。堰水所溉抵南阳村，双庙为尽水。中有二洞，横亘渠道，渠水至此，随洞水横洩，不能下注，因设水槽截洞引渠，俾水下流。奈易毁，不能持久，时苦田涸苗稿。明万历十五年，知县李用中创建石槽，葺筑完固，接水通行，始永远有济。合计一堰大渠内，分水洞口自周家坎东坡下土桥起，至双庙止，共一十二洞，其小渠内洞口难以悉计，共灌田一千九百六十亩。内有水不及灌，作旱地种者，一百九十亩有零。

土门堰在县北十里，出灙水河。水阻牛首山之横麓，故凿为门，以通渠道，因名土门。渠北有小溪名贾峪河，节年每遇暴雨，溪水横冲渠道，水洩不得溉田。万历二十九年，知县姚诚立目击其害，捐金助民兴作，修石堰二座，飞槽一道，岸洞二道，□灌有法，洋民利赖。合计一堰大渠内，分水洞口自刘家草坝起，至北门外止，共二十五洞，其小渠内洞口难以悉计，共灌田一千五百零四亩。内有水不及灌并遭牛首山坡水冲淤作旱地种者百余亩。

斜堰 在县北六里，出灙水河。明万历十七年，知县李用中始建石堰。合计一堰大渠内，分水洞口自巨家洞起，至西关止，共六洞，其小渠内洞口难以悉计，共灌田三百二十三亩。

苧溪堰 在县西北十里，出苧溪河。以下五堰地亩无多，渠洞亦未备载。

华家堰 在县东北七里，出天宁溪。

高原堰 在县东三十里，出大龙溪。

鹅翁堰 在县西南十五里，出小沙河。

贯溪堰 在县东十里，出平溪河。

卷之七 艺文志

碑记

张四术

李邑侯创建灙滨堰渠石槽碑 洋令李侯创建二石槽成，洋之士民感侯之德，图竖碑以垂久远，上请其事于分守周公，公嘉奖之，允其事，属不佞作文以记之，不佞何能文，爰□分守周公批允之意，为之记曰：自县北距灙滨堰之右，有田数千亩，问其灌溉，自留坝湾引河水，循山麓迂回南下，中经二洞，洞深广数丈，旧架木为飞槽，渡渠水以达于田，槽一岁一修，其费甚巨，且值夏月需水之急，而洞水暴涨，澎湃冲击，水槽荡然无复存者，田父环视，付之谁何？苗日就稿，望失有秋，民苦者久之。李侯因丈田至其处，喟然太息，曰：水槽之为民病，有司之咎耳。遂捐俸金，易灰石，佣工匠，授方略，日往课督。大石砌其底，方石翼其旁，条石横其梁，油灰灌其隙。虚其下，以为洞水之行；高其上旁，以为徒行之径；敞其上中，以为渠水之道。宏伟壮丽，坚固而不可动，比前日之枯木朽株、颓梁断堑，民望而震焉者。李侯于是信有力焉，盖虑于民也深，则谋始也精，故能用力少而为功多。夫以数丈之槽，利数千亩之田。民之往而来者，但凡有几使槽灰石，幸久不坏，则李侯之惠，利于士民，可以数计哉。第废兴成毁，相寻于无穷。李侯有时而去，石槽有时而或毁，使其继之者，皆如李侯之心，不时补葺，俾岁岁维新，则槽为永赖之利，李侯之力，继者之功，当与槽而俱存也。民受其赐，讵止今日已乎？此分守周公之所以虑，而欲有继以告于后也。倘所云李侯专美于前任，至于殆废，则非作者思为利于无穷之心，亦非记者欲垂爱于不朽之意。嗟嗟！尺寸之碑，安能使此槽常新而不毁也哉？李侯讳用中，河南雍［邱］人，癸未进士，性鲠机警，有大志，为民捍患兴利，百废俱举，石槽特其一事耳。二槽经营于正月初九日，告成于三月初十日，凡五十日云。

李时挚邑绅

李公石堰碑 洋治北灙水为堰者三：曰灙滨，曰土门，最下曰斜堰。堰广五十余丈，灌负郭田八百余亩，底岸流沙，旧用木桩草石修筑之，每岁春工费甚巨。方灌溉时，暴雨澎湃，木砾漂泊，联亩一夕龟裂，仓卒【猝】葺补，旋筑旋崩，殆无宁日。洋民比岁若之矣。我邑侯李公治洋之五年，政成化洽，百圮俱兴，诸陂渠如灙滨之飞槽、杨填之活堰，业已成功，乃相视斜堰，捐俸金，采石鸠匠，画示方略，日往监课。用大石横河，油灰灌隙，分门闸板，视水之消涨，以时启闭。自底至脊高丈许，上可通行，若津梁然，望之如长虹截流，虽洪涛数兴，震荡怒号，终莫能坏。其左为渠二百四十余丈，引水入阡陌，堰成而水安行焉。由是吾洋民知有斜堰之利，而不复知斜堰之苦矣。是役也，经始于万历己丑之五月，告竣于是年八月。会诏下征，公以十七日去，洋士民号泣而送者数十里。既去年余，而民思弗焉，相率请于兵巡郭公，公素加意抚绥者，喜示曰：贤令莅任五载，德政重重，今立碑垂远，实出士民真念，遂允其请，趣立之。士庶跃然喜固，请不佞为文，立碑于西郊。此郊皆本堰所灌田，因更去斜字为李公堰。呜呼！守令利民莫先农务，惠而不费，美政居一。以公于吾洋劝农重本，更仆未易数，惟兹斜堰之役，藉令驱吾民力，用吾民财，以成经久可继之功，其谁不乐从？而公独捐俸成之，不自以为费。今兹八百余亩之民，世世食其利，公之惠我沃矣。虽然此公注厯之小小者耳，公今以执法秉衡行，且霖雨苍赤，光耀骈常，当有不朽事业在寰宇者，于蕞尔一堰之碑何有？公讳用中，字舜智，别号见虞，汴雍［邱］人，登万历癸未进士。

张企程邑绅

张邑侯重修三堰碑 洋之郭，其民之相养以生也。惟是水田之利居十之六七，而堰渠一节自非天造地设，不能不待人而为也。顾其事自上举之则为一劳永逸之图，自下举之仅同蚁穴漏厄之塞。无论头会其敛，琐裹滋甚而苟且支吾，破石为犹易，一旦当稻禾救渴之秋，适逢河伯涛怒，归诸一浪，父老瞻望咨嗟，莫可谁何，盖艰乎其为力哉。邑令洛阳张公甫下车，讯利病，察疾苦，或以兹弊对，则相与叹息不置，已而躬巡咖晦，溯灙水而北，窥斜堰，阅土门，直抵灙滨而税驾焉。睹其状，悉颓石断涧，荆棘漏缚，遂慨然曰：是岂异人任而可诿诸难与？乃计算所费，便宜处置，捐俸若干，又以为督率无主，惰窳可忧，付之匪人，乾没足虞，爰倩县二俞君、刘君而前也，勉之曰：洋之民，吾侪子也；堰之事，吾侪家事也。毋惮哉往矣！且戒之曰：石可锻也，灰可炼也，群材可办也，徒众可募也，工役可序就也，甚勿累吾民哉。俞、刘二君直任之曰：诺。旋以积赀，率同堰首周福善、刘养正、王一元、魏文绣等，量其出入，日夜谋划调度，堤防周匝。方浃月，而斜堰告完矣，又浃月而土门告完矣，又浃月而灙滨告完矣。翌翌乎！蓄洩有方，旱涝有备，前日之陋，一切尽洗，擘摹盖宏巨哉！昔赵清献公为闽崇令，拆屋成河，民颇怨之，公作诗云：拆屋变成河，恩多怨亦多。百年千载后，恩怨尽消磨。后人感德，立祠祀之。今公以一身当大事，喁喁子来，虽劳不怨，质之清献公不几先后一辙耶？后有作者尚鉴观于斯。此一役也，举其事者张公也，有心民之心；董其事者，俞君、刘君也，又心公之心。灙滨不改，波及无穷，公之勋名，且垂不朽，而俞刘两君，亦得骥尾矣。是为记。

卷之八　艺文志

文告

邹溶五见

理洋略中……似合而仍分，虽分而宜合者，杨填堰工是也。一堰而灌两邑之田，合也。而城三洋七，用水以此，用工亦以此，高鲁法守，彼此不渝，则分矣。虽然种树者必固其本；治水者必先其源，上流在城固，苟不治则城无恙，而洋先坐困，故宁为中流之吴越，毋为阋墙之弟兄，所以虽分而究宜合也。其最为紧要者，则帮河之堤、长岭之渠。余尝欲大筑帮河堰，愿先捐百金以倡之，议者以工大费繁，恐物力难继，未敢率遽。而长岭沟丁家洞一带，渠道岁久，沙石淤积，水阻不下，士民请先致力于斯，余从其言，会同城君胡公，并偕刘丞董之。两邑子来，畚锸云集，而乡民陶一谟秉公调度，不避嫌怨，厥有劳焉。工竣而临流，见夫宽深倍于旧时，波流永无沮滞，固以分合之势晓吾民，且戒洋境之自为，上下水者更勿作歧视云。

光绪洋县志（节录）

卷四　水利志

邑有水利，犹人之有血脉。血脉不和则人病，水利不讲则农病。洋县诸堰，惟杨填堰为合邑金瓯。今兹民食旧德，亩增法备，实由前贤之开创继述，备极勤劳，详垂典制，赐惠无穷，爰采府、县志各堰，先后形势，述其崖略，以备水利志。

杨填堰，三分堰所灌之田三地，共田四千九百八十五亩内，惟大慈寺田九十八亩，夏姓田五十五亩为洋县田，余俱属城固县。七分堰所灌之田，合东留村、马畅、堉水铺、池西村、五间桥、智果寺、白杨湾、谢村镇、庞家店九处为八地方，共田一万七千三百七亩。每三十亩编夫一名，每十五亩夫半名，共夫六百一十六名。又分八地为上下二牌，每牌公举总领一名，不论绅耆，必须才德兼优、田过三十亩者，挨次轮流，周而复始，果得其人，许管三年，每年各给劳金钱十六串。每地公举练达勤慎、田过二十亩者二人为首事，每年各给劳金钱八串。总领各用会计一人，每年工食钱十二串，各用厨役一名，每年工食钱六串。每地各黎一人为公直，编造各地夫名册送堰，以便按节督工。每岁总领上堰时，邀请各地董事田户数人，估计工程繁简，以定水钱轻重。春秋于公局会夫，每地一日，只会夫头，不会散夫。岁终散局时，延请各地公正田户，查阅簿籍，清算账目，于各地标出清单，以表无弊。蓝逆蹂躏是邑，祠宇公局尽毁，田地荒芜，堰堤崩坏。同治三年平靖后，知县范荣光奉巡抚刘、知府杨札，饬修复堰渠。知府拨给饷银一百两，知县拨给军谷十五石，委任邑绅知府衔贡生刘瀚为总领，兴复堰工。经费不足，刘瀚从旁贷出钱五百缗为倡，众首士各贷钱十余串，堰成秋收后，按亩输钱，清还借款。四年，刘瀚倡众兴工，每亩派钱，于公局旧垆修杨公祠上殿三楹，前数【殿】三楹，后建小亭与墓道相通，随修东西两廊、官厅、上下工房、厨厩，统计大小屋宇四十余间。又买水田七分，给管闸人耕种，以补不足。买旱地四十亩，招佃近堰之人，无事时纳租取息，动工时于兹取土。迨修复五洞下新水口，工俱告竣，会同首事廪生高德均等，公议编夫凡例十二条，及道光间知县林绶昌所准首领刘蕴玉、陈千子等公议章程十二条，旧书于水，并经贼毁，重新录出，同编夫凡例禀案请示，树碑堰局，以垂不朽。

溢水堰，在县西北二十里，出溢水河。渠傍山崖，岁遭山水冲崩。明崇祯元年，知县亢孟桧创修飞槽，寻被水冲。皇朝康熙五年，知县柯栋为木槽以省费，至今仍之。合计通堰大渠内分水洞口，自魏家村起，至戚氏村止，共一十二洞，其小渠内洞口难以悉计，共灌田一千三百零三亩，今少三亩。

二郎堰，在县西一十五里，出溢水河。合计一堰大渠内分水洞口，自上范坝起，至六陵村止，共一十二洞，其小渠[内]洞口难以悉计，共灌田八百亩。

三郎堰，在县西十里，出溢水河。合计一堰大渠内分水洞口，自傅家湾起，至退水渠止，共六洞，其小渠内洞口难以悉计，共灌田三百三十亩。

瀼滨堰，在县北一十五里，出瀼水河。堰水所溉，抵南阳村、双庙为尽水。中有二洞，横亘渠道，渠水至此，随涧水横洩，不能下注，因设木槽，截涧引渠，俾水下流。奈易毁，不能持久，时苦田涸苗稿。明万历十五年，知县李用中创建石槽，筱筑完固，接水通行，始永远有济。合计一堰大渠内分水洞口，自周家坎东坡下土桥起，至双庙止，共一十二洞，其小渠内洞口难以悉计，共灌田一千九百六十亩。内有水不及灌作旱地种者，一百九十亩有零，今只灌田一千八百亩。

土门堰，在县北十里，出瀼水河。水阻牛首山之横麓，故凿为门，以通渠道，因名"上【土】门"。渠北有小溪名贾峪河，节年每遇暴雨，溪水横冲渠道，水洩不得灌田。万历二十九年，知县姚诚立目击其害，捐金助民兴作，修石堰二座，飞槽一道，岸洞二道，畊灌有法，洋民利赖。合计一堰大渠内分水洞口，自刘家草坝起，至北门外止，共二十五洞，其小渠内洞口难以悉计，共灌田一千五百零四亩。内有水不及灌，并遭牛首山坡水冲淤作旱地种者百余亩，今只灌田一千三百亩。

斜堰，在县北六里，出瀼水河。明万历十七年，知县李用中始建石堰。合计一堰大渠内分水洞口，自巨家洞起，至西关止，共六洞，其小渠内洞口难以悉计，共灌田三百二十三亩。今少三亩。

苧溪堰，在县西北十里，出苧溪河，灌田三百二十亩。

华家堰，在县东北七里，出天宁溪，灌田一百亩。

高原堰，在县东三十里，出大龙溪，灌田七十亩。

鹅翁堰，在县西南十五里，出小沙河，灌田二百六十亩，自江坝村开渠。

贯溪堰，在县东十里，出平溪河，灌田一百亩。

按：溢水堰同治间堤岸崩坏，知县李承玖督同首事、田户修筑如故。又本堰有大小飞杈【槽】，易于冲崩，光绪二十一年，知县李嘉绩督同堰首、廪生宋培、张敬铭、杨凤藻、附生白榆茂等，用石灰、桐油修筑完固。堰向为上八工，下八工，通共灌田一千八百余亩《采访册》。

附陂池

百顷池，在县西南十里，灌小沙河水以溉田。明隆庆间知县间邦宁以池二十亩蓄水，余俱佃种，租入社仓。万历间，署县刘钺又请为学田。

大唐池，在县西二十余里，蓄溪流沼沚，溉田甚多，广数十亩。又地稍小，今有大池子、小池子之名。

龙泉水，在县东北十里，灌溉田畴甚多，上有龙王庙，土人建以祈报者。

按：土门、斜堰二堰，同治二三年间，俱荒芜损坏。三年四月，知府杨发给军火命修治耕种。又斜堰于光绪二三年被水冲坏，知县刘大炳筹款修复如旧。两次工程俱贡生梁镒承委经理。

卷四 食货志

食货之所以志者，将欲有以开利民之源，塞害民之流。粤稽洋邑物产孔殷，陂渠之井养无穷，吉贝之利人云溥，由宋迄今，颇多力沟洫，劝农桑，察蚕耗，禁植毒，示俭示礼，务本培根，赖前贤有以维持富庶之基，而不致废坠者也。

《三省边防备览·民食略》云：洋县之杨填堰，吴武安王令将军杨从义修治者，而灙水、溢水及汉江南之小沙河并华阳之酉水、北山之蒲河、焦河、西岔河引而成渠者，通计灌田近十万亩。

水田夏秋两收，秋收稍谷中岁乡斗常三石京斗六石，夏收城洋浇冬水之麦亩一石二三斗，他无冬水者乡斗亩六七斗为常。稻收后即犁而点麦，收后又犁而栽秧，从不见其加粪，恃土力之厚耳。旱地以麦为正庄稼，麦收后种豆、种粟、种高粱糁子，上地曰金地银地，岁收麦亩一石二三斗，秋收杂粮七八斗。民有田地数十亩之家必栽烟草数亩，田则种姜黄或药材数亩。

卷七 风俗志

堰田虽腴而畎亩窄小，粮额独重，所获未见其克享。山田藉溪涧之水者次之，再次则凿井于畔，汲而溉之，用方十倍于桔槔，谓之井田，又次则人力无所施，惟天是赖矣。

乾隆兴安府志（节录）

卷六　山川志

安康县

千工堰　《州图》：在州西七十五里。《州志》：衡河水南流，注于月河，千工堰在焉，多秔稻。衡河发源燕子岭西南，流二百七十余里至龙口，筑堰名千工堰，引水分上中下三渠，后下渠淤塞，守道郭之培令民疏通，未几复废。康熙五十六年，州牧张时雍以下渠沙漏易淤，重浚无益，乃于龙口南七里更筑一堰，仍名千工堰。

永丰堰　《州册》：与千工堰共灌田一千一百四十亩。

大济堰　《州图》：在州西北三十里。《州志》：王莽之山傅家河水出焉，而南流注于月河，大济堰在焉，灌田颇饶。《州册》：大济堰分六挡，其一挡、二挡、三挡、四挡、六挡、俱现在，灌田二千余亩，惟第五挡相近月河，冲坏已久。

赤溪堰　《州图》：在州西三十里秦郊铺。《州册》：引赤溪沟水，灌田一千一百亩。赤溪沟水源出牛山，其流微细，居民作堰分为四渠，遇雨泽时行则均得灌溉，旱则沟水断续，不能入渠，故土人名曰"雷公田"。

磨沟堰　《州图》：在州西四十里。《州册》：磨沟水源出鲤鱼山，出山口分二渠，灌田百余亩。

黄洋堰　《州图》：在州东南十五里。《州册》：引黄洋河水灌田百余亩。

青泥堰　《州图》：在州西十五里。《州册》：引青泥湾水开渠三道，灌田二百二十五亩。《州册》：水源出小垭山，流甚微细，亦待雨以灌田。

南沟堰　《州图》：在州西一百里。《州册》：南沟水出凤凰山，在越岭之西，月河之南，土人名为大南沟，筑堰蓄水，灌田千余亩。

双乳堰　《汉阴县册》：在县东北六十里，引双乳河水，经流五坝，灌田一顷六十亩。

田禾堰 《县册》：在县东北五十里，引田禾沟水，经流胡家庄、翟家庄，灌田一顷八十亩。

钟河堰 《县册》：在县正北六十里，引钟河水，经流毛家庄、茹家庄，灌田八十七亩。

池龙堰 《县册》：在县东三里，引池龙沟水，经流周家湾，灌田九十余亩。

观音堰 《县册》：在县西二十里，引观音河水，经流邬家坝、杨家坝，灌田三百余亩。

沐浴堰 《县册》：在县西十五里，引沐浴河水，经流丁家坝，灌田六十亩。

仙溪堰 《县册》：在县西十五里，引仙溪河水，经流夏家坝，灌田三百三十亩。

月河堰 《贾通志》：在县西。明成化二十一年，知县张大纶筑。《县册》：引月河水，经流高粱铺、张家庄，灌田四百六十亩。

墩溪堰 《县册》：在县西南五里，引墩溪水，经流卞家沟，灌田四百五十亩。

永丰堰 《县册》：在县南五里，引板峪河水，经流季家庄、余家营，灌田五百七十余亩。

卢峪堰 《县册》：在县东南五里，引卢峪河水，经流曾家营、蔡家岭，灌田二百九十亩。

铁溪堰 《县册》：在县东南十里，引铁溪沟水，经流王家庄，灌田二百余亩。

凤亭堰 《县册》：在县东南三十里。龙王沟水出沟分二堰，东为凤亭堰，灌沈家岭田四百六十亩。西为

磨盘堰 《县册》：灌梁家庄田二百一十亩。

蒲溪堰 《县册》：在县东南四十里，引蒲溪水，经流曾家庄、王家坝，灌田三百余亩。

花石堰 《县册》：在县东南五十里，引花石河水，经流郭家岭、况家营，灌田二百余亩。

大涨堰 《县册》：在县西南一百里，引大涨河水，经流吴家坝、魏家庄，灌田三百三十亩。

附古渠堰

长乐堰 《宋史·河渠志》：熙宁七年，金州西城县民葛德出私财修长乐堰，引水灌溉乡户土田，授本州史氏参军。

吴家堰 《州志》：昔名长乐堰，宋西城民葛德修，灌田二百亩。《州册》：堰在府城西门外，引南山水开池蓄潴，以灌水田，历年久远，山水淤淀，今皆为旱地。

卷七山川志

平利县

丰口堰 《县志》：河北旧有小堰三道，河南旧有小堰一道，可灌田一百七十余亩。

狮子坝堰 《县志》：河南旧有小堰二道，可灌田一百五十余亩；河北新堰一道，可灌田六十余亩。

冲河堰 《县册》：旧有小堰，可灌田一百五十余亩。

下坝堰 《县册》：河西新堰，可灌田四十余亩，芍药沟新堰水流至长沙铺河东河西可灌田四十余亩。

太平河堰 《县册》：黑虎庙新堰水流河西可灌田六十余亩，黄土岭河东新堰可灌田五十余亩，太平河东西新堰可灌田七十余亩。

上坝堰 《县册》：仙佛洞河东新堰可灌田四十余亩，官沟河东新堰可灌田一百余亩，柴家沟河东河西新堰各一道，可灌田一百余亩。

秋河堰 《贾通志》：在县东一百五十里。《县册》：河西新堰可灌田一百三十余亩。

曾家坝堰 《县册》：牵牛河北新堰可灌田八十余亩。

附古渠堰

长安堰 《贾通志》：在县东一百一十里，相近有石觜、黄沙二堰，俱引界溪河水。

缐口堰 《贾通志》：在县南九十里。《县册》：今俱废。

洵阳县

中洞河堰 《县册》：在县东北二百二十里，引中洞河水，灌田十余亩。

西岔河堰 《县册》：在县东北二百里，引西岔河水，灌田五十余亩。

蜀河堰 《县册》：在县东北一百四十里，引蜀河水，灌田百余亩。

水田坪堰 《县册》：在县北一百八十里，洵河源出镇安县梅子岭，至水田坪筑堰，灌田三千余亩，洵河又南流五十里为

洵河堰 《县册》：在县北一百三十里，灌田五十余亩。

麻坪河堰 《县册》：在县北九十里，引麻坪河水，灌田四十余亩。

乾溪河堰 《县册》：在县北五十里，引乾溪河水，灌田四十余亩。

冷水河堰 《县册》：在县北四十里，应冷水河水，灌田三十余亩。

七里关堰 《县册》：在县南一百五十里，闾河源出湖广竹溪县，从青山观入县境，至七里关下筑堰，灌田二十余亩。闾河又北流，会金河、神河、孟家、平顶诸水，至城南三十里为

闾河堰 《县册》：灌田百余亩。

水磨河堰 《县册》：在县南一百里，引水磨河水，灌田十余亩。

金河堰 《县册》：在县南七十里，引金河水，灌田百余亩。

神河堰 《县册》：在县南五十里，引神河水，灌田十余亩。

孟家河堰 《县册》：在县南三十五里，引孟家河水，灌田十余亩。

平顶河堰 《县册》：在县南二十五里，平顶河水源出白马寺，分上下二坝灌田，名平顶堰，灌田三十余亩，下坝为

汉坝川堰 《县册》：灌田十余亩。

仙河堰 《县册》：在县东一百六十里，引仙河水，灌田三十余亩。

附古渠堰

坝河堰 《县志》：在县南十里。

岩坞河堰 《县志》：在县东二百里。

赵家河堰 《县志》：在县东一百八十里。

大磨沟堰 《县志》：在县东三十里。

竹川堰 《县志》：在县东北二百六十里。

白崖河堰 《县志》：在县东北二十五里。

东岔河堰 《县志》：在县北一百三十里。《县册》：今俱废。

白河县

按：《县志》：县境沟涧颇多，当地无灌溉之田，是以并无渠堰。

紫阳县

灌河堰　《县册》：在县西南六十里，灌河一名权河，居民引流灌田三十余亩。

蒿坪河堰　《县册》：在县东北五十里，灌田一百亩。

任河堰　《县册》：在县西南一里，灌田一百亩。

汝河堰　《县册》：在县东南三十八里，灌田一百亩。

附古渠堰

松河　《贾通志》：在县西北，可资灌溉。《县册》：今未灌田。

按：《县册》：县境万山陡崖，绝少平地，居民耕种山田，不过引山泉西流，以资灌溉，亦地势使然也。

石泉县

七里堰　《贾通志》：在县西七里，引珍珠河水，灌田顷余。

兴仁堰　《冯通志》：在县西十里，引饶峰河水，灌田二百余亩。

高田堰　《县册》：在县西北十五里，引大坝河水，灌田百余亩。

附古渠堰

长安堰　《贾通志》：在县东五里，引汉江水。《县册》：今无考。

按：《县志》：石泉蹲在万山，上下百里间俱悬崖绝壁，平畴沃壤十不得其一，故渠堰殊少。

嘉庆续兴安府志（节录）

补遗卷八

补堤堰志本志附山川门

郡凡六堤，旧志记其名矣。惟以长春、白龙为一堤，而谓其北曰白龙，南曰长春，则失考也。长春堤北抵汉水，南接赵台山麓；白龙堤则西接北城东南隅，而东属诸长春堤之隈，所以御施陈二沟南来之水者也。二沟源发南山，施西陈东，分绕南城而下，汇于北城南门之隍，亦乾流耳。惟值苦雨则合流氾滥，直注东关。明万历间，因筑此堤，顺堤外捎沟而东，至长春堤下穴堤立闸，汉水暴溢，挟黄洋河水逆上，则闭闸以拒外；施陈沟水陡涨，则启闸以疏内，此白龙之所以设也。

旧志虽记六堤，而乾隆三十五年以后则概未载，今考抚军文绶踏灾请借帑补修奏折，缘是年闰五月，暴雨连晨，汉江泛涨，诸堤既有倾塌，而小北门地形微低，初九日黎明，水遂冲门倒灌，陡成泽国，是夜水势渐退，而堤内之水反限于堤而不能出，次日巳刻，直决东关北之惠壑堤，势速激箭，声如奔雷，冲刷之深，遂与河底等。文抚军细审情形，谓堤既单薄，城门窪下，非加高培厚不可，又念民力艰难，奏请借帑金二万，输十二年缓还，因饬北城与诸堤加高培厚皆五尺。其时知州印者张君象魏专任赈恤，承委办者王君政义，专督堤工。始于其年九月十五，及明年四月而土石之工皆竣。惟当修万春堤时，张太守以工银不敷，但加顶而不内培，故大教场南至坡下遂形单薄，余是以有增筑西堤之举也。

万工堰，在衡口铺，分衡河之水西流入渠，原灌田约二千余亩，今则渐引渐垦，倍于旧矣。工兴于乾隆四年，民间每岁派钱雇修，历九载讫无成效，业已弃置。十三年，知州河南刘士夫甫抵任，视之决，谓可成，捐廉金三百，另派督工士民，授以规划，历三岁果获灌溉。刘太守自记其事，并酌章程刻石，今仿《长安志》附载泾渠、石川渠之例，备录于左《叶世倬记》。

嘉庆安康县志（节录）

卷四　图

水利图第三

《周礼》：匠人为沟洫，度其深广，皆宣洩而非潴堰也。周末始有开渠之利，然有利亦有害，故《史记·河渠书》反复利害间，可谓详矣。安康凡河边平地多置渠堰，但琐细不足图，择其利之大者为八图，观其河道源委，以及沟渠次第，亦可以得其灌溉之由，但截河分水，下流细微，泥沙易致淤淀，年久地高，亦恐有崩溢之害。古人论水利之弊，谓其有害于河，未可视为浅识也。

千工堰图在衡口铺，距县城西七十里，嘉靖十年修。

南沟堰图在月梅铺，距县城九十里，雍正六年修。

赤溪堰图在秦郊铺，距县城四十里。

磨沟堰图在秦郊铺，距县城西四十里。

大济堰图在团山铺，距县城西三十里。

黄洋堰图在黄洋铺，距县城东十二里。

卷十二 政略一

刘士夫，字次卿。创立文峰书院，于西城建讲堂三楹，环以书楼，以为诸生讲贯之所。后三十余年，王政义，字道一，拨官山地租及地方公用归之，以备修脯，士气振兴。衡口万工堰久废，士夫勘验龙口，疏河洪东注，遂复其旧，灌田二千余亩，民食以裕。

卷十三 人物传第一

葛德，金州西城人。宋熙宁七年，德以家财修长渠堰，引水灌溉乡户土田，授本州司士参军。相传即施家沟水，今积潦间潴为田，而水源淤塞，终成绝潢，亦古今之殊形也。

嘉庆白河县志（节录）

按：县境沟涧颇多，但地无灌溉之田，是以并无水渠。

光绪白河县志（节录）

卷三　渠堰

　　县境沟涧颇多，但地无灌溉之田，是以并无渠堰。见《府志》。按：白邑非无渠堰，但湮塞日久，水利尽废，公帑支绌，浚治为难，每岁申详上宪，仅存具文，是一饩羊类也。谨录之，以补前志之阙。白邑侨户居多，素以贸易为利，迩来田畴日辟，水堰日增，骎骎乎有本末并重之势，惟叠石壅水，易起衅端，山峻谷深，轻旱易潦，罅漏百出，倾圮堪虞，非实力行之，乌足以尽地利哉。

　　龙王沟渠一道，水流十里，宽四尺，深一尺，灌田十六亩。

　　水田河渠一道，水流十里，宽四尺，深一尺，灌田十六亩。

　　东坝渠一道，水流十里，宽四尺，深一尺，灌田四十亩。

　　西坝渠一道，水流十里，宽四尺，深一尺，灌田六亩。

　　店子沟渠一道，水流十里，宽四尺，深一尺，灌田二十亩。

　　宽坪渠一道，水流十里，宽六尺，深一尺，灌田六亩。

　　高庄峪渠一道，水流十里，宽四尺，深一尺，灌田四十亩。

　　南岔沟渠一道，水流三十里，宽四尺，深一尺三寸，灌田四十亩。

　　康家坪渠一道，水流三十里，宽二尺，深一尺三寸，灌田三十五亩。

　　磙子沟渠一道，水流二十里，宽四尺，深六寸，灌田八亩。

　　觅潭沟渠一道，水流三十里，宽四尺，深一尺，灌田六亩。

　　以上水渠十一道，共灌田二百三十三亩。

乾隆洵阳县志（节录）

卷之三 堰梁

中洞河堰　在县东北二百二十里，引中洞河水，灌田二十七亩。

西岔河堰　在县东北二百里，引西岔河水，灌田一十亩。

蜀河堰　在县东一百四十里，引双河口水，灌田二百五十亩。

仙河堰　在县东一百六十里，引仙河水，灌田一百亩。

平顶河堰　在县南二十五里，水分上下二坝，上坝名平顶堰，灌田五十亩。下坝为

汉坝川堰　灌田六十亩。

孟家河堰　在县南三十五里，引孟家河水，灌田十余亩。

神河堰　在县南六十里，引神河水，灌田十余亩。

金河堰　在县南七十里，引金河水，灌田一百一十亩。

七里关堰　在县南一百五十里，引间河水筑堰，灌田一百亩。又北流至城南三十里为

间河堰　灌田八十亩。

水磨河堰　在县南一百里，引水磨河水，灌田十余亩。

冷水河堰　在县北三十八里，引冷水河水，灌田三十亩。

乾溪河堰　在县北五十里，引乾溪河水，灌田二十亩。

麻坪河堰　在县北九十里，引麻坪河水，灌田四十三亩。

水田坪堰　在县北一百八十里，引洵河水筑堰，灌田六十亩。南流五十里为

洵河堰　灌田四十亩。

光绪洵阳县志（节录）

卷之三　彊域山川渠堰附渠堰

大磨沟堰　在县东三十里。

蜀河堰　在县东一百四十里，引双河口水，灌田二百五十亩。

仙河堰　在县东百六十里，引仙河水，灌田百余亩。

赵家河堰　在县东北八十里。

严坞河堰　在县东二百里。

白崖河堰　在县东北二十五里。

西岔河堰　在县东北二百里，引西岔河水，灌田百余亩。

中洞河堰　在县东北二百二十里，引中洞河水，灌田二十七亩。

竹川堰　在县东北二百六十里。

坝河堰　在县南四十里。

平顶河堰　在县南二十五里，水分上下二坝，上坝名平顶堰，灌田五十亩；下坝为汉坝川堰，灌田六十亩。

孟家河堰　在县南三十五里，引孟家河水，灌田十余亩。

神河堰　在县南六十里，引神河水，灌田十余亩。

金河堰　在县南七十里，引金河水，灌田一百一十亩。

七里关堰　在县南一百五十里，引间河水筑堰，灌田一百亩。又北流至城南三十里为间河堰，灌田八十亩。

水磨河堰　在县南百里，引水磨河水，灌田十余亩。

冷水河堰　在县北三十八里，引冷水河水，灌田三十亩。

乾溪河堰　在县北五十里，引乾溪河水，灌田二十亩。

麻坪河堰　在县北九十里，引麻坪河水，灌田四十三亩。

东岔河堰　在县北百三十里，今废。

水田坪堰　在县北百八十里，引洵河水筑堰，灌田六十亩。南流五十里为洵河堰，灌田四十亩。

乾隆平利县志（节录）

卷二　堤堰

丰口坝　河北小堰三道，河南小堰一道。

狮子坝　河南小堰二道。

知县黄宽谨按：黄洋河发源化龙山，其水经狮、丰二坝，民间开成小堰灌田，每岁俱乡民自行修浚。乾隆十三年，经前齐令详报在案。由狮、丰坝而下，则河身愈低，难以开渠引水入田，四乡所有水田多属远引涧泉。其无水可引者，田高水下，名曰雷公田。每偶缺雨，乡民束手坐视。乾隆十八年，现仿南方之式，捐造戽水输车八辆，分发四乡，乡民颇以为便，已有陆续仿造者。盖雷公田之缺水即在旱岁亦止一时，但此一时最关紧要，若有水接济，自加倍长发，无水接济，便尽弃前功。诚各预备水车，则能尽数日之勤劳，即照丰年之收获。用力有限，获利甚多，人事可补天行之缺，端在于此。所冀按式再多预造，不因年来雨水调匀，幸狃目前，渐忘远虑，时思有备无患，乃可长享盈宁之乐矣。

光绪续修平利县志（节录）

卷之四　田赋志

堰渠

黄洋河河北古堰可灌田一百二十余亩，下河十里新堰可灌田九十余亩。

大贵坪上坝古堰在河西，可灌田八十亩，中坝新堰可灌田一百余亩，下坝新堰可灌田一百四十余亩。

八角庙新堰由秋山沟发源，可灌田九十余亩。

丰口坝河北旧有小堰三道，河南旧有小堰一道，可灌田一百七十余亩。

狮子坝河南旧有小堰二道，可灌田一百五十余亩，河北新堰一道，可灌田六十余亩。

冲河旧有小堰，可灌田一百五十余亩。

下坝河西新堰可灌田四十余亩，芍药沟新堰水流长沙铺，河东河西可灌田四十余亩。

太平河河西黑虎庙新堰可灌田六十余亩，河东黄土岭新堰可灌田五十余亩。太平河东西新堰可灌田七十余亩。

上坝仙佛洞河东新堰可灌田四十余亩。官沟河东新堰可灌田一百余亩。柴家沟河东河西新堰各一道，可灌田一百余亩。

秋河河西新堰可灌田一百三十余亩。

曾家坝牵牛河北新堰可灌田八十余亩。

长安坝相近有石觜、黄沙二堰，俱引界溪河水。

按：乾隆二十年《旧志》：丰口坝、狮子坝等处仅小堰六道，至道光四年，邑令诸能定详报古堰、新堰，特就大处言之。俗名为堰，即古沟洫也。凡傍山小田能引水灌溉之处，均由乡民自行修浚，移徙无常，不及备载。又有无水之田，乾隆十八年邑令黄宽捐造戽水输车八辆，分发四乡，令仿其式以灌田，至今赖之。

康熙汉阴县志（节录）

水利

月河堰　永丰堰　墩溪堰　仙溪堰　沐浴堰　观音堰　池龙堰　卢峪堰　铁溪堰　凤亭堰　磨盘堰　蒲溪堰　花石堰　田禾堰　双乳堰　钟河堰　大涨堰

嘉庆汉阴厅志（节录）

卷之二　河渠

《史记》有《河渠书》，盖瓠子、宣房、郑白、樊惠兴废，关天下之利害，至于百里之区，润下有功，洒陆奏效，亦不可谓非一邑之利也。汉阴南临汉水，山谷所汇，灌溉无多，惟月谷贯邑东行，所受左右枝流，农家疏为畎浍，原隰绣错，畦畷鳞骈，山中人不忧枵腹，固司牧所借以自慰者也。综其道里，计其挹注，作水利志。

治南之水

汉水自汉阳坪入界，东行十里，南纳富水河。富水河由西乡县之高川发源，北注行九十里入汉，所经皆深谿峻壁，无田可灌。

汉水又东行十里，北纳渭子谿。谓子谿发源于厅属铁瓦殿之西南，行四十里，灌田四十余亩，出垭口，旋入汉。

汉水又东行五里，北纳大涨河。大涨河由铁瓦殿东南发源，南注四十里，灌田六十余亩，南入汉。

汉水又东行十五里，北纳茨沟堰、坪河堰，坪河、茨沟由凤凰山发源，南注五十里，灌田百九十余亩，二水合出漩涡口二十里入汉。

汉水又东行十里，南纳木梓河。木梓河由定远厅之蜡谿坝发源，东北行五十里入汉。

汉水又东行五里，至马家营，北纳黄龙洞水，交紫阳界。黄龙洞由凤凰山发源，东南注三十里，灌田六十余亩，出马家营入汉。

治西之水

沙河在西北七十里，发源刘家庄，西行五十里入池河即《水经注》直水，交石泉界。

铁炉坝河在西北一百里，发源宁陕厅之大湾，西南行九十里入石泉池河界。

治旁之水

月河由厅西高粱铺分水岭发源，东行二十里，北纳沐浴河。沐浴河有解木沟发源，东南行三十里，灌田百五十余亩，南入于月。

月河又东行五里，南纳观寺河。观寺河由离尘寺发源，东北流三十里，灌田一千一百三十余亩，与仙谿河合。

仙谿河由凤凰山发源，北流三十里，灌田九百八十余亩，与观寺河合流入于月。

月河又东行三里，北纳梨园河。梨园河由乾树垭发源，南流四十里，灌田三百五十余亩，南入于月。

月河又东行三里，南纳墩谿河。墩谿河由卞家沟发源，北行二十里，灌田八百六十余亩，北入于月。

月河又东行二里，北纳观音河。

观音河发源马【蚂】蝗山老鸦坑，东南流九十里，灌田八十余亩，南流入月。

月河又东行七里，南纳板峪河。板峪河发源大茅坝五郎沟，北流二十里，灌田一千九十余亩，北入于月。

月河又东行二里，北纳池龙沟。池龙沟发源赵家河，南流十五里，灌田百六十余亩，南入于月。

月河又东行三里，南纳卢峪沟。卢峪沟发源凤凰山，北流三十里，灌田二百五十余亩，北入于月。

月河又东行六里，南纳铁谿沟。铁谿沟发源凤凰山，北流二十里，灌田五百六十余亩，北入于月。

月河又东行七里，南纳磨盘堰。磨盘堰发源范家杌，北流二十里，灌田千四百七十余亩，北入于月。

月河又东行三里，南纳大龙王沟。大龙王沟发源碓窝石，北流三十里，灌田五千二百余亩，北入于河。

月河又东行一里，北纳添水河。添水河源凡四：一为青泥河，在治北二十五里，发源椿树庄，东南流二十里，会梨树河；一为梨树河，在治东北百里，发源江西沟，西南流会青泥河，东流五十里会中河；一为中河，在治北七十里，发源瘦驴岭，南流会青泥河；一为银洞河，在安康县沈家坝发源，西流入厅境二十里会青泥河。梨树、中河四水合流，统名添水河，其梨树、中河、银洞河嶂峭谿深，无土可田，青泥虽有田，溪涨则坍，兴废无常，惟汇成添水三十里间，灌田千六百余亩，南入于月。

月河又东七里，南纳小龙王沟。小龙王沟发源天池西北，北流四十里，灌田四千九百余亩，北入月。

月河又东十五里，北纳田禾沟。田禾沟发源马【蚂】蝗沟，南注四十里，灌田五百八十余亩。

月河又东一里，南纳花石河。花石河发源天池东北，北流三十里，灌田九百八十余亩。

月河又东三里，北纳双乳沟。双乳沟发源蒲篮沟，南流三十里，灌田六百余亩，抵双乳山入月河。

月河又东十里入安康界。

道光紫阳县志（节录）

附渠堰

灌河堰 《旧册》：在县西南六十里，灌河一名权河。居民南流灌田三十余亩。

蒿坪河堰 《旧册》：在县东北六十里，灌田一百亩。

任河堰 《旧册》：在县西南十里，灌田一百亩。

汝河堰 《旧册》：在县东南三十八里，灌田一百亩。

松河 《贾通志》：在县西北，可资灌溉。《旧册》：今未灌田。

按：县境万山陡崖，绝少平地，居民自行开垦山田，不过各就地势引山泉细流以资灌溉，而何渠堰之有，附纪于兹，可识山地之瘠苦矣。

民国重修紫阳志（节录）

卷一 地理志

水利

灌河堰　在县西南六十里，灌田三十余亩。灌河一名权河。

蒿坪河堰　在县东北六十里，灌田一百亩。

任河堰　在县西南十里，灌田一百亩。

汝河堰　在县东南三十八里，灌田一百亩。

松河　《贾通志》：在县西北，可资灌溉。今未灌田。

以上旧志。

五郎坪堰　在县北九十里，引安家沟水，灌田约九十亩。

小石河堰　在县西七十里，灌田一百余亩。

尚家坝铁锁堰　在县西一百里，引渚河南岸山沟水，灌北岸田约三十亩，以铁锁横系两岸崖际，长十余丈，凿木为槽，悬铁锁上，以为堰。

古家村堰　在县东一百五十里，灌田约五十亩。

按：县境万山陡峻，绝少平原，居民各就地势，开垦山田，畸零硗角，不成为亩，引细流资灌溉，不成为堰。以二万余方里之区，灌田止有此数，地之瘠苦为何如，然不可谓非水利也。用附志之。

民国砖坪厅志（节录）

岚河　在厅东，原委前已叙明。厅城以上石滚坝约灌田二百亩，厅城以下杜家坝约灌田二百亩。

金鸡河　在厅东，距厅城一百六十里，发源于界梁，水注岚河，约灌田三十亩。

支河　在厅东，距厅城一百四十里，发源于菜子坪，水注岚河，灌田约三十亩。

朱溪河　在厅东，距厅城一百二十里，发源于梅家梁，水注岚河，灌田约三十亩。

溢河　在厅东，距厅城七十里，发源于界梁，水注岚河，灌田约一百亩。

蔺河　在城东，距城十五里，发源于毛坡梁，水注岚河，灌田约百亩。

洋溪河　在厅南，距厅城四十五里，发源于天蒜坪，水注岚河，灌田约七十亩。

滔河　在厅南，距厅城二十里，发源于界岭，水注岚河，灌田约三十亩。

四季河　在厅南，距厅城十里，发源于界梁，水注岚河，灌田约六十亩。

平溪河　在厅西，距城十五里，发源于柏枝垭，水注四季河，灌田三十亩。

大道河　在厅西，距城七十里，发源于界梁，水入于汉江铁佛寺，灌田约六百亩。

小道河　在厅西，距城一百里，发源于水沟寨，入于汉江，灌田约二十亩。

横溪河　在厅西，距城九十里，发源于界梁，水注大道河，灌田约三十亩。

川

砖坪之地本安康、平利、紫阳所分，西南与城口、太平接界，其水多发源于界梁东北，东北与安康、平利、紫阳接界，其水亦多发源于界梁。正河所灌平地之田，前已备志，其余小河、小溪、小沟所灌之田或数亩或数十亩，高下不一，广狭不同，大小长短不齐，探访所及，逐问置田之人，亦不能悉计其亩数，非若安康、汉阴之田也。

康熙续修商志（节录）

附河渠

商颜渠，按：《旧志》：汉武帝元光中，以庄熊罴言，发卒万余穿渠，自征引洛水至商颜。下坼善崩，乃凿井，深四十余丈，往往为井通水，井渠之兴自此始，未详。又唐高祖武德七年，同州治中云得臣开渠，自商颜引水，溉田六十余顷，亦未详。

渠碑，唐中宗时建，高三尺，隶书，旧在西岩寺，今无存，山额尚有渠迹。近人沿河一带但随地高下，修治水田。漕河今废，其碑明弘治中犹存其半，至今乌有。

普济渠，州北，旧引黄沙岭水，合大云山少峪、西平二泉，为砖渠，通入城市，岁久湮没。正德间，抚治苏公复浚入城，以达分司州治。人言：为玩好则可，无利于民，且微而难继。后亦废。旧有碑，今无存。

山泉渠，旧灌田三十七顷四十亩六分零。明初，新修泉渠，陵谷变迁，人无遗力，地无余利，州河之支，委润之源，春夏蓄水，砂石障流，开垦田一千九百六十五顷二十七亩七分零。遇大旱多涸。

乾隆直隶商州志（节录）

卷二　疆域第二中

商州

河渠

丹水　经张村、龙驹寨，灌田数百顷《西安府志》。丹水自胭脂关东流，过说法洞，绕州城南，又东至张村铺、商洛镇、龙驹寨，经流二百里，两岸随地皆可开渠，但水性泛涨，每岁旋冲旋筑，约灌田千余亩《州册》。

黑龙峪水　现灌田五十余亩《州册》。

老君河　灌田七百余亩《州册》。

花园泉　其水昼夜流洩，郡人因修为园圃，又凿渠由东而南，出水门，入州河，以资灌溉《州志》。今灌田四亩《州册》。

郝家泉　可灌园蔬一顷《州志》，今灌田三亩《州册》。

石佛湾泉　可莳园蔬一顷《州志》，今灌田三亩《州册》。

古渠堰附

普济渠　在州北，旧引黄沙岭水，合大云山少峪、西平二泉为砖渠，通入城市，岁久湮没，正德间复浚入城，以达州治，微而难继，后亦废《州志》。

山泉渠　在州北七十里，明时新修，引泉灌田，今废《州册》。

商颜辨附　《通志》：《汉书·沟洫志》颜师古注云：微，澄城也。商颜，商山之颜也。刘奉世曰：洛水南入渭，商山相去甚远，何由穿渠至其下，盖自别一山，名颜。说失之。今考杜氏《通典》云，冯翊北有商原，所谓商颜则是。商颜者，即今同州北原。《水经注》所谓洛水南经商原西者，此也。乃马、贾诸《志》不能辨别，以证颜出之□□□□□□□□实有商颜一渠，□人引洛水至商山下者。《商州志》则更附会支离，以为商颜渠即□□□□所□之龙首渠，独不思商州万山环列，□说同州之洛不能越渭南行，即洛南之洛亦不能绝丹西注总。由未考山名，故谬伪相沿，愈沿愈讹，今附辨于此，以补前贤之缺焉。

镇安县

河渠

化坪峪渠　在县北八十里，引西王岭水至化坪峪，灌田五十亩《县册》。

乾祐渠　在县北七十里，引乾祐河水，经流野猪坪，灌田三百四十亩《县册》。

泥池渠　在县北四十里，引熊里沟水，经流孔家湾，灌田四十亩《县册》。

纸桥渠　在县北三十里，引纸桥沟水，灌田三十亩《县册》。

许峪渠　在县东北三十里，引许峪沟水，灌田五十亩《县册》。

云盖川渠　在县西北四十里。水发源西王岭，即县河之源也。居民引流至云盖川，灌田一百五十亩。河水又南流三十里为

铁洞沟渠　灌田一百五十亩。又东折至县南，名县河，距城五里为

县河渠　一名县川渠，灌田一百二十亩《县册》。按：县河与化平峪水俱发源于县西北之西王岭。

永安川渠　在县东六十里。永安川水发源分水岭，居民引流灌田一百三十亩。又下流至高峰寨，入冷水河《县册》。

龙渠川渠　在县东南九十里，引龙渠川水，即冷水河源也，按：《府志》，龙渠川一名龙洞川。灌田四十亩。川水又北为

张家川渠　灌田三十余亩。又北流至高峰寨，名冷水河，与永安川水合流为

高峰寨渠　灌田三十余亩，又折而西为

大岩寨渠　灌田五十亩。冷水又西南为

罗家硖渠　灌田百余亩《县册》。

社川渠　在县东北二百里，引社川河，经流曹家坪，灌田百余亩。河水又南流至胡家寨为

胡家寨渠　灌田百余亩。河水又南流至孟李寨，入金井河《县册》。

金井河渠　在县东北九十里。河水自咸宁界入县境，至孟李寨会社川河，居民引流灌田五十余亩。河水又东流为

野鹿坪渠　灌田三十亩。河水又东流为

安乐川渠　灌田十五亩。河水又东为

柴贾寨渠　灌田三十亩《县册》。

戴家河渠　在县东一百一十里。河发源戴家岭，居民引流灌田二十亩《县册》。

石瓮沟渠　在县东一百里，引石瓮沟水，经流藤花寨，灌田一百六十亩。沟水又西流十里为

岩屋河渠　灌田七十亩。沟水又西流十里为

秋林川渠　灌田一百三十亩《县册》。

龙王寨渠　在县东南一百二十里，引水硖沟水，即花水河上源也，经流龙王寨，灌田八十亩。河水又北流十里为

米粮川渠　灌田一百二十亩。河水又北至白塔寨，会石瓮沟水为

白塔寨渠　灌田五十亩《县册》。

长涧庵渠　在县西北一百六十里，引沙岭水灌田五十亩。又南流为

校尉川渠　一名孝义川渠，灌田一百五十亩《县册》。

五郎坝渠　在县西三百五十里，引五郎河，灌田二百六十亩《县册》。

大仁河渠　在县西南一百里，引大仁河水，灌田三十余亩《县册》。

紫溪河渠 在县西南一百八十里，引紫溪河水，灌田六十亩《县册》。

草家川渠 在县东南一百五十里，引东茅岭水，灌田二十三亩《县册》。

古渠堰附

赤脚坪渠在县东北八十里。小任河渠在县西南八十里。蚕房渠在县东百余里。池河渠亦在县东百余里《县志》。今俱无灌溉利《县册》。

卷三 疆域第二下

雒南县

古渠堰

洪门堰在县境。绍兴十年，金人陷商州，州守邵隆破金人于洪门堰，遂复商州《宋史·高宗本纪》。今无考《县册》。雒南河在县南二百余步，南河在县东南九十里，二水俱资灌溉《贾志》。今无灌溉利《县册》。大渠、小渠在雒南县西《冯志》。大渠一名大渠川，引洗马河水，小渠一名小渠川，今渠废，而其迹尚存《县册》。

山阳县

虫家湾渠 在县西三里，引丰水河水，经流三义庙，灌田六十余亩。丰水又西为

水火铺渠 在县西五里，经流水火铺，灌田五十余亩。丰水又西为

泰山庙渠 在县西三十里，经流色河铺，灌田十五亩。丰水又折而西南流，东岸为

王家村渠 在县西六十里，经流马家滩，灌田二十余亩。西岸为

庵沟口渠 在县西八十里，经流庵沟口，灌田十余亩《县册》。

磨沟村渠 在县北十五里，引磨沟河水，经流磨沟村，灌田十五亩《县册》。

干沟村渠 在县北五里，引干沟河水，经流干沟村，灌田三十余亩。河水又南为

宋家村渠 在县北三里，灌宋家村田二十余亩。河水又南为

东关渠 在县东关外，灌田五亩《县册》。

土桥子渠 在县北六里，引峒峪河水，经流土桥村，分渠三道，灌田七十余亩。河水又南为

伯蓋子渠　在县西二十里，经流伯蓋村，灌田十余亩。河水又南为

秤钩湾渠　在县西南四十五里，经流称钩湾村，灌田十五亩《县册》。

江家坪渠　在县西四十里，引色河水，经流江家坪，灌田十余亩。河水又南流为

乔家湾渠　在县西三十五里，经流乔家湾，灌田十余亩。河水又南为

乔家下湾渠　在县西三十里，经流乔家下湾，灌田十余亩。河水又南为

色河铺渠　在县西三十里，经流色河铺，灌田二十余亩《县册》。

扈家原渠　在县西八十里，引金井河水，灌九里坪田四十余亩《县册》。

漫川渠　在县东南一百三十里，引漫川水，灌田十余亩《县册》。

北湾渠　在县东四十里，引银花河水，分渠二，经流高八店，灌田五十余亩。河水又东北为

中村渠　在县东七十里，分渠二，经流中村，灌田四十余亩。银河水又东北为

潜水湾渠　在县东八十里，分渠二，经流湘子庙，灌田十八亩。河水又东北为

竹林关渠　在县东一百二十里，分渠二，经流竹林关，灌田五十余亩。河水又东北为

罩川渠　在县东二百三十里，经流罩川，灌田十余亩《县册》。

郝家渠　在县南一百里，引箭河水，经流郝家村，灌田十余亩。箭河又南为

李家渠　在县南一百三十里，经流莲花池、李家村，灌田十余亩《县册》。

古堤　城南旧有古堤，以御丰水。雍正六年五月，山水暴涨冲没，于八月内动支库银修葺《县册》。

古渠堰附

花水在县南一百里。青崖河在县东南一百二十里，可资灌溉《贾志》。今无灌溉利《县册》。

商南县

张高堰　在县南二里。县河自县东北入境，两岸皆可灌溉。其在西岸灌田者，首为张高堰，灌武家泉田六十亩。河水又南为

二道堰　在县南三里，灌二道河田五十余亩。河水又南为

魏家堰　在县南微西十五里，灌三角池田二十亩。其在东岸灌田者，首为

洪厓堰　在县南二里，灌保合寨田八十余亩。河水又南为

李家堰　在县南三里，灌保合寨田六十余亩。河水又南为

张石堰　在县南七里，灌石门村田五十亩。河水又南为

沐河堰　在县南十里，灌沐河田八十亩。河水又南为

三角池堰　在县南微西十五里，灌三角池田三十亩《县册》。

秋千沟堰　在县西三十里，引清油河水，经流清油铺，灌田三十亩《县册》。

失马寨堰　在县西二十五里，引靳家河水，灌田四十亩《县册》。

捉马沟堰　在县西二十里，引马家崖泉水，经永安寨，灌田六十五亩《县册》。

五郎沟堰　在县西三里，引北山涧水，灌田四亩。涧水又南为

吉公堰　在县西五里，经党家店，灌田五亩《县册》。

红土岭堰　在县东南四十五里，其水发源于红土岭，东流经青山，在南岸立堰，灌田三亩《县册》。

青山寨堰　在县南四十里，引青山河水，灌田七亩《县册》。

磁口沟堰　在县东南二十里，引龙山涧水，灌田三亩。涧水又西为

龙窝堰　在县东南二十五里，灌生龙寨田五亩《县册》。

马槽沟堰　在县东五里，引北山涧水，灌田三亩《县册》。

高家堰　在县东二十五里。富水河发源界岭，南流至磨峪口分四堰，东岸为高家堰，灌田八十余亩。次

郭家堰　在县东南二十五里，灌生龙寨田百余亩。西岸为

马家堰　在县东二十五里，灌磨峪田七十亩。次

兴龙堰　在县东二十里，灌磨峪田二百余亩《县册》。

古渠堰附

两河在县南四十里，可资灌溉《贾志》。两河即丹水，商南万山环列，丹水夹山而流，临水之田每遭冲湮，利于州不利于县也《县册》。

新查水渠灌溉地亩若干附录

县河发源于县东北四十里老龙潭，南流经县城东门外，南流微西十里至沐河，地方遂名沐河，又五里至三角池，则又皆名县河矣，又南流二十五里至韩家山入丹江。沿河共堰八道，灌田四顷二十亩。

高家堰田六十亩，红埬堰田八十亩，李家堰田六十亩，二道河堰田五十亩，张石堰田五十亩，沭河堰田八十亩，魏家堰田二十亩，三角池堰田二十亩。

富水河一名磨峪河，发源于县南卢氏两县界岭，在县治东北七十里，南流四十里，经磨峪河、生龙寨地方，东南流三十里至河南淅川地方，又二十里至淅川县草场地方入淇河。沿河其堰八道，灌田五顷四十六亩。

高家堰田九十亩，马家堰田八十亩，兴隆堰田二百一十亩，郭家堰田一百二十亩，高家新堰田二十亩，吴家新堰田八亩，贾家新堰田八亩，王家新堰田十亩。

清油河发源于县西北雒南县华章坪，东南流入县境，经清油河地方，东南流三十里至韩家山入丹江。堰一道。

秋千堰田三亩。

滔河发源于商州大竹园，东流三里入商州十里坪，又流三十里，经余家棚，又东南流入湖广郧县。堰二道，灌田七十六亩。

什里坪堰田六亩，余家棚堰田七十亩。

又沟涧小河十一道：

北山涧小河发源于县东南三十五里生龙寨之鸡亭，西流经生龙寨之摇沟及龙窝，十五里至保合寨之三角池入县河。堰二道，灌田八亩。

摇沟堰田三亩，龙窝堰田五亩。

马槽沟涧水在县东五里，东南流至二道河入县河。堰一道。

马槽沟堰田三亩。

五郎沟涧水在县西北五里，涧水南流二里，经永安寨地方，东南流至石门入县河。堰三道，灌田二十九亩。

五郎堰田四亩，索峪堰田二十亩，吉公堰田五亩。

马庄堰泉水在县西北二十五里，南流十里，经永安寨之捉马沟，红庙子入清油河。堰一道。

捉马沟堰田七十亩。

靳家河发源于县西北五十里靳家沟，南流二十五里，经失马寨，又南流十里入清油河。堰一道。

失马寨堰田五十亩。

青山河发源于县东南四十七里生龙寨南分水岭，西南流七里，经青山寨，又西南流三十里至韩家山入丹江。堰一道。

青山寨堰田十亩。

红土岭水在县西四十里青山寨，东流二十里至河南淅川县地方，又二里入淅川鸡亭河。堰一道。

红土岭堰田三亩。

狄平河发源于县南一百三十里梳洗楼之汪家店被狄坪沟，南流经汪家店，又东流至梳洗楼之马鞍山入丹江。堰一道。

狄平堰田二十亩。

薄河发源于县南一百七十里湖家河地方，东北流至薄河地方十里，又东北流三十里入湘河。堰一道。

薄河堰左右渠三道，田十亩。

湘河发源于湖湘河白家村，东北流四十里，经乔沟口，又北流四十里入丹江。堰一道。

乔家堰田八亩。

陈溪河发源于县南二百里赵家川西南二十里龙眼沟，东北流经赵家川，寨子下入滔河。堰一道。

寨子根堰左右小渠六道，田二顷五十亩。

论曰：水泽之利，灌溉为大。商属山，多沟涧，凡在平川皆可引渠灌田。稽之《通志》所载，灌田亩数无几，或称可灌若干，今灌若干，或称湮没，或称今废，至雒邑则有废无存，盖《通志》止就旧志旧册大概登录而已。兹当承平日久，农民尽力田亩。余莅任十数载，亦多方董率，今所开河渠，较之畴昔何啻数十倍。余仍照《通志》所载而录之者，非惮于详考也，正欲使东作之民睹旧日之规模，知水利可以随时而兴，于以共相劝勉云尔。

乾隆续商州志（节录）

卷一　疆域

河渠

大荆川，水渠十八道，引秦岭之水，灌田一顷。

丹水，由州西北息邪涧东南流，注龙驹寨，两岸开渠一百二十九道，共灌田五十二顷。

南秦河，由州南军岭川东南流，由流峪河入丹江，两岸开渠六十九道，灌田三十六顷。

十九河，由州北之漫岭东南流，至黄沙岭底入泉村河，两岸开渠十道，灌田二百五十亩。

瓜峪河，由州北之雷家窑南流，由两岔口入药子岭河，两岸开渠十道，灌田一百五十亩。

大黄川河，由州北之北柴峪南流，由娘娘庙入泉村河，两岸开渠十道，灌田三百四十亩。

泉村河，由州西秦岭之北南流至板桥，开渠四十道，灌田六百六十亩。

泥峪川，水渠十道，引秦岭水，灌田四百八十亩。

岔口铺河，由州北之蒲头岭南流，至岔口铺入药子岭河，两岸开渠十五道，灌田一百亩。

以上共渠三百一十一道，共灌田一百顷零八亩。

文思按：州境田亩，岸高土松，不能车水掘井，前牧许惟权教民引水灌田，民已获利。文思复随地指示，年来如东乡之蒲峪沟、惠峪沟、塔寺沟约修水田二三十亩。又棣花铺康熙年间凿岩引水，因上下居民争执未成，文思勘明，倡捐工本，谕令协力修通，公议均分水利，约可灌田百十余亩。南乡之流峪沟、三十里铺一带沙滩，约修水田二十余亩。西乡之野人沟、胭脂关、史家店约修水田二三十亩。北乡之十九河、桃岔沟、砚瓦石约修水田三四十亩。因势利导，随时制宜，岂不在司牧者欤？

乾隆雒南县志（节录）

第二卷　地舆志

大渠在县西南十里，引洗马河水灌田。旧渠废，今沿河开有支渠。
小渠在县西南五里，旧渠废，今沿河有支渠溉田。

洪门堰，《水经注》云：洛水历阳虚之山，又东北历峡，谓之鸿关水是也。宋绍兴十年，金人陷商州，州守邵隆破金人于洪门堰，遂复商州。事载宋高宗本纪，堰在县东北。

考关中自郑国渠起，后有龙首、灵轵成国津渠，而儿宽为左内史奏请穿凿六辅渠以益溉。郑国傍高卬之田，白公复奏穿渠，曰白渠。而商洛间多有溪流，民颇得自取以溉焉。如大渠、小渠犹踵故迹，他如故县、三要、南河及石门诸川，随地疏渠，尝得水利之二三。县水以洛为宗，清流灏漩，带于境内，夹岸土田连塍以数百里，旧应有资灌溉如大小渠者，而今则强半弃于无用之乡，史起所以讥西门豹也。呜呼！举耑为云，决渠为雨，岂宜于古而不宜于今，宜于彼而不宜于此与？汉元鼎中下诏曰：农，天下之本也。泉流灌寖，所以育五谷也。左右内史地名山川原甚众，细民未知其利，故为通沟渎、畜陂泽，所以备旱也。今内史稻田租挈重不与郡同，其议减令吏民勉农尽地利，平繇行水，勿使失实。是故水之为利博矣，而陂山通道酾，既不得一一取给县官钱，民力又往往不能胜。比见东南引水法，径易可仿为之，附具图说如左，以广因天乘地之义。

附水车说

车为重轮，形如纺车，中心用坚木为轴，削成八棱，其圆长量车之大小，轴身四围钻孔，取劲直木枝交错贯穿其中而附于轮为齿，其轮屈木枝为圈作内外圈，二重轮之围径丈尺者随岸高下以为准，双轮夹空处广狭亦视轮大小，每间尺余，横以短桄，每横桄一方之中则截竹为筒，筒留原节作底，如象眼斜缚于上，或空圆木为筒，亦可盖转筒作斜势方随轮转下而入水，转上而泻水也。其水车之转动全赖于轮齿，近边处每齿各安竹箔一片或木板一片，以为激水之具，若田水已足，即去箔而车遂凝然矣。其接受筒水则以木槽，横受槽之长短量输之大小为度，槽之里墙中开一窍，另以木槽或破竹为槽，直接窍水，转注入田，虽离车数十丈皆可节次引入也。擎车之具则轴两头各为一架，每架用木两条为柱，中用横桄，上用横梁，一凹其中以受轴，其柱脚各周以井字，短架中填石块，以防冲坍。此水车规制之大略也。

坝说

水分则势缓，聚则势急，安车之处必急水方能冲转，非筑坝不可。其法用劲木，长六尺为桩，将一头削尖，交叉打入水中，如鹿角状，于近岸安车一二丈许，一路斜排，内外用沙石壅堆，使无动摇，其布桩上广下狭，偪水急流至车所，车自转动。若河平水缓，则离下坝十余丈以上更筑一坝，仍于坝头接作曲坝，直通下坝，则众水由一港奔流，逼成急势，可安水车二座于一处，虽两费，实两利也。

堰说

平田作渠，引水以资灌溉非不善，而天时少旱水易涸，与无渠等，惟有堰始能常蓄涧流。作堰之法略如筑坝，但坝须留港，此则横截中流，较平田少低数寸，水大则直过其上，水小则停蓄不泄也。

塘说

两山夹送，其中稍平，开土成垎如阶而下者为山田，多苦旱，救之惟以塘。作塘之法，先度地势于田头之上，当众流所归处，随地宽广，开挖为塘。塘形多上高下卑，其下即以塘土筑横隄，隄脚仍布木桩以防淋，卸隄中留水窦，以备启放，此谓头塘，田之中段亦有。旁山归溜处仿前作之，谓之腰塘。间有开塘得泉者，百中一二，大都全藉山泽雨溜，塘中必多蓄水，草菱荷草鱼之类，则经旱不易涸。

秦疆治略（节录）

商州

水利则有大荆川、丹河、南秦河等处共渠三百一十一道，灌田一万余亩。

雒南县

水利则有大渠小渠，引洗马河水筑堰，灌田数十顷。

南郑县

北坝有山河大堰一道，又有第三堰一道，灌田八万余亩。南坝有堰十道，灌田五万余亩。此外北坝旱地种粟谷、黄豆、芝麻、烟姜等物，以为换买盐布完粮佣工之用；南坝山地高阜低坡皆种苞谷，为酿酒饲猪之用。

褒城县

有水渠六道，灌田一千余亩。

城固县

由庆山至县城为适中膏腴之地，有堰八处，灌田八万余亩。西南二郎坝与四川接壤，有堰十一道，灌田四万余亩。

洋县

县境皆系水山，有溢水、二郎等十二堰，灌田六千余亩。夏月山水暴涨，每有冲决之患，是在守土者随时修理，推沙筑石，分门设闸，视水之消长以时启闭，方可无患。

西乡县

近城西南二路地稍平衍，称为县属精华，渠堰共四十三道，灌田六万余亩。农忙之际用水启闸，各堰口官为经理，俱有成法，不至纷争。

宁羌州

山水一泻无余，难兴水利。

沔县

境内东南两乡皆系平原，有水渠十二道，各筑堤堰，灌溉二万余亩，能时为疏浚，可以水旱无虞。

略阳县

黑河两岸稍平衍之处，虽作堰开田，种植稻谷，而总以苞谷为主。

安康县

西乡山不甚高，土沃水美，宜稻谷麦黍，岁收倍于别乡。

汉阴厅

西属平坦，其渠堰之在官者十九处，民间私堰不下数百处，灌田数十万亩。境内平原约长百里，在在均系水田。

平利县

惟有广开渠道，使旱涝无虞。

洵阳县

由蜀河溯流而北，即赴省之大道，其间山麓平衍，水势迂回，居民因势开堰，虽无官渠，而稻田极多，民多富足，而俗尚侈靡。

紫阳县

境内皆山，依山之麓，除沟窄水陡者，余悉开成稻田，引水灌溉，旱涝咸收。

石泉县

与汉阴接界，亦有稻田。

第二编　石刻类

山河堰落成记

时间：南宋绍熙五年

地点：原在褒城县石门南数十步褒河西岸的山崖间，今移至汉中市博物馆石门十三品陈列室

规格：高226厘米，上沿宽510厘米，下沿宽506厘米，呈曲面。摩崖16行，每行9字，隶书，共135字。

资料来源：兹据照片、参考拓本图影录文。

[绍熙]五年，山河堰落成，郡太守章森、常平使者范中艺、戎帅王宗廉，以二月丙辰徕劳工徒。堰别为六，凡九百三十五丈，酾渠四百一十丈。木以工计，七十二万四千九百有奇；工以人计，一十五万九千八百有奇。先是四年夏大水，六堰尽决。秋，使者被旨兼守事，会凡役，慨念民输当四倍于每岁之常，迺官出钱万缗，为民助。查沆、贾嗣祖、晏袤、张炳实董其事。

杨从义墓志（节录）

资料来源：《汉中碑石》，（陈显远编著，三秦出版社，1996年版）

初，洋州有杨填等八堰，久废不治，公皆再葺之，溉田五千余顷，复税租五千余石，又增营田四十四屯，公私以济，民为立祠。宣抚处置张公浚闻于上，赐诏奖谕。

堰杨填以惠梁洋之民，复散关以壮川蜀之势。

重修五门堰碑

时间：明万历十年（1582年）五月

地点：城固县五门堰文物管理所

规格：碑长方形，额佚，高178厘米，宽92厘米，厚22厘米。楷书30行，满行73字。

资料来源：《汉中碑石》（陈显远编著，三秦出版社，1996年版）。另见《汉

中三堰》(鲁西奇、林昌丈编著，中华书局，2011年版)之附录《汉中水利碑刻辑存》。

重修五门堰记

赐进士第、中宪大夫、四川等处提刑按察司副使、奉敕整饬叙泸兵备兼分巡下川南道、前总理辽东粮储、户部郎中、城固黄九成撰。己酉乡进士、奉直大夫、山西大同府应州知州、城固廉汝为书并篆额。

圣天子之御极，以爱养百姓为先务。天语涣颁，庆洽远迩，一时内外大小臣工，咸精白一心，以承休德，天下翕然，称至治矣。万历三年乙亥夏，河东乔侯来令城固。莅任之初，首询及地方利弊兴革，父老有以五门堰务为对者。侯然之，即躬诣相度，见其上流，旧工苟且，每遇湑水泛涨，辄冲溃，下流渠道浅窄，一值猛雨汛急，岸随颓圮，自五门而下十里，至斗山之麓，有所谓石峡，若节年渠岸不固，水旋入河，民甚苦之。侯议以五门上流，用石叠砌，以建悠久之基；下流修为活堰，以泄横涛之势；石峡用石固堤，以弭冲决之患。又于堰西创立禹稷庙三间，使人人知重本之意。大门三间，二门三间，两旁官房二十余间，以为堰夫栖止之所，树以松柏，缭以周垣。于五门石堰择人守之，量给水田数亩，令其伺时启闭，务俾水利之疏通。于斗山石峡择人守之，量给山地耕种，令其常川巡护，以防奸民之阴坏。沿渠一带遍栽柳树，培植堤根于永固。规划既定，乃申其议于汉中太守项公，钦差分巡关南宪副沈公，钦差分守关南藩参袁公。三公者，夙怀经济，素著风猷，为国之忠，惠民之仁，皆协合侯心之同然者，咸允其请。侯于是身先经理，不惮寒暑，分委责成，罔懈夙夜。工料酌之田亩，而民不偏累；口粮令其自办，而官无冗费。诸执事者，既各恪慎，而夫役又知上之人一劳久佚之意，皆子来赴工，踊跃从事。经始于四年丙子冬十月，落成于七年己卯夏六月。是年秋，乔侯丁内艰归，行装萧然，清苦俭约，无异寒士。侯心行才识，允矣。循良卓异之选；至修堰实绩，尤表表在人耳目者也。父老人等佥谓侯之遗爱，恐其久而泯也，请予为文勒诸石，庶侯之泽，永世无穷也。余虽不文，而知侯特深，庸何敢辞？尝稽诸《尧典》曰："敬授人时。"《舜典》曰："食哉惟食。"是尧舜之治天下，皆以安民为先务也。今我皇上，一德格天，任贤辅政，治隆尧舜，而三公、乔侯，乃能仰体圣心，成此美政。凡吾邑五门堰以下，几五万亩之田，灌溉无遗利矣。昔汉郑当时穿渭渠，人以为便；白公穿白渠，民得其饶。今五门堰石峡水利疏通，民受其赐，视郑、白之绩，不犹居其右也耶。然此特叙泽之及一邑者耳。继自今三公、乔侯，推膺大责任，树立大勋业，丕冒海隅出日，咸被其泽矣。甘棠之思，岂止一城固已哉。沈公名启，原浙江秀水人，己未进士。袁公名弘德，直隶曲周人，戊辰进士。项公名思教，浙江临海人，壬戌进士。乔侯名起凤，山西安邑人，甲子乡进士。诸凡有劳兹役者，例得载之碑后，以垂永久云。谨记。

万历十年岁在壬午夏五月朔日吉旦立。

赐进士第中宪大夫陕西汉中府知府前户部郎中灵宝许倜，同知枣强姚思义，通判浮山李一本，推官松潘韩鹏，经历郿城陶胤恒，照磨广昌孙克乾，城固县署县事、洋县县丞龙安王所□，主簿筠连刘耀，典史黄冈彭爵，儒学教谕泾州间廷桧，训导宝鸡李甲。

重修六堰记

时间：明万历二十七年（1599年）七月

地点：城固县五门堰文物管理所

规格：碑额佚，碑长方形，高175厘米，宽81厘米，厚20厘米。楷书23行，满行64字。

资料来源：《汉中碑石》（陈显远编著，三秦出版社，1996年版）。另见《汉中三堰》（鲁西奇、林昌丈编著，中华书局，2011年版）之附录《汉中水利碑刻辑存》。

赐进士第、中宪大夫、四川等处提刑按察司副使、前奉敕总理辽东粮储、户部郎中、城固黄九成撰，儒林郎、山西平阳府蒲州同知、前城固罗应诏书并篆额。

汉中为关陕雄郡，城固为汉中巨邑。县西北四十里有高堰，西四十里有上官堰；西北三十三里有百丈堰，三十里有五门堰，二十里有石峡堰；县北十五里有杨填堰。城固堤堰，凡十有九，而六堰之水利居多。六堰之中，五门堰十居其六，工程尤为浩大。石峡堰在斗山之麓，甚为紧要；杨填堰，城、洋二邑，均被其利，城固用水十之三，洋县用水十之七。凡此六堰，溉田七万余亩，诚咽喉之重地、民命所攸关也。万历三年乙亥夏，安邑乔侯来令城固，曾一修治，阖县蒙利，公议比之□□，至今人歌颂焉。迄今二十余年，浩流冲荡，旧工渐圮，居民时有艰水之叹。万历二十三年乙未秋，翼城高侯来令城固，与乔侯同一三晋人杰、循良君子也。莅任以来，孜孜以民事为急。每岁春夏，躬履四郊，见民之勤于耕耘者奖赏之；惰农自佚者惩戒之。及抵高堰、上官堰、百丈堰、五门堰、石峡堰、杨填堰，见其旧工渐弛，洞口剥落，堤垣疏薄，水利衍期也，乃建议重葺修整，区画精详，申其议于汉中太守李公，钦差兵巡关南宪副、今升分守关内大参张公，二公咸允其请。侯于是捐俸金及赎锾，买办石灰六百余石，使工锻冶石条八百余丈。夫役征诸田户，官不费而民不扰。檄委主簿李子、典史张子董其役。李子德性和平，临事谨慎，身任勤劳，不敢荒宁。张子才识敏练，奉委勤谨，躬亲督催，勋绪茂著。经始于万历二十六年戊戌秋九月，落成于万历二十七年己亥春三月。自高堰而下，至百丈堰、五门堰、石峡堰，又西上官堰，又东杨填堰，修饬严密，规制一新，水势滔滔，沛注七万余亩之田，灌溉无遗利，城固蒸黎，悉沐厚生之惠矣。父老人等，感侯之德，属九成为文以纪其勋。九成愧以暗劣，素不能文，然谊安可辞？请敬陈其略焉。尝读《书》曰：德惟善政，政在养民；《洪范》八政，以食为先。是食者，民生日用之资，一日不可阙，而农务者食之所由裕也。今圣天子御极，宵旰乾翼，惟以安民为务，一时内外大小臣工咸竭忠殚力，以副圣意。海内熙皞，称盛治矣。若我张公、李公二公者，俱以名世之才，膺巡守之任，廉察凛凛风采，抚绥肫肫惠受，真有先朝顾太康、王三原之风，指日特进崇阶，参与机务，弘化寅亮，可坐致也。昔汉南阳守杜诗，政治清平，百姓便之，又修治陂池，广拓土田，郡内比室殷足。时人以方召信臣，南阳为之语曰：前有召父，后有杜母。今吾邑乔侯修堰于前，为城人树甘棠之泽；高侯继理于后，为城人建无穷之基。颂之曰：前有乔父，后有高母。亶其然乎？侯诚心实政，贤能卓异，他日远大功业可预卜也。请以斯语，勒诸贞珉，以垂万亿年之久云。张公名泰徵，山西蒲州人，庚辰进士。李公名有实，山东黄县人，己丑进士。高侯名登明，山西翼城人，壬午山西乡进士。李子名在，山西曲沃人，监生。张子名廷芝，湖广襄阳人，吏员。诸凡有劳斯役者，例得载之碑阴，以传后世云。谨记。

万历二十七年岁在己亥秋七月朔日戊申吉旦立。

百丈堰新建高公桥碑

时间：明万历二十七年（1599年）八月

地点：原竖城固县百丈堰桥头边，现移存至城固县五门堰文物管理所

规格：碑长方形，通高178厘米，宽85厘米，厚22厘米。圆额，额高

45厘米，额中有一长方形框，高20厘米，宽13厘米，框内篆书"高公桥记"四字，框周饰以云纹，框下右行横题楷书"百丈堰新建高公桥碑记"十字。碑文楷书20行，满行45字。

资料来源：《汉中碑石》（陈显远编著，三秦出版社，1996年版）。另见《汉中三堰》（鲁西奇、林昌丈编著，中华书局，2011年版）之附录《汉中水利碑刻辑存》。

城固之北，有湑水河，经流境内，平洋沃壤，在昔留心民事者，相其高下之势，障石为堰，凿渠引水，灌溉稻田万余顷。城民之生养，永赖其利，泽匪浅鲜也。顾堰凡五处，而百丈堰截河横堤，其田粮较他堰独重，而工力亦既倍矣。至于渠口，尤咽喉紧要之处，且与干沟为邻，岁值用水之时，尝有暴水冲淤，随淘随塞，不胜疏凿之苦。所邻干沟之为渠患无御也。董是役者，每每称难。万历戊戌岁，邑侯高公修浚境内水利，虚心下问，详察通塞之故，乃得渠口频淤之说，遂进父老而谕之曰："暴水之为害若此，惟无以御之，则水利弗通，民之忧劳，无怪其然也。虽堰成百丈奚济哉？法当建石桥以闸暴水，则渠可免于疏凿，其非万年长利乎？"父老稽首曰："善。"于是不伤民财，自捐俸数十金，易石条数百丈，再易石灰百余石，命匠鸠工，令堰长率田户，计日刻期，务乘农隙以成厥功。但见一时人心欣然，相谓曰："水利，吾生养系之也。矧不费吾财，吾何惮而不供其役？"乃乐于趋事赴工，运石甃砌，不三月而桥功告成。盖本以佚道使民，故民忘其劳，而成功之速如此也。桥拱三洞，每洞阔四尺许，高八尺许，仍于两岸筑堤数十丈，遇暴水则用板闸洞口，庶洪流可御，而渠道无复冲淤之患。自是收成无失，而民生以遂，其利不亦远且大哉？呜呼！昔者禹抑洪水，万世永赖。公也建桥捍患，惠及下民，其功当不在大禹下，而民之感德蒙庥，又奚啻一时而已哉？故因名其桥曰"高公桥"。俾后世睹河流而思功，享粮食而颂德者，知所自云。高公讳登明，号晋台，由乡进士，山西翼城县人。赞襄厥事，则主簿李公讳在，号龙门，由监生，山西曲沃县人。督工修理，则典史张公讳廷芝，号祖岗，湖广襄阳县人。堰长张廷臣率作兴事，与有劳焉。皆得勒铭于石，以同垂不朽云。

原任山西蒲州同知邑人罗应诏撰。

乡进士韩梅篆额。

门下生刘浚书丹。

本堰生员：刘应聘、赵思恭、罗豸、吴宗鲁、谭世谟、姜楫、赵柄、刘崇德、郑仰、刘有余、寇勖、刘应询、寇臣、王弘勋、张廷撰、穆宗文、刘泳、傅应梦、李上品仝立。公直：赵加言、刘汝明、尚仕会、郑仲金、梁聪、何全智、傅廉、李坤、雷可畏、罗思。

刻石匠康良。

大明万历二十七年岁次己亥八月中秋日立石。

新修石堰碑

时间：清康熙二十八年（1689 年）四月

地点：城固县五门堰文物保管所

规格：碑长方形，高 115 厘米，宽 60 厘米，厚 15 厘米。楷书 19 行，满行 36 字。

资料来源：《汉中碑石》（陈显远编著，三秦出版社，1996 年版）。另见《汉中三堰》（鲁西奇、林昌丈编著，中华书局，2011 年版）之附录《汉中水利碑刻辑存》。

新修石堰碑记

百丈堰分工以十为第，而寺前腰堰当上流之冲，扼下流之吭，实咽喉之所也。昔人尝用桩木横截，如古翼状。奈土沙壅堤，易坏于蚁穴蚓窍，而决则如竹箭奔驶，秧针方当刺水，而田亩致叹龟折【坼】，频年灾祲，弊实坐此。乡父老忧之，往往合醵饮酒，争谭砌修石堰，而事过辄忘，兼以时势孔艰，故适面之筑，率成画饼，如是者，盖多历年所矣。戊辰之冬，始条析其利害，以白府君梁太尊，公慨然以水利为急，行县修理。而邑侯胡公留心堰务，爰委捕厅，勒期课成，事未有济。但工浩费繁，非丈田出赀，计亩派夫，则吝啬者悭囊难破，狡猾者鼛鼓弗应，乌在其有成耶？乃客岁杪，丈量甫毕，而己巳之春，始入山采石，傺车载运，坚移山之志，操填海之术。鸠工庀材，日无宁晷，计经始迄落成，匝九旬而工始告竣。呜呼艰哉！此岂一手一足之烈哉？迨堰垂成而群相贺，抑知有日夜焦心不遑暇逸者。或则董其成，或则职厥劳，或则襄兹役，如首事诸人之勤劳乎？曍也补葺罅漏，为不终日之计，兹则一劳永逸，享千万世之利。因勒珉石，用志不朽。请以此贻赠后人，俾沐其泽者，知创造之艰，盖如是其匪易也，而可忽乎哉？是为记。

创修：贡士刘璜、傅尔祥。补修：贡士刘廷扬、刘自惇、李天升、秦武关、刘同植、刘一鳌、李琢、刘宗良、武以文。举人刘绍汉、席增荣。生员李之屏、李若芝、秦奉宣、刘茂猷、李珪、王之藩、李天和、李□莲、李秉让、生员秦世祯、拔贡李仪泌撰、刘久升、刘廷漠、何廷辰、刘钧、李鉴、李钟奇、杨琳秀、徐良栋、僧洪琏，生员王启云、解元刘士誉、刘肇汉、李克兴、李宗唐、刘炳炽、刘守业、刘思哲、李济谦、王良臣、□宸询，监生李祚皋、廪生李资灿书、刘继汉、刘翊汉、刘士贞、刘纪焞、刘钻、刘于城、杨□、李之惠、赵谅，生员李伯寅，贡生刘克宽、李伯夔、刘鉴伦、刘廷阶、张树勋、李广蓁、张櫂璧、李良植、任治安、傅扬武。

时康熙二十八年岁次己巳闰三月孟夏谷旦立。戊戌岁首事：生员傅廷桂、刘秉慧、李含□。

邑侯刘父母重修金洋堰颂德碑

时间：清乾隆十七年（1752年）三月

地点：西乡县金洋堰水利管理站

规格：碑长方形，高122厘米，宽57厘米，厚16厘米。圆额，额高18厘米，右行横题"流芳百世"4字，字径9厘米。碑文楷书17行，满行34字。

资料来源：《汉中碑石》（陈显远编著，三秦出版社，1996年版）。另见《汉中三堰》（鲁西奇、林昌丈编著，中华书局，2011年版）之附录《汉中水利碑刻辑存》。

邑侯刘父母重修金洋堰碑记

环西皆山也，而西邑素号鱼米地者，则不以山而以水，独是西之堰亦不一而足矣。而灌田之多，泽被之广，则莫以金洋为最。是堰也，创自何代，肇之何人，详固不可得而考，而吾父老子弟所借以糊口果腹、谋室家而长子孙者，则厥惟此堰是赖焉。顾代远年湮，自有明邱、李二侯修理以来，历时既久，倾圮遂多。虽曰源远哉，流亦几弗长矣。乾隆辛未之夏，暴雨丕作，冲崩坍塌，堰之故址，杳乎不可复识。董其事者，虽日率众修，无如乌合之力难齐，势将日就废坏。幸逢刘老父母留意民莫【谟】，目击心伤，即日亲临河干，庀材鸠工，督众共举，昼夜栖止堰上，虽烈日露处不顾，曰：吾固乐此不为疲也。其惰者，量力扑责，用警怠玩；而勤于用力者，即劳之酒食，赏以青蚨。于是，一倡百和，众力踊跃，淤者以浚，废者以兴，不数日间，而堰工告成矣。由此秬秠糜苣，灌溉以时，既水到而渠成，自如梁而如茨，堰之为利溥矣哉！夫小民可与乐成，难以谋始。今吾侪食哺鼓腹，伊谁之力？是何可忘恩波之自，而不记之以闻于后耶？兹者舆论佥同，不欲公德湮没，遂略述巅末，勒诸贞珉，以志不朽，且从而歌之曰：云山苍苍兮，洋水泱泱。我侯筑堰兮，民悦无疆。芳留奕祀兮，遗爱甘棠。庆泽流之靡渥兮，当同山高而水长。公讳灼字慧庵，山西太原人，己酉科解元，丁巳科进士。

大清乾隆十七年岁次壬申季春月吉旦。

西乡县水东三坝士民公立。

山河东堰上下坝均平水利碑

时间：清乾隆六十年（1795年）三月

地点：勉县周家山镇柳营村村委会院内

规格：碑长方形，高118厘米，宽65.5厘米，厚11.3厘米。圆额，正中正书"皇清"二字，横书"均平水利碑"五字。

资料来源：《汉中三堰》（鲁西奇、林昌丈编著，中华书局，2011年版）之附录《汉中水利碑刻辑存》。

沔邑山河东堰响水坝南有一灌田总渠，上是民田，元分渠七道，毕，然后到下坝□沟，沟远田尽，又与上坝同沟分水，即存心公道，亦是中不及上，下不及中。又兼人心不古，加以曲防，滴水不下，此弊非轮牌难除。轮牌而无每年起牌定期，仍是难以□□。□岁夏至已过，上坝勒拒，不能轮牌。至六月初旬，上坝青葱，下坝赤土，人心惶惧。至□□本县胡太爷亲临勘验，又委典史吴老爷确查，若□属实，出票拘审。未及定□，□□奉委公出，只得上叩府宪邓大老爷作主。彼时又奉文赴省呈，批南郑县勘验提讯。王太爷冒雨□江□□，协同麦太爷详验确实，即提两造该生讯明情弊，著令出外，秉公合议，务要□□□□插时令，上下均沾。王太爷忠信明决，人心帖服，一经饬谕，从兹议定：下坝自夏至前十日先一夜酉时起牌，封闭民沟七道，放过八日九夜。上坝自第九日寅时接水，放足十三日十二夜毕。周而复始，不得混乱。未轮之先，散水不得拦阻官渠。合议已定，同呈立案。即唤二家面讯，合议属实，令具合同干结，遵依到案。王太爷吩咐两造回家，各安本业。本县转详府宪立案。然后文移沔县新任高太爷，唤领合同文约，为日后轮牌准照。但堰务大事，世远恐湮，勒石竖碑，永垂不朽。

增生周化南，生员毛士魁。首事生员胡宗孟，廪员胡宝灵。教谕胡宗孔，生员张鳞修，生员汤振邦。同事居民：朱点梅，杨炳，汤雨。

乾隆六十年岁次乙卯三月十四日下坝士庶公立。

禁挖山河堰堤碑

时间：清嘉庆七年（1802 年）五月

地点：原竖褒城县山河堰头，今移存至汉中市博物馆

规格：碑长方形，高 150 厘米，宽 68 厘米，厚 15 厘米。圆额，额刻"皇清"二字。碑文楷书 15 行，满行 41 字。

资料来源：《汉中碑石》（陈显远编著，三秦出版社，1996 年版）。另见《汉中三堰》（鲁西奇、林昌丈编著，中华书局，2011 年版）之附录《汉中水利碑刻辑存》。

粤稽汉志，山河官堰为汉相国萧何创建，横截龙江，直以长桩，列为井字，巨石为主，琐石为辅，溉南、褒田四万五千顷，并无第三堰水分，惟有渗溢之水，尔等听用。至嘉庆六年七月内，偶逢天道炕焊，河源水竭，忽有第三堰栽田人户，不遵旧制，掘挖山河堰堤，以致山河官堰士庶具控水利，道宪朱暨府宪樊，查明旧例，出示禁止，永不许第三堰掘挖官堰。嗣奉护理□宪赵饬委候补县朱、陈，会同南郑县班、褒城县吕，赴堰勘验。查阅汉志，并无第三堰水分，劝令山河官堰士庶，如遇炕焊水缺，将官堰堤坎仍照旧例横截，通以石砌，草土坚筑，止留五丈许，用石横截，不得草土坚筑；五丈之外，仍以草土坚筑。自立碑以后，官堰不得将所留五丈漏水，草土堵塞，三堰亦不得擅行掘挖，妄起争端。从此建碑，永垂不朽云。

执事：岁贡生王多士撰，生员孙骏烈书丹。生员蓝士杰，生员景逢彦。生员丁震川，生员景焕彩，乡饮张瑞临、张镇，生员刘镇奇。廪员周维新，生员郑兆祥，生员郑兰香，吏员郑劝，国学张振，生员何芬，生员张作舟。生员何生云，生员何会云，贡生许轮元，生员周世德。生员马王英，生员许华国，贡生许国策，生员张献书。生员许镜，生员方彩，生员张元勋，生员宋维商。生员郭乾城，生员萧成，生员周九能，生员欧文学，乡约史维直。生员许懋德，生员张瑞香，生员朱孔阳书。

嘉庆七年五月敬立。

山河堰重定章程碑记

时间：清嘉庆九年（1804 年）四月

地点：汉中市博物馆，嵌入墙内

规格：上半截残缺，未记录残碑尺寸。

资料来源：《汉中三堰》（鲁西奇、林昌丈编著，中华书局，2011 年版）之附录《汉中水利碑刻辑存》。

……旧者不谋新，如吾褒之山河堰务，剔除积弊，重建章程是已。粤自国初以来，水利久隶府……设堰长一名，小甲一名，工头二十二名；驿分八工，内设堰长一名，工头七名，外设船夫二名，神……管，堰法非不尽善也。自乾隆二十一年移署留坝，水利无专司之员，节年假手堰甲，弊窦丛生……限，临头移东嫁西，指鹿为马，有钻营之徒，希图度日，及包揽到手，捉风捕影，载鬼张狐，最难……混淆水洞沟浍，而南、褒参杂，或堰工合而滩数不投，或滩数投而年限迥异，犬牙互错，有废业已……故主有受业，已经多年，而堰簿未填的名，或姓氏同而田亩不对，或田亩对而坐落悬殊，真伪难分……牵牲告庙，船夫备舟运石，令田户屑微帮费，意在脱身了局，堰甲概行兜收，计存浸渔干没。及动工……存，一叶谁驾？蔑视祀典，徒苦夫役。原额堰甲远至百年一周，田多不过三十亩，工头近年十年一周，田……久则弊生，田少则帮重，有栽田几世，帮堰将临而田预早岁废者，有置业数月勺水未注，而帮适猝临……之候，彼此混赖，鼠牙频兴，屈直莫辨，疑信无凭。以上诸弊，不胜枚举。今合堰人等公议：无论民田驿业……分工，照泥沟鳞次查田，经界正而水分清也。每岁用堰长一名，上堰督工；小甲一名，下乡催夫。裁一冗而……也。改易工头，加增长夫八十四名，添一夫而多一力，易成功也。堰甲七年一轮，按土堰顺次滚当长夫，逐……横推挨管，俱周而复始。年限近自轮流速，而工不乱也。堰长一工，摊田五百亩；小甲一工，摊田五百亩，俱……不过四十；长夫摊田七十亩，每亩不过二十，田亩多自议帮轻，而人易从也。如此，庶漏帮者水落石出，无所……当口路尽途穷，亦无所施其伎俩矣。众议金同，禀请……批允，随即遵照办理。今已重新筹画条口，辑注详明。爰勒贞珉，以垂永久。是举也，绝隐昧之弊……虽不利于一二人，而利于亿万人；虽不便于一时，而便于千百世。讵不善始善终哉？经始于嘉庆……夏月日也。是为记。

　　邑人欧阳文学谨撰。……张兆祥、张瑞香敬书。

　　……年岁次甲子夏四月初一日合堰士庶公立。

唐公车洓遵旧规按亩摊钱碑

　　时间：清嘉庆十年（1805年）十月

　　地点：现存城固县桔园镇竹园敬老院内

　　规格：高105厘米，宽46厘米。圆额，额高24厘米，中间直书"皇清"二大字，周围绕以云纹，左右各书"日""月"二字。碑文楷书18行。

　　资料来源：《汉中三堰》（鲁西奇、林昌丈编著，中华书局，2011年版）之附录《汉中水利碑刻辑存》。

　　五洞之下筒车九轮，昉自周世；唐公一洓，始于汉朝。疏小渠以灌田，流鼻底而归河，下坝皆属埠地。至宋，鲁公、薛公相斗峰形势，搭木槽渡引前湾，仅裁三千零田。迨后元明两代，蒲、郝二公修五洞，阔官渠，汲石口，设九洞于斗前，定七洓于南邑。自龙门至石峡，渠道十有余里，地址二百亩奇，尽车洓居民捐买，渠基额粮车洓分带，每亩三升五合。是下坝洞洓所享之利，实唐公车洓创其业。明万历时，乔、高二公秉公均水，奕世戴德。及康熙年间，郡守滕亲验车洓坎伐，著毛石拦截。雍正九年，县令聂公批，确遵古制，石坎毋得擅揭。数百年绝无赀费。近堰务纷杂，直与下坝钱文按亩等派，不念车洓人屡代赔渠基钱粮。嘉庆七年，车洓使水人户有业儒李讳泽民者，率控到府。蒙汉中府正堂樊大老爷批，仰城固县勘验详察，邑侯顾公断明存案：截河淘沙，理不出钱，但念同堰下坝洞洓每亩出钱一百，唐公车洓每亩只出钱三十；车洓石坎不得强搬；石峡以下波堤，下坝独行补砌；若重理洞桥，上下一体同输。十年，堰又起工，复令均摊，彼此互讼，渠头李修已具禀。蒙城固县正堂应批，断唐公车洓有功在先，查案八年钱文为数较他处原少，照前公办；但恐星移，仍蹈前辙。兹我皇上准部选举，老民李讳廷标留意旧规，谨奉断案，约众勒石，志存永传，因于余求叙。窃愧不敏，聊稽历来故例，以志云耳。监元李予厚，廪生刘文正，生员胡来宾，增生李现瑞，生员余龙光，生员李维城，生员王凌云，生员李增荣，生员胡荣科，生员方敬天，生员刘体仁，生员方玉振。车洓绅士：廪生方乐天，增生李仿文，贡员王熊飞，生员王奋飞，生员胡玉衡，生员方丽生。壬子科副举、吏部候铨州判胡西清，府庠增广生员李鸣高撰文。辛酉科举人、吏部候铨知县李喜春，岁进士、吏部候铨儒学训导胡文举书丹。宣读：贾骍清；首事：李廷标；乡约：李万选；地方：张廷；住持：清吉。

　　旹大清嘉庆十年岁次乙丑孟冬上浣吉日车湃使水人等仝立。

清查五门堰田亩碑记

　　时间：清嘉庆十五年（1810年）三月

　　地点：城固县五门堰文物管理所

　　规格：已残，规格不详。

　　资料来源：《汉中三堰》（鲁西奇、林昌丈编著，中华书局，2011年版）之附录《汉中水利碑刻辑存》。

　　邑之农田水利，惟五门堰为最钜，其水自北山湑水河出升仙口，高渠下有百丈堰，由百丈堰越二里许，则为五门堰。自昔顺轨安流，农家各资灌溉。迨乾隆五十六七年间，沙洲之东，渐次冲刷，水势傍东而趋，西流淤塞，五门堰得水为难。每逢东作，醵金募夫，直从沙滩开一道，复用木棬盛石，联成堤坎，横截河水，引入堰门，始得通畅。倘夏秋之交，山水乍涨，或将堤圈冲决，又须设法补修。其间整理堰门，疏浚退水各渠，俱非一手一足之烈。每年按亩派钱，自一百五六十文至二百文不等。是五门堰之田，有水方能得谷，有钱方能得水，利害攸关，岂浅鲜哉？乃检阅《县志》，自元迄明，五门堰灌田四万九百七十余亩。近年水册竟止造田叁万余亩，虽历年久远，不无修建庐墓及改成陆壤之处，亦不应少至一万亩之多，其中之隐匿、规避，固已昭然若揭矣。夫田既隐匿，则有田之户，坐使无钱之水，而年复一年，田愈少，派钱愈多，穷民其何以堪！余自莅斯土以来，每思五门堰事宜，必以查田为先务。惟人众弊深，治未良法。有庠生乔维藩者，密陈清查条规，余览之，颇善。适奉文回籍补制，未即施行而止。去岁，禾稼既纳，爰命诸生胡来宾、张景伊数人，协同书役，履亩清查。余复率同陈尉，分路督勘。阅两月，而一律查明，共田肆万壹千零叁拾亩伍分肆厘。核对水册，多田玖千叁拾亩零伍分肆厘。自兹以往，田主有更移，亩数无减少；每岁派夫、摊费，按册而稽，庶免畸重畸轻之患矣。嗟乎！一百余年来未行之事，一旦行之，不难于行，而人心之好尚又有其不言而同然者已。是为记。

知城固县事、楚南郭士颖撰。典史、江右陈翔。

查田首事：生员胡来宾，生员龚登云，生员张景伊，生员谭古程，生员舒伦元，监生蓝春丽，吕承先，李梦麟。

嘉庆十五年岁次庚午季春月下浣谷旦。

计开各洞湃田亩总数于右：

九辆车唐公湃，共田壹千贰百壹拾柒亩肆分伍厘。

九洞，共田叁千贰百伍拾陆亩陆分贰厘。

肖家湃，共田贰千零捌拾柒亩陆分伍厘。

演水湃，共田壹千伍百零捌亩陆分。

黄家湃北沙渠，共田贰千捌百柒拾贰亩玖分；

中沙渠，共田贰千肆百壹拾壹亩玖分；

南沙渠，共田叁千玖百玖拾伍亩正。

大鸳鸯湃，共田柒千伍百陆拾亩零叁分陆厘。

小鸳鸯湃，共田壹千壹百肆拾叁亩壹分柒厘。

油浮湃，共田肆千捌百玖拾陆亩肆分柒厘。

水车湃，共田肆千陆百壹拾壹亩捌分贰厘。

西高渠，共田伍千贰百壹拾玖亩叁分伍厘。

总共田肆万壹千零叁拾亩伍分肆厘。

嘉庆十五年岁次庚午季春月吉日立。

重修义合井碑

时间：清嘉庆十九年（1814年）一月

地点：原立于城固县西三里西村井边，现存于城固县五门堰文物管理所

规格：碑长方形，高67厘米，宽40厘米，额高17厘米，中间直书"皇清"二字。碑文14行。

资料来源：《汉中碑石》（陈显远编著，三秦出版社，1996年版）。另见《汉中三堰》（鲁西奇、林昌丈编著，中华书局，2011年版）之附录《汉中水利碑刻辑存》。

重修义合井并置田记

斯井之凿，创自康熙十八年，彼时掘泉者，仅得八家，尝勒诸石，以表姓字，固已芬留人齿颊也。及抱瓮而汲，人第安于无事，而每遇春间淘汰，呼怀维艰。且恐年远日久，修葺无资。于是，实德张夫子谋诸同社，敛钱六千，营运子母，积钱二十余串。老夫子以耄期倦勤，嘱维之四胞叔伦秀公经理，十余年，本利积钱一百串有零。买东渠田一亩五分，复余钱一十七串。维四叔以病躯难支，交替于维。越十年，共买田五亩零五厘，又以所蓄者，买石修砌井面，翻修龙王堂，粧塑神像，焕然一新。乡之二三父老，因索序于维。维仅执井观之见，序其事之始末，用以彰前辈创垂之至意云尔。共田四丘，军粮一斗六升七合，民粮九升七合八勺。

邑庠生王式维撰文，邑廪生张培信书丹。

嘉庆十九年岁次甲戌孟春合村士庶立石。

班公堰议定章程碑

时间：清嘉庆二十三年（1818年）

地点：汉中市南郑区圣水寺文物管理所

规格：碑长方形，高153厘米，宽112厘米，厚33厘米，圆额，额高58厘米。

资料来源：《汉中三堰》（鲁西奇、林昌丈编著，中华书局，2011年版）之附录《汉中水利碑刻辑存》。

抚宪大人朱批。署理［凤县正堂］加五级纪录十次郑，特授汉中府照磨加五级纪录十次陈，署理南郑县正堂加五级又军功加一级纪录十次张，署南郑县正堂加五级纪录十次王，［为］会勘妥议章程事。案奉钦加道衔、陕西汉中府正堂随带军功加七级又加一级纪录二十次严宪牌，转奉兵部侍郎兼都察院右副都御史巡抚陕西等处地方赞理军务兼理粮饷朱批：据该县民张禹门具控上坝徐万有等一案，蒙批饬委查勘妥议详覆。兹据班公堰三坝公议兴修堰洞，农田养生，水利攸关。自嘉庆七年蒙县主班大老爷亲临勘验，饬谕从七里坝南山山边开修堰渠一道。□为养民之本，自修堰之后，上中下三坝均受其利，未立章程。二十二年，蒙前任张太爷勘明，著令上中下议立修堰轮流放水日期，三坝各造水册，详明在案，永远遵守。兹三坝官河堰沟已成，惟有引水灌田洞口，三坝尚未定有尺寸，安砌石洞，亦未设立闸板，启闭押口又未请领封条，官□经理，以致任意偷扯水分，屡起争端。今下坝三工张禹门等，未同三坝商议，又赴抚宪大人辕下具控。即仰汉中府正堂严转委凤县郑、南郑县张、照磨陈，会同亲临勘验，饬令上中二坝并下坝三工各堰长田户人等，将各坝引水洞口，按田亩多寡酌定洞□并大小尺寸，洞口安砌石条，添设押板，以免争论冲刷，放水日期仍照旧规。上坝放水四日四夜，自四月初一日酉时起，至初五日酉时止。中坝放水四日四夜，自初五日酉时接，至初九日酉时止。下坝头工放水五日五夜，自初九日酉时接，至十四日酉时止。二工放水四日四夜，自十四日酉时接，至十八日酉时止。三工放水四日四夜，自十八日酉时接，至二十二日酉时止。轮流放水，周而复始。上坝田亩均系沙田，不能维水，兼□上坝于此门最近，早晚风雨需上坝经管。今议明中坝、下坝放水日期，其上坝于十分内封八分，仍留二分，以为保护沙田并酬经管龙门之功，均系情愿，永不滋事。每年自四月初一日从上坝放水起，按二十一日一轮，不得更改。

每年自四月初一日封水前十日，赴县请领封条告示，该上坝放水。四日四夜满，封水之期，封八分，留二分，中坝并上坝堰长请领封条，中坝堰长派看夫，上坝堰长派赔夫，一同看守，轮该中坝放水。四日四夜满，封水之期，下坝□工并上坝堰长请领封条，下坝头工堰长派看夫，中坝堰长派赔夫，一同看守，轮该下坝头工放水。五日五夜满，封水之期，下坝二工并头工堰长请领封条，下坝二工堰长派看夫，头工堰长派赔夫，一同看守，轮该下坝二工放水。四日四夜满，封水之期，下坝三工并二工堰长请领封条，下坝三工堰长派看夫，二工堰长派赔夫，一同看守，轮该下坝三工放水。四日四夜满，自封自闭。由上而下，周而复始，轮流封闭。如遇闰之年，总以四月节气为始。

封水之期，下坝三工堰长为之纠查上中下沟渠之总领。如有一坝一洞口不遵封闭，及闲杂人等私上沟坎，偷扯水分，该纠查堰长一并指名禀案，将该坝堰长并赔夫，枷□堰所示众，以防偷扯之弊。

修理三坝官河一千五百丈并拦水堤坎，三坝各堰长公同按亩出夫分修，总以日出齐集堰所，日落散□，周而复始，不得怠惰偷安。如有一家抗违不到者，查出指名，禀官究治。

每年充当堰长小甲，总以家道殷实年力精壮公正之人合坝选举充当，一年一换，不得恃强推有，欠顶钱文，霸占食利，致充当日久，作弊滋事。如违者，禀案究处。

所灌之田亩，均有定数，射利之徒，间有将旱地复开水田。诚恐垦田日增，需水愈多，以致偷扯水分，多起争端。今查得上中下三坝，嘉庆二十二年造入册内田亩，上坝共灌田二千五百五十亩，中坝共灌田一千九百八十七亩，下坝头工共灌田一千五百二十八亩三分，下坝二工共灌田一千零六亩八分，下坝三工共灌田一千九十亩零四分，均有田亩册在案可查。今即以前次入册之田，永为定数。嗣后上中下三坝再不得将旱地私开水田，致起讼端，如违，查出，将私开田亩充公，仍将私开之人责惩。

堰水不得从上中二坝湃流，如天降大雨，山水流出，许该堰长将湃口扯开，水湃大江，免致冲刷堤坎。不遇猛水，堰水不得从湃口湃流。如违，查出禀究。

五门堰分水碑

时间：清嘉庆二十三年（1818 年）

地点：城固县五门堰文物管理所

规格：碑长方形，圆额，额篆"皇清"2 字，字径 12 厘米。腾龙拱卫，上罩祥云。碑通高 136 厘米，宽 68 厘米，厚 15 厘米。碑文楷书 20 行，满行 41 字。

资料来源：《汉中碑石》（陈显远编著，三秦出版社，1996 年版）。另见《汉中三堰》（鲁西奇、林昌丈编著，中华书局，2011 年版）之附录《汉中水利碑刻辑存》。

札城固县知悉：本月二十七日，据该县贡生胡文举、生员王凌云呈：唐公湃水渠冲淤大河，应派工程事。除本护道批示外，查堰渠一定章程，相沿数百年不敢变更，至□□□。查五门堰旧设洞口龙门，固以导水，而水入太猛，冲坏渠道。本年该处堰工，从以游上湾，将全河水拦入渠中，得水较之往年，颇为畅快，而未计渠能受与否。如果洞口龙门，仍前修整，则拦河虽有过猛之势，而龙门尚为有制之师，亦可无大损害。乃专止顾渠口洞门，旧制荡然无存。及河涨发，而小龙门下之唐公湃，田冲堤决，首受其害。但田冲只系唐公，堤决则下游三十六洞湃，均有涸辙之虞，修堤最为要工。查该县《县令条约碑》载：自小龙门至第三辆水车数十步，俱系沙淤，工程不重，该车夫并唐公湃使水人户挑浚□宽，不得阻碍水利。碑内挑浚云云，田虽少□，是以历年无异议。今洞门既坏，全河水拦入渠中，则渠身变为河身，挑工改作堤工，而欲一派车湃田户承此巨工，其力能耶，其心甘耶？究之堤身不完，则水不入渠，唐公车湃千余亩之不收，其患小；而下游四万亩苦，其害大。本护道前委水利官杨令，劝谕唐公湃田户帮助整修，急则治标，不过一时权宜之计，将来洞□年沙淤挑浚。唐公湃沙淤挑浚，自当仍旧。如因时制宜，□□□在不必修复，堤工之为新险新要，唐公湃□之。唐公湃坏，即渠水旁泄，全渠坏矣。亦应酌量变通，□□□□□工，近年日甚一日，其弊总由首事年年□者，只饱私箧，一二端正之人，又以公事难管，勉强塞责，只顾眼前之无事，不顾日后之贻患。本年首事系该□请充当之人，如糜费多钱，办理不善，是本护道与该县令之所委托非人，合行札饬。札到该县，即督同首事赴堰，逐一履勘，熟商妥议，务期办理完善。该首事等周岁方准更换，倘有规避，则今岁不遵古例，贻害将来，勿置身于事外也。切切毋违。特札。

钦命陕安兵备道严札文。

特受汉中府知府杨，并饬城固县知县程存札。

生员刘文正。保正胡协时、李明韶。副榜胡西清。增生李含春。武生李敬发、李中发、李现瑞。生员李维新、李培发。廪生王锡玉。监元李芳秀、李永忠。生员李经典、方敬天、方廉生、方玉振、方凌云，李在常、李永清。武生胡含瑞、李维城。

嘉庆二十三年□月十七日札。

五门堰创置田地暨合工碑记

时间：清嘉庆二十五年（1820 年）八月

地点：城固县五门堰文物管理所

规格：碑长方形，高 175 厘米，宽 68 厘米，厚 18 厘米。楷书 22 行，满行 58 字。

资料来源：《汉中碑石》（陈显远编著，三秦出版社，1996 年版）。另见《汉中三堰》（鲁西奇、林昌丈编著，中华书局，2011 年版）之附录《汉中水利碑刻辑存》。

五门堰创置田地暨合工碑记

尝谓事有关于国计民生者，前人之立法，永垂无弊。延至后世，人多喜事，往往恃才妄作，以致有损无益，受亏实多，即如五门堰，考其旧制，渠堰与洞口木闸，有时冲时修之患。每岁春间，不过按田起夫，捡石平砌，所修堰堤，方计四十八丈。旧有十亩草场，坐落官渠东，龙门上，铲取草笆，以为漏水，即敷灌溉，使水人民并不劳力伤财。至嘉庆八年后，河水屡发，冲淌地亩，淤成沙坝，河滩无石可取，由是按亩派钱，买石修堰，五门堰之害，从此起矣。所幸者，彼时四里合修，工轻费俭，每亩仅派钱八九十文，已堪支用。及至嘉庆十一二年，河水暴发，为患更大，乃于百丈堰下，冲开东流夹槽，水从上流旁泄，竟致正河干涸，五门堰得水较难。阖堰士庶，呈请前任刘县主亲临勘验，相度水势，饬令迎水拦截，别修堰堤，但地处百丈堰下，业各有主，本堰备价承买，先于十二年修堤，买地五十七亩四分，外零一段官渠，改曲为直；又买田地二十四亩一分。历经数年，每亩派钱至二三百文不等。又至十三年，四里强将堰堤裂段分修，彼此争胜加高，激水奋溢，五洞与官渠堤岸，屡修屡冲，工程愈重。十五年间，复买寇家嘴沙洲一段，别开新河。十六年，又添买沙地二十二亩一分八厘，续堤直接老堰坎，自上面下，绵长三里之遥。节年派钱加增四百文有零，渠水仍灌溉不足，田亩栽扦，尚多未周，民力之拮据，受害其何能已。今自嘉庆二十二、三、四年，叠蒙邑候程仁台亲履堰所，得悉前情，开导愚氓，劝令四里合工，低截深淘，人多未解合工之善，犹豫不决，复荷蒙郡宪严大老爷，观察吴大人按临勘验，劝谕谆谆，曲尽其法。随于二十五年竭力奉行，不欲虚耗民财。越夏至秋，堰堤稳固，五洞渠岸俱无恙。河水充盈，河势归旧，上下一体栽扦，秋成满望。阖堰赖生成之德，合工之善，已收实效矣。其先年所置土地，渐有复初之势，第附近豪强，保无侵削垦种情弊。生等虽炳执契据，但首事、堰长年年交替，久之恐有遗失，致滋争端。特述其颠末，勒诸贞珉。后之兴者亦将有感于斯意也，则幸甚。

附载置买田地坐落、丘址、粮数于后。西高渠首事：萧振川，保正李英，生员张翼、李大义。

西高渠堰长：高世宽，李青，萧瑞祥，向成，张明，李宗仁。

四里董理首事：从九李时中，并撰；生员吴镜，廪生张天成，生员张怀义。襄办首事：方春和，并书；张时享，生员张景伊，赵廷壁，李培元，生员王文彩，生员刘惠远。

四里堰长：李美华，刘志杰，高廷槐，方成舟，齐怀仁，王永福，石奉章，王福春，张成，杨玉凌，刘福，饶怀德，张珍，左继业，刘焕，陈自理。

仝立。

嘉庆二十五年岁次庚辰仲秋上浣谷旦。

嘉庆十二年改修堰堤。

契买姜克类田地三坵，共肆亩三分。一坵一亩八分，坐落许家溜，东、北俱至谭姓地，南至姜姓地，西至河边。一坵五分，东北俱至和尚地，南至姜姓地，西至河边。一坵一亩，东至谭姓地，南至姜姓地，北至寇姓地，西至河边。□□三亩三分，随带□粮三升五勺。

契买张□□沙地三亩，随带粟粮二升四合，南至寇姓地，东、北俱至谭姓地，西至河边。

契买□成同子文忠、[文]桂沙地四亩，随带夏粮二升，东至谭姓地，西至河心，北至和尚地，南至魏姓地。

契买池永成沙地二亩，随带河粮一升六合，东、北俱至寇姓地，南至王姓地，西至和尚地。

契买寇闷娲沙地三亩，随带河粮一升五合，东、南俱至寇姓地，北至张、□二姓地，西至和尚地。

契买寇兴邦沙地三亩，随带夏粮一升五合，西、北俱至卖主地，南至卖主，东至河边。

契买寇□□沙地五亩，随带河粮一升五合，西、南、北俱至卖主地，东至河心。

契买□存□沙地三亩，随带河粮五升五合，南、北俱至卖主地，东至河心，□至卖主地。

……亩，随带河粮……张姓……

……二分，随带河粮……姓地，北、东俱至……西至……

……沙地二亩一分，随带河粮一升二合，东、□俱至□主地，西至谭、张二姓地，南至谭姓地。

契买□□俊沙地一亩，随带河粮五合，四至俱属卖主地。

契买寇文□沙地□亩，随带河粮五合，四至俱属卖主地。

……地二亩四分，随带河粮一十八合，东至和□□，西至河心，北至贾姓地，南至许姓地。

契买谭崇礼沙地四亩五分，随带河粮二升七合，东至寇姓地，西至河心，北至谭姓地，南至寇、张二姓地。

契买许钟金、[钟]杰、[钟]允沙地七亩，随带河粮三升五合，西至河心，东至和尚地，南至王姓地，北至买主地。

契买张应春沙地四亩，随带粟粮二升四合，东、南俱至买主地，西至河心，北至寇姓地。

契买王杞埠地一段，随带粟粮一升，坐落寇家夹心，东至寇姓，西至和尚地，南至刘姓地，北至买主地。

契买刘允中埠地三亩，随带夏粮三升，坐落西河坝夹心，北至王姓，南至刘姓，东至寇姓，西至买主地。

以上共约一十九张，共地五十七亩四分〇一段，共粮三斗五升〇五勺。

嘉庆十五年改修官渠。

契买李映桃沙田二亩六分，随带秋粮七升八合，坐落五门堰下，东至古路，西至贾姓田，南至庙会田，北至贾姓田。

契买五祖庙会首□□官田二亩，随带秋粮六升，东至古路，西至渠边，北至李姓，南至杨姓。

契买贾□□沙田一亩，随带秋粮三升，南、北俱至李姓，西至王□，东至古路。

契买□得妻□□氏沙田一亩八分，随带秋粮五升四合，东至古路，西至官渠，南至贾姓，北至和尚。

契买贾□□沙田八分，随带秋粮二升四合，西至渠边，东至李姓地，南、北俱至渠坎。

契买贾□春沙田六分，随带秋粮一升八合，南至贾姓，西至渠边，东至古路，北至渠。

契买徐正□沙田四分，随带秋粮一十二合，东至贾姓，西至杨姓，南至贾姓，北至杨姓。

契买贾□□沙田二亩□分，随带秋粮七升八合，西至渠边，东至古路，北至庙会田，南至徐姓田。

契买方九如埠地一亩一分，随带粟粮一升二合一勺，东至河坎，南至贾姓地，西至古路，北至古渠。

以上共约十张，共田二十三亩，地一亩一分，共粮四斗〇二合一勺。

嘉庆十三年开河。

契买寇典邦、建[邦]、陆[邦]寇家嘴沙地一段，随带粟粮一斗五升，北至百丈堰下，南至新河边，东至新河心，西至旧河心。

嘉庆十六年续修堰堤。

契买姜世法埠地九分，随带粟粮九合九勺，外带荒粮一合，坐落夹坝漕子地，东至荒坎漕子心，与寇姓交界，南、北俱至卖主，西至古路，与寇姓交界。

契买王相埠地五亩，随带粟粮四升，东至姜□□，西至□□地，北至许姓，南至张姓。

契买谭汪埠地八分三厘，随带粟粮七合二勺，东、南俱至□尚为界，西至古坎，北至姜姓。

契买张维周埠地一亩五分，随带粟粮一升六合五勺，坐落夹坝，东至毛姓，南至张姓，西至王姓，北至住持为界。

契买毛文奉埠地二亩九分，随带粟粮二升三合二勺，坐落夹坝漕子坎，东至大坎，南至卖主，西至李姓，北至刘姓。

契买张应春埠地三亩，随带粟粮二升七合，坐落夹坝漕子坎，东至寇姓，西至和尚，南至□姓，北至刘姓。

契买谭崇礼埠地一亩八分，随带粟粮二升九合八勺，坐落夹坝漕子坎，东至□姓，西至买主，南至谭姓，北至□姓。

契买谭江埠地一亩，随带粟粮一升一合，坐落夹坝漕子坎，东、西俱至寇姓，南至姜姓，北至谭姓。

契买刘建中埠地三亩，随带粟粮二升七合，坐落夹坝漕子口，东至寇姓，西至和尚，南至张姓，北至买主。

契买贾国俊埠地六分，随带粟粮六合六勺，东至贾姓，南至马姓，西至官地，北至官地。

契买张忠□埠地五分……东至……至贾姓。

契买贾国珍埠地一亩二分，随带夏粮一升二合二勺，东至大河，南至马姓，西至官地，北至张姓。

契买杨……洞，东至河边，西至古路……

契买谭□埠地□□五分二厘……东、南□□和尚地，西北俱至……

契买谭桂埠地一亩，随带……东至……西至……

以上共约一十二张，共地二十□亩五分六厘，共粮二斗零八合六勺。

通共三起共置买田地一百〇三亩六分□□，□地二段，共□粮一石一斗□

升一合五勺，在丰乐里六甲五门堰。

旧有□□十亩，□□渠东龙门上，东至……向辰地，西……河东旧有寺内□□□二坵，十三亩……□夹坝，南、□俱至……□一坵，六亩，坐落老堰坎头……姓，西至张姓。渠东旧有寺内老地十一亩：一坵六亩，坐落五洞下，东至路，西至官渠，北至洞坎，南至□贤地。一坵五亩，坐落□门下，东至古路，西至官渠，南至胡姓，北至退□渠。

以上地亩俱□入寺内住持僧人头下完粮。

嘉庆二十五年岁次庚辰中秋上浣。

唐公车湃水利碑

时间：清道光三年（1823 年）六月

地点：城固县五门堰文物管理所

规格：碑长方形，高 130 厘米，宽 75 厘米，厚 11 厘米。碑额横题"唐公车湃水利碑"七字，字径 6 厘米。碑文楷书 24 行，满行 32 字。

资料来源：《汉中碑石》（陈显远编著，三秦出版社，1996 年版）。另见《汉中三堰》（鲁西奇、林昌丈编著，中华书局，2011 年版）之附录《汉中水利碑刻辑存》。

乐城之北有壻水河，古名秦潭。北溪里人唐公房为郡吏，创□堰，有功德于民，真人进以美瓜，举家食之，拔宅飞升，其婿不与，投于水中，故名壻水。第询五门之名，始于元；而访五门之渠，实起自汉矣。相传以来渠口丈八，上从洞口龙门，下至斗山鼻底，额粮车湃摊赔。至宋绍兴间，薛公可光自斗峰接槽，买民址，易渠道，水始下流。元至正间，蒲公庸改创石渠，恐水溢冲坏，用修洞堤，因曰五门堰也。明宏【弘】治十三年，郝公晟积薪举火醋激石峡，由是下游田五万，不假人工自浇灌。万历时，分水洞湃三十六处，常年告扰。乔公起凤，查田编夫，修理水口。后高公登明蠲俸易石，仍照旧规修砌，独唐公湃渠无底止，而民安乐。天启六年，范昆等于九辆车外，私造八辆，殴打文职。上宪批毁。查明老车创在九洞八湃之前，例不可坏，始着轮板增大。本朝康熙十一年，毛公可际见洞堤冲决，仍前修整。二十五年复冲，胡公一俊申请上司，督筑益坚。迨后历任邑候，总以五洞为关锁，即按里摊工，车湃与西高渠共属半里，除修五洞并二百玖拾步挑工外，他如东波堤、老堰

198

坎、上下退水龙门，车湃概属无工。问其渠唐公创之，究其粮唐公赔之。不意近年来，堰河东道，有钱方能得水，每亩照下游只少出钱二十文。嘉庆八年，下游不遵古制，将渠易曲为直，河水涨发，洞堤尽被冲决，车湃首受其害。奈犹于二十三年究竟不理洞口，东堤渠身变为河身，小龙门下，田冲堤决，竹园村民房泡坏。还欲挑工，即是修工，田少力薄，难甘控宪，蒙恩示札，令遵古制。恐久漫灭，聊述本末，以志。

生员李经典书丹，保正胡协时述古。

介宾王凌云，生员刘虞宾，胡辑典，李效公，胡辑寿，老民贾珠，李如楠，李仲英，王学孟，刘三畏，李九春，贾喜，胡永中，李永智，杨青春，贾崇德，李宴春，刘敬浩，李生春，刘起奉，老民李泽民，贾忠，方凌烟，杨愈荣，李国清，王敬，李遇春，李早春，胡锡成，刘文茂。

住持：祥天。石工：李本善，杨枝春，李建福。

道光三年六月□日。

荒溪堰条规碑

时间：清道光四年（1824年）十二月

地点：原在褒城县荒溪堰务会，现移存至南郑县圣水寺文物管理所。

规格：碑长方形，高133厘米，宽70厘米，厚15厘米。楷书24行，满行58至66字不等。

资料来源：《汉中碑石》（陈显远编著，三秦出版社，1996年版）。另见《汉中三堰》（鲁西奇、林昌丈编著，中华书局，2011年版）之附录《汉中水利碑刻辑存》。

荒溪堰议定条规碑记

从古开堰以润田亩，原为生民遂生之计，因其高下，顺其曲直，原欲沟渠通行无致阻塞也。自康熙甲午岁开堰以来，每值修沟之日，各按水分，分别长短，以修泥沟。无奈时移势易，人心不古，竟有奸诈之徒，拣好修者修之，至难修者遗之。及用水之际，恒有沟不通行之患。今同阖堰公议，上沟每一厘水，提锣十日，行夫一名；下沟每一天水，提锣三日，行夫三名。长夫者算于来年，欠夫者罚钱八十。各按水分多寡，分排夫名。如此，则水多者夫多，水少者夫少，庶不至彼此推诿，而沟渠通行矣。况我荒溪堰发源于荒溪沟叫垠子下泉，过使沟泉、李浸沟泉、龙王泉，上下水泉无数，行至沟口李家嘴。自古开堰，置石坪一到【道】，以分上下二沟。上沟水四尺，十五日一轮，共交【浇】田一千有余亩；下沟水一尺五寸，十三日一轮，共交【浇】田七百有余亩。按日分水，周而复始。石坪以上，并无私行交【浇】灌之例，今将议定条规开列于左：

（1）每年修沟，从石坪以上修至老堰。如违，将上、下二沟堰长罚戏三台。

（2）上下二沟轮水之日，永不得偷水。如有不遵者，罚戏三台。上沟第十四天之水，照亩均推；下沟第九天之水，照亩均摊。

（3）上、下沟当堰长会头者，一十五、一十三年一轮，堰长亲手提锣，并无[老]小，众议定能当者当之，不得推诿，如违定罚。

（4）上、下二沟，春天限二月初一日轮水，秋天限九月初一日沟渠通行。如违定罚。

（5）上、下二沟当堰长者，水分不拘多少，不行夫名。上、下沟每一厘一天水，与堰长除纸笔钱二、十文。

（6）上/下沟内排夫头三十、一十三名，每人有钱簿升合，中戏管待散夫。不待唱戏之日，钱米俱齐，如不齐者，夫头捷出。如违定罚。

（7）龙王会每年唱戏已毕，开一清单，同新会头算账。如有余钱，以供庙内费用。如违定罚。

（8）佃田之人，水册不得乱积名姓，并不得充当堰长。如违定罚。

（9）上下二沟，天明接水，不得乱挖。如违定罚。上、下沟每年议定堰长贰、壹名。

（10）每年堰差更替钱三百文，上、下沟出钱贰、壹百文。

以上数条，俱系阖堰公议，如不遵者，许令禀官，决不宽贷。

信士孙惠施前后庙内地基三亩。信士魏宗周、[魏]兴[周]施羊子坪山坡地一处，东至堰塘坎下，埋石为界；南至古堰沟坎为界，西至古山水大沟为界，北至大路为界。信士李润施地三分，坐落堰沟坎上。信士张自金施地五分，坐落李家湾岭下。太兴宫买明埠地贰亩五分，坐落城门口，内有埋石为界，外有坎为界。买明李美名下埠地一处，坐落石坪以下，水冲土崩，任随开沟。

石匠邱喜发。

道光四年季冬月立。

重修太白楼碑记

时间：清道光五年（1825 年）五月

地点：此碑已佚

规格：不详

资料来源：《汉中三堰》（鲁西奇、林昌丈编著，中华书局，2011 年版）之附录《汉中水利碑刻辑存》。

太白楼何以建？报水源也。湑水发源太白，委折蜿蜒，吞溪会涧，山行三百余里，出升仙口，抵庆山西麓，叙转东南，至县治东偏入汉。沿河上下汲水堰有五，惟五门堰最大，九洞八湃，北枕湑流，南亘汉江，溉田三万余亩。沟洫田畴，星罗棋布，称奥区焉。偶遇水缺，田涸禾槁，岁且告凶。是湑水河为合县亿万生灵养命之源，而太白山又为湑水河发源之祖也。□命所系，神或临之。堰有寺曰龙门，旧祀禹稷暨乔、高二公，以为民祈谷。而太白神职司金天，为水之母，享祀未及，实为缺典。嘉庆二十一年，贡生张东铭、吴登岱，于寺之东隅创修太白楼，以为岁时荐享之所。继此，从九李时中等崇奉于后。道光癸未夏，不戒于火。适贡生吕维城等，身任堰事，不敢废也。因禀明县主，用岁修余资重建新楼，塑太白神像于上，萃神锡福。于是乎地连秦岭，水超湑流，神之凭依为最近，而呵护为取灵也。是不可以不祀。

赐进士出身、前任广西桂林府知府、护理左江边备道周之域撰，邑贡生杨发荣书。

知城固县事、江右黄宾捐银五十两。

四里首事：生员吴镜，贡生吕维城，贡生刘士威，生员李如桐，各捐银十二两。

道光五年岁次乙酉仲夏谷旦立。

唐公湃水利碑

时间：清道光十四年（1834）五月

地点：城固县桔园镇竹园敬老院内

规格：碑长方形，高 92 厘米，宽 48 厘米；圆额，额高 22 厘米，中间篆书"皇清"二字，额下横书碑题"唐公湃水利碑"六字。碑文楷书，正文15 行。

资料来源：《汉中三堰》（鲁西奇、林昌丈编著，中华书局，2011 年版）之附录《汉中水利碑刻辑存》。

　　按古志古碑，唐公湃起自西汉；若斗峰下洞湃，始于宋绍兴改元，至明乔、高二公计亩均水。查唐公湃以仙名名之，确遵古规，田虽少而湃口仍旧使□，□自渠尾退归官渠，故历年无异议，并与斗山滩田亩之事。讵料万世功等竟在古河身新淤处乍造田亩，今岁与首事私注水册，迭次呈恳，强放唐公湃渠水。不惟滋扰唐公，亦且碍于下游，彼此互讼。蒙□批，本县因思五门堰各湃灌田之水，向有旧规，恐新添田亩入册，有碍旧章，以致争竞。当经批饬未准，旋据万世功等再三呈恳，并据五门堰首事李芳林等禀称：查明倒流等洞连年冲失，有名之田不下千亩，田亩既少，洞口旧制，如□节年有用剩之水，退归大河，甚为可惜。众议将倒流等洞漏水补筑完固，将刘锁西等新开滩田收入水册，如借倒流等洞无用余水，余流并无妨碍，等情。本县因事关水利，既于旧制无碍，暂可准行。是以曲从。民□万世功等自应遵照所议，只可接引倒流洞余水，何得借纳堰费，即欲强放唐公湃渠水，以致众人不服，将尔殴打，辱由自取，不足深究。惟此事前系该首等禀请添注水册，究竟是否妥议？奈首事等亦并未经众议，遽欲让水，不思唐公湃水仅资灌溉，岂容彼滩田接用，致滋纷扰耶？因勒石以垂古制，以示将来也。是为序。乡钦大宾刘文正题，保正胡协时书。

　　生员胡含珊，李鸣璞，李九春，刘克仁，生员李永清，李鸣韶，李如楠，杨有智，生员李□瑞，监生李永年，贾永清，李□□，生员刘宾唐，监生李芳□，胡□□，□□□，生员李在□，生员李□□，李□□，□□贵。

　　道光十四年岁次甲午五月□日。

重修五洞添设庙宇碑记

时间：清道光十七年（1837 年）十一月

地点：此碑已佚

规格：不详

资料来源：《汉中三堰》（鲁西奇、林昌丈编著，中华书局，2011 年版）之

附录《汉中水利碑刻辑存》。

　　夫物有本末，事有始终。物不揣其本而齐其末，则外乎旧章；事不知其先后，莫不有始，鲜克有终。如五门堰原建五洞，其创修、改建及历次重修，亦非一次，并无定规。自五洞以下，后分九洞八湃，按田均水，酌定洞湃，大小水品，各有尺寸，详载《县志》《水册》，一览便悉。惟五洞长、宽、高、厚及洞口高低、宽窄尺寸，均未开载。余等本年初膺首事，春初，赴堰勘工，查看二洞被水冲坏，全无根底；三洞止留半边，均须一律重修。其二洞以内渠码头、渠坎，亦被冲断成濠。当余等兴工之际，旧日规模，□然无存，惟相河形水势，重新下底，酌其长短宽厚，相形而作，加工加料，从实坚修，以期永固。今越秋、夏二季，河亦不时涨发，幸托天佑，更赖邑侯富县主勤于堰务，调度有方，始保无虞。虽难必一劳永逸，然先免旋修旋覆之患。余等于工竣后，量其所修五洞：东西顺长一十四丈；洞梁南北宽二丈一尺，洞底宽二丈九尺，满铺石条六层；两边坡面，俱系一页一顺石条修砌至顶，高一丈七尺；五洞引水龙口，各高四尺四寸；至二洞以内，又接补渠坎，两边坡面概用石条修砌，成砌长十丈零五尺，宽一丈八尺；又后倍竹篓、木圈诸工，此系旧年所无，均于本年加增，以护洞堤。合将成就规模，逐一开载，以昭来世。再查龙门寺前，向有水井一口，旁有龙王堂一座，被水冲淌，其创建、毁没年分，并无记载。惟见龙王、土地二像，现在禹稷殿香案供奉，非其正位，每逢祀典，心尝不安。今择地于五洞夹心，新建修观音大士神庙一间，塑其金像，傍安龙王、土地，侍其左右，俾得其所，则神、人共安。但此项虽无关于正款，亦系求神保障祈福之计耳。故为此序，呈请核示。蒙批："查五门堰去岁被水冲决五洞，今春，该生等充膺首事，因旧日规模荡然无存，《县志》《水册》亦未详载洞口高低宽窄、水口大小。该生等相形度势，兴工修理，将长宽高后、洞口大小，量丈尺寸，开出数目底账，加工加料，修筑巩固。足征该生等办事认真，贤能练达，实堪嘉尚。本县已节次勘明，所修洞口、洞渠，高厚宽窄、大小尺寸，均属妥协，即著照例，勒石树碑于堰所，以为永远定规。其龙王、土地神像，亦著建修庙宇奉祀可也。"奉此勒石，以垂不朽云。

　　赐进士出身、城固县知县富阿明。典史袁文灿。

　　四里首事：监生王重魁，武生吴登魁。协办：从九饶际云，吕梦岭，张翼云，罗文炘。督工：李相润，李勉。各洞湃堰长等。

从九李时中撰，泮□许捷三书。

道光十七年岁次丁酉冬月谷旦。

圣水寺东青龙泉碑

时间：清道光十九年（1839 年）七月

地点：南郑区圣水寺文物管理所

规格：碑长方形，高 82 厘米，宽 52 厘米，厚 16 厘米。楷书 15 行，满行 26 字。

资料来源：《汉中碑石》（陈显远编著，三秦出版社，1996 年版）。

寺东青龙泉碑记

宝刹四周，旧有龙泉五焉，每遇干旱，祈甘霖者，无祷不灵，惟有历年矣。越今岁夏五六月，旱魃为虐，更甚于昔。我宁家湾、王家院、杨家坝四邻士庶，约众取水，蒙三官大帝并白马先锋显策走龙，为点青龙大太子宝泉一穴，新凿二丈五尺余，一昼两宵，辙至洞府，云影缥缈，水光澎湃，不逾时，凄凄霎霎，一雨数日，禾苗于斯槁者苏焉，田园于斯涸者灌焉。所谓泽润生民者，孰有神于此哉。爰勒诸石，以示不忘云。

同会：周家沟、赵家庙、韩家沟、卢家当、廖坝子、卢家坝、范树林、苟家营、堰沟、张家巷、赵家营、万营、柿子园。

生员：许耀先、刘芝兰、韩其昌、张大德、王发元。

理事会首：杨蔚、卢永泗、卢含金等敬 [立]。

生员李炳蔚沐手题书。

道光十九年岁次屠维大渊献相月谷旦。

核定五门堰章程碑

时间：清道光十九年（1839）十月二十八日

地点：城固县五门堰文物管理所

规格：碑长方形，高 109 厘米，宽 50 厘米。

资料来源：《汉中三堰》（鲁西奇、林昌丈编著，中华书局，2011 年版）之附录《汉中水利碑刻辑存》。

总理五门堰、四里首事、生员吴登魁，奉特授城固县正堂、加五级纪录十次富，奉转汉中府正堂、宁陕抚民分府、加三级随带军功加一级纪录十四次俞，为核定章程饬立遵守事。

照得城固县五门堰，为四里田户资水灌溉之区，每年修堰拦水，按亩派费，举首事经理。前人立法，未尝不善，无如人心不古，渐籍营私，遂致百弊丛生，争端日起。公正者视为畏途，狡猾者趋为利薮。自本署府前任该邑，目击情形，详加体察，扫除众论，毅然独行，幸获人事天时，卓有成效。兹十年去此，重来守土，该绅庶等追念前劳，公恳核立章程，俾有遵守。窃念吾民休戚，责有难辞，仅必当自身体立【力】行所及知者，酌时势之可行，去其本根之大病。胪列数条，详明道宪，饬县立案。恐有未尽，是在后人因时酌势，损益变通。总之，此事必得贤有司定识定力，不为众扰；公正人任劳任怨，不予物议，事获功效，而群议可排矣。将此立于该堰，恪守无违，似不无裨益焉。特示。计开：

（1）首事应由地方官采访殷实公正之人聘请，不准众人具呈混举，【以】不杜党结，而免攻讦也。查每遇举充首事，各分党羽，纷纷具呈。而此举则彼攻，彼举又此讦。所举者，大抵纠结请托而来，居心先不可问；出举者，但图其权操到手可挟以分肥，并不顾公事之成效。甚有自恃强梁，欲人先许出钱而允为力争者，是竟以公市为鬻之具。入门始基已坏，安望其正本而清源？欲整堰规，必先端首事。嗣后干预、举充首事呈词，一概不问。该地方官留心密访，勿受人愚。大约殷实体面之人，身家稍重，其意计必端，公论素孚，自老成可靠。官为备关特请，一切出入，禀而后行。庶党结攻讦之习除，而根本正矣。

（2）常年派费，每亩酌之百文以上，总不得过一百五十文。有大工，再议酌加，以防靡费而绝觊觎也。查该堰田共三万二千亩有奇，因派费有余，是以众所必争之地。向修堤务高（费），与水争力，随冲随筑，费用不赀。自本署府前任该邑时，见其以有用之钱，拦无益之水，改用□石竹圈一层，水大则听其翻过，而圈在水底，冲缺无虞，节费甚巨。每年核计工用，不过一千数百余串，加以必不可裁之外费一千二百串，所派之费，尽足敷用，并有余存。且近又水向西流，与洞为近；水从深急，沙随水走，自然之理。每岁但令数人，从洞之上下深槽处，扒沙数次而已。而东畔之功，更易为力。照所派之钱，一年办理而有余存者，即不问可知为可任之士。倘不善办理，用有亏短者，着落该首事自赔，不遵加派。如此，则派既无多，用自不得不节，而中无可饱，贪私者亦不肯趋之若鹜矣。

（3）每年既不多派，不准使水人户，籍端拖欠，以匀苦乐，而免效尤也。查向来强梁疲顽之户，及绅监中有曾充首事者，每籍端不给堰费，或拖欠不与找清。首事非徇情面，即畏挟制不敢禀，迨堰长、渠头更无如何，以人人观望效尤，公事掣肘。今议：凡绅监抗纳者，地方官将该渠头枷号该绅监门口，完日开释；强梁之顽户，提比。年终追齐算账，余存若干，下年即可少派，庶费不偏怙，而账难影射矣。

（4）收钱按渠立簿，照簿交钱，以免辗辗，而杜偷漏。查渠头收钱，每有交涉私账会兑作数者，或有已交现钱，而渠头狡赖支推、因而侵蚀者，既为票据为凭，可收多交少，互相影射，朦混不清。今已按渠立簿，注明堰长、渠头姓名，用印骑付，各给一本。凡交钱、收钱，必面写簿内为凭，局内即照簿收账，否则概不作数，严追渠头。庶侵挪少而支饰漏账可诘矣。

（5）堰局按月报账，以便稽查，而免牵混也。查一切工程费用，若至年终总报，则牵前搭后，易于朦混；且事过，日久难查。今议：惟按月一报，则上月工程费用，耳目易周，或有不同，可随时指摘，且年终无难。统算而明，而挪掩无从矣。

（6）严禁外人借使公账及堰外开销应酬，以清款项而平物议也。查堰局之钱，皆百姓脂膏，凑集谋生之用，岂容以之市恩见好？惟首事及管账人皆本地，非亲即友，每有不自爱之徒，有挟而求，时向首事等暂借公项钱文，谓为即还，其实皆意存分润。而该首事等，始则迫于情面，继则无可开销，不得不混入公账。再近闻有以衙门巴结，朋党应酬，公然开账，物议纷滋。今议：概不准借使酬应，如有狥情见好者，经手人自赔。庶钱归正用，物议可平矣。

（7）堰规既整，堰蠹不可不除也。查堰务既有专司，又有官为考核，自无俟外人干预。而每年借堰生发者，辄窥伺搜隙，或明攻、或暗梗，自张声势，俾凡来管堰者，必先履其门径而后得安。更有久食堰利者，各项□习，听其把持，隔年即预借来年工料之价，估卖工料，价倍寻常，不遂则唆众肘掣；即每举首事，亦必向其安顿。如李□等人，盘踞多年，实为堰蠹，若再不驱逐，堰务难清。嗣后访查此辈，该地方官随时分别惩治，庶骨病消而正人可立矣。

（8）首事二人，每人每年修金八十串文。①四里堰长，不论人之多寡，每年公给口食钱二百串文。②管账二人，每人每年劳金三拾串文。③工局纸笔身俸钱每年四拾捌串文，府工房十二串文。④开水、破土、祀神，六十串，不必演戏。⑤管堰员役二名，方可更替，每名每年身钱二十四串文。⑥添补家具、杂费等项，一百二十串文。⑦散役四名，每名每月钱一串文。⑧督工二名，每名每月身俸钱两串文。⑨厨子一名，每月钱一串二百文。⑩火食每年三百串文。⑪火夫二名，每名月工钱一串文。⑫纸墨簿籍三十串文。⑬茶夫一名，每月身工钱八百文。⑭渠头口食钱照旧，每串扣钱三十文。⑮马夫二名，每月身工钱一串文。⑯隆冬看堰人夫身工钱十二串文。⑰在堰常夫四名，每名每月身工钱八百文。

以上各费，系照旧章核定，不得再加。右仰通知。

协仝堰长：饶守生，王禄中，李知务，吕务平，李怀璧，王仲有（余名未录）。敬谨勒。

道光十九年十月二十八日立。

五门堰续买田地房屋碑记

时间：清咸丰二年（1852年）四月

地点：城固县五门堰文物管理所

规格：碑长方形，高112厘米，宽61厘米。圆额，额高20厘米，额中直书"皇清"2字。碑正中断裂，拼合后中间仍有部分残缺。碑文楷书21行。

资料来源：《汉中三堰》（鲁西奇、林昌丈编著，中华书局，2011年版）之附录《汉中水利碑刻辑存》。

乾隆五十二年旧碑记共载田……损失，片纸无存，自嘉庆十五年……咸丰二年续买田地房屋等首，递相收存。

①张家村萧家湃杨家堰田三坵，共……合。②大鸳鸯磨渠柳巷邨北郭家渠田二……分，秋粮三升五合二勺。③黄中沙田家洞田一亩七分，大鸳鸯……四牌田一亩一分，共秋粮六升一合六勺。④野狐洞上赵家渠田三亩三分，张家渠□□亩五分，共秋粮一斗二升七合六勺。⑤黄中沙王小渠田二亩一分八厘，秋粮四升□合三勺。⑥黄中沙古阴洞田二亩，李边渠田二亩二□，共秋粮九升二合四勺。⑦大鸳鸯郭四牌田三亩六分，高堰渠头牌田三亩，袁三牌田一亩五分，新垦埠地二分，共为一亩七分，共秋粮一斗七升八合二勺。⑧大鸳鸯西三道板堰底田二亩，西三道板堰底田二亩，秋粮四升四合。⑨东南高渠田四一亩四分，秋粮三升零八勺。⑩贺家□田二亩二分，秋粮四升八合四勺。

⑪梁家渠埠地一亩二分，渠南地一亩。⑫李家洞地四分，周家堰地八分，共夏粮四三升七合四勺。⑬黄中沙下王家渠田九分，秋粮一升九合八勺。……南街房一院五间半，夏粮四合四勺。⑭道光二十六年监生陈廷锡舍地四亩四分，坐落三里桥，夏粮四升八合四勺。拨与住持地二亩四分，带夏粮二升六合四分。合前后共田五十九亩零八厘，共地五亩四分，共秋夏粮九斗四一升四合一勺。

附记庙为常住田地：马家邨马先生舍萧家湃水田二亩六分，范家树林马富图舍地三亩，张高氏舍地一亩二分；本庙住持黎从有旧带田二坵，共六亩，坐翟家寺、谢家井；黄中沙田二亩二分，小东关、黄南沙田二亩，谢家井地五亩，小吴家村地二亩。

邑庠生张凤藻书丹，住持李复果、刘复本，徒周融泰、黄融熙、蔡融喈，孙伍体乾、李体存。

石工王思城。

大清咸丰二年岁次壬子四月中浣谷旦。

处理泉水堰纠纷碑

时间：清咸丰九年（1859年）九月

地点：原竖勉县泉水堰堰务会，今移存至勉县小中坝张鲁女墓亭内。

规格：碑长方形，高115厘米，宽60厘米，厚15厘米。楷书23行，满行49字。

资料来源：《汉中碑石》（陈显远编著，三秦出版社，1996年版）。另见《汉中三堰》（鲁西奇、林昌丈编著，中华书局，2011年版）之附录《汉中水利碑刻辑存》。

从来水利之兴，创立章程，无有不善者。夫古人善为创之，今人善于守之，历千百年，宜无有紊乱之隙。然犹有紊乱者，盖由人心不古，而饕餮其性也。如小中坝泉水堰，自龙洞发源，系拾贰家军户之私堰，沿河两岸，支流汛泉，总归此堰，外人不得开地作田，阻截上流。由泉远水微，田亩粮重，旱地粮轻，只许十二家军户轮流支灌，自有明如昼，无敢违者。讵意道光十一年，有客民陈正秀开地作田，违例霸水，被堰长投约，处明具结，永不得拦截堰水。十四年，又阻拦堰水，亦具有结。又十五年，张文兴、李普、王修德等，估截此堰上流之水，被堰长具禀在案，蒙县主李断令，仍照旧例，立碑为记，外人不得紊乱。及回家，伊等藐违公断，抗不立碑。彼时俱言堂断可凭，即不立碑，量亦无妨，伊等竟未立碑。至道光二十年，突出陈正秀之胞弟陈正章违例开端，胆将堰源拦阻涸断，堰长查明，赴城具禀。陈正章唾托王大德诱诓拦回，竟将堰长刁控。嗣蒙票唤，陈正章自知理屈，请同黄沙驿、小中坝两牌乡约说合，亦具有结，永不敢拦截堰水。二十一年，陈正秀又使其子陈有刚、陈佘娃、陈周儿，拦截此堰上流之水，堰长往查理阻，伊等恃恶逞刁，反将堰长按于水中，淹浸几毙。陈正秀自觉理屈，希图逃罪，径从小路进城捏控，蒙县主朱朗鉴批示：明系窃放堰水，先发制人，姑候唤讯究质，如虚倍惩不恕等语。随后堰长亦有具禀。陈正秀睹视批词，知难对质，仰托亲友，请全乡约，再四与堰长、田户赔罪，跪求饶免，堰长、田户亦从宽姑恕。迄今二十余年，无复有敢截堰源者。不料今岁七月十六日，有张文兴之子张武刚，陈正秀之孙陈二狗，李普之侄李茂春等，复恃强违例，将此堰上流截拦，勺水不下。堰长、田户情急往查，拿获伊等护笆、水车等物，即欲具禀悬究，伊等自觉情罪难容，请托武举关雄望邀约牌内绅士、田户说合，伊等情愿认立石碑，以志规例；演戏三日，晓众警顽。自此以后，勺水不敢入于旱田。碑成，请余作序，余不揣固陋，据实以篆，以垂千载不朽云。

邑庠生员徐步云撰，邑庠增生谢勷勋书，邑庠优增生孟宗尧，邑庠生员郑天佑。

原军：靳三、薛恭、刘观保、孟思让、周什、王荣、金官下、张肖牛、张进、戴马、宋买儿、郭海滨。支军：孟焕章、郑宝善、刘其清、孟守章、谢懋勋、孟相周、孟尚志、孟显、孟信、戴中全、宋水福、孟尚义。乡约：刘万金。田户：谢希贤。

咸丰岁次屠维协洽月建毕玄谷旦立。

洋县知县颁布杨填堰编夫格式告示碑

时间：清同治四年正月十九日（1865 年 2 月 14 日）

地点：城固县杨填堰水利管理站

规格：碑长方形，高 152 厘米，宽 73 厘米，厚 11 厘米。碑分上下两段，上段高 85 厘米，楷书 15 行，满行 19 字，刻洋县县署告示；下段高 67 厘米，楷书 15 行，满行 17 字，刻"编夫格式序"。

资料来源:《汉中碑石》(陈显远编著,三秦出版社,1996年版)。另见《汉中三堰》(鲁西奇、林昌丈编著,中华书局,2011年版)之附录《汉中水利碑刻辑存》。

钦加同知衔署洋县正堂加三级纪录五次范,为出示晓谕永远遵循事。案据杨填堰总领蓝翎知府衔贡生刘瀚、军功廪生高德均等面称:该堰田亩屡减,今遭兵劫之后,册簿尽失,更觉无缕,共议编夫章程,梓为格式,恳请示谕,永远遵循前来,等情。据此,合行出示晓谕,为此示,仰绅粮人等知悉。如举公直编夫,先赴堰局领册,注明夫头某人、散夫某人、田各若干亩。其佃耕善后公田者,每年每亩除给佃户谷壹斗五升,以作挑渠修堰之资,亦于册内注明夫名、田亩,均不得混合潦草。自示之后,须照公议编夫清查田亩格式,永远遵行。倘敢故违,领首指名送案,从重究治,各宜凛遵毋违。特示!

右仰通知。同治四年正月十九日。告示。押镌监堰局,勿损。

编夫格式序。

盖闻良法美意,前人创之为甚难,后人承之。杨填堰开造有年,润沾灌溉,燕尾渠分,畦连壤接,总计田亩约二万有奇,诚八方衣食米粮之薮。因每年堰坎冲塌,渠道壅淤,必然修补,按户出丁挑垦,遂有编夫之举。始立定堰规,仅将夫头编次,其所管散夫,并未胪列,残蔽田亩屡减。今遭兵劫之后,册簿尽失,乃公议编夫章程,梓为格式,某地夫头若干,散夫若干,俱要胪列姓名,将田亩开收,分高下等。善后局田亩,亦须从各夫头、散夫名下,以便稽考,免误参差。则继此经理堰者遵循办理,旧规可复举矣。是为序。

时大清同治三年腊月望日,杨填堰堰务局立。

编夫凡例十二条。

(1)前人为编夫而设公直之名,公者无私,直者不曲之谓也。乃近来编夫人等多有受贿瞒田,互相蒙蔽,至堰簿田亩递减,大失前人命名之意。嗣后编夫者须将公直二字,讲究明白,然后再充其任。

(2)充公直之人,必须通达书理,神明演算法,平素为乡闻所推重者,方可举拟,不得私揸争当。倘书算不清,必系假冒,□□之日,除不收外,仍面斥不贷。

(3)公直举拟妥协,必公正绅耆田户数位,开明某人充某地公直,来堰局报名,便给发编夫格式一本,不得仍潦草订簿送堰。违者以舞弊论。

（4）田户买卖，有在本牌开收者，有从外牌收入本牌者，亦有从本牌开于外牌者，例固不拘，徒将姓名、原田注清分厘开收，俱无遗漏，查时触目了然，彼此田亩分厘终归一总。倘混淆不清，定将编册退回，仍限日自送面对，决不徇情。

（5）堰田旧有成数，分毫无容少下。倘渔利公直受贿妄减，仍蹈从前，不列散夫姓名，只注夫头一人，共田若干，开收数目不能彼此互证，必致田亩总数不符，定将公直拘堰，送官究办。

（6）每夫项下，或系几家凑成，一名半名者，必须查明。某人田亩较多，且公正无私，精壮可靠，方准列为夫头，以便收钱之时，具帖会局。倘将无田绅耆豪强添注，必有私吞挺抗之弊，其咎仍归公直。

（7）公直编夫，向例集田三十亩为一名，十五亩为半名。近来每夫项下田亩虽未尽符向例，而各地夫名俱有定数，故按节挑渠，易于催督。倘以其地田亩减少，擅去夫名，必误桃渠工程，查出以受贿禀。

（8）每夫头、散夫项下田亩，或有查入善后局者，必于原田注明外，再注开于善后局田若干；善后局田总数下必注明某人佃某人田若干，以便夫头催督挑渠送钱，庶无遗漏。

（9）公直于编夫之年，必先出标帖，限定正月内。凡田户买某处田亩，执卖□开下夫单，赴该处公直，趁早收入项下。如其已□堰□，不准来堰参差，再注田亩。

（10）公直夫已编成，须给夫头小册一本，注明夫头某人、原田若干、散夫某人、原田若干，以便夫头催督挑渠齐钱。如不给小册，其中必有蒙混，查出以违例面斥。

（11）公直已将田亩编清，定于本年领首上堰日期，来公局领册缮写，限三日以内亲身呈送，以便稽查。□故意迟延，或苟且了事，定指名禀官责革。

（12）堰局给册编夫，本属八方郑重分明之事，凡册内字迹悉须端楷，毋得荒唐潦草，庶公直名实相符。若不经心，除不收外，仍合赔册更换。

式	格		亩	田	查	清		夫		编
除	原		善							头夫 某人
开	田		后							某人
共	共		局			夫散	夫散	夫散		夫
实	几亩	几分 厘 毫	田			某人	某人	某人		几名
田	共		几			原田	原田	原田	原田	本身
几	收	开	拾			几	几	几	几	
百	田					拾	拾	拾	拾	
几	几	几	亩			亩	亩	亩	亩	
拾	拾		分			分	分	分	分	
			厘			厘	厘	厘	厘	
亩	亩		毫			毫	毫	毫	毫	

蓝翎知府衔贡生奉委理堰刘翰□。五品军功衔廪生总理堰务□□□□。洋□生员后学□□□□。

上牌首事：留村，军功增生蔡如云；马畅，吏员李世奎；湑水铺，军功冯新发，军功纪宪章；庞家店，军功生员张承骞，陶绪成。管账：马畅高一元。

下牌首事：五间桥，军功何凤鸣，刘俊德；智果寺，军功监生孙丕承，军功王廷举；谢村镇，军功增生岳传新，军功孙永祥；白杨湾，军功增生段万选，生员李焕章；管账：军功王制。（下缺）

重修杨公庙暨堰堤公局诸务碑记

时间：清同治五年（1866年）八月

地点：城固县原公镇丁家村杨填堰水利管理站

规格：碑长方形，左侧残缺（相对于碑阳而言），残高154厘米，宽79厘米，厚12厘米。

资料来源：《汉中三堰》（鲁西奇、林昌丈编著，中华书局，2011年版）之附录《汉中水利碑刻辑存》。

重修杨公庙暨堰堤公局诸务碑记

尝思莫为之前，虽美弗彰；莫为之后，虽盛弗传。故凡有建置、可以永垂不朽者，尤赖变本加厉，踵事增华，而后前人之丰功伟烈愈远□□彰矣，虽然亦视乎时与势何如耳。时处其常，作之不难，奚有于仍；势值其顺，革之且易，何况于因。若予等之重修杨公庙暨堰堤公局□□务，则有极难不易者。在以时则变，以势则逆，仍无可仍，因无可□□也。昔开国侯杨公创堰，始于宋世，灌溉城、洋县田二万有奇，近□□□□于兹。堰固旋坏而旋修，庙亦屡废而屡兴。旧有上殿三间，系公生祠，公像塑焉；献殿三间，以崇公祀；左为官厅，伺候长上，右立僧□，□持香火；其前则上下工房，其后则领首公局。仑焉奂焉，足令后之人有不忍更张者。□同治元年，蓝逆窜汉；至冬，盘踞斗山、宝山；次年□，□逆又入，群寇如毛，藉堰渠顺流之便，拆毁两岸民舍，并将庙之前后左右蹂躏一空，所存者仅上殿三间，无乏户牖焉，兼之雨□□□堰堤，致令昔日所灌之田，尽为旷土。匪徒之贻害，莫此为深；水利之宜兴，亦莫此为急。至三年正月，诸逆遁去，予等始得旋归。适□□，侧杖聚议曰："我地方衣食之源，全赖斯堰，苟不修，余民靡有孑遗矣。孰可胜其任者？"遂有谬以予等称。于是，各绅耆相率……理，自忖不才，安敢负此重任？方退辞间，而抚宪发札，府宪暨邑侯皆行文传唤，面谕不准推诿。予等以经费全无，实□……怜，贷给饷银壹百两，邑侯亦付给军谷十五石。予等遂冒昧上堰，见堰渠之缺坏，神庙之倾圮，不禁唏嘘浩叹矣。是时，□……相望，室如悬磬，家无宿粮，斗米且银三两，斤面需钱百余。虽有些须伙助，而巨功何日能成哉？乃茹菜饮水，寝地坐块，凤□……往厚，畛予借钱五百缗，首事诸公亦皆筹划，各贷钱十余串，集腋成裘。遂买桩编笼，筑坝浚渠。城邑三分首事亦按例□……成沛泽下注。复以秧种欠缺，栽插者仅十有六七；阴雨淋涝，成熟者只十之二三。幸收谷之后，田户尚皆踊跃，按亩乐□，……款，其余荒坏，悉皆蠲免。四年春，予等仍不得息肩。估计之日，绅耆田户复向予等曰：堰坎固急，庙局亦不可缓，诸君□……壹百六。予等祗领众嘱，趁物价不昂贵，拘买材木，蓄砖瓦灰石，卜吉起工。金以旧日公局在庙后，与杨公墓相□……于公局旧址处，创修上殿三楹，升公像于中；后建小亭，俾与墓通；旧上殿改为献殿，使前面院落宽阔，为异日□……楼计。其公局则列上殿之两旁，既食其德，永思其恩。幸蒙福庇，水不欠缺，秋谷丰稔。今岁犹未获辞，只得复为经理……廊，官厅僧舍上下工房厨厩，以次举行。统计新建大小屋宇不下四十间。公议每亩派钱壹百二十文。是役也，虽□……之事业，以视夫待时乘势因人仍旧者，其难易迥别矣。今已三年，会算经费，七分局前后官修大堰共用钱二千□……费钱一千四百六十余串文。工程将竣，绅耆田户劝竖碑以志不忘。予等有何功之可志哉？仅将各上宪救民□……其颠末云耳。至于脊兽未安，黝垩未施，则所望于后之董事君子焉。是为记。

　　……都察院右副都御史、巡抚陕西等处地方、参赞军务兼理粮饷事刘蓉。……安兵备道兼管水利驿站、加五级纪录十次何丙勋。……道、前任署陕西汉中府知府加五级纪录十次杨光澍。……员、戴蓝翎、汉中府水利经厅、加三级纪录五次于椿荣。……洋县正堂、加三级纪录五次、河南辛酉科拔贡范荣光。蓝翎知府衔贡生、奉委理堰刘瀚撰。五品军功衔廪生、总理堰务高德均校。吏部候铨教谕、辛酉科拔贡刘鉴阅。洋庠生员、后学刘定功书。

　　上牌首事：留村，军功增生蔡如云；马厂，吏员李世奎；滑水铺，军功冯新发，军功纪宪章；庞家店，军功生员张承骞，陶绪成。马厂，管账高一元。

　　下牌首事：五间桥，军功何凤鸣，刘俊德；智果寺，军功监生孙丕承，军功王廷举；谢村镇，军功增生岳传新，军功孙永祥；白杨湾，军功增生段万选，生员李焕章；谢村镇，管账 军功王制。仝立石。木工：王贵方，张喜有，王道元，王贵元，李生秀。瓦工：孟大伟，陈万治。解工：谢来狗。石工：王利贞，王利东，王利成。

　　同治五年岁次丙寅孟秋月中浣之吉□。

修复泉水堰碑

　　时间：清同治五年（1866 年）十月

　　地点：原竖勉县泉水堰堰务会，今移存至勉县小中坝张鲁女墓亭内

　　规格：碑长方形，高 110 厘米，宽 57 厘米，厚 15 厘米。楷书 21 行，满行 48 字。

　　资料来源：《汉中碑石》（陈显远编著，三秦出版社，1996 年版）。另见《汉中三堰》（鲁西奇、林昌丈编著，中华书局，2011 年版）之附录《汉中水利碑刻辑存》。

　　尝叹禹稷之功，万世永赖，后人何敢稍拟其隆哉？虽然亦视所为之关系何如耳。使所为而有关于国计民生焉，不为画一策，则历久必有借以渔利者，即

有以之受害者。如余牌之泉水堰，实为数村养命之源。自同治二年，长毛入境，人民离散，加之□□过多，泥淤石埂，沟渠塞满，堤垠无形。至三年正月，贼匪远遁，余自他乡来归，即与莨臣谢兄计议修理。余手无斧柯，徒为坐叹，又天旱数旬，禾苗尽枯，饥馑甚于往昔，此虽天数，亦人力有未至耳。及冬，余又与莨臣兄踌躇，请田户孟尚志等商议，俱束手。余曰：是功也，非备钱数十千不可轻举，但肯将己身之田，借入公中出当，照佃种课租。于是，孟尚志膺三亩，郑中伏膺四亩。又□□巽田一亩，姜姓田一亩，并堰会原当孟张氏田一亩，一并出当田□封名下，得钱三十千文。除取钱脚价较费外，尚余钱三十千余文，买刘万金埠地一亩。从新开渠，功剧钱少，如何告竣？又议买田客户每亩出钱一千文，当田客户每亩出钱三百文，合价共得钱五十三千八百余文，乃为动工。落成之日，有以余等之是举，为为众人者；有以为借此以糊荒年者，啧啧烦说谁能受。莨臣兄闻之，即欲鸣金晓众，清算账目，余曰：否。借田尚未赎回，毋庸急遽。至今岁二月替堰，清算账目，修沟开堰，并置器具与樊氏坡地一段，共花费钱五十三千一百余文，除使下余钱七百余文存莨臣兄处，余与他人，并未沾染分文。是年六月，演戏毕，凑入不胜所出，赔填钱一千三百余文，莨臣兄一人情甘，余与他人，亦并未填分文。浮言乃息，人心乃服。即日筹赎田之策，共堰会先年积钱，除让利外，本钱折半清还；又将所当孟张氏周什田一亩，价一十二千文，转当于余，共得钱三十余千文，将借回【田】交清，余与莨臣兄之心尽矣，责亦谢矣。爰立□石，非炫其劳，特为所置两处地志粮清界云尔。

买刘万金埠地一亩，坐落沟口地，东至刘姓地，南至野坟，西至沟，北至堰沟北垠，随带驿粮五合。买刘樊氏坡地一段，坐落面前坡，东至石岭上垠，南至路，西至刘姓地，北至坡根，一切树木，每年轮值堰长经理，随带驿粮壹升。

邑庠优增生孟宗尧撰。邑庠增生谢勋勋书。□□：靳三，薛恭。支军堰长：孟珍，谢懋勋。田户：孟尚志。乡约：刘万金。

同治五年十月吉日仝立。

重修金洋堰平水明王庙碑

时间：清同治八年（1869年）四月十五日

地点：西乡县金洋堰水利管理站

规格：碑长方形，高154厘米，宽73厘米，厚15厘米。圆额，额高20厘米，左行横刻楷书"共成盛事"四字,字径 10 厘米。碑文楷书 17 行,满行 36 字。

资料来源:《汉中碑石》(陈显远编著,三秦出版社,1996 年版)。另见《汉中三堰》(鲁西奇、林昌丈编著,中华书局,2011 年版)之附录《汉中水利碑刻辑存》。

重修金洋堰平水明王庙碑序

且圣王之制祀也,能御大灾则祀之,能捍大患则祀之。夫御灾捍患,孰有如平水明王之作砥柱于中流,回狂澜于既倒哉?是故,天下建立专祠,所在多有,而设庙于金洋堰尤重。予尝逍遥泽畔,探访洋源,见夫波流激涌,川水沸腾,而堰则横河堤防,渠则傍岸筑坎,倘非神助,易形冲奔,岂能致堤固金城、田珍金价、以博金洋之嘉名乎?然则,先哲创建此庙,诚盛举哉!乃者,逆匪一炬,半怜焦土,非谋旧贯重修,奚自妥神邀福?爰集绅粮议新栋宇。经始于同治丙寅冬,落成于同治己巳夏。其间首事日就经营,劳而无伐;即堰长星零索费,乐而忘疲。凡田连阡陌,取求固不瑕疵;纵粮仅分厘,助凑殊皆踊跃。此何以不约而同哉?盖其感之也深,故其报也切;其用之也当,故其将之也殷。故虽甫过兵凶,犹新黝墨。则前人创建之功固伟,而后人重修之力亦何可少也?当此告厥,成功将见,神灵安妥,赫赫濯濯,堰务聚谈,雍雍穆穆。而且秋报春祈,定知农占鱼梦;风恬浪静,行见舟顺鸿毛。时而邑宰政行郊舍,驾税桑田,睹斯庙也,必欣然作甘棠之憩,而燠馆凉台不足羡;时而野人尽力习坎,兴工浚浍,睹斯庙也,必怡然怀樾荫之庇,而风餐露宿可无忧。他若祷甘霖,叙幽情,议公事,宴良朋,尤其境之甚佳者也。予故乐述颠末,俾奕冀知重修有由。既列叙首事,并将斯役相与有劳诸君刻于碑阴,用以劝勉后之从公事者。

邑优行廪膳生员刘懿德拜撰并书。

大清同治己巳孟夏既望。经理首事:署理两当知县李春庆,乡约许殿卿,耆老杨莳林。同水东三坝士庶立。

修理杨填堰告示碑

时间:清同治九年(1871 年)十一月二十二日

地点:城固县杨填堰水利管理站

规格:碑长方形,高 165 厘米,宽 80 厘米,厚 16 厘米。碑文楷书 25 行,满行 77 字。

资料来源：《汉中碑石》（陈显远编著，三秦出版社，1996 年版）。另见《汉中三堰》（鲁西奇、林昌丈编著，中华书局，2011 年版）之附录《汉中水利碑刻辑存》。

钦加盐运使衔陕西潼商兵备道署陕安道兼管水利驿站事务加五级纪录十次谢，为出示晓谕事：照得杨填堰水灌溉城、洋农田，旧章以城三洋七摊派修理，由来久矣。同治六年，河水涨发，冲塌南桥上下渠坎五十余丈。七年，七分堰首士张凤翀等人会商三分首士宋绍智等，置地修渠。因三分渠修坎工费未付，以致争讼，先经前道署沈提讯，未给。即据城、洋二县，在郡开道，两造将七分堰垫修之钱，令三分堰补还七十串文，其南桥至长岭沟口渠坎各工，以后作为三七合修，余皆照旧行工。所有每年应派田户水钱，三分每亩较七分高派一百文，倘有不敷，七分帮补等情，禀道出示，饬令立碑。去后，讵七分堰首士王炳南等，因帮补漫无限制，摊派为难，欲先查三分之田，而三分首士丁殿甲等，亦欲查七分田亩，复行兴讼。本署道札调城固县周令、署洋县孙令、水利厅于经历等，同两造来辕，督同查讯，三分应还七年修渠工费尚短钱五十串，即令具限交出。至三七田亩，若遽令查丈，断非指日可竣，书役下乡，岂无骚扰，转瞬春融东作，有妨农功。且于查丈时，三七首士，势必争多竞少，讼累无穷，彼此均无裨益，其非所以示体恤也。查嘉庆十五年续修志书内载，是堰灌城田始则一千四百余亩，继增六千八百余亩；洋田一万八百余亩，继增至一万七千余亩。自兹以后，又增至一万八千余亩。查三分原报下苏村冲田九百余亩，苏寨村、留村冲田二百余亩，共计短田一千一百余亩，属实，是已不敷旧额。本署道衡情酌断：七分津贴三分，应以此三处冲淤田一千一百亩为定，嗣后兴工，仍照前案，三分每亩高派钱一百文，每年公同算明；如有不敷，计钱之多寡，令七分津贴一半，仍归三分自行摊派。设将来三分水冲之田一千一百亩，修复至五百五十亩之数，七分津贴即行停止。此后城田倘于报明三千八百亩内，再有冲淌，不得令七分再加津贴，以示限制。三七各堰均不得异议。两造允服，具结在案。除饬该二县公拟碑文，禀候核定发刻，公同竖立外，所有断结缘由，合先出示晓谕。为此示，仰城、洋二县三七首士田户一体遵照办理，毋违。特示。告示。押。右仰通知。

城洋二县公拟碑文

天下事有必待变通而始尽利者，不可以无权，而权宜之方，亦不可无一定之则。杨填堰之修也，城三洋七，由来已久，不可得而易也。近以田亩参差，构讼累年。前任道宪断以堰上之费，三分每亩较七分高派钱一百文，如有不敷，七分帮补，此一时从权之计耳。既而洋之民虑其漫无限制也，复控于道辕，而以稽查三分田亩为请；城之民则曰：城田自同治六年淌去一千一百有奇，其登诸水册者，仅存三千八百，嘉庆九年局碑俱在，可证也。然考严栎【乐】园太守《续郡志》，事在嘉庆十五年，内载是堰灌城田始则一千四百余亩，继增至六千八百余亩，洋田一万八百余亩，继增至一万七千余亩，嗣后再增至一万八千四百亩矣。洋之民又曰：城田纵减，抑何今昔大相悬耶？道宪谢乃率城固县主周、洋县主孙、水利厅于，集三七首士于庭而听之，而为之推求民隐，谛审利弊，原前贤定制之遗意，察先后增减之各殊，于是从而断之曰：古制固不可违，成案亦不可恃，合城与洋而论，其田亩当以志之最近者为衡也。第就城而核，其田亩则虽被冲于水者，为足据也。城居上游，得水为先；洋居中下，受水为大。今城虑工费之不敷，洋又虑津贴之无准，于所冲之田一千一百亩，酌其中而剂之，斯费无独绌而数有定程矣。若夫查田之举，假手胥役，劳民伤财，不胜其扰。且恐互相攻诘不休，则误而水利，妨而农功，非所以示体恤、杜争兢【竞】也。三七首士，遂各唯唯听命，贴然而输诚焉。自兹以往，每岁三七堰费，即于秋后公同核算。三分除每亩高派百钱之外，如有不敷，计钱之多寡，七分津贴其半，所余之半，仍归三分自行摊派。至三分之田于报明三千八百之内，设再有冲淌，亦不得令七分津贴之款有所再加。如田之被冲者，经三分修复，已足五百五十亩之数，七分即可停止津贴矣。其自长岭沟以至南桥，实为下游引水咽喉之地，渠坎各工，或分或合，向无明丈，应遵前断，作为三七合修，以期保固，永无异议，余皆照旧行工。盖恩断之详明，有如此者夫？斯谳也，不泥于古而即以维夫古，有便于民而不少病夫民，行其权而示之，则宪台之用心，可谓仁至而义尽矣。城、洋之民，其曷敢有佚厥志？爰勒诸珉，俾咸知所遵守云尔。

钦加六品衔赏戴蓝翎汉中府水利经厅加五级纪录五次于椿荣。钦赐蓝补用同知直隶州特授城固县正堂加五级纪录十次周曜东。钦加运同衔署洋县正堂议叙加一级纪录二次记大功三次孙士喆

三分首事：生员丁殿甲，宋绍智，卢宪章，监生李应春、佘化龙。

七分领首：生员冯翊戴，介宾张凤翮，生员张德容，生员夏声和，增生段万选，生员王炳南，生员左逢源，生员冉鹏飞，生员陈锡，郑郡平，庞化荣，杨炳堃。仝立。

大清同治九年岁次庚午年十一月二十二日。

重修五门堰并及渠坎记

时间：清同治十一年（1872年）

地点：城固县五门堰文物管理所

规格：碑已残，存两半块，拼合后高158厘米，宽73厘米。

资料来源：《汉中三堰》（鲁西奇、林昌丈编著，中华书局，2011年版）之附录《汉中水利碑刻辑存》。

（前缺）邑之水利，五门堰……迭经补葺，而崩溃不……急流直冲，堤防莫御……按此地为下游引水咽……不可为之事，况陂堰之利，利……石为坊，编笼实小石，为外方……且设水码以杀水……之泥沙之中……辛未春杪，六阅月而堰渠告成。壬申之岁，则不过培之，使广且厚，资益□□。此二年中，虽有水潦，不为患也。即雨泽愆期……不可知也，不待祈年而顺成之庆，尤为近岁所未有。方是役之未兴也，议者以为需款巨，不济适以厉民耳，拟从山旁截……亦惮其难，不肯肩其任，而余独力排众议，而毅然行之，于事机似亦落落者，而卒也功成而利普。初费愈万余缗，次仅……乃帖然为我信。有见而问术者，余应之曰：五门堰之不保，有坐四焉，冬令水涸，人力易施，植……当愈……之后，事虽因而功则创，顾亦兼营于春，刻期收效，非其时也。圆石善转，以之砌堤，则不如磐石……节省在目前，而受累究无尽也。立石粜止水，以无底之粜盛石，波撼则石沉木浮，木与石不……也。余惟矫其坐而以实力行之而已矣，他何术哉？客曰：子之利民非特一时之利，诚后事……作一劳永逸之图，以频年民力未纾，姑缓其事，固知覆笼加粜之工，岁不容忽也，爰缕……

蓝翎补用同知直隶州知城固县事……邑学优行增广……同治十有一年岁在元……

金洋堰移窑保农碑

时间：清同治十一年（1872 年）九月

地点：西乡县金洋堰水利管理站

规格：碑长方形，高 112 厘米，宽 56 厘米，厚 14 厘米。圆额，额高 23 厘米，右行横刻"永垂不朽"四字，字径 9 厘米。碑文楷书 16 行，满行 36 字。

资料来源：《汉中碑石》（陈显远编著，三秦出版社，1996 年版）。另见《汉中三堰》（鲁西奇、林昌丈编著，中华书局，2011 年版）之附录《汉中水利碑刻辑存》。

公议移堰渠两旁烧熬窑厂以免妨农碑序

考之《书》，至《洪范》及《禹漠》篇，见夫食居八政之首，谷详六府之中，货其次焉者也。然货苟无妨于农，货亦人之利用，方且忧其不产，岂可阻其生殖？特患货殖之地，致妨稼啬之事，则革之不利于商，因之有病于农，计惟移之，庶两全无害。如我水东金洋堰，渠同郑、白，泽媲龚、黄，田灌万顷，稼歌千仓，自古在昔，屡书大有，故堰以金名也。乃自道光二十六七年，以至咸丰八九年，每有傍渠陶器，近水烧熬，由是渠坎迭见倾颓，禾稼频遭蚀剥。每逢秋苗正秀，阵阵噫风，叶渐转红，穗多吐白。设醮祷禳，靡神不举，卒莫挽回。尔时风鉴，谓堰渠犹龙，故金洋堰渠口名为龙口，龙宜于水，不宜于火。他方皆庆有秋，此地独嗟歉岁，由近渠烧熬窑厂，火光焰烈，龙之首尾被烧故也。斯言不经，殆未可深信，君子惟谓天灾流行焉。及同治改元以至三四五年，逆匪扰境，烧熬窑厂未举，岁遂转凶而为乐。至七八九年肃清，烧熬窑厂复开，岁又转乐为凶。逮十一年，同拟暂停烧熬窑厂，以验前言是否。是岁亦遂庆大熟。年之丰歉，每视烧熬窑厂之兴废，历有明征，屡试不爽。始信风鉴之论，理或然也。爰集水东绅粮公议，近堰大渠两旁概不准开烧熬窑厂。倘仍蹈前辙，致妨农食，该堰长率领堰夫，掘其窑，毁其窑。如或致酿成讼，该按田亩派钱，以角胜负。此一移也，将见货殖者迁地亦良，务农者崇墉有庆，民食可足，国课有资，利用亦复不缺，所裨非岂浅鲜也。故镌贞珉，以垂不朽云。

同治十一年季秋月谷旦，水东堰长同绅粮公议立。

金洋堰禁止砍树捕鱼碑

时间：清同治十二年（1873年）六月初六日

地点：西乡县金洋堰水利管理站

规格：碑长方形，高50厘米，宽32厘米，厚13厘米。文书14行，满行22字。

资料来源：《汉中碑石》（陈显远编著，三秦出版社，1996年版）。另见《汉中三堰》（鲁西奇、林昌丈编著，中华书局，2011年版）之附录《汉中水利碑刻辑存》。

公议禁止金洋堰一切树木碑

金洋堰旧系累木为堰，严禁刊【砍】伐堰中树木，自古为例。及易为石堰，将堰中树木禁蓄，以备补修堰庙之用。其山木葱茏，与午峰并秀。乃有不法之徒，入山窃伐，以致山木光洁，将何以备补修堰庙之林？兹集绅粮公议，拿获窃伐之人，凭众处理。念古例不可废坠，仍照旧章，禁止刊【砍】伐堰中树木。自堰潭西，上齐查姓地，下齐堰坎，东齐李姓连界，西齐南山背后黄龙庵，俱系堰中坡地，倘有窃伐树木，一经拿获，先行理处。如强悍抗违，该禀官究治，决不容情。特勒石，以示严禁云。

外批：本年五月内拿获堰中捕鱼，禀案。蒙梁县主堂讯，重责捕鱼之人，示立章程：嗣后富者捕鱼，罚钱拾串文；贫者捕鱼，送案究治。均勒石以垂不朽云。

堰长：许殿贤，李应春，杨春荣等立。

同治十二年六月初六日。

三分堰修盖房屋碑

时间：清同治十二年（1873年）七月

地点：城固县杨填堰水利管理站

规格：碑长方形，高125厘米，宽70厘米，厚11厘米。碑文楷书18行，满行38字。

资料来源：《汉中碑石》（陈显远编著，三秦出版社，1996年版）。另见《汉中三堰》（鲁西奇、林昌丈编著，中华书局，2011年版）之附录《汉中水利碑

刻辑存》。

三分堰修盖房屋碑记

且天下事，不当为而为之，固有多事之讥；当为者而不为，亦不免萎靡之虑。如我杨填三分堰，旧局三间，首士仅可容膝，是以每年会夫之日，田户来此，恒多风雨之患；货物等项，更有暴露之忧。前之董事者，辄多难心。余等接事，公事之暇，恒念及焉。幸蒙天道顺适，四时调和，兼之菲饮食，节器用，二年之间，积有壹百余金。癸酉春，协同商议，即时高砌基址，鸠工庀材，旧局西斗立三椽，合为一通。檐筑有四，货物幸有闭藏之地；门开有六，田户亦有安坐之方。此固事之当为而不可不为者也，虽非余等之功，亦聊为三分之小补云尔。至若首士，三年已满，每地各请公正田户，清算账项毕，然后再行卸事。公议来年首士，倘有私捏妄举情弊，田户即行禀案更换，毋得徇情，因勒贞珉，以垂永久。

春季，首士未及赴堰，工人每多偷拆桩笼，一经查出，百倍议罚，立即革退，另选工人，旧工永不许入。

桩笼工价，酌古准今，每丈定价四百文，或遇急水，每丈添钱五十文。不得私议工价，以致弊窦。

堰局账房，工人毋得擅行出入，或要钱文，或取物件，必须问明，如违重斥。

钦赐蓝翎补用同知直隶州特授城固县正堂加五级纪录十次周耀东。

经理首事：汤文德，城邑庠生李友棠，城邑庠生李志铭撰，太学生魏浩然，八品寿官佘化龙书。

大清同治十二年岁次癸酉夷则月上旬立。

五门堰复查田亩碑

时间：清光绪元年（1875 年）六月

地点：城固县五门堰文物管理所

规格：碑长方形，高 142 厘米，宽 86 厘米，厚 16 厘米。书 26 行，满行 48 字。

资料来源：《汉中碑石》（陈显远编著，三秦出版社，1996 年版）。

五门堰复查田亩记

汉南农田之利在陂渠，五门堰之于城邑，尤大彰明较著者也。国初，灌田三万亩，既增至四万亩，浸为宅基所占，为流沙所摧，又为堰长、渠头所匿，日朘月削，仅得田二万八千有奇。道光中，清而厘之，乃复额如旧，志、碣具在，可考也。今匆匆数十年矣。田册毁于兵燹，其减者视前更甚矣。惟壻水发源太白，迤逦群山万壑之中，汇众派至庆山而出行平原，斯堰适当其冲。河之急流，近则折而趋于右，每当秋夏之交，洪涛暴涨，堰之堤防，斗山之渠坎，皆不克保，岁屡歉。予乃与司事究心修筑之方，而民始赖其利。然而工日繁，田日简，费尤日益，自是查田之议迭兴，卒以其事之烦且难而不果。有张子丽堂、何子秩然者，笃行士也。昨岁求董事，众口交推，综理有成效，遂以查田之事重留之，强之再三而后许焉。于是，乃申文告，明禁令，命堰长缮水册，诹吉以经始，刻期以蒇事。余因案牍之纷，不常往，檄少尉陈捷三为之监，防挠滞也。二子者率局执事之人及工胥吏、堰差、各佃户，遍历陇畔之间，次第稽核，虽日炙雨淋，弗惮其瘁也，有不适者，虽舌敝唇焦，弗避其琐也。起今春上巳后一日，讫四月既望后五日。凡田之由隐而显者，计数在四千以外，已谕各渠头协同堰长结报立案矣。善哉！夫吾向者之治堰渠也，曾有怯弊之记矣。顾堰坎之不坚，弊在工头；田亩之不实，弊在堰长。渠头培之，必详其法，则工头无所施其谲，计核之徒，鹜其名而已。虽劳而不能久耐，能直遂而不能曲将，则堰长渠头犹得乘间抵隙，以售其欺，则是查田之难而更难于治堰也。虽然隐田之弊一柈而即尽，而堰渠各工之流弊，推寻而无穷。如堰之用桊也，既知置底之有裨矣，且知两旁之关阑不可阙矣，然使之散而无纪，不相联属，则不能并力相保，一桊倾，众桊悉从而靡矣。此则吾之欲与救其效于继此者也。二者固皆期于董率之得其人耳。计自今以往，按亩以据实而加多，助费以均摊而加少，水利溥沾而于民不扰，则此一举也，其有功于同井者，岂浅鲜哉？二子虑其积久而无征也，属余为文以记之，且将并九碉八湃之亩数，区别而泐之贞珉，其用意不亦深且远欤？

蓝翎补用同知直隶州调补富平县事、城固县正堂加五级纪录十次周曜东撰。特授城固县右堂陈联魁。邑庠生李根生书。四里首事：前理兴安府教授、安康县教谕张文绮，乙丑恩贡生何有序。

协办：监生张存诚，黎诏，生员李根生，张定基，岳际泰，从九张文青。

工科：揭柄张、王鹤龄、赵鸿轩。

堰长：王成绩，高振冈，贾庚春，贾大祥，吕宗望，曹文喜，刘忠，李明，刘思禄，傅良宰，马刚，刘进有，刘承祖，强修德，张凤翔，王应发，张鸿学，李桂林，揭中发，司成文。

堰差：姚典，丁法，王和。

住持：普有。

光绪元年岁次乙亥六月谷旦立。

九辆车：田三百三十五么三分。

唐公湃：一名夫，六十四么四分。二名夫，五十七么四分。三名夫、四名夫、五名夫，三、四、五共一百七十么六分五厘。六名夫，田九十四么八分五厘。七名夫、八名夫、九名夫：七、八、九，共一百五十么零二分五厘。十名夫，五十六亩。十一名夫，四十五么七分。十二名夫，七十五么四分。十三名夫，四十八么三分五厘。十四名夫，四十六亩八分。十五名夫，五十一么六分。新入斗山滩田二百七十三么六分。

八洞田：鸡蛋洞上，一十三么五分。鸡蛋洞下，一百六十八么五分。高洞上，田七十四么。高洞下，一百三十六么。下高洞田，七十五么。从女上，二百一十四么二分。从女下，二百二十三么九分。庙渠上，一百四十二么六分。庙渠下，一百零九么一分六厘。药木上，二百零一么五分。药木下，一百三十么零八分。

青泥洞：唐家堰，一百七十么零八分。东渠子，田九十二么。小堰子，二百零一么三分。大堰子，四百一十二么一分。西渠东，一百五十二么一分。西渠西，一百五十八么七分。西渠下，一百五十二么六分。庙台渠，一百零七么七分。

萧家湃：小南渠、北渠田、丁小渠，三渠共一百一十七么三分。龚家渠，田三百一十一么五分。孟家堰，田二百零九么。王家堰，田二百三十一么三分。藻堰，田四百三十九么六分。新入河坝田，八十九么二分。

演水湃：上头工，田八十二么五分。下头工，田一百零八么九分。上二工，田六十一么六分。下二工，田五十四么。又二工，三百五十五么四分。上三工，一百零二么六分。下三工，田六十二么一分。上四工，田八十六么六分。唐家洞，一百三十一么三分。北渠子，田四十八么五分。西渠子，田四十八么七分。徐家渠，一百二十五么二分。湖广洞，田三十二么。杨家渠，田四十么零七分。中渠子田，一百零八么五分。

演水湃：底渠子，一百七十五么九分。

黄北沙：黄土堰，三百零八么六分五厘。张吴洞，田二十三么。北碌朱，一百三十一么三分。南碌朱，田七十四么九分。黄小渠，一百五十三么三分。没小渠，一百六十八么三分。上石堰，二百八十四么七分。下石堰，二百四十六么三分。上梁渠，一百八十七么一分。下梁渠，田八十五么五分。刘家渠，二百三十六么二分。杜北渠，田九十五么。杜中渠，一百七十二么二分。杜高渠，一百二十七么六分。柳堰子，一百一十五么九分。进水西，一百三十五么六分。进水碌朱，一百零七么八分。

黄中沙：小橙槽，田四十一么八分。大橙槽，一百一十么。张杨洞，六十七么六分。上王渠，一百六十四么七分。下王渠，九十三么四分。薛家洞，八十二么九分五厘。孙家渠，一百零四么九分。常家渠，三百零三么六分。田小渠，田七十九么八分。李边渠，一百六十七么三分。吴小渠，田九十二么四分。上中渠，田六十五么一分。下中渠，田六十四么六分。橙槽渠，二百三十一么二分。黎家渠，一百二十么零八分。梁顶漕，田一百一十么。梁中漕，一百四十四么六分。梁下漕，一百九十九么七分。梁罢漕，一百二十七么五分。

南沙上：方顶漕，田四十四么五分。方中漕，一百一十八么一分。方下漕，二百一十九么一分。上高渠，九十五么八分。中高渠，一百五十二么九分。下高渠，二百五十七么。张家渠，二百零八么三分。杨家渠，一百一十六么三分。上赵渠，一百二十八么八分。下赵渠，一百一十六么四分。石家渠，一百六十四么一分。六方渠，二百么双零三分。田家渠，一百三十七么五分。

南沙下：上腰渠，田四十八么八分。下腰渠，田八十九么一分九厘。腰渠底，田九十一么三分。上瓦渣，一百一十九么三分。中瓦渣，田二十么零七分。下瓦渣，田制十九么五分。上黄渠，田三十六么查分。下黄渠，田七十二么九分。县腰渠，田五十三么。

南沙下：丁家洞，田三十六么六分。张家渠，田七十么零三分。王家渠，二百二十七么一分。洋县渠，一百六十六么七分。上井儿渠，四十八么二分。下井儿渠，七十七么七分。漫渠子，一百一十九么二分。上廖渠，田四十三么八分。下廖渠田，田三十三么六分。北橙槽，田一十八么。中橙槽，田三十四么二分。南橙槽，田一十五么八分。廉家渠，一百九十三么六分。舒家渠，田三十五么五分。高渠，田四十八么六分。大北渠，田五十么零一分。小北渠，田二十六么。小南渠，田二十七么一分。大深渠，一百四十八么四分。米渠，田六十么零八分。

鸳鸯上：沫渠头牌，一百三十六么四分。袁二牌，田一百零二么八分。袁三牌，田八十二么。袁四牌，田七十五么七分。袁五牌，田九十五么四分。高渠子，田一百二十二么二分。郭二牌，田四十九么六分。郭三牌，田四十么。郭四牌，田六十二么五分。郭五牌，田七十五么二分。高堰头牌，田二十么零一分。高堰二牌，田二十八么。高堰三牌，田三十一么八分。高堰四牌，田二十八么一分。高堰五牌，田五十八么一分。高堰六牌，四十一么四分五厘。高堰七牌，一十六么七分。高堰八牌，田五十一么二分。东边渠，一百五十三么。西边渠，二百零三么六分。强家堰，一百一十七么二分。朱家渠，田二十九么八分。上李洞，田五十一么八分。下李洞，田七十么零九分。黎头牌，田七十八么七分。黎二牌，田九十五么七分。饶头牌，田八十四么。饶二牌，田九十五么三分。杂牌，田一百一十五么二分。梁家渠，田六十么零三分。

小鸳鸯：东渠子，四百二十二么四分。北渠子，一百六十六么四分。堰子渠，二百五十么零一分。高渠子，田三十八么三分。上橙槽，田六十二么七分。下橙槽，田七十八么一分。中渠子，田九十么零六分。

鸳鸯中：进水堰，田七十么零四分。蓝家坟，田五十九么二分。独渠子，田七十七么三分。

鸳鸯中：西渠子，四十五么五分。边渠子，四十五么三分。南岔渠，六十么二分。东渠子，四十六么八分五厘。丁家村，六十七么六分。北渠子，田六十二么。赵头牌，六十六么。赵二牌，五十八么八分。赵三牌，三十三么九分。闵头牌，五十二亩八分。闵二牌，田五十八么四分。闵三牌，五十八么。闵四牌，三十八么四分。冯家渠，五十七么五分。舒家渠，五十四么八分。蓝家渠，一百八十么零三分。马槽渠，二十九么四分。况家渠，一十六么八分。秦家渠，九十一么六分。橙槽渠，八十三么七分。榜子上，六十七么三分。下头牌，八十四么九分。下二牌，八十二么三分。西边渠，六十二么六分。上二牌，六十四么二分。中渠子，四十二么一分。鄢家渠，七十八么八分。小磨渠，一百一十么零二分。上三牌，六十一么四分。东边渠，田五十九么八分。

鸳鸯下：东石堰，五百七十四么二分。大东渠，三百八十九么七分。军民渠，五百二十九幺四分。胡家渠，九十二幺六分。六家洞，一百三十四幺六分。杜边渠，田一百零六幺。赵底牌，田七十六幺四分。寺前后，田八十二幺八分。罗家牌，田六十二幺五分。西高田，田三十九幺四分。东高田，田二十幺。王高田，田四十二幺。东渠子，田四十九幺二分。菜园渠，田二十六幺七分。乔家牌，田三十四幺五分。丁高田，田一十六幺三分五厘。刘祠堂，田一十二幺八分。张家牌，田七十五幺三分。李家牌，田六十九幺七分。上小西渠，四十幺零一分。下小西渠，三十九幺六分。北坎头牌，三十八幺一分。北坎中牌，田六十八幺七分。北坎三牌，四十七幺三分。田头牌，田三十幺零二分。田二牌，田一十七幺八分。田三牌，田二十三幺七分。田四牌，田一十四幺七分。橙槽渠，田四十一幺一分。

油浮上：张举头牌，七十八幺七分。余二牌，田七十三幺八分。

油浮上：徐三牌，七十二幺三分。东徐四，八十七幺。方五牌，八十二幺。陈六牌，六十九幺一分。李七牌，六十六幺九分。汪家渠，二百二十七幺七分。余周马头，一百一十三幺八分。汪马头，七十三幺八分。石鼓堰，九十三幺六分五厘。上大夫洞，一百零四幺一分。下大夫洞，一百六十一幺四分。马家洞，八十六幺。陈李洞，一百七十七幺八分。司毛杨洞，七十五幺二分五厘。上高洞，一百零三幺一分五厘。周何洞，四十幺零四分。小湃口，五十五幺四分。周头牌，七十三幺九分。童二牌，七十五幺六分。湾北洞，六十七幺二分五厘。南洞子，四十八幺六分五厘。橙槽渠，一百一十八幺二分。黄家渠，五十三幺三分。沙头牌，八十四幺。沙二牌，九十幺零九分五厘。沙七牌，九十六幺二分。

油浮下：沙堰尹家渠，六十八幺一分。黄家渠，七十七幺四分。东连二，七十三幺七分。西连二，八十二幺三分。新入蓝中渠，五十三幺六分。蓝家渠，八十八幺九分。沙三牌，八十三幺九分。沙四牌，八十一幺四分。沙五牌，七十一幺三分。沙六牌，七十四幺一分。沙八牌，八十六幺七分。童家洞，六十三幺五分。下高渠，六十九幺。杨家堰，一百四十九幺三分。□堰尹家渠，七十七幺五分。上八十，七十幺零七分。下八十，七十六幺五分。三道堰头牌，六十九幺七分。三道堰二牌，六十九幺。三道堰三牌，八十三幺。三道堰四牌，八十八幺四分。三道堰五牌，七十四幺四分。军漕六牌，七十幺零二分。军漕七牌，七十六幺三分。军漕八牌，六十六幺五分。王大渠，田九十九幺四分。学田渠，八十五幺三分。新入下漕子，一百一十一幺一分。

　　水车上：上东高，一百一十六么九分。下东高，一百二十三么。东渠一天，五十一么一分。东渠二天，六十七么。东渠三天，一十八么一分。东渠四天，三十三么八分。东渠五天，三十三么六分。

　　水车上：东渠六天，四十七么三分。东渠七天，三十五么五分。东渠八天，三十一么九分。东渠一夜，二十六么四分五厘。东渠二夜，二十八么一分。东渠三夜，四十么零四分。东渠四夜，五十三么三分。东渠五夜，二十五么五分。东渠六夜，三十三么五分。东渠七夜，四十四么七分。东渠八夜，五十么零二分。西渠一天，八十二么二分。西渠二天，八十三么一分。西渠三天，六十七么二分五厘。西渠四天，六十二么二分。西渠五天，五十么零五分。西渠六天，六十六么。西渠二夜，四十七么四分。西渠三夜，五十六亩。西渠五夜，二十八么五分。西渠六夜，四十么零九分。七钱湃上李家渠，六十五么九分。下李家渠，一百双零五分五厘。马家渠，七十三么九分。门前渠，三十三么四分。王家渠，田七十八亩。中渠子，六十四么七分。北渠子，田六十四么五分。新入腰渠洞，四十一么八分。

　　水车下：北渠中，二十二么八分。南渠子，五十二么四分。西小渠下，一十九么六分。北渠子下，五十七么三分。季家大渠，三十八么一分。季家岔渠，四十五么二分。刘家乡中渠子，三十一么。五□口，四十么零二分。北渠上，二十四么二分。西渠上，一十三么二分。西渠中，三十一么二分。西渠下，三十三么二分五厘。万家漕中渠子，四十四么四分。小北渠，二十六么五分。王家渠，二十三么八分。万家渠，八十六么六分。橙槽渠，九十八么三分。尹家渠，四十四么二分。刘家渠，四十八么五分。袁家洞，六十四么四分。高渠，田七十九么五分。季家渠，田一百零四么。小中渠，六十九么九分。梁家渠，六十三么九分。高田渠，四十么零一分。刘家山大边渠，一百零五么四分。杂牌，田三十么零六分五厘。砖硐渠，田五十九么八分。大西渠，田三十三么三分。小西渠，田三十七么四分。赵家牌，田八十三么九分。江湾村中渠子，四十七么九分。小北渠，田二十三么五分。

　　水车下：小东渠，二十八么二分。张田坝上中渠，四十三么一分。大南渠，四十三么三分。小南渠，四十一么一分。丁家牌，四十八么六分。王家庄大边渠，九十三么三分。大北渠，八十一么一分五厘。进水堰，八十二么二分。石橙槽，二百三十九么六分。大东渠，田九十一么四分。龙嘴寺，田二十二么五分。

右录十八湃田亩总数：

九辆车，共管田三百三十五么三分。唐公湃，共管田一仟一百四十二么。八洞，共管田一仟四百九十一么三分。青泥洞，共管田一仟四百四十七么三分。萧家湃，共管田一仟三百九十七么七分。演水湃，共管田一仟六百二十四么五分五厘。黄北沙，共管田二仟六百五十三么三分五厘。黄中沙，共管田二仟三百七十二么。南沙上，共管田一仟九百五十九么一分。南沙下，共管田二仟一百零四么一分四厘。鸳鸯上，共管田二仟二百七十二亩七分五厘。小鸳鸯，共管田一仟一百零八么六分。鸳鸯中，共管田二仟一百八十么零三分五厘。鸳鸯下，共管田二仟七百九十二么四分五厘。油浮上，共管田二仟六百么零六分。油浮下，共管田二仟二百四十一么二分。水车上，共管田一仟九百六十七么一分五厘。水车下，共管田二仟四百三十八么九分。

以上十八湃通共灌田三万四仟一百二十八么七分四厘。

清查田亩田户花名印册共五十八本。大鸳鸯上，印册四本。鸳鸯中，印册四本。鸳鸯下，印册六本。黄北沙，印册三本。黄中沙，印册三本。南沙上，印册三本。南沙下，印册四本。水车上，印册四本。水车下，印册五本。油浮上，印册四本。油浮下，印册三本。萧家湃，印册二本。演水湃，印册三本。八洞，印册二本。青泥洞，印册二本。唐公湃，印册二本。小鸳鸯，印册二本。九辆车，印册一本。□□□，印册一本。共计五十八本。缴案存工房。田亩总底册一本，存堰局。

每年花名印册工房纸笔钱一十五串文，堰长渠头不出分文，局费预筹此款。又。

修渠定式告示牌

时间：清光绪五年（1879年）五月

地点：城固县五门堰文物管理所

规格：碑长方形，高155厘米，宽66厘米，厚18厘米。楷书23行，满行52字。

资料来源：《汉中碑石》（陈显远编著，三秦出版社，1996年版）。另见《汉中三堰》（鲁西奇、林昌丈编著，中华书局，2011年版）之附录《汉中水利碑刻辑存》。

钦加三品衔陕西分巡陕安兵备道兼管水利驿站事务劳，为晓谕油浮、水车湃修渠定式永远遵守以杜争端而安民生事。照得五门堰油浮、水车二湃居上，计田八千余亩；西高渠居下，计田五千余亩，均同堰用水。二湃水渠宽窄浅深尺寸，《县志》《水册》开载明晰，本有旧章可循。光绪三年，偶遭奇旱，西高渠虑难得水，迭次控争，官经数任，蔓讼不休。去岁三月，本道到任，复据油浮、水车二湃绅粮贡生杜荫南、张应甲等，西高渠绅粮杨春华等，以水利不公等词，互控到道。当经本道檄委定远厅余丞，驰赴该处，会同前署县徐令，勘明讯断，杨春华等情愿具结，恳免解讯，取结完案。讵杨春华意欲独擅其利，延于四月十二日，竟敢率人挖毁所修渠底平石，复据二湃具控前来，本道续委候补同知唐丞驰往，会县复勘明确，查照旧章，断令油浮湃渠底平石，较湃口低六寸；水车湃渠底平石，较湃口低四寸，渠身均宽壹丈叁尺叁寸，底用石条铺砌，面宽侭一石，以为渠水浅深样石，其湃口宽窄，仍照《县志》三尺八寸为度。如遇天旱，渠水不及四寸、六寸深时，准其分日挡水。议以油浮、水车二湃，各挡水壹日，西高渠挡水壹日半，周而复始，两不相侵，饬令赶紧修渠。本道因其时已届小满，秧苗待水正急，上年已被奇荒，今岁农功，岂可再误？又经选派练兵营弁勇，随同唐丞，前赴该处，驻堰弹压，勒期督修，俾资栽插。一面扎提全案人证，发交汉中府讯明，详解前来，本道亲提研讯。据西高渠绅粮杨春华、李振川、曾炳文、萧应枝、李长秀、姚德兴、李秀华、李长敏即潘锡福、刘祯、萧增荣、李费荣、姚自才、潘永灵、张三英，暨油浮、水车二湃绅粮杜荫南等供称：实因天旱水缺，是以相争，今蒙委员断定尺寸，实属公允，情愿各具遵结，永不滋事。再三究诘，均无异词。当经本道谕以渠水灌田，关系民生休戚，必须斟酌尽善，岂可专顾旱年？倘遇霖雨，则西高渠地最居下，势必独成泽国。既同井里，尤当痛痒相关。凡损人实以害己，惟和气可以致祥，此次争水滋事，本应照例重办，察看该渠人等，既能俯首认咎，自知悔悟，本道又何忍使该绅民结此讼仇？当经取具永不滋事甘结，从宽发落，并将讯断缘由，扎行城固县，转饬遵照在案。兹据该绅粮以请发告示、永远遵守等情，由县转禀前来，合行出示晓谕。为此示，仰西高渠、油浮水车二湃各绅耆、堰长、田户人等，一体知悉：此次该二湃渠身平石等项宽狭浅深尺寸，均经委员迭次勘验明确，查照旧章，秉公核定，督同修筑妥善。嗣后若有补修，务须恪遵断令尺寸，不得任意增减，致启争端。即或偶有不合，以当会同九洞八湃首事人等，虚心商议，妥筹办理，勿再率众掘渠，致干重罪，后悔无及。切切毋违。特示。

钦加盐运使衔遇缺题奏道汉中府正堂林士班。钦锡花翎运同衔特授城固县正堂张荣升。钦锡蓝翎运同衔特用直隶州署理城固县正堂徐德怀。钦加同知县前翰林院庶吉士特授城固县正堂胡瀛涛。

大清光绪五年五月吉日立。

前任邑侯王公作祭文祭神灭蝗碑记

时间：清光绪十七年（1891年）二月

地点：西乡县堰口镇金洋堰堰口，嵌入墙壁中。

规格：碑横方形，高53厘米，宽83厘米。

资料来源：《汉中碑石》（陈显远编著，三秦出版社，1996年版）。另见《汉中三堰》（鲁西奇、林昌丈编著，中华书局，2011年版）之附录《汉中水利碑刻辑存》。

前任邑侯王公作祭文祭神灭蝗碑记

窃闻田祖有神，虫皆秉畀炎火；邑令成化，蝗遂不飞境疆。咏于雅诗、著于传记者，确有明征矣。水东坝自咸丰六七年，每逢五六月间，秧苗暗生虫蚀；至八九年间，虫蚀更甚。前任邑侯巴公躬临堰庙祷祀，灾异遂止。迨同治六七年间，复起虫蚀，仗僧道设醮讽经，表狮子、龙灯、竹马逐疫，禁烧熬垚【窑】厂，立吴起头镇风，用石灰撒田，桐油拌谷种，干牛粪烧秧母田，百计禳蝗，人谋人力俱献，而虫蚀仍甚。同治五年孟夏，懿同堰首暨三坝绅粮商议，素慕现任邑侯王公，赐进士出身，清廉慈惠，必能至诚感神，禀恳祷祀。邑侯王公谓是为邑宰分应事，遂开明应祀神号、应设祭礼等件，祭文出自己手，斋戒三日，屏去仪卫，驾轻车躬临堰庙，率水东绅耆，虔诚祷祀。自是虫蚀乃止。水东绅粮恭志"惟德动天"匾额，藉抒葵枕。至今匾悬大堂。厥后设再起虫蚀，必宜仍照前验，禀恳现任邑侯祷祀。因将邑侯王公所作祭文镌石勒珉，彰厥旧德，以志不忘云尔。

明经进士候铨教职里人刘懿德谨志。童生李世贤谨书。

前任邑侯王公所作祭神灭蝗文。

维大清光绪五年五月朔，特授西乡县王岱，为县属水东坝，每秋稼将成之日，时有噫风阵阵，过则秧苗生虫，叶渐转红，穗多吐白，转丰年而为歉岁者，屡矣。用是，熏沐斋戒，率该地绅耆人等，谨以三牲庶馐，香烛纸供之仪，致祭于显应风伯刘猛将军、平水明王暨诸虫王之神位前，而告之曰：古有蜡祭，书言昆虫，虫固有知，典礼是崇。祝之曰：昆虫无作，即戒以无害我田功。迨国朝以春秋致飨，遍郡邑，是有功于民生者，祭祀特隆。兹何意该地今春秧甫如针，复生白蛾，至始秀发，忽半委顿，是习习之谷风嘘酿，而作蛰蛰之蠢动，其害我田稚也，为患将何所终穷？岂蚩蚩小民 有干神谴而故降此以警戒耶？抑别有戾气而致斯欤？岱职司刍牧，政重农桑，诚不忍小民有意外之灾，常使饔飧不继，国课于以累欠也。因念册载读书，简常集若，一行作吏，衔信列蜂，身原侪于蠕蠕，步永守夫弓弓。每思讼平雀鼠，泽抚雁鸿，有一事不可以对赤子，即此心不可以对苍穹。今日者，洁诚默祷请命，为民乞赦该地既往之愆，用开今日广生之路。时或箕伯应运，乘机甫化，总祈温肃咸宜，刮垢荡污，俾螽贼螟蟘，或潜消于冥昧之中，或阴息于无何有之乡，休征时应，岁稔可占。黍稷维馨，尚冀明昭之受赐；稻粱率育，俾期丰裕之盖藏。神其有灵，鉴此衷曲。谨告。

经理镌石立碑堰首：刘俊邦，吴敬，陈邦礼。

大清光绪十七年岁次辛卯仲春月谷旦，水东三坝绅粮同敬立。

五门堰定章告示碑

时间：清光绪十九年（1893 年）十一月

地点：城固县五门堰文物管理所

规格：碑长方形，高 130 厘米，宽 70 厘米，厚 15 厘米。楷书 22 行，满行 51 字。

资料来源：《汉中碑石》（陈显远编著，三秦出版社，1996 年版）。另见《汉中三堰》（鲁西奇、林昌丈编著，中华书局，2011 年版）之附录《汉中水利碑刻辑存》。

钦加同知衔特授城固县正堂加五级纪录十次李，为定章晓谕事：案据黄家湃贡生李秀兰、廪生谢鑫、介宾李国法、监生蔡钦等禀称情：生等居址北乡，田属黄家湃用水，而该湃渠分南、北、中三道，地高笕远，斜缠二十余里，自进水口至分支处，约八里之遥，灌田八千有奇，旧规每春分工挑淘，洗帮见底，所灌之田，每亩派钱四十二文，交堰长，以资工费。兵燹后，各堰长视沙土为利薮，包于田户，叠层渔利，年复一年，竟将古之渠心，堆作沙坡，其湾曲愈淤愈大，偶一逢旱。下流不得见水，屡兴上控。生等不忍同湃相构，于十五年春，共思息讼之策，惟三渠合挑，选人督工，人力均平，似为妥叶，遂禀仁宪案下，沐恩批准出示。自十五年至十七年止，三载以来，略见通畅。第恐日后无人督工，仍为了事，众议渠底密栽木桩，每年挑见木桩为式；沙泥定担后坡，不得堆积前岸。禀请在案，蒙封仁宪定章出示，迄今又将荒唐。兹同众复议，惟有仰恳仁宪出示定章，每年于五门堰封水后约一日，上湃起工，以挑见木桩，担沙后岸为式，限十日告竣；该堰长请同各渠绅粮验看，均不得此前彼后，诱延日久，以致水冲，莫分泾渭。倘或违式，以误公害众，指名具禀。此乃民命攸关，是否有当，叩乞恩准，定章出示，以便立石，实沾公便施行，等情，到县。据此，除禀批示外，合行出示晓谕。为此示，仰该湃使水绅粮、田户人等，一体知悉。自示之后，尔等务须遵照示谕定章，每年于五门堰封水后，按照旧规，四五六分工，同一日上湃，将渠身挑浚，以见渠底木桩为式，其泥沙即担置后岸，限十日一律完竣，约同各渠绅粮验看。务宜踊跃从事，不得此前彼后，日久耽延，致误要工。倘有违抗，许指名禀究。各宜禀遵毋违，特示！

光绪十九年十一月日示。

同治四年始理合工挑湃绅粮：贡生李含仁，监生李枝茂，教谕田鑫，李恺，廪生傅云卿，谢天成，监生谢道成，饶彰，介宾李芳润，谢天锡，介宾李国法，赵玉成，监生石生明，刘忠，职员龚谟，樊咏。

光绪十五年继理合工挑湃绅粮：贡生李含仁，生员田培桢，贡生刘肇祺，职员蔡春芳，世职李庠，职员王雪溥，职员张忠，贡生李秀兰，李正中，耆宾谢英，桑正隆，杨可喜，张万成，罗金治，廪生谢鑫，生员谢铨，职员蔡鸿宾，余宗海，耆宾张其成，罗恒，李明珠，介宾李国法，黎长青，介宾桑含绣，职员饶文炯，李永成，谢天福，朱含发，监生蔡钦，耆宾刘世兴，李访，路芝芳，张其福，耆宾张信成，耆宾宁春盛，/职员谢镛，武仲奎，生员樊师孔，梁全忠，张全甲，李炳林，张鸿喜，职员田培基，生员傅秉清，饶文明，军功张炳，崔根生，全镒，李永昌，介宾房福厚，方崇德，傅良宰，张宏福，高全贵，□刚，傅成勋。

堰长：刘春芳，谢恒兴，方世成，时进文，刘发贤，罗金章，杨可乔，蔡长忠。立石。

金洋堰庙修戏房碑

时间：清光绪二十年（1894年）九月

地点：西乡县金洋堰水利管理站

规格：碑横方形，高48厘米，宽73厘米，厚14厘米。书25行，满行19字。

资料来源：《汉中碑石》（陈显远编著，三秦出版社，1996年版）。另见《汉中三堰》（鲁西奇、林昌丈编著，中华书局，2011年版）之附录《汉中水利碑刻辑存》。

金洋堰庙修戏房序

戏台之设，始自唐天宝时。明皇梦游月殿，见彩女歌舞，羽衣蹁跹，极悦耳目、快心志，醒后于梨园教宫人歌舞，于是乎有戏。沿至近今，歌管楼台，寺前多有，每于乐楼之下即修戏房，取其至便。况金洋堰庙，演戏扫赛，每岁春台不可缺，但以修乐楼在庙前，遮蔽平水明王神光，不得直观到堰，故造有活台，惟非修戏房。每逢演戏，借札他处，极难。光绪癸巳夏，有堰长庠生杨芳滋者，欲于庙旁举修，旋因交谢，未果。是年冬，余合众绅粮公议，按每亩田派钱贰拾文，共派钱壹佰壹拾串零八百文，交于接任堰长监员任福先、粮户刘备德、苏培义，经理收钱，监修成功。共用钱壹百壹拾七串七百四拾二文，由堰钱添补修戏房钱陆串九百四拾二文，又由堰钱所余，置庙两廊房□楼板两间半，上殿匾对四联，修灶，糖【搪】墙，填屋，立碑，退顶首，培器具，共用钱贰拾柒串玖百壹拾六文。自此戏房告竣，常招佃客看守，演戏有处札，台板有处磊，催戏又极便，一劳永逸，岂不美哉！

明经进士儒学教职六品刘懿德谨志书。

出糊基、椽瓦、木料、钉子、砖灰、火食、杂用，共钱捌拾壹串一百七十七文；出木工、泥工、红宝工钱，看饭酒肴，共钱叁拾陆串五百六十五文；修戏房共用钱壹佰壹拾柒串七百四十二文。

大清光绪二十年岁次甲午季秋月谷旦立。

金洋堰公议除弊碑

时间：清光绪二十二年（1896 年）八月

地点：西乡县金洋堰水利管理站

规格：碑横方形，高 53 厘米，宽 84 厘米，厚 15 厘米。楷书 30 行，满行 20 字。

资料来源：《汉中碑石》（陈显远编著，三秦出版社，1996 年版）。另见《汉中三堰》（鲁西奇、林昌丈编著，中华书局，2011 年版）之附录《汉中水利碑刻辑存》。

金洋堰公议除弊条款碑序

尝闻有利必兴，有弊必除，国家一理，公私同道。如我水东金洋堰，旧规每亩出钱叁拾文，以作修渠、札堰、演戏、赛神诸费用。乃每年堰首将堰钱收清，除修渠、札堰、演戏及伙计辛金外，所剩余资，想像兴工，浪费殆尽。一遇其年工程较大，则向田户、佃户加倍摊派，岂不劳民伤财，累害地方哉？然往者不可谏，来者犹可追，所以阖地绅粮商议，每年堰钱，仍照旧规，凡渠工、偃工及各项星费毕，所剩余钱若干，交代之时，旧堰首交与新堰首，权运子母，连年积贮。如遇其年渠堰工大，则培补有资，免至再向田户、佃户摊派，累害地方，岂不懿欤？并将公议条规，刊诸贞珉，以垂永远。

土为万物母，接年正二月札堰之时，每逢戊日，须停工避忌，免干天罚，慎之慎之。

堰首不得任意妄为，私擅修造。如违者，该堰首将所费之钱自行赔出。

金洋堰凡有公事，堰长、伙计不得摇钱窝赌，违者禀官。

金洋堰伙计讨要堰钱，须要照所讨多寡送至堰所，不得隐匿私用，违者查出革罚。

金洋堰伙计身价，工半钱半，工满钱齐，不得将堰钱私讨支使，违者将身价充公。

金洋堰伙计，该己身所叫之夫，须要照田亩如数缴清，不得瞒夫折钱私用，违者将身价充公。

同议条款绅粮：贡生陈中俊，县丞文丕显，文生杨芳滋，文生刘大炽，文生赵炳南，文生杨锡荣，文生杨甲荣，武生文益进，耆老刘文德，讲生陈中正，监生杨春魁，监生任福先，监生刘炳前，童生文在成，耆老江文盛，乡约陈敬义，乡约孟怀忠，值年堰长萧芳采，陈乐承，黄增仕。

大清光绪二十二年岁次丙申仲秋月谷旦立。

处理杨填堰水利纠纷碑

时间：清光绪二十五年（1899 年）十二月

地点：城固县杨填堰水利管理站

规格：碑长方形，高 164 厘米，宽 78 厘米，厚 18 厘米。楷书 22 行，满行 80 字。

资料来源：《汉中碑石》（陈显远编著，三秦出版社，1996 年版）。另见《汉中三堰》（鲁西奇、林昌丈编著，中华书局，2011 年版）之附录《汉中水利碑刻辑存》。

粤稽杨填堰自前宋修浚以来，诸凡堰务、水利、田亩、洞口，著定条规，通禀各宪，转详部奏，载明《府志》，永远遵行。城三洋七，协办经营；至于附堰绅民，不得梭废，亦不得新增。忽于光绪二十四年春正月，西营村廪生张成章贿窜百丈堰首事刘永定，与村民张玉顺、张畏三、张贵发等，以旱地作田，在于洪沟桥搭木飞槽，接去五洞外若干济急之水。从旱地凿渠，引水退入，官渠沙淤壅塞，有碍堰水，为害匪浅。又有去岁冬月间，吕家村吕璜等偷砍西流河护堰之柳，私捏字具，狡骗河西拦水坝地址，凶阻工人，不准拣石修堰。又补修二道□，□庄村人率众阻挠，亦不得拣石修砌。种种谋害，叠相侵扰，直使古堰竟为乌有。兼之今春堰工浩大，村民结连谋害，惟时领首赴堰，莫不寒心。遂请田户商议，先后分别兴讼，由县到道，蒙道宪恩饬准，札委紫阳县令朱公，会同城固王县主、洋县黄县主，临堰勘讯。详查《府志》，旱地不准改作水田，条目昭彰，断案判明。杨填堰现在下流，稍遇天旱，全赖百丈堰之退水，大能济急。西营村越例，擅开搭槽修渠，虽系百丈堰之退水，实废杨填堰之水利，大关要处。除警戒外，饬令拆槽平渠，立取切结。如有复犯，惟以张成章致罪。吕璜偷砍柳树，实属利己害公，除严加斥责外，断令河西一带近堰之处，系为堰村□荒地址，附堰村民再不得霸占。坝岸树木，只准栽植，不准砍伐。二道堰为西流河挡水要处，修砌多年，与老堰一体相关，任该堰拣石修砌，村人皆不得阻滞。各取切结，遵断了案。嗣后吕璜等奉法毋违。谁意西营村民人嚼谷得味，垂涎不忿，延至八月后，领首下堰时，值恩道宪交卸，张成章暗欲翻控，逆于断结，因贿窜丁家堡生员林向荣偕张玉顺等，竟以接渠补冲情词，复控生等于新道宪陈辕下；生等又以违断强栽情词，互相控讦。蒙道宪札委襃城县余公临堰复勘，生等具情详覆。至二十五年三月间，发来告示，遵照前断，永不得强开。晓谕森严，张贴堰局。未几，陈道宪卸任，高道宪下舆。时维四月，正当插秧之候，伊等一味恃强刁横，不遵王法，竟预备搭槽灌溉。生等无奈，只得具情覆控。蒙高道宪查明前断，遂札饬城固县王令，勒即拆槽平渠，以绝讼蔓。王县主于五月十八日，带差亲赴西营村拆毁飞槽，不意张玉顺等，竟仗刁风，纠众殴官。王县主去后，又鸣锣集众，打闹堰局，门窗俱坏，领首受辱。自午至辰，打闹弗休。生等遂赴城固鸣冤，即日往府控讦，道宪即发委员文大老爷，会同城、洋二县主，饬差拘唤，将张玉顺等责押究办，将张成章褫革衣顶，押令村民自行平渠。道宪亲临堰局勘验，饬令西营村于堰局现给钱壹佰串，暂作补赔门窗物件，其余追究查办。时张成章等自知罪不容辞，托人往局，再三劝和，愿出钱壹佰陆拾串，于领首等搭红赔罪，演戏示众；念为堰邻，宽忍免究，甘心了案，永不敢违抗滋事。生等窃念构讼日久，人皆憔悴，现经昨岁，天雨连绵，一切堰工纷多，毋庸繁赘。至修理铧钵，日夜经营，数十日构连讼蔓，府县往来，于今三年，心神俱废，艰辛备尝。幸得水利无伤，堰道永振，领首商议，遂从其和。具结了案。当其时，天道亢旱，一带堰邻，号呼苗槁，而杨填堰独居下流，沟浍皆满，收成更倍于他年，岂非苍天默佑，何能致此？迄今事功告竣，故勒诸珉，非敢自言为善，以防后日滋事生端云尔。是为记。

总理：监员庞树棠，生员孙景康。三七首事：生员罗际云，生员高登鳌，监员□声泰，贡生罗联甲，监员赵联科，增生刘镒，武生孙振东，李东明，生员蒙得新，军功李增隆，乡饮李忠秀，生员夏金锡，从九王炳耀，陈家瑜，王大常，纪振喜，黄炳离，军功赵文存，黄崇庆，李鸿儒，宋日新。后学王树掌书。管账：生员朱衣点，生员张佩言。石工李玉海刊。仝立石。

大清光绪二十五年岁次己亥嘉平月谷旦。

五门堰永免水钱裁减浮费章程碑

时间：清光绪二十八年（1902 年）五月

地点：城固县五门堰文物管理所

规格：碑长方形，高 150 厘米，宽 82 厘米，厚 15 厘米。碑文楷书 36 行。

资料来源:《汉中三堰》(鲁西奇、林昌丈编著,中华书局,2011年版)之附录《汉中水利碑刻辑存》。

钦加同知衔记名录用在任候补直隶州、特授渭南县调署城固县正堂张,光绪二十八年壬寅五月□日,禀订永免水钱裁减浮费章程:

(1)五门堰碑载灌田三万肆千壹百贰拾捌亩捌分,内除捕厅、冲崩、重田、田赋局、沙淤、庄基占田、书院田、文昌宫田共壹千叁百陆拾柒亩柒分壹厘,除上下鸡蛋洞田壹百捌拾贰亩,除斗山滩田贰百柒拾叁亩陆分,实共田叁万贰千叁百零伍亩肆分玖厘。(按本年冬收水钱时,遵照积年水册查核,除沙淤、庙田并未挑出,田共壹千伍百□拾陆亩柒分伍厘,实际□水田共叁万贰千零捌拾陆亩肆分伍厘。)

(2)每年水钱收于谷收之后,春夏修堰,费钱必出息借用。每年承息多则千串,至少伍百串左右。兹既□将田赋局款拨用,则息借一项,从此可省。

(3)祀神、破土、开水,席酌每岁用钱捌拾余串。今拟以叁拾串为止。

(4)平水三□,岁用钱伍串有余,今拟仍旧办理。

(5)田赋局每岁造册报销,系为岁有赢余,或归无著,股股核实,庶可滴滴归□□,既岁有□□□□实销,又岁出钱、租两息,尚恐不敷堰用,又有不能核实之虑。如蒙邀准,免造此项销册,亦属简便之道。

(6)□□□□□身工,岁用钱肆拾叁串。今拟用□□名,给钱叁拾叁串伍百文。

(7)催差、里差口食,岁用钱壹百串。今拟岁给钱陆拾串文。

(8)□□□□火食,去岁用钱伍百捌拾叁串文。今拟以肆百肆拾串为额。

(9)满年杂费、夫马费及添补家具等项,共用钱贰百串之谱。今拟岁用钱壹百贰拾串文。

(10)办□□工,岁用钱壹拾伍串玖百文,以后如照后议修冬堰,则此项可省。

(11)立卯、清卯,岁用钱捌拾串之谱。以后不派水钱,自无此项费用。

(12)堰□食米,从局内备办,发工价之时,方为□□,而春间局出虚票,秋收始给实钱,故发价较买价必须减少,每岁赔钱叁百串有余。兹拟春发实钱,则此项钱又可以减省。

(13)卸□所需席酌,岁用钱捌拾串有余。兹拟以叁拾串为止。

（14）代书满年笔费钱贰串，今拟仍旧办理。

（15）署□家丁三节，旧有规费礼钱叁拾串，前任已经裁免，以后不准规复。

（16）龙门寺香火，岁用钱陆串文，今拟以四串为额。

（17）使君大王香火，岁用钱壹串文，今拟照旧办理。

（18）看守斗山官渠坎，岁用钱陆串文，今拟照旧办理。

（19）观音阁香火，岁用钱肆串文，今拟以叁串为额。

（20）隆冬看守老堰坎，岁用钱壹拾贰串文，今拟仍旧办理。

（21）四里渠头口食，岁用钱三百串有余；四里堰长口食，岁用钱贰百串；四里堰长新增口食，岁用钱陆拾捌串；四里堰长尾让，岁需钱叁拾余串；四里渠头尾让，岁需钱捌拾串□□。兹既不派水钱，则此项钱文一概可省。（此条经今邑尊徐改订禀准，除渠头永免口食外，仍岁给堰长口食钱，第较旧规酌减叁分之贰。）

（22）首事二人，修金岁用钱贰百串。今拟用钱壹百陆拾串文。

（23）督工二人，劳金岁用钱肆拾捌串，仍照旧办理。

（24）管账二人，劳金岁用钱陆拾串。兹概不收水钱，其事较简，应即减给钱文；惟现拟将田赋局账归并一处，事仍不简，应拟照旧办理。（嗣经邑尊王改订禀准，田赋局账仍□□著与堰务归并一处，而该劳金亦□□□。）

（25）厨子一名，身工岁用钱壹拾肆串肆百文，仍照旧办理。

（26）水钱民欠，岁需钱肆伍百串至千余串不等。兹既不派水钱，自无此项空派之数。

（27）油浮、鸳鸯、黄沙、水车各湃挑修官渠，岁帮钱并米，合钱共壹拾伍串之谱，仍照旧办理。

（28）揭上龙门，岁用工钱壹拾贰串文，拟仍照旧办理。

（29）笔墨纸张，岁用钱贰拾串文，拟仍旧办理。

（30）封水倒沙坎，岁用工钱伍串文，拟仍照旧办理。

（31）自同治十三年起至光绪二十七年为止，共二十八年内，堰费钱以光绪九、十两年，首事张曙云、李云章、徐鸿仪、吴玉衡管堰，费钱至壹万陆柒千，为最多；以光绪二十年，首事卢致勋、龚谟管堰，费钱伍千柒百余串，为最少；计二十八年共用钱叁拾万串之谱。均匀统算，每年须用钱壹万陆百余串。内除现拟可省各项计钱两千串外，每年摊用钱捌千陆柒百串之谱。现拨田赋局岁出钱租息钱柒千伍百余串，每岁尚短钱壹千壹贰百串。兹拟趁今岁丰登有象，每亩派钱八百文，共应收钱两万伍千余串。每年以一分行息，共岁应得钱贰千五百余串。合田赋局现拨钱租息柒千伍百余串，可有钱壹万串之谱，似总有盈无绌。惟自后丰歉不一，谷价难定，租息尚恐短少，又或连年遇有险工，其用定形不足。倘不想别法，而遽派之于民，端即自此而开，渐即自此而长。计惟有借钱使用之一法焉。查二十八年以来，费至壹万柒千者贰次，壹万伍陆千者贰次，壹万贰三千者捌次，壹万壹半千者肆次，捌玖千者五次，陆柒千者柒次。其至多用至壹万柒千之年，今以自今每岁可省杂费钱贰千串、每岁备有万串者计之，则用项至多之年，短钱不过五千串之谱。拟请自此以后，亏短在贰千串以内，暂时出息借用，旋由堰款存项拨还，以免籍端扰派；若亏短至贰千串以外，只有每亩或派钱数十文、壹百文，至壹百陆拾文为止。再由此类推，二十八年之内，短钱叁肆千者贰次，短钱壹贰千者捌次；存钱壹半千者四次，存钱叁肆千者五次，存钱五陆千者柒次；中间盈亏相间。无论如何纳息，总不至子大过母。故曰惟有借钱使用之一法也。

（32）修理冬堰胜于修理春堰。交冬水落，较易施功。原前者其时正收水钱，局内人忙，不能兼顾；转瞬新旧交替，得过且过，谁复视如己事？而冬水之办，中间打扰，又复足以借口，推至次年；正月旧绅卸堰，二月半间新人上堰，封水开水，为日无几。工头、小工不得不多，多则监督有所不及，迫则修理必不能固。若至交冬修，至明年开水之时，自无以上两患，则省钱于隐隐者，盖无穷矣。

（33）堰长、渠头口食，从此虽停，仍须照旧接充，其田户底册，岁必清理一次，上呈首事查究。其著劳绩之人，首事禀官酌奖。

以上凡未条列之款，仍照旧章办理，中亦有须□假时日、由后任再核实际、始可酌夺裁减者，未敢冒昧率拟。合并声明。

增订善后章程碑

时间：清光绪二十八年（1902年）

地点：城固县五门堰文物管理所

规格：碑长方形，高145厘米，宽73厘米，厚15厘米，楷书24行，满行48字。

资料来源：《汉中碑石》（陈显远编著，三秦出版社，1996年版）。另见《汉

中三堰》（鲁西奇、林昌丈编著，中华书局，2011 年版）之附录《汉中水利碑刻辑存》。

钦加四品衔赏戴花翎署理城固县正堂王，光绪二十八年十月□日，禀请增订善后章程：

（1）田赋局钱租两项，利息既已合归堰用，然局务甚繁，任堰工者，诚难兼理；且堰局现年所入，系田赋局先一年息款，如并堰、局委之一人，则承交之际，恐头绪太多，兼顾不遑，易滋流弊。田赋局管账一，局拟暂时派公正绅首办理，以专责成。

（2）田赋局每年钱息租息，拨归堰用，以后利息，可毋庸辗转，更权子母，拟将新旧各券统换，期二月初一日截清前息俟新首事上堰，逐一清缴，本有定数，息即亦有常规，取携既便，不至误工，眉目较为清楚。

（3）田赋局息钱交堰，既以二月初一为率；而坝谷出粜，利在春秒，其钱至迟以四月开水日交堰；山谷粜入之钱，至迟以端阳节日交堰。纵有拖欠零星，不得过捌百串，至六月底，无论如何，必须扫数交清。

（4）田赋局交堰之钱，须拨钱行，不得以杂帖或他人欠款搪塞。

（5）田赋局向章，两年更易首事之时，方造报销。今既归堰，无论再须禀报与否，宜于腊底，将先一年钱息、谷价及本年交堰之账，录缮清单，仿照五门堰之例，张贴城门，以昭大信。

（6）五门堰出项，既获局款万竿之息，如年终存余在叁千串上下，宜请发商生息，次年专用田赋局所交新款。果有险工，不敷所费，亦须禀准勘验之后，方得动用，即此，便谓之亏折积储。倘有赢余，归并前存，仍令生息，以期不竭。且存款当由堰所经理，其账目另缀清单之后，存案标识，毋庸再归田赋局，以免鳌辖错误。（后经令邑尊徐复禀：堰所存钱在壹千串以上者，即具禀发商生息，遇有要工，方酌提动用。）

（7）五门堰议，趁隆冬水涸，陆续培修，法甚周密。但兴工之初，仍须禀请勘验，修理一如春堰之时，庶工坚料实，任事者不得以少报多。卸堰之日，当即由局传齐四里绅粮，将账目从实核算，开折呈案，不能迟误，以备稽查。至所请绅粮，须以有田伍拾亩者为率，庶免意见分歧。

（8）五门堰近年以来，每装笼一丈，定价钱陆百。点工壹个，定价钱壹百肆拾文。米价每斗折钱玖百上下。后或时价腾涨，工价再量为加增。而田赋局枭谷所入，亦照常价有余，无处不能相抵，倘年丰谷贱，工价亦应照米价折减，不得概援往例。

（9）五门堰用竹最为大宗，既修冬堰，须随时采买。然尤宜责成任事者，每于冬令，即购定竹数万斤，令其各觅铺保或预支钱数拾串，免至临时购买，受人勒掯。

（10）五门堰有均水挑渠之责，堰长、渠头虽由各地举报，亦须经新首事妥慎遴选，令堰长在县署工房注明，封水以前，均过点查，临时督责较易。但以后局不派水钱，自应将伊等口食一概裁免。若开春淘渠等事，照旧规办理。（后经今邑尊徐改订，仍岁酌给堰长口食钱。）

以上十条，谨就堰局绅首禀请应改各节，大略言之，以后或有增损，应俟临时酌定，合并声明。

五门堰章程碑

时间：清光绪二十九年（1903年）

地点：城固县五门堰文物管理所

规格：碑长方形，高136厘米，宽82厘米，厚16厘米，楷书28行，满行54字。

资料来源：《汉中碑石》（陈显远编著，三秦出版社，1996年版）另见《汉中三堰》（鲁西奇、林昌丈编著，中华书局，2011年版）。

钦加三品升衔在任候选知府调补城固县正堂徐，光绪二十九年二月□日，覆禀各宪损益前章、酌宜妥办章程，敬录原禀稿。敬禀者：案奉藩宪转奉抚宪批：据卑县前县王令禀准扎覆，核减五门堰费用，并拟提款归堰及分年收本各事宜，拟议善后章程请示一案。奉批：禀折均悉。本年五门堰抢险，修筑工费至壹万贰千串之多。因此款无出，拟将张令前禀未列本年出枭二十七年租息钱贰千余串，全数提用，并再派水钱壹次，每亩出钱贰百捌拾文，以备急需。所有张令新派未收添本之每亩捌百文，分作四年递收，以二十九年为始。每届年终，每亩还本贰百，出息壹分，该县现时谷贱伤农，又值新加差钱之后，缓期催收，以纾民力，未为非是。惟新派之贰万五千串，分四年收清，计每年收钱陆千贰百五拾串，自二十九年至三十二年，成本虽系逐年递加，要皆不足拾万之数。即每年所获壹分之息，随时作本，而所入息钱，亦不能遽足万串。万一此三年中，再有险工巨费，何以应支？来禀"今年过去，以后即可照张令所定，成本取息动用，不致再累"等语，能否确有把握？折开章程十条，大致妥协，惟第六条，堰款必须至叁千串上下，始请发商生息，恐滋弊窦。事关水利，不厌详审，仰布政司转饬新任徐议禀夺，该令系实缺人员，无所用其推诿，务期逐一周妥，永久遵行，以清【轻】民累，而重水利，是为至要。此缴，禀折存，等因奉此。仰见抚宪循名核实，指示周详，下怀莫名钦佩。伏查五门堰原议：局本积至拾万，利钱岁足万竿，每年即存本用息，不派花户水钱。前经卑前县张令世英核算，已积本钱叁万柒千柒百捌拾串，岁获利钱肆千伍百余串，又有水田肆百肆拾柒亩肆分及山庄九处，岁收租谷壹千伍拾石贰斗贰升之谱，可获变价钱叁千壹百余串。又按每田壹亩派捐钱捌百文，添作成本，共应捐钱贰万伍千余串，岁获利钱叁千串。合诸新旧钱业成本，名虽非拾万之数，而满年所得租息两项，实足壹万有零之款，故拟将水钱禀请裁免，用副昔年创设之意。嗣王令世锁到任，因新派捐钱，势难归齐，且成本过巨，小贸之家，愿领而不敢放；股实之铺，能放而不愿领。遂将八百文之数，划为四年递收，以纾民力。并按局章，令完月息壹分。如其届时归本局中，即随时发商生息，是于民间应交之本，固已展缓，而于局中所收之息，仍无少亏。并非将息作本，亦非不足万竿，只亦新派捌百之数，其利即由本年支用，须俟腊底方能收清，与春间存息有别。故与首事议定：堰所年终余款，须在叁千上下，始行发商生息；不及此款，暂存堰所经理。遇有险工，免致出息借贷。此张令、王令所议办理之实在情形也。夫成本既有钱、业两项，自应只问每年息钱能否收足万竿，不必拘定成本是否恰敷拾万。惟五门堰系当漘水之冲，河面宽空，水势甚急，每年有无险工，迭出息钱，能否敷用，及新添捐钱，能否于四年中一律收齐，未能确有把握。伏前张前令所定章程，每年约能节省杂费贰千串之谱，并称如连年遇有险工，用款不足，数在贰千串以内者，暂时出息借用；数在贰千串以外者，按亩派钱数拾百文及壹百陆拾文为止，等语。有此撙节借派之议，谅不至如前之苦累不堪。卑职谬承各任之后，自当照章妥办，以竟其志，而恤民艰。但前任既虑经费不足之时，再派水钱；又于均水挑渠之际，责成堰长，而向定堰长口食，尽行裁革，未免枵腹从公，不足以资鼓励。且以巨款空存堰所，不特有碍息钱，且恐易滋流弊。卑职现与值年首事、举人王之恺等，再三参酌，水钱既免之后，事务较简，拟将堰长口食，均按旧章发给叁成之壹，仍由举报给发。倘遇酌派水钱之年，口食再予酌加，然亦不得过旧有叁成之贰，以示限制。其堰所每年余存钱文，开单送案备查。定以数在壹千串以上者，即由堰所具禀，发商生息，俟积累加多，遇有要工，酌提此项动用，庶免棘手之虞，且杜侵渔之弊。此又卑职酌量变通之实在情形也。总之，存款数逾巨万，堰务关系民生，卑职忝任斯土，责无旁贷，以后自当督同首事等，悉心筹划，可因者因之，可革者革之。万一时事变迁，室碍难行，必须更张之处，亦当随时禀请改章，决不敢存胶柱鼓瑟之见，致滋贻误。所有查明五门堰前后办理情形，及酌量增改缘由，是否有当，理合据实禀覆，大人查核示遵，实为公便。

五门堰裁减工头人数碑

时间：清光绪二十九年（1903）七月

地点：城固县五门堰文物管理所

规格：长方形，高 142 厘米，宽 66 厘米，厚 15 厘米。楷书 21 行，满行 41 字。

资料来源：《汉中碑石》（陈显远编著，三秦出版社，1996 年版）。另见《汉中三堰》（鲁西奇、林昌丈编著，中华书局，2011 年版）之附录《汉中水利碑刻辑存》。

凡事之有章程，所以兴利除弊也。顾事不创始于今，前无章程乎？曰：历史沿袭，渐益颓废，不得不更而新之也。邑五门堰灌田叁万肆千余亩，为合邑水利之巨，而修筑之费，每年或逾钱万竿，按亩摊收，历有年所。自田赋局昉于同治三年，今阅四十寒暑，起至至微，积诸至久，一旦议取钱谷子息所入，岁归堰用，不啻代民酿金，俾民专享灌溉之利矣。然则，萧翰卿军门所以建兹议，溥兹惠者，其功不诚伟哉！顾取有定之款，偿无定之工，撙节不严，则度支立绌。因他局之入，舒此局之用，善后无术，则巧伪易萌，此前邑尊张公育生与王公桐生，于禀请局款归堰之初，曾经一再酌定章欤。虽然理不厌于求详，法必垂诸永久。今邑尊徐公仲山悉心参订，除永免水钱壹节，遵照原议妥办外，并取前章，略从增损，无少偏颇。于是，规模灿然大备。盖处目前，以逆将来，遐探隐讨，务期有利无弊，非切求民瘼，尤不能措置得宜如斯也。光绪癸卯春，堰工竟，爰取前后各章，恭录泐石，庶后之承乏是役者，知所从事；而膏脿坐拥之辈，亦知被泽之有由云。

光绪二十九年岁在癸卯七月中浣之吉。五门堰首事：举人王之恺，职员卢鸿翔，襄理：世袭蒋佩钰，议叙刘尚德。三□：县庠生马德新、刘克敬。敬仝刊石。

附刊：光绪二十八年四月二十一日，裁减石工头额数。正堂张示：照得五门堰工头一项，历来首事，碍于情面，有求辄许，少减不能，一利十分，各怀不足，领价图增，发价图减；甚至开场聚赌，抽头充囊，惰工偷安，害良削贫，堰工之蠹，以此为最。正拟春堰工竣，议减此辈。近据首事以石工头何呈瑞等，于昨十一日，各持名条，纷纷辞退。再三开导留办，迄不听从。其李溁章壹拾贰名，仍愿照旧充当工头等情，具禀前来，除批示外，合行牌示衙堰。为此示，仰阖堰人等，一体知悉。嗣后工头即以未辞之壹拾贰名注册立案，永为定额，有缺方准顶补，无缺不准加增。其已辞者，并将该头姓名，住地，查悉注册，后拾贰名缺出，亦不准更名复充，以杜流弊，而严撙节。其已辞工头，如有仍行在堰上盘踞之人，著堰差等立即驱逐，以免暗地扰害，切切特示。

计开已辞工头拾肆名：何呈瑞、李永贞、张金福、李明德、尹时全、张林、杨顺成、赵志盛、尹时发、胡德荣、尹生全、贾贵成、马自然、马介。

现管工头拾贰名：李溁章、张树和、王海彦、李廷章、黄金印、尹东福、尹生财、张贵三、刘治才、李显章、张树林、马天元。

留坝厅水利章程碑

时间：清光绪三十年（1904）六月

地点：原竖留坝县东门外汉王城三皇庙对面之劝耕楼下，现存留坝县城关镇大滩村第六组一家村民墙下

规格：碑两道并列，长方形，各高168厘米，宽85厘米，厚20厘米；两碑额均有"皇清"二字，各高40厘米。两碑共刻楷书51行，满行60字。

资料来源：《汉中碑石》（陈显远编著，三秦出版社，1996年版）

计开章程十二条于左：

（1）明示宗旨，以垂不朽也。南岸之可开田，夫人而如之，然后无一人倡议兴办者，以民间无此巨力也。现动学堂公款，开南岸堰渠，上禀时，虽有各业户按亩分年摊还之说，然分年征还，整款反同零欠，各业户受利倍丰，还本

必多，一二年后，设俱纷纷措还，不惟学堂巨款，破为畸另；而官绅受莫大之劳，田主保自身之利，学堂反无永远之租。然揆之情理，亦殊未平。则南堰当定为学堂之世业，新田宜永有学堂之稞租，乃合学堂开渠之宗旨。若改归民业，田主众多，用水则争先恐后，修渠则退避不前。趋利避害，狱讼繁滋。今为学堂官堰，一切由官主持，消泯无限争端，且新开之田，将来增多谷数，较前何止倍蓰。学堂即照增出之数平分，尚不为苛，况按亩取租，为数甚少。嗣后无论田归某姓，堰渠总为学堂永久之业，不容更变。

（2）计亩定课，以充经费也。新开堰渠，灌田四百四十八亩余，其陂泽可为溥矣。用过工费，统计一千二百余串，其用款亦云巨矣。而自始至终，动用学堂之专款，正所以扩充学堂之经费，田亩既赖学堂之力，以获倍收之租，学堂即应分利之余，用作膏火之需。其占渠水之田，每年租稞收获，按亩约交堰稞三斗，每年可得花息壹百叁拾余石，由堰长经收，汇交学堂司事，储仓备用，仍于收获后，由司事造册报查。

（3）渠口用闸，以示均平也。此渠既为沿渠三十八寨公共之利，自应一视同仁，将水田亩数多寡，通同计算，以渠水盈绌，按亩均匀分摊，乃为公溥。第恐一过天晏上流，就渠中筑闸，将水截留，灌注己田，或暗施诡计，截渠旁流，则下流有分灌之虚名，无受水之实际。谍讼之端，必由此起，不可不立法预防，以杜弊窦。应将水口安设闸板，每板定宽八寸，量水浅深，层递累堵，遇灌溉之时，如第一口去闸板一块，除分流外，二块闸板以下之水仍可下流。至第三口，则去闸板二块，第三口则去三块，以次递加。庶渠口以下，不致断流。用水之时，得以同时灌注，上下流通，水利均占。虽地居下游，不致有等候失误之虑，以示均平，而免纷争。

（4）造册立券，以昭信守也。渠工既成，凡沾渠利之地，逐亩履丈，分别花户、亩数、应纳稞数，亲向学堂书立券字，名曰稞约。由学堂造具花名清册二份，一存厅案，一存学堂，用备稽核地土。遇有售卖，须向学堂换立的名新约，以免日久□混。

（5）轮举堰长，以专责成也。每年应举公正绅耆一人，专司渠事，名曰堰长。凡渠道壅淤疏浚，催稞换约等事，皆归稽查经理，由沾渠利益各户，按年轮流，以均劳逸，而示限制。

（6）预定岁修，以免壅淤也。每年夏秋雨多之时，山水暴涨，挟带泥沙。一经平减，不无沙泥停滞，计日积厚一钱，累年即将盈尺矣。是以岁修之举，不可不预筹也。此渠乃学堂公业，与民间私产有别，不能较及锱铢。况堂中经费尚绌，实难再筹。岁修之资，众擎则易举，是不得不望于众业者。议于每年兴作之时，由堰长定期，传知沾渠水利各业户，按地多寡，均匀出夫，按段疏浚，务期通畅而止。如遇暴雨时行之时，在于各户轮派水夫四人，由堰长督率，昼夜巡视，抢险防护，不得推抗，以免溃决。

（7）田间水道，不得阻滞也。干渠灌田水口，其数有定，不能按户开宅，其相隔较远不临渠身之田，必须上流下接，由近及远，以次接灌，则田间水道，不惟己田行水之路径，亦乃邻田假道所必需。一经勘定，永远遵行，田主不得借口阻滞，致距较远之地，独抱向隅。田亩遇有辗转接受，应将借道行水路径，注明约内，以免争执滋事。

（8）开塘蓄水，以备不虞也。现于渠之下游，开挖池塘一处，若遇旱干之时，渠水来源不旺，不敷荫汪，则地居下游者，不无觖望。兹特备预不虞，俾水缺之时，得有挹注，用资补助，而免偏枯。

（9）兵民一律，以期公允也。查沿渠各地，内有营中公产，向为旱地，今则得沾水利，悉成沃田矣。查此田乃营中私置公业，正饷之外，津贴之下也，其与国家赐作兵屯，不再支领正饷者不同。故一切赋税，向俱照依民间，一律办理。今兵丁既较往昔倍增其利，则堰稞培修等项，应与民间一体照办，不得两歧，以示大公。

（10）预权轻重，以定限制也。查旁渠旧有水碓，向系拦用大河之水，若果河流畅旺，水力有余，原可渠碓并用，两不相妨，第恐天旱水缺，其势万难兼顾。语云：两害相权，当择其轻。不得不舍碓以救田，彼时自应先尽渠中应用，以资灌田，水碓不得拦截相争，致碍田禾，先本后末，理固宜然，预示限制，以杜纷争。

（11）禁挖沙坡，以固渠埂也。查荒草坪沟口一带沙坡，逼近渠埂，该处虽异石田，究非沃壤。该地主图见小利，间岁一种，冀得升斗之粮。第坡势既陡，沙脉复松，夏秋雨淋，水沙杂下，殊于渠道有害。今由学堂每岁于堰稞项下，津贴该地主稻谷三斗，嗣后不得再行挖种，仍由学堂艺植树木，将来阅时既久，树根蟠结，草长土紧，与渠道大有裨益。仍俟学费充裕，给价承买，以断纠葛。

（12）预立水限，以示均平也。南岸新开之田，惟资河水灌注，其用水不及平方五尺。北岸旧田，向分三坝，天福宫左右一带之田为上坝；文庙对岸之田为中坝；大滩、画眉关一带之田为下坝。统计不及南岸新田三分之二，其需水亦不过如新田平方尺五足矣。且上坝、下坝，尚有石硖沟、官塘沟两水汇流资助，则分用大河之水，仅止中坝一处。常年水源，本属不可胜用，无虑缺少。所虑奇旱为灾，沟水或致缺乏，官塘地据上游，竭泽其易，则中坝、下坝之田，必致无水可灌，殊非公溥之道。今特预立水限，除常年外，设遇奇旱之年，官堰与北岸民堰，按五日轮流分灌，庶北岸旧有之田，水利一体均沾，以杜纷争，而示大公。

以上所拟，系体察情形，因地制宜，大概章程，未必果能尽善，仍当随时斟酌，以期事归实际，理合登明。

经理：驿丞张国钧，把总刘福臣，外委张以信，廪生陈世虞，廪生吴从周，文生何秉璋，武生周鼎铭，武生李连科，武生福盛魁，堰长何连才。

光绪三十年岁次甲辰六月谷旦。

补修三分堰工笼厦房碑

时间：民国四年（1915年）六月

地点：城固县杨填堰水利管理站

规格：碑长方形，高154厘米，宽77厘米，厚14厘米。楷书16行，满行48字。

资料来源：《汉中碑石》（陈显远编著，三秦出版社，1996年版）。另见《汉中三堰》（鲁西奇、林昌丈编著，中华书局，2011年版）之附录《汉中水利碑刻辑存》。

补修三分堰工笼厦房碑记

甚哉，地脉不可不补也。相地难，补脉难，补缺尤难。如我三分堰局，斜傍杨侯墓侧，东峙宝山，西邻斗岭，南环湑水，北枕子峰，殆所谓天授势控上游者欤？虽然地之灵兴，其人不可不杰。自前清同治间，余先君子等创修上房工房，李君志铭等续修西边正房，规模闳阔，栖身安稳。曾奈夏雨秋风，桩笼剥毁，数十年来，朽坏如尘。六地长者，理堰先辈，往来瞻览，良深浩叹。佥谓笼厦不修，白虎失位；右臂不举，全体弗安。历来堰首，不贫则殒，确有证验。迨光绪三十年，卢君步瀛等，与余忝理堰务，揆度地势，西孔残缺，乃请六地绅粮，议修笼房七间，费钱三百缗有奇。工甫告竣，相继卸任。及民国元年，卢君复来，目睹笼厦倾倒，工房破裂，佣者多租民房，朝炊暮宿，百事艰辛，杂乱无章。幸有同人雷、房、樊、牛、张等，同心缔造，竭力经营，西补笼厦，南修工房，改造二门，除理堰外，亦费钱二百缗有奇，整齐周密，焕乎巍然，虽非楼榭亭台之美，而因地补脉，可谓大观。兹工竣，命余作记。余不敏，且搁笔多年。然而善不可没，振古如兹，谨因事为文，勒垂久远，以启将来。窃愿后之理堰诸君子，勿任倾塌，致今前功尽弃，随时补缺拾遗，则幸甚焉。至杨侯盛德，千有余载，已详城、洋、府志，余固陋，不敢赘一词云尔。

前清特授神木调署城固知县洪寅。现任署理城固县知事张文栋。前清生员樊蓉镜撰文，监生雷焕章书丹。生员樊翊襄。职员卢步瀛。

前清总理堰首：杨芳林，王明德，宋三德，李文盛。值年经理堰首：卢步瀛，房新荣，牛象钦，张瑞麟。上下三地堰长：孙敬兰、樊占春。仝立。石工杨世荣。

中华民国四年六月中浣谷旦勒石。

署理西乡县知事吴禁止堰堤上下捕鱼布告

时间：民国四年（1915年）

地点：西乡县堰口镇金洋堰堰口，嵌入墙壁中。

规格：碑横方形，高55厘米，宽86厘米。

资料来源：《汉中三堰》（鲁西奇、林昌丈编著，中华书局，2011年版）之附录《汉中水利碑刻辑存》。

署理西乡县知事吴禁止堰堤上下捕鱼布告

示谕永远查禁事。查水东金洋堰，修自前朝，工成浩大，灌溉上下田土约八九千亩，关系农田水利，最为重要。本公署旧有例案，禁止沿堤捕鱼，所以保固堤工，免遭损坏，历经各任知事示禁保护在案。现据堰长等呈称：有杨老大等聚众持械，估捕堰鱼，损坏堰根，等情。实属胆大违禁，除拘案责惩示众外，合行晓谕，仰附近居民一体知悉：沿堤捕鱼永远禁止，倘敢故违，定行从重惩办。仍责成堰口镇客长随时查明禁阻，违者指禀唤究。现当春令，大雨时行，该堰长等尤宜从速督工，将堰培修完竣，以免贻误农事，为至要。切切。特示。

三坝绅粮：县丞文化岐，贡生萧春久，贡生陈仲俊，监生刘培厚，庠生杨锡荣，廪生杨增荣，武生蒋瀛洲，武生萧佐汉，乡饮陈钦承，监生黄登成，监生李长藩，乡约张维忠，乡约王永清，李珍才，乡约魏荣甲，江永杰，杨俊华，乡约苏文林，值年堰长：职员许作宗，李荣甲，乡约严洪春。

右□通知。许承孔书丹。石匠：李元章。

中华民国四年岁次乙卯季夏月上浣日谷旦立。

禁止垦种五门堰、百丈堰间沙地告示碑

时间：民国五年（1916年）十二月二日

地点：城固县五门堰文物管理所

规格：碑横方形，高60厘米，宽100厘米。

资料来源：《汉中三堰》（鲁西奇、林昌丈编著，中华书局，2011年版）之附录《汉中水利碑刻辑存》。

六等嘉禾章、调署城固县知事吴，为出示布告，俾垂久远事。照得五门堰与百丈堰首尾衔接，唇齿相依，其界于两堰间之沙地，虑其垦种之下，土质松浮，有碍堰堤。曾于前清嘉庆年间估价收买，一并归公，蓄荒植树，以固堰堤。刊渤贞珉，相沿勿替。惟此项沙地，由寇家嘴寇姓卖出者居其多数，百余年来，并无异议。今年四月间，有寇姓佃户在于堰北东流河侧垦种三段，计数十六亩四厘。经五门堰绅首、堰长人等控，经本知事亲诣履勘，审度形势，一经垦种，诚与堰堤不利。当以寇本官族，家又殷实，必能仰体先德，割爱归公。果使情通理商，定可息事无形。经本知事将寇绅锡藩、堰首龚绅世英等召集公署，由本知事开布公诚，和平解决。深喜寇绅急公明理，龚绅劳怨不恤，均不失为乡贤正士，翕然服从，讼竟解决。为此，出示布告，附近居民人等，一体知悉：所有两堰间之沙地，自今以往，永远蓄荒栽树，巩固堰基；附近两堰人民均不得开垦耕种以及樵牧践踏，并砍伐树木等事；务各一体维持，互相保护，以重公益而泯衅端。如有违犯，带案罚办，其各遵照毋违，切切。特此布告。

右仰通知。

局绅：李含芳，刘耀东，龚世英，刘自魁，吴金榜，李元，仝四里田户、堰长立。

民国五年十二月二日实刻五门堰，勿损。

翻修龙门寺佛殿碑记

时间：民国六年（1917年）四月

地点：城固县五门堰文物管理所

规格：碑横方形，高55厘米，宽98厘米，右角稍残。

资料来源：《汉中三堰》（鲁西奇、林昌丈编著，中华书局，2011年版）之附录《汉中水利碑刻辑存》。

翻修龙门寺佛殿碑记

五门堰之有龙门寺，历年已久，不知创建何时，惟考殿上梁记载，前清康熙丙申年重建，迄今二百有余岁矣。风雨飘摇，殿宇坍倾。去岁芳等赞勷堰务，于佛诞日午正，霙霙若雷声，彻堂室同人趋际，见飞蚁集聚，院庭户牖遍满。董事暨协理诸君怀惄悚惧，虔叩神前祈祷，默佑捍灾降祥。祝毕，而蚁飞散无踪矣。然飞蚁之去固莫知所向，而飞蚁之来，实由殿宇梁木蠹腐所致也。幸是岁秋热，年谷顺成，民乐丰年，盖人有诚心，亦神有感应也。于是鸠工庀材，发心修葺，本拟早日蒇事，借答神庥；不料时值岁暮，工未告竣，龚君世英、刘君自奎暨协理吴君金榜均因事辞退。本年春，芳与王君化溥承乏堰务总理，幸协理诸君不惮劳瘁，朝夕经营，月余而落成。斯役也，地址虽旧，庙貌重新，爰勒诸石，非敢居功，不过记事之颠末，以显佛祖威灵耳。

局绅：刘耀烦东，梁之楷，李含芳，王化溥，李元，李永懋；住持：提昆，仝立。

民国六年岁在疆圉大荒落孟夏上浣谷旦。

建邑侯张公育生生祠记

时间：民国六年（1917）七月

地点：城固县五门堰文物保管所

规格：碑长方形，高162厘米，宽70厘米，厚12厘米。正面正中刻"功与堮长"四大字，右侧直书一行："清授中宪大夫花翎记名录用在任候补直隶州、特授渭南县事、调署城固县正堂、邑侯张公育生德政。左侧两行：赠给六等嘉禾章陕西督军署行营执法官、调署城固县知事、合肥吴其昌谨题。水利局长：赵可权，刘应魁。五门堰总理：李含芳，王化溥。协理：梁之楷，刘耀东，李元，李永懋，同勒石。"

　　资料来源:《汉中碑石》(陈显远编著,三秦出版社,1996年版)。另见《汉中三堰》(鲁西奇、林昌丈编著,中华书局,2011年版)之附录《汉中水利碑刻辑存》。

　　盖闻国隆祀典,礼崇馨香,是所以表厥功而昭报享也。五门堰,考《邑志》:明邑令乔、高两公先后创继修理,历今阅数百有余岁矣。凡守土者,靡不重堰务以兴水利。清季光绪辛丑冬,张公令兹,下车伊始,勤政爱民,首重堰务。稽修堰费款巨支繁,向由所灌之田按亩摊派,恒多浮滥,半归侵蚀,民累苦之。其水利局之款,空存而无用焉。公志心筹划,详呈列宪,请以水利局积产出息,归堰作费,并按田积本,发商生息,用子存母,一劳永逸,免派水钱,立章存案。民省其累,如释重负。然自有堰以来,已享灌溉之利,至今费有的款,永免浮滥之繁;款归正用,民沾实惠,厥功甚伟,与乔、高并驾,与堰堤同存也。四里田户,乐利蒙庥,爱戴难忘。惟念乔、高已享千秋血食,而公之祭祀,尚付阙如。因特协定,公呈县知事吴,转详陕南道尹、张暨省长李,请为公建祠,用昭报享。奉批:"查清季张世英前官该县,政绩卓著,而整顿水利尤为召、杜遗爱,应准附祀配享,以顺舆情而彰德政。仰汉中道尹转行知照。"等因奉此。当经遵于本堰龙门寺,就太白楼之右间,附建张公祠,春秋祭祀。并题其碑曰:"功与婿长",以表厥功。但沧桑变幻,恐湮胜迹,乞余为文,表扬德政。余不文,而同沾水利,义不容辞,爰叙颠末于碑阴,以志不朽。张公讳世英,字育生,甘肃秦州(即今改天水县)人。前清以庚辰进士入馆,旋改官县尹,莅仕三奉,实政教养,矢慎与勤,兴利除弊,爱国恤民,贤声卓著,召、杜同饮,遗爱甘棠,万代不泯云。

　　邑人蔡寿谨撰并书丹。

　　五门堰四里绅粮:王之桢,吴金榜,龚世英,刘自槐,陈五伦,吕润之,李润芳,张永桢。

　　中华民国六年岁在丁巳秋七月既望谷旦。

五门堰西河坎偷伐树木经官惩罚记

　　时间:民国九年(1920年)三月廿七日
　　地点:城固县五门堰文物管理所

规格：碑长方形，高 115 厘米，宽 54 厘米，厚 15 厘米。碑文行书 20 行，满行 47 至 50 字不等。

资料来源：《汉中三堰》（鲁西奇、林昌丈编著，中华书局，2011 年版）之附录《汉中水利碑刻辑存》。

五门堰西河坎偷伐树木经官惩罚记

窃思农以谷为重，民以食为天。五门堰灌田三万数千余亩，城固人民养命之源，居大部分，官府监督，士绅维持，由来已久，盖凡与堰有关系之地，或砌之以石，或树之以木，莫不尽心竭力经营而护持之。查五洞上游西河坎水势直捣，逼近堰局。癸卯岁，王君舜臣经理堰时，遂于坎底种树多株，数十年来，赖以不圮。讵意去春及秋，傅青云、马成章等见树成材，图利□□偷伐顺杨二十……冲，若□□马君文□承之斯□，又呈请公署严拿惩办，幸蒙邑宰以……堰……示儆，马成章等不服上诉，抑又匿不投审□……厅将……在……按律□办，偷……而□□□水……十五……立碑等再……祀□□□恃……不为……公转……岁修告竣，锷责……来兹。……门堰总理：王锷，刘应奎；……前总理：□文渊；协理：李永□……

中华民国九年八月二十一日。

傅青云为认罚赎咎、恳请存案事情：民祖遗有五门堰西河坎上水田一丘，前清年间，出佃于傅吕氏之翁耕种，后被水冲，仅剩田三分五厘。上年五门堰局因水势直捣，逼近五洞，恐碍堰务，遂于民田界内坎下广蓄杨木，借杀水势，以固河坎。所剩民田，于今赖以存在。本属一举两善，多年无敢毁伤。不意近年树长成材，木料价高。今岁十一月，傅吕氏女流无知，被人刁唆，偷砍顺杨树三根，经五门堰首，将民禀案，奉票之下，不胜悚惶。事虽傅吕氏冒昧所为，而坎属民界。民贸易许家庙街，相近咫尺，失于觉察，咎不容辞。深知此树于五门堰关系重大，民本应将傅吕氏诉讼在案，又念伊年老家贫，兹乃邀出同宗傅心斋向堰首剖白，更代傅吕氏乞恩。民甘愿认罚，愿在原地栽树三根，补足原数。已砍之木，饬傅吕氏送交堰局公用。以后民坎界内补栽暨旧有树木，仍归五门堰所有，由堰保护，无论他人暨民户族永不得毁伤一枝。其余已砍之树，不在民坎界内，民无干涉之权，与民无干。事恐年远，无从考查，兹特备词存案，并恳恩施，脱民关系。伏乞县主案下电鉴，恩准备案脱离。施行。中华民国九年一月十六日。

　　具恳恩农民马成章、傅乃娃，现受管押，为认罚赎咎、恳叩存案、解纲开释事情：民马成章祖坟祭业，并民傅乃娃祖父遗业，有五门堰西河坎上水田各一坵，先年被水冲崩，各仅剩田一分有奇。五门堰局绅，见水势直捣，逼近五洞，恐碍堰务，遂与民等田界内坎下，广蓄杨木，借杀水势，以固河坎。民等所剩之田，于今赖以保存。本属一举两善，多年无敢毁伤。不意近年树长成材，木料价高，怪民马成章户族无知之徒，见利忘义，偷往锯伐；民传乃娃见傅青云等佚法伐树，亦尤而效之。经五门堰首禀案，又蒙恩讯判，罚民等出钱四十八串，尚未呈缴，又往伐树十株。沐恩傅案，予以管押，实系民等有咎难辞，曷敢恳渎。但民等身罹法网，寤寐思服，遂托出胡渭川向堰首剖白，更代为乞恩。民甘将讯罚之钱，如数缴案，复于坎下栽树，补足原数。所伐之树，现已送交堰局，以作公用。以后民等田坎界内补栽暨旧有树木，仍归□五门堰所有，由堰保护。无论他人暨民等户族，永不得毁伤一枝，其余已砍之树，不在民等坎界内，民等无干涉权，亦与民等无干，恐年远无从考查，兹特备词存案，并祈网开三面，赏准民等脱法，回家安分务农，以供全家衣食，曷胜铭感之至。为此，恳乞县主案下，恩准备案，解网开释，实沾德便。施行。民国九年三月廿七日。

禁止在五门堰之上增置重堰告示碑

　　时间：民国十年（1921年）八月

　　地点：城固县五门堰文物管理所

　　规格：碑长方形，高119厘米，宽62厘米。

　　资料来源：《汉中碑石》（陈显远编著，三秦出版社，1996年版）。另见《汉中三堰》（鲁西奇、林昌丈编著，中华书局，2011年版）之附录《汉中水利碑刻辑存》。

　　五等嘉禾章署理城固县知事楚，为准予傅案立碑事。据五门堰总理李杜、龚世英等呈称：本堰与上游百丈堰势同詹溜，上注下接，有连带关系。故先年创修堰□者，□□□世嗣□均水之法，乃按田亩多寡计算，百丈堰灌田数千亩，未若本堰之多，修筑堰堤易□□水势。百丈堰命名之义，已可决知，况复有《县志》可考；其为从古旧例，亦无待辨。厥后年湮代远，重修□□□□，水势完全截断，一遇天旱，致本堰大受影响，水不敷用，已属违背古法。讵该百丈堰堰□□□□进□，去岁竟复于老堰上增置重堰，只图该堰少数田亩之利，决不顾本堰三万四千田亩之□□□，居心□太险恶。兹事前经本堰田户面禀，业蒙勘验明白。今该重堰幸已被水冲坏，应请传饬百丈堰堰长傅恺，以后不准续修重堰，并恳立案，永杜讼端，则本堰幸甚，万民幸甚。为此，呈请县长饬遵立案施行，等情。据此，当经本县转饬百丈堰堰长傅恺，据五门堰具呈事由，所有重堰既于五门堰大有妨碍，此次被水冲坏，该堰长应即□行古法旧章，停止修复，以顺水势；如仍固执再犯，经五门堰提讼到县，定依侵害公共水利，从严究处，决不姑宽。除已准如所呈，由县存案外，合将定案情形，发交五门堰局刊石，以示永远遵守。此令。

五门堰总理：李杜，龚世英；协理：胡百川，徐德福，张元勋，李润芳，同立石。

中华民国十年八月□日。

<h2 style="text-align:center">河心夹地碑</h2>

时间：民国十年（1921年）

地点：城固县五门堰文物管理所

规格：碑长方形，高120厘米，宽60厘米，厚14厘米。碑文楷书17行，满行48字。

资料来源：《汉中碑石》（陈显远编著，三秦出版社，1996年版）。另见《汉中三堰》（鲁西奇、林昌丈编著，中华书局，2011年版）之附录《汉中水利碑刻辑存》。

河心夹地碑记

河流之域，变动非常；地主之权，沧桑莫易。况其为阖堰之公产，岁负重粮，而置买年月复有碑载可据者耶？五门堰水利之溥，实为邑诸堰冠。待餔既众，则工程堰址之设备，自不能不极图周全。故万历以后，历任有司，莫不视堰务为要政。嗣以河伯为厉，频年溃堰。始于嘉庆间，增置上下之河坝沙地，各致三里以外，周备修堰拾取沙石，碑、志具详，其无容邻封染指，已不待辨。乃近代人心狡险，见利即驱，本堰上游河心夹地，因数十年河道变更，淤积愈广，估计约足二顷，适当许家庙东偏。前岁除夕，该村无赖数辈，乘夜将地面树木数百株，尽根刊【砍】去，兴工分垦。及本堰向其理论，该村人民等，方以办学搪塞，直至今夏，构讼至县。经县长楚公尚齐亲临勘验，细考碑粮，始将此段夹地，完全判还本堰管业，随于县署傅立专案。该村人民等，亦以理屈辞穷，无敢置喙，并自罢休。于是前车覆辙，后车当鉴。杜等承乏堰务，势且难长，恐久复生变，贻患来兹。爰集四里绅粮协议，将此事原委，勒诸贞珉，俾后之从事堰务者得资永守，庶无负区区之苦意耳。谨志。

五等嘉禾章署理城固知县事楚功奇。

六等文虎章前陆军二十二师军事委员、五门堰总理、邑绅李杜撰并书。

前四川候补知县、五门堰总理、邑绅龚世英。

五门堰协理：胡百川、李润芳、张元勋、徐德福；临时征收水钱局局员：李修勋；工科：陈鸿章、王福职、陈德铭。水利局局绅：演树勋、张俊。协理：蔡怀孝、饶湘。田里士绅田户：李逢时，马文渊、龚世昌、房曜东、张曜辰、张永贞、李含芳、王之桢、李永楸、张立德、张文锦、蓝文成、杨有才、张哲、李元、武廷选、吴金榜、李栋扬。各堰堰长。全立石。

中华民国十年岁次辛酉冬月谷旦

增修倒龙门碑

时间：民国十年（1921年）十一月

地点：城固县五门堰文物管理所

规格：碑长方形，高110厘米，宽63厘米，厚15厘米。碑文隶书15行，满行43字。

资料来源：《汉中碑石》（陈显远编著，三秦出版社，1996年版）。另见《汉中三堰》（鲁西奇、林昌丈编著，中华书局，2011年版）之附录《汉中水利碑刻辑存》。

下五洞底及增修倒龙门碑记

湑水自太白山蜿蜒而出，经层峦叠壑间，延袤数百里，纳汇众支流，入邑境，至于庆山之下，波涛浸灌，势益张大，居民以利导分润，当冲筑堰，水口置石洞五，按实定名，称为五门堰。洞纵四尺四寸，横如之。距堰口下约半里，复设一退水龙门，以防潮水暴发，激溃渠坎。此则自明县主乔、高二公创修以来，所有之旧规，居民奉守已久者也。惟堰址纯系沙质，故建筑取材，历代均以竹石为主，草木辅之，难保无频年溃决之患。每值修补，费辄不赀，众田户及办堰务者，虽明知其害，实无如何，徒有望洋浩叹耳。今春杜同事龚君及协办胡君等承乏堰务，方瘅精竭虑，思筹补救之法。适淫雨为灾，堰堤坍溃。秋后兴工，始克探讨病源，知水洞底石太高，水流不畅，堰潭既深且阔，满而易溢，根底不固，实此之由；若将底石下深，匪特可免斯弊，即下游各旱田，平常水不敷用者，亦得均沾润泽，永不致有涸辙之虞，诚属一举两便，遂决意下至壹尺五寸。又恐水量骤增，洪涛四溢，居民将互见其害，复于旧龙门左侧增一倒龙门，以堵水势。初，倒龙门基址适当旧龙门口，每年春间，亦必修筑沙坎截水退出，以便下游各湃，挑疏渠道。此项修筑费，亦岁至数百竿之巨。至是改置倒龙门，可以长节兹费，一劳永逸。其有裨于井里，岂浅鲜哉！至倒龙门之模型，墩五而洞三，墩石不施雕琢，昭其朴也；洞置活板，广壹丈二尺，取其宽而有容也；上覆石条为桥式，取其便于揭上活板也。功既竟，士庶欢欣。同人恐其久而失征，请书其事于碑云。

五门堰总理、邑绅李杜撰并书，龚世英。协理：张元勋、胡百川、李润芳、徐德福。

中华民国十年岁次辛酉冬月谷旦勒石。

五门堰接用高堰退水碑

时间：民国十一年（1922年）闰五月

地点：城固县五门堰文物管理所

规格：碑长方形，高118厘米，宽78厘米，厚15厘米。碑文楷书27行，满行49字。

资料来源：《汉中碑石》（陈显远编著，三秦出版社，1996年版）。另见《汉中三堰》（鲁西奇、林昌丈编著，中华书局，2011年版）之附录《汉中水利碑刻辑存》。

五门堰筒车田亩改造飞漕永远接用高堰退水碑记

查五门堰官渠最上湃口，旧有筒车九辆，系由官渠截坎提水，故下流水势，受此影响，不能畅旺。每值天旱，下游辄有水不敷用之患。而此项车田，又只数十亩，利害相形，功不补患。去岁，卸总理王君锷等，始查明高堰退水，可以接灌车田，乃陈恳前县长张公来堰勘查，划定漕线，撤去三辆，接用高堰余水。意美法良，诚为善举。惜尚昧于情势，未将高低两渠合并为一，以致低渠余水泛流失用，高渠余水渐形不足。此飞漕田户构讼之所由来也。今春，杜、英等承乏堰役，寸心忧惶，筹勘再四，始得洞见本源，必将高渠、低渠余水合并，则飞漕水源骤增数倍，方无缺水之虑。适县长楚公以讼案咨询，命杜等筹计兹事，因得直陈筅见，幸蒙明允。奉文后，克日会同高堰绅首及各车田户协议妥当：下去三车，所有三车田户，均从飞漕接用高堰高低两渠退水；由本堰帮钱贰百串，交高堰首事何建章、樊世荣等收存，以作飞漕田户等入籍之股款；其去腊所修之飞漕及今岁补培各费，亦均由本堰劝助。现在工程告竣，交涉已清，除办理情形、协约规则已呈县傅立专案外，合将此事原委，详载诸碣，俾后之续办堰务者，知所遵循焉。是为序。计开：

五门堰筒车田亩改造飞漕，永远接用高堰退水灌溉，应先交入籍费若干，为常年培修堰务之集股。今念田户无多，凑款不易，由五门堰补助大钱贰百串，交与高堰绅首，以作飞漕田户永享水利之根据。

飞漕田亩用水，系由高堰下坝，接高低两渠退水，其每年之田亩水钱，应依高渠摊派交纳，不得借故推诿不出。

飞漕田户既出入籍费，又每年照规出田亩水钱，高堰绅首、田户，应同于上中下三坝田户一律看待。即遇旱年，该堰绅首，亦当平均水利，设法补救，不得坐视不理。

修造飞漕各费，全出之五门堰，以后应由飞漕田户，极力保护。如有损坏，该田户并应随时自行修理，不得向五门堰及高堰沿袭求助。

飞漕新开渠道地址，均系五门堰置买，地主之权，自有专属，其沿渠栽树插柳，仍为五门堰之所有，各田户等，毋得妄争。

飞漕禁止牛马等类经过践踏。如有此等情事，经人举告或拿送者，归五门堰总理分别赏罚。其罚款交与该飞漕田户，作为培补飞漕费用。

按：撤去筒车，改用飞漕，系民国九、十两年事也。其碑记即于十年拟就，应随时镌石，以清手续。因堰工浩大，未克举行，延至十一年夏，始照原议立案，序文刊竖焉。

五门堰总理：马文渊、李杜、龚世英；协理：胡百川、张元勋、田培桢、李润芳、徐德福，仝立。

中华民国十一年岁次壬戌闰五月上浣立。

褒城县政府处理响水堰案碑

时间：民国十二年（1923年）三月

地点：原竖褒城县廉水城隍庙，现存南郑区圣水寺文物保管所

规格：碑长方形，高142厘米，宽68厘米，厚16厘米。碑文楷书18行，满行46字。

资料来源：《汉中三堰》（鲁西奇、林昌丈编著，中华书局，2011年版）之附录《汉中水利碑刻辑存》。

署理褒城县知事张示

为既立堰规复请立碑石以示久远事。案查：此次系廉水县坝内响水洞上堰李发高等与平木、樱桃两堰李启南等，于光绪三十四年天旱争水构讼，南郑县主误听工书所禀，竟以上流下接估断在案。下堰李启南等不服，将上堰李发高等具控本县暨控府、道，蒙道宪批县查明旧规祥【详】覆悉断。后经县钮讯未结。道宪复饬署褒城县谢尊集两造□□，按照历来旧规，上堰响水洞七堰，该日入后放水，至日出时止；下堰平木、樱桃两堰，该日出时放水，至日入时止。俱为悦服，具结立案。兹于民国九年，上堰李发杰等，仍乱旧规，下堰李培恩等，将上堰李发杰等复控。本县差传未集，上堰李发杰避褒控南，南郑委讯不结；下堰李培恩控道，道委同南、褒两县会审，案悬未结。重谕就近绅粮查明禀覆。上堰李发杰私捏绅粮蒋滋荣、黄德华等之名，乘隙窃禀，蒙官立案，下堰李培恩即控道控省。兹本县奉道批转奉财政厅长复奉省长批：该县确实查明，悉心勘断详覆。本县以旧规蔓讼不休，传集两造并绅粮等，当堂讯明校核，断上下堰水订以十日轮分，每十日内，上堰响水洞七堰田二百余亩，该放水四日三夜；下堰平木、樱桃两堰田七百余亩，十日之内该放水六日七夜。如每月上堰响水洞从初一日起，至四日傍晚时止；下堰平木、樱桃两堰，从四日傍晚时起，至十一日黎明时止。详覆各宪立案。所有上堰七道四日三夜轮水期中，该下堰人不得私行掘挖提闸堰滩。至该下堰六日七夜轮水期中，该上堰人不能私闸缺口及偷车堰滩情事，其水由堰坎河心开缺灌放。今上下堰人等复请示立碑等词，恳禀前来，除批示外，合行出示，晓谕上下各堰人民，其各遵照。自示之后，如有在堰滋事，一经查出或被告发，定即从严惩办不贷。

再议定平木、樱桃两堰放水规则：平木堰田多二十余亩，放水三日四夜，饶家坝多次一夜，上中下三坝依次灌溉，不得紊乱次序。樱桃堰四【田】少

二十余亩，该放水三日三夜。令上下堰均放，不得恃强凌弱。两堰人等务各遵守旧规。

民国十二年季春月上下堰人等公立。

五门堰田户集赀举办张公纪念会碑记

时间：民国十二年（1923 年）八月

地点：城固县五门堰文物管理所

规格：碑长方形，高 134 厘米，宽 70 厘米，右侧已残。碑文楷体，正文六行。

资料来源：《汉中碑石》（陈显远编著，三秦出版社，1996 年版）。另见《汉中三堰》（鲁西奇、林昌丈编著，中华书局，2011 年版）之附录《汉中水利碑刻辑存》。

五门堰田户集赀举办张公纪念会碑记

自张公育生禀定以田赋局（即今农田水利局）储蓄之款及各田户集本，统归五门堰，作为每年修理之费，后四里田户，人人感念，户户讴思。迨民国五年，公殁于甘肃秦州原籍，田户愈思有以报其德而永其惠。民国六年，□议立会以作纪念，于是，出赀者踵相继，计共集得七五票，钱一百三十五串文，交水利局生息。每年以公殁之七月二十三日为致祭之期，会内至者同饮福焉。办会之资，则取水利局子金，而母金不得动也；如有不及，由堰局补助。同会之人，因恐年远日久，事或废弛，致殁公之遗爱，因将立会原起及入会姓名泐诸贞珉，以告后之来者。

五门堰总理：王砺廉，傅应中。协理：张耀辰，饶湘，李元，蔡怀孝，仝立石。

合会姓名：马文渊，张连甲，张翥，张翼，张崇德，张聚祥，张耀辰，张耀祥，张凝祥，张树楠，张耀柄，张百顺，张鹏俊，高士楷，王砺廉，张立德，张文锦，张庆云，张数选，张恒福，张福田，张灵秀，张哲，张健儒，张永贞，张金祥，张发林，马文郁，方桐，胡渭川，胡百川，饶德明，梁之楠，梁之楷，张元勋，张松林，张寿林，张恒林，张伸，张俊，张纶，王砺谦，刘长安，吕鸿烈，吕佐文，吕百祥，陈五常，吕纬文，杨树森，胡济川，李树枝，李树华，方应选，方谦，僧从来，僧从洁，刘耀庚，郭金诏，郭奉昌，傅师说，郭慎修，刘长义，吕量衡，吕从功，吕茂福，吕宗尚，吕金衡，吕如衡，吕和赓，吕瑞祥，李含芳，傅应中，李永茂，谢逢乙，谢逢辰，时万德，刘宝善，蔡福贵，王正廉，王永福，蔡怀孝，房曜东，李文正，李应林，龚世英，龚锦章，王化溥，田烈，王宣，田义丰，李栋，李杜，田培基，徐德福，吴金榜，田培桢，刘应魁，李含贞，徐卓，周峻望，童克昌，王明经，王梦龄，王凤瑞，王明信，王佐清，王之桢，演树勋，李培基，梁廷桢，武仲林，刘子京，胡镜宣，胡永福，王粹桢，饶相，何叙功，李芳甸，余汉章，李扬艳，周世见，杨占才，蓝文成，崔秉钺，童际云，周志信，刘耀东，饶家营，蓝家庄，谢镛，刘全孝，蔡怀仁，谢逢泰，胡麒，邹致祥，杜登第。

中华民国十二年岁次癸亥八月吉日。

西乡县禁止军人骚扰堰务碑

时间：民国十二年（1923年）十一月

地点：西乡县金洋堰水利管理站

规格：碑横方形，高55厘米，宽90厘米，厚14厘米。碑文楷书25行，满行22字。

资料来源：《汉中三堰》（鲁西奇、林昌丈编著，中华书局，2011年版）之附录《汉中水利碑刻辑存》。

援川陕军第一支队留守司令高、陆军第七师步兵二十六团第一营营长贺、代理西乡县知事张，为会衔布告事。按据水东坝金洋堰堰长蒋瀛洲等联名呈称：过军拉夫，有妨工作，恳请布告禁止。事缘水东金洋大堰一道，灌田五千余亩，上中下三坝恃为命脉，旧规，每年立春后闸堰，立冬后动工修浚，每日不下二三百人，克期竣事，以便灌溉。刻下正在鸠工时期，适值军队过境，络绎不绝，堰堤即是大道，避无可避，藏无可藏，沿途上下随便可以拉去。修堰人民一见军人经过，即惊如鸟散。长此以往，恐迟至年底，尚难完功，实于水利农田必有妨碍。窃惟支应夫役，是人民应尽义务，曷敢借词规避，致误军行？惟地方自有团约，支应过军是其专责，并各有地点：上坝堰口镇，中坝板桥塆，下坝东渡街。值此修堰开工闸堰之时，尤当分别办理，两不相妨，应请令水东堰口团约另雇民夫值日应差，并恳出示禁止，凡过往军人不得强拉。似此办理，既无碍于军行，更有益于水利。是否有当，除分呈外，为此，叩乞案下赏准，出示禁止等情，前来。据查，该绅等所称水东金洋大堰刻正鸠工修筑，每日约二三百人，过军拉夫，有妨工作，自系实在情形，合行会衔布告。为此，仰各过境军队一体知照勿违，并赐印衔刊石，以昭久远。切切。此布。

值年堰首：武生蒋瀛洲，刘丕振，苏文林，暨三坝绅粮全建。

邑高等学校毕业文生许承先丹书。石匠文朝榜。

中华民国十二年冬月吉日立。

五门堰撤去王家车改修飞槽用高堰水呈县立案文

时间：民国十三年（1924年）七月

地点：城固县五门堰文物管理所

规格：碑长方形，高131厘米，宽69厘米，右侧已残。

资料来源：《汉中碑石》（陈显远编著，三秦出版社，1996年版）。另见《汉中三堰》（鲁西奇、林昌丈编著，中华书局，2011年版）之附录《汉中水利碑刻辑存》。

五门堰撤去王家车改修飞槽用高堰水呈县立案文

呈为报请存案事：查上年职局王总理锷曾经撤去官渠旧有筒车二辆，呈明存案，在案；今年堰水涸乏，下湃难以得水。绅等体察情形，筒车仍是一因，缘筒车设于官渠，水缺则任意截拦，水流即不能畅，兼以分水之口有九洞及八湃之多，油浮、水车两湃下游去堰在四十里以外，水未至而已竭，故得水甚难也。欲畅行官渠之水，仍非撤去第一车不可。故又邀集该车田户及高堰首士田户人等，商议至再，另开小渠引水，另设飞槽过水，而撤去第一车即俗名王家车者，自甲子年夏季栽秧始，该车永不得再设；该车田永归高堰征收水钱，而用高堰之水；局内即筹给高堰入册费陆拾串文。两相情愿，各无异言。绅等于是一切办妥，并取具万、高各姓让水路字据，旋即开引水小渠，设过水飞槽，使该车旧灌之田三十余亩，全于本年改用高堰之水，免致另生枝节。理合呈请鉴核，谨呈县长案下，俯赐批示存案，实为公便。

附开：万忠让水路一段，酬给钱叁拾伍串文。万鹤龄让水路一段，酬给钱壹拾串文。方树桂让水路一段，酬给钱贰拾肆串文。

五门堰总理：王砺廉，傅应中。协理：张耀辰，饶相，李元，蔡怀孝，同泐石。

中华民国十三年岁次甲子七月十三日。

金洋堰重整旧规碑

时间：民国十六年（1927年）二月

地点：西乡县金洋堰水利管理站

规格：碑横方形，高65厘米，宽68厘米，厚16厘米。碑文楷书26行，满行26字。

资料来源：《汉中三堰》（鲁西奇、林昌丈编著，中华书局，2011年版）之附录《汉中水利碑刻辑存》。

金洋堰重整旧规处理违背条件碑记

窃维家国一理，上下同情，故民社立条规，无异朝廷制法律，凛不可犯，犯则取祸招辱，势必不免。如水东金洋堰者，治灌田五千余亩，其修渠、闸堰、赛神等费，实无的款。乡先达议立条规，每亩收水钱数十文。时臻年丰岁稔，出入颇能相符。迨后河水逼近，波扬浪涨，顺流一带，冲崩十损其三四，又兼凶荒变临，物价增高，遂致需用不赀，绅粮癙寐忧虑，商筹良策，议定明条：无论本地、外地，买坝田壹亩，提堰纳税钱壹串文；买车田壹亩，提堰纳税钱陆百文；择举殷实之家公正之人经收辖理，以防堰款欠缺，抽拨便易，不闻扯肘之嗟。烁哉善法！旋禀县立案，予衔赐印，寿诸贞珉，燎如执掌，奉行数十年，并无一人异词阻挠。忽于乙丑民国十四年冬，有刁劣杨成裕持住科势力，买田贰亩许，意怀紊乱堰规，因迁延年余，分文弗给，当被堰长查出，报明三坝绅粮，会集处问，尚容情宽贷，并未彻究。殊伊受恩弗知，犹恶霸凶抗，至再至三。绅粮无已，乃重整旧规，严为理论。伊洞觉理亏词穷，甫央请戚友乞和，甘愿罚金赎罪，现给钱六十缗。指名泐石，以儆效尤。咸嘱勉叙，固辞未获，粗陈俚句，述其崖略，昭示前车之失，即后车之鉴，崭然庙内，洞若观火，鹄望三坝士庶，目触心惊，再勿视为具文，故犯称强，其取祸招辱非轻，可不戒哉！谨志。

明经进士萧春久谨撰。县议会员杨俊华拜校。

现任团总苏培厚敬书。乡约任得志，乡约徐科义。

武生蒋瀛洲，监员李长藩。保董陈存礼，保董杨本荣。杨芳郁，陈邦哲，魏成邦，黄登奎。武生萧佐汉，团总文宣化，文生刘丕炳，文生许承先。严洪春，江永林，李必秀，李秉忠，监员陈日耀，文生陈格英，文生魏承周，陈学礼，文生杨芳琏。

民国十六年岁次丁卯春二月上浣堰长杨发荣，杨金荣，暨三坝士庶全立。

查明五门堰水利局田亩租谷碑记

时间：民国十七年（1928 年）十一月

地点：城固县五门堰文物管理所

规格：碑长方形，高 120 厘米，宽 64 厘米，右侧已残。

资料来源：《汉中三堰》（鲁西奇、林昌丈编著，中华书局，2011 年版）之附录《汉中水利碑刻辑存》。

……奈关……哉，奈历任首事勤惰不齐，用……弊窦……水田仅纳下等租秵，□以致局中入款短少，□□费拮据。民国十四年春，万公□□来长□县，关心堰务，访知弊情，即委绅粮吴君题庵、张君心一清查水利局□□，□坝之田分三等，公平酌租，杜私囊之窃饱，济大众之公益。张、吴二君热心义务，既奉县委，不辞怨劳，逐亩履勘，察□□□□优劣，量其亩数绌盈，全众□田议租，使佃户另行投券。坐落本堰之田，共增租谷一百二十四石九斗六升。是岁，□□内外之田，时因水涨冲淤，欲□不果。次年，吴、张两君辞以年老，推举李君子贞、王君文轩代之，续将上元观及山田□□一周，又增租谷四十二石一斗，而冲淤尚未挑修完浚者不在其数。总计四君两年查勘，共得租谷一百六十七石□□□升。水利局骤增巨款，五门堰庶少窘迫，众田户均沾余润。虽张、吴、李、王四子与有劳焉，然非万公之注重民食，不□□□。公又令造簿二本，将所查田亩租谷数目逐一清列，呈署盖印，一本存案，一本存局，以备考稽，俾后之继任局事□□□□□□弊私更减多为少，其益公惠农之德泽，知与斯局斯堰而并存不朽也。感颂之余，爰勒诸石，以垂久远云。

邑绅张文锦谨□并书。

水利局总理：龚世英，卢润元。协理：蔡怀孝，云呈秦，□□，□元，王之桢。

五门堰总理：刘荫镐，刘燿东，余汉章，吕调元。协理：徐德福，张新民，李培基，陈德铭，田培基，李栋，李青。仝□□户立石。

中华民国十七年岁次戊辰仲冬月下浣谷旦。

修理汉兴堰暨河堤碑记

时间：民国十九年（1930 年）一月

地点：不详

规格：碑长方形，长 159 厘米，宽 81 厘米。

资料来源:《汉中三堰》（鲁西奇、林昌丈编著，中华书局，2011 年版）之附录《汉中水利碑刻辑存》。

读邑乘水利志：邑有水利，犹人身之有血脉，血脉不和则人病，水利不讲则农病。旨哉斯言！我汉王城汉兴堰自有清二百年来，官民属意久矣，闻嘉庆前地方人或有引水灌田之说；光绪、宣统间，邑侯王、朱二公先后曾委专员修筑，迄未成功。民国乙丑秋，河水綦发，我城沿河一带之地民众所赖以养命者，指倾间，尽成泽国，虽历遭水患，从未有如斯之惨。丙寅春，集众会商，堤防刻不容缓，幸首人均明大义，枵腹从事，未匝月，而堤工告竣。非人之勇于公也，养命之源所在耳。是年冬，乘该堤完成之后，测量形势，恢复旧堰，爰集众议，询谋金同，遂禀报县建设局备案开鉴。当由雍局长武丞以水利关乎国计民生，即选委刘绪堂迅赴详查，据实回报，以便转呈县府备案。其时翟公其灼县长热心水利，偕同雍局长亲临巡视，忻然捐廉千串，择吉兴工，并蠲免全地杂派，以示鼓励。不敷之数，又由地方船会暨三圣殿庙会挪垫各千串。按亩派工，因势利导，自汉王城西北拦堰，至东北入渠，向南流，折而经四郎庙东，环绕村前，西流至常家墩，又折而东，经沙梁下，绕房家庵，迤逦而入于汉矣。统计堰流之长凡里许，灌田三百余亩，而功成仅及期年，此非获官绅热肠赞助、建设局技术员宋峻监工督促，绝难收此巨效。尤可异者，城北高原，忽发现乱石一片，得借此以巩固堰坎，永防水冲。夫堰之成，虽曰人为，又岂非天与之哉？丁卯冬，县长翟公复助千串，造修石桥，故颜其堰名曰汉兴，并颜其桥名亦然。吾人寻绎其命名之义，殆谓汉王城人民从此可以大兴欤？兹者，堰堤落成，农家病除，善继善述，万世利赖。爰叙巅末，勒诸贞珉。斯堰不朽，亦即若人之旧德永食不朽云尔。

晋给四等嘉禾章、简任职任用洋县教育局局长阎应时撰文。开封训政学院自治学员任日升书丹。

同众议定堰规数条以资遵守：凡属堰堤两旁押草树木，永为培补渠坎及河堤之资，无故不得剪伐；凡属河堤及大小渠坎，理宜每年修补，不得任意挖断；凡属放水灌田，依次序，不得恃强争执，互相斗殴；本堰首事，每年底须将本年堰内收支款项缮具清单，揭晓示众；首事任期以三年为限，堰长工头亦三年为限，如经营得法时，宜连任之；开创堰务人员，心力俱瘁，成绩卓著，议定首事每年各免堰稞一石二斗，堰长各免八斗，工头各免四斗，以示酬报；每年抽收堰稞以作水钱，培补堰堤之资，垂为定规；□□按田，每亩抽谷半升，每年由堰局□□。

计自民国十五年冬月开堰起，至 [民国十] 九 [年] 正 [月] 竣工止，共入派地亩钱三千陆百零九串文，工捌阡零三十七个整。共总入钱贰万肆千伍百捌拾陆串四百五十六文，出钱贰万肆千肆百三拾串四百五十六文。除使，存钱壹百伍拾三串文。

阖地绅粮：

村长：孙桂芳，孙怀义，任志杰，任润新。里长：孙培源，杨茂林，任茂魁，任永清，孙桂郁，任景成，孙致财，魏殿魁，任文材，任发新，孙培基，任杰新，任培钧，任志富。

首事：任大明，任日升。堰长：魏鼎业，孙桂琴，任钟新，杨世录。工头：任尚彬，任大玉，任尚锦，任文秀，任尚桢，任李新，孙怀仁，王茂奎。渠头：周万福，任志礼。农保：任德新，刘长久，任尚成，任文新。仝立石。石工：白云霄。

中华民国十九年岁次庚午孟春之月谷旦。

高堰修订木商运放木料过堰帮费章程碑

时间：民国十九年（1930 年）九月

地点：现存五门堰文物管理所

规格：碑长方形，高 139 厘米，宽 69 厘米。

资料来源：《汉中三堰》（鲁西奇、林昌丈编著，中华书局，2011 年版）之附录《汉中水利碑刻辑存》。

从来做事者不以私利妨公益，应有一定之规则，以遵循之，庶乎私有济而公乃无损，况堰务为民食之源，尤不能作等闲观耶？高堰居壻水上游，远近木商运放木料经过本堰湃口中，其帮费拉木，虽旧有条例，双方遵守既久，但近来物价昂贵，堰湃扯截一次，所用桩草木料以及人工缴钱不下百缗。以旧例绳之，似乎便于私而碍于公。设遇必要时，不免有他种问题。所谓时异事迁，既不能用萧规而曹随，即不得不改弦而更张。爰同三坝田户并众木商酌议，过堰帮费照十倍增加，无论长短木料，每件帮费钱壹百文，木料自二百件以上、五百件以下，拉料一件；五百以上，一千以下，拉料二件；逾上即以五百数递加。彼此通过认可，以作永远规程，堰首不能格外以留难，木商亦可以临时而放运。是以呈请县政府立案，再志诸石，以俾众周知云。

值年首事：向赞勋撰书，杨运昌，杨永祥，吴安邦，仝众田户公立。

□鸿藻镌字。

中华民国十九年岁次庚午菊月□旬谷旦。

重新观音阁弁言

时间：民国二十年（1931年）七月

地点：城固县五门堰文物管理所

规格：碑长方形，高96厘米，宽46厘米。圆额，额高20厘米。额中横书"重新观音阁弁言"七字。

资料来源：《汉中三堰》（鲁西奇、林昌丈编著，中华书局，2011年版）之附录《汉中水利碑刻辑存》。

考龙门寺碑记，五洞渠夹心台观音阁一座，系清道光十七年堰首王公重魁、吴公登魁所建也。中塑观音大士，左右配以龙王、土地，取其水土修和，镇静堤洞，为堰民祈报□献之地耳，迄今世代递嬗，已阅九十有五载矣。椽榱砖瓦尚无□坏，惟供奉神像烟灼尘封，眉目莫辨，而画墙井顶，更觉黰垢如漆，甚不雅观。余等谬蒙田户公举，管理本年堰事，义务所在，弗能推诿，随于暮春既望前三日，冒雨抵堰，即时谒庙拈香，破土兴工，见大士及龙王土地诸像，黑暗熏朦，殊非所以示庄严、肃拜将也。窃查五门堰为万姓养命之源，关系极为重要，余等自惭绠短，恐难汲深，默念大士慈悲为怀，救民水火，果能时和岁稔，应祷以求，自当力为重新，仰答神庥。嗣乃五风十雨，波浪无惊，黄云四野，顺成有庆，为数十载绝无之佳贶，亦近岁不易觏之大有丰年也。既承神祇眷顾，敢不敬报慈恩！爰集匠师，置备物料，于缺略者补葺之，于污朽者刮磨之，庙则丹楹绣柱，神则金面玉衣，墙壁门窗一律章施五彩，光耀夺目，并造鱼钥司其启闭，免致乞丐潜宿亵秽。规模悉仍其旧，气象焕然一新。共费洋银叁拾元有奇。斯役也，非敢言功，不过表其赫濯声灵，俾人民知所敬畏。自兹以往，尤望明神法力持护，乐岁频登，四里农民得以含哺鼓腹，食德不忘也。是为记。

五门堰总理：田培桢撰书，张文锦校阅。协理：张哲，吕烈文，李世清，杜全德。四里堰长、工头、田户、住持，仝泐石。

中华民国二十年岁次癸未阴历孟秋之月中浣吉日立。

五门堰合祀三公立案碑

时间：民国二十三年（1934年）七月

地点：城固县五门堰文物管理所

规格：碑长方形，高146厘米，宽70厘米，厚15厘米。碑文楷书20行，满行46字。

资料来源：《汉中碑石》（陈显远编著，三秦出版社，1996年版）。另见《汉中三堰》（鲁西奇、林昌丈编著，中华书局，2011年版）之附录《汉中水利碑刻辑存》。

五门堰合祀蒲公乔公高公叙

盖闻饮水思源，人心应尔；感恩图报，天理当然。故《诗》有郇黍、召棠之歌，《礼》有勤事劳国之祀，其道同也。我五门堰水分九洞八湃一渠，溉田几四万亩，谁之力欤？考《县志》：元至正间，县令蒲公讳庸，重修堰洞，改创石渠，凿开斗山后之石峡，通水道。民蒙其惠，为立祠于斗山之麓，置地十亩，以为祭业。明万历三年，县令乔公讳起凤，亲诸堰渠，相其高低，查田编夫，创修各洞湃水口，计田均水。明万历二十三年，县令高公讳登明，鉴于各洞湃水口所用木椿易坏，乃亲捐俸金，更木以石，仍照乔公旧规修砌。民怀其惠，为立乔公祠于禹稷殿之左间，立高公祠于禹稷殿之右间。而斗山麓之蒲公祠，迭遭世变，屋基无存，因供公神于禹稷殿中，与乔、高二公同庙。乃三公皆无祭祀，而斗山麓之祭地租款，每年六月二十四日，由堰局办会一次，使各湃堰长往斗山敬神，来堰局饮福，名曰使君大王会。考诸《县志》及在堰碑记，均无可征。盖代远年湮，事失其真，附会讹传耳。今堰庙祀典，禹、稷、太白之神，于开水日祀之；平水王之神，六月六日祀之；邑候张公之神，七月二十三日祀之。惟蒲公、乔公、高公，皆建大功于堰，施厚德为民，乃徒有其祠，竟缺其祭，所谓饮水思源、感恩图报者，何哉？爰同众商议，将向所称使君大王会，改为三公祀，每年仍于六月二十四日，就禹稷殿中，虔设祭品，合享蒲公、乔公、高公之神，永为祀典，非惟名正言顺，庶乎理得心安。因详呈县长，请于立案。奉批：呈悉，准予立案勒石，永为该堰典祀。兹案存政府，合刻其事于碑，用垂久远云。

陕西绥靖公署军法官城固县县长席实生。

五门堰总理：邑绅王之桢，张健儒。协理：饶三让，张笃烈，张新民，高庆云。

经费局总理：邑绅徐卓，张谟猷。协理：云呈泰，刘东明。

四里田户绅粮：张立德，饶湘，吕调元，张锦荣，刘荫镐，王呈漳，李杜，许为善，张树德，李培贲，高士凯，谢逢辰，张文锦，刘耀东，张鼎，王文清，张连科，李廷桂，王谟，张恒福，武廷杰，田培桢，刘久恭，吴连举。各湃堰长、住持，仝立石。

中华民国二十三年岁次甲戌孟秋月下浣谷旦。乾生张健儒敬撰谨书。石工田鸿章镌。

五门堰重修二洞碑

时间：民国二十三年（1934 年）八月

地点：城固县五门堰文物管理所

规格：碑长方形，高 148 厘米，宽 72 厘米，厚 15 厘米。碑文楷书 19 行，满行 46 字。

资料来源：《汉中碑石》（陈显远编著，三秦出版社，1996 年版）。另见《汉中三堰》（鲁西奇、林昌丈编著，中华书局，2011 年版）之附录《汉中水利碑刻辑存》。

五门堰重修二洞创修西河截堤记

堰名五门，因进水之洞五而名之也。三洞在内，二洞邻河。其葺颓补坏，不知凡几。所可考者，清道光十七年《重修五洞碑记》载之详焉。奈河底沙质，日流月消，岁久渐低，而二洞之基不固矣。民国二年，洞底冲崩，从下视之，若空屋然，当事者施桊贮石以填之，而罅隙难塞，堰下之漏水充流，洞梁之断痕渐著，见者莫不忧之。二十二年，余等任理堰事，自春徂夏，水常盈堤。六月初旬，冯夷肆虐，惊浪奔涛，超洞梁而过之，摧崩堰坎数十丈，而二

269

洞全体塌陷矣。时稻正吐华，日烈如火，二洞既倾，堰基无著，乃依三洞东边，权创急堰，以救田苗。驻军赵寿山司令差李维民营长，率兵帮助运石。甫十日，堰成水复，秋谷全登。乃浚深洞基，较前低六尺余寸，洞底满铺石条数层，旁侧周围平砌石条，中用石灰掺土，以桐油打和成泥，间筑顽石，层累而上，从底至梁，高二丈三尺，南北长三丈，东西长五丈六尺。由二十二年九月兴工，逮二十三年四月，洞、堰工程俱告竣。而堰西河坎，数十年来，渐次崩陷于河者，其宽十有数丈，智识之士，咸谓斯坎之崩摧，实五洞与庙局之危险也。去夏六月暴水，西河坎又遭崩摧，路倾田陷，接比相沿。余等请同县长及田户商议，金云无以治之，则后患不可测。乃于洞堰工竣之暇，相度地形、水势，在飞槽沟口西边，下笼装石三层，初六次五而上四，至南递减，其长五十余丈，以遏水由西河湾环射堰之故道，俾从柳林东侧，直对五洞而南趋。忆夫二洞初陷，基址为滩，言念修复，咸虑无从着手。七月中旬，水又大涨，老堰急堰皆从东崩开，而洞旁之滩骤平。西河截堤，取石甚远，非船难运，刻期工作，水浅不能行舟。心虑默祝间，烈日无雨，忽然清流满河者五六日。且是二年，堰工虽重而田谷屡登，异常丰稔。非皇天眷佑之厚，能如斯乎？兹既藏厥事，爰勒始末于石。其二洞之修，不敢谓一劳永逸也；数十年中，或可平安。及截堤之建，必培薄增卑，葺坏补缺，方能永固，希望后任斯职之君子深留意焉。

五门堰总理：郡庠生张健儒撰并书，邑武生王之桢。协理：张新民，饶三让，李栋，张连科，张笃烈，高庆云，刘东明。暨四里田户、各湃堰长、工头、住持，仝泐石。

中华民国二十三年岁次甲戌仲秋月上浣谷旦。石工田鸿章镌。

金洋堰重整堰规碑

时间：民国二十四年（1935年）九月

地点：西乡县金洋堰水利管理站

规格：碑横方形，高48厘米，宽74厘米，厚13厘米。碑文楷书30行，满行23字。

资料来源：《汉中碑石》（陈显远编著，三秦出版社，1996年版）。另见《汉中三堰》（鲁西奇、林昌丈编著，中华书局，2011年版）之附录《汉中水利碑刻辑存》。

金洋堰重整堰规振兴水利碑略

窃维社团立条规，无异国家定刑律，条规明则利益兴，刑律严则治安多。西邑水东乡有金洋堰一道，源远流长，水利既多，流经数十里，灌田数千亩，阖地居民恒借为养命源。而每年修渠、闸堰，工程浩大，所费甚巨。惜无底金，地方人士常引为憾。先年首其事者惨淡经营，议定条规：凡在金洋堰流域买坝水田一亩，提堰税洋壹元；买车水田一亩，提堰税洋一角，借作修渠闸堰费用。呈县立案，历有年所，阖地遵行，向无阻碍。又堰坡一段，树木葱蘢，蔚然生秀，不特卫护堤防，亦且点缀风景，厉禁砍伐，定有条规。民国乙亥春，李永连、刘芳前窃伐堰坡森林，又纵火焚山，不重公德，肆意摧残，经刘姓拿获。伊自知破坏森林，有干例禁，凭众公决，愿罚洋十元，补修堰庙。又有不受条规，刘仁前买坝水田二亩，应纳堰税，历经数年，隐匿不报。后经堰长察觉，开会议处。刘仁前自知理屈，愿罚洋六元，以为后来不法者戒。兹值堰庙倾圮，年久失修；又值建筑碉楼，庙内阶石拆毁，搬运一空，土皆狼藉，砖石零落，堰首等不忍坐视倾圮，商同阖地绅粮，即将前项罚金，鸠工庀材，倾者扶之，毁者补之，俾庙貌辉煌，改复旧观，亦借以重整堰规，寓有振兴水利之意焉。兹将事略泐诸贞珉，以示久远云尔。

总理首事：陈物则校正，杨菁华撰书。现任堰长：庞安德，赵梦兰，陈日光。

合地绅粮：蒋瀛洲，杨芳郁，肖树沣，杨俊华，文宣化，魏晟周，许承光，苏培厚，刘树基，陈目厚，任得志，江永奎，陈存礼，杨芳丛。乡长：何万洪，陈国平。甲团长：陈格祥，苏培葆。乡约：黄兴有，魏兴□。仝勒。

中华民国二十四年季秋月上旬日立。

清查西高渠三坝田亩数目碑记

时间：民国二十四年（1935年）十月

地点：城固县五门堰文物管理所

规格：碑长方形，高128厘米，宽56厘米。碑文楷书，略草。

资料来源：《汉中三堰》（鲁西奇、林昌丈编著，中华书局，2011年版）之附录《汉中水利碑刻辑存》。

清查西高渠三坝田亩数目碑记

上坝：头道洞，管田壹百伍拾伍亩陆分。燕子坝，管田叁拾贰亩柒分。三洞，管田肆拾陆亩。董家洞，管田壹百零壹亩四分。小狮洞，管田壹拾伍亩柒分。二道洞，管田叁拾贰亩伍分。司家洞，管田贰百伍拾肆亩陆分。张家洞，管田壹百肆拾亩零三分。鸡蛋洞，管田壹拾肆亩叁分。任家洞，管田捌拾伍亩玖分。砖洞，管田柒拾伍亩捌分。贺家槽西边，管［田］壹百三拾陆亩贰分。检槽渠，管田壹百肆拾陆亩玖分。共管田壹仟贰百叁拾柒亩玖分。

中坝：张家渠，管田贰拾叁亩柒分。王天湃，管田壹百陆拾叁亩叁分。陈家渠，管田肆拾玖亩柒分。黄家渠，管田叁拾肆亩陆分。卢家渠，管田玖拾伍亩捌分。萧家渠，管田陆拾贰亩柒分。窑洞，管田伍拾玖亩玖分。王五处，管田贰拾叁亩柒分。花柳渠，管田陆拾玖亩陆分。中沟渠，管田壹百零捌亩玖分。低渠，管田叁百陆拾柒亩捌分。小西高渠，管田贰拾玖亩陆分。中为柳渠，管田壹百贰拾叁亩捌分。贺家洞，管田贰百叁拾伍亩柒分。共管田壹仟伍百零柒亩贰分。

下坝：何家渠，管田陆拾柒亩伍分。陈家渠，管田伍拾柒亩捌分。小陈家渠，管田肆拾捌亩捌分。龚家渠，管田玖拾壹亩捌分。刘闵渠，管田捌拾陆亩叁分。低渠，管田捌拾伍亩叁分。苟家洞，管田玖拾亩零肆分。下花柳渠，管田壹百亩双【又】零伍分。东渠，管田肆拾壹亩肆分。南渠，管田叁拾玖亩壹分。后坝，管田陆拾肆亩陆分。张家坝，管田壹百零伍亩柒分。南坝，管田壹百零柒亩肆分。庄子渠，管田壹百伍拾贰亩肆分。大旱渠，管田贰百壹拾陆亩贰分。南渠，管田柒拾柒亩陆分。西边渠，管田壹百贰拾玖亩玖分。旱田坝，管田壹百贰拾叁亩玖分。下大旱渠，管田壹百陆拾柒亩。共管田壹仟捌百伍拾叁亩陆分。

三坝合总管田肆仟伍百玖拾捌亩柒分。

中华民国二十四年孟冬月上浣谷旦泐石。石工田鸿藻刻。

汉惠渠碑记

时间：民国三十年（1941年）六月一日

地点：汉惠渠渠首北干渠闸房内

规格：不详

资料来源：《勉县水利志》（陕西省勉县水利局内部资料），2001年印。

　　昔班固谓："关中陆海，九州上腴"。核其实，亦不过蓝田、户、杜、郑、白之沃，暨南北山水通两岸水田耳。多者，皆旱壤也。自时厥后，向之渠道益且湮废，故一遇荒歉，鲜不为灾，乃叹班氏之言本夸，而人力之久有未尽也。余始受命来陕，治军之余，怵于已往数年之巨眚创夷，迄犹未复，而所望五谷蕃熟者，惟恃雨泽之无愆。天灾之降，时可惴虞。深知水利之兴，允为斯邦百端当务之急。而李仪祉先生方至力于此，其规划甚宏远，期于次第施工，乃泾渠甫成，渭工未毕，汉南、陕北均未遑及，而先生泄世。其年，余兼主政席，时国家战事方亟，人民急于输将，供役浩繁，而余于水利则仍勤督有司，踵事兴功，无使或辍。在事诸工，咸能黾勉，诚以万世之利，不可稍驰于一旦也。三年以还，既卒成渭惠渠，而褒惠、定惠二渠均先后开工，沣惠、云惠、榆惠三渠亦已勘测设计竣事。惟汉惠一渠，则余得图其始终焉。夫竹箭果木，南山称富丽外也。顾峰岭重叠，厥田甚少，可灌溉者更少。以汉江论，支流山河等堰尚有水利，主流自南郑以下，概未入田，洪波泛流，民不沾润。令就仪祉先生之规划施工，荒度之，西起江北高家泉，东至华阳河，长凡三十一公里，溉田亩十万有奇，始于二十七年十二月，至三十六年六月工竣。凡耗国币二百一十二万元而强。其间，鸠工庀材，动虞不继，而物价告腾，费亦超出原估倍蓰，几经周折，乃底于成，扼此一流之水，注于农田，从兹时葺时培，无不其成。或式廓之，并渠南岸，则沾溉益广矣。抑陕西待兴水利尚众，昔汉时白渠既成，民为之歌曰："举臿为云，决渠为雨"。又曰："以溉以粪，长我禾黍"。他日全境自南自北，沟浍纵横，天时虽失，岁不为灾，穰穰满家，咸乐丰足，使积高之地尽起贫瘠，耕者来而居者安，比户殷阗，民力充实，西北一隅，皆将利被，岂非国家之至计哉！渠工既成，将隆放水之典，爰叙始末，因揭微抱，迨君子尚其念诸。是为记。

　　诸暨蒋鼎文撰，南郑张绍瑾书。

　　中华民国三十年六月一日。

保护金洋堰布告碑

　　时间：民国三十七年（1948年）元月二十日

　　地点：西乡县金洋堰水利管理站

　　规格：碑横方形，高48厘米，宽80厘米，厚14厘米。碑文楷书20行，满行 15 字。

资料来源:《汉中碑石》(陈显远编著,三秦出版社,1996 年版)。另见《汉中三堰》(鲁西奇、林昌丈编著,中华书局,2011 年版)之附录《汉中水利碑刻辑存》。

西乡县政府布告 府建字第零七五六号

查本县金洋堰渠自开辟以来,灌溉农田,计达五千余亩,关系国计民生,至重且巨。只以堰闸堰身工程浩大,亟应严予保护,以重水利。兹规定保护办法如次:靠近堰头河潭,上自川石子,下至李家潭,沿河一带,禁止捕鱼,以免损坏堰头堰闸;沿堰渠内外山坡,禁止开垦,借免沙石淤垫渠道,并在沿堤两旁栽植树木,以固堰基;凡有竹木筏透过堰闸时,应通知堰方负责人,在不妨害堰闸原则下,始准通行;建修堰闸时,凡在该堰行驶之船只,必须协助运石三日,所需船夫口食费用由堰方供给。以上四项,除分令本县船业公会及堰口镇公所遵照协助查禁外,合亟布告,仰各凛遵勿违。切切!此布!

县长:王□□。

中华民国三十七年元月二十日。

重整金洋堰规碑

时间:民国三十七年(1948 年)二月初八日立石

地点:西乡县金洋堰水利管理站

规格:碑横方形,高 58 厘米,宽 85 厘米,厚 15 厘米。碑文楷书 29 行,满行 27 字。

资料来源:《汉中碑石》(陈显远编著,三秦出版社,1996 年版)。另见《汉中三堰》(鲁西奇、林昌丈编著,中华书局,2011 年版)之附录《汉中水利碑刻辑存》。

附录:重整金洋堰规碑序

金洋堰自宋时开创以来,灌田约计万亩之多,为我三段人民养命之源。凡关水利事业,迭经先贤议有成规,刊立碑文,分别示禁在案。如无洋河水势汹滔,将多半良田冲崩大半,迄今实有车堰田五千余亩。兼自七七事变中日战争爆发,大军云集我境,占驻堰庙。所有堰堤及李五店河潭护成森林,被军民强伐殆尽。船夫勾串军队，殴侮堰方人员，捣乱运石成规。国立战中学生，摧毁堰庙，破坏神像及一切古物等件，强迫捕鱼，炸坏堰头。外地寄粮逞豪，挺抗堰税。种种违法乱纪事件，层出不穷，思之痛心疾首。惟查抗战八年当中，本堰改制后，刘滋生、魏伯桢、陈学智相继担任会长，斯时经诸君竭力维护，堰庙尚未全部被毁。于民念四年，陈君身膺堰口镇长，遂选文镜轩接任会长，刘文贵、刘祥基、苏建潮为堰首。莅任后，热心经营堰务，督率事务许国仁、王长德，督工员周显存等，补修堰庙，演慰神像，添制东厢房上殿门窗，另建第二道龙口，粗具端倪，众皆赞许。至去秋辞卸，蒙选开文接任会长，段日升、王登存、杨明青为堰首。到任伊始，鉴于一切堰规多被破坏，水利事业日渐颓衰，本堰三段人民生命堪虑，开文日夜筹思，积极整顿，一面商同三段田户代表，向主管水利当局呼吁，旋蒙西乡县政府颁赐布告到会示禁。诚恐日久玩生，纸不过古，无以为据，堰规废弛。兹为遵行水利法规计，恭录布告，刊立碑文，以垂久远云尔。

西乡县政府指导员、陕西牧马河水利协会金洋堰水利分会会长张开文谨撰。事务许国礼谨书。

堰首：镇民代表段日升，前任保长王登存，杨明青。

田户代表：前任保长许国进，前任会长文镜轩，旧任团总萧树泮，前任会长、堰口镇长陈学智。县田粮处科员刘光斗，旧任团总陈日光，前任副乡长苏子贞，县参议员、校长杨葆斋。事务王长德，督工员周显存，水警陈格滋、李成德。保管员：杨开智，萧含洁，李成兴，张开德，严德业，苏培德，渠保许承生，任永贵，胡金城，魏成兴，刘兴荣，陈秀贵。

西乡县石工业职业公会理事长杨开润刊。

中华民国三十七年二月初八日三段绅粮全泐。

汉阴东月河观运水筒车碑

时间：明嘉靖二十一年（1542年）三月

地点：汉阴县小街乡潭家坝

规格：碣石，长113厘米，高48厘米，四侧边栏饰勾连花卉纹。

资料来源：《安康碑版钩沉》（李启良、李厚之、张会鉴、杨克搜集整理校注，陕西人民出版社，1998年版）。

汉阴东月河观运水筒车

筒车之制，用竹二丈四尺者二十四根，中横木轴，以竹为辐，分轴两肩穿入而交其末为轮状。每二竹末缚一竹筒，每筒后加一竹笆，乃竖木安此车于引水急流渠上，下边插入水面，水激竹笆则车自转动。车上边筒旁高架木槽接水入田间，每一车灌田一顷，不烦人力，可夺天巧。此制不见于他而见于汉阴，其子贡之遗智耶？使丈人见之必忿然而去也。因书一绝：

桔槔尤用人施力，贤者已防机巧多。抱瓮丈人若见此，今时比昔更何如？

时嘉靖二十一年三月既望，刑部郎中江右陈棐谨题。

千工堰碑

时间：清康熙二十四年（1685年）三月

地点：安康市汉滨区恒口镇小垱村三观庙

规格：碑圆首，额饰"二龙戏珠"纹，中篆书"永垂不朽"四字，高230厘米，宽110厘米。

资料来源：《安康碑版钩沉》（李启良、李厚之、张会鉴、杨克搜集整理校注，陕西人民出版社，1998年版）。

千工堰创自明嘉靖年，赋税所出之地，军民养命之原，所关匪细。堰水发源于衡河牛山口，中横大石，河水左右分泻。石之北偏泓稍浅，石之南水深流急，为大木以障之，下柜贮石其中截水势，然后闸河水入堰，名龙口。龙口而下，而鹅公项、而高沙滩、而黄金碥，半沿山凿石为渠，外防河水为堤。自黄金碥而下，而涧池沟、而小垱沟、而筒车河。又悉山水冲淤之所，每遇水发，辄冲激崩颓，岁岁修补，夫以千计，幸无大害。水浇灌上中下三牌，自龙口以迄下牌，逶迤五十里许，其田屯多而民少，上牌屯田七、民三焉，中下牌田则屯九、民一焉。上牌分水四昼夜，中牌分水四昼夜，下牌分水四昼夜；中牌头另分水一昼夜，共十三昼夜一周用。修筑旧例，即以田亩所受水分为则，有田之处各修各畔，无田之处三牌同修，自小垱沟下有田之处也，自小垱沟上无田之处也。厥后下牌沟废，栽田者止有上中二牌。而康熙二十一年六月间，洪水暴发，自筒车河上冲崩甚多，督理堰事生员贾珍、堰长张荣元、冯金龙等，请署事县令沈君、孝廉张君璇亲临堰口踏验。沈君严饬上中二牌同修已坏之沟，其工较每岁数倍。旧堰基址犹存，成功稍易。迨次岁六月，大雨三日，沟被山压，堤遭水崩，前数百年创建之迹湮没无存。是岁，虫复食稻，大饥，有逃散死亡之忧。二牌军民堰长叶正阳、生员冯士杰、韩杰等陈牒文武大吏，汉兴镇总镇程公福，关南道蒋公廷臣即颁告示："有田无田，沟堰照例浚筑。"而知州李公翔凤，深念民瘼，十一月朔日，偕州同陈君维显，亲临堰口，谕上中二牌军民咸至。徒步详勘，照例公判，将无田沟堰令乡约工直丈明，拢均二牌分修，又于悬岸朱书分工之界以防紊乱。公归署后，留州同陈君庀材鸠工，君善体宪意，每日于分工处往来省视，凡运斤凿石，启土筑堤，皆区划有方，恩威并济。又悯堰夫枵腹荷锸，请于镇、道将领，诸君皆捐俸金，使得宿饱。李公时单骑慰劳，人益感激，欢鼓弗胜。工始于十一月二日，告竣于次岁二月二十八日。引河入堰，复还旧观。

呜呼！以数百年相沿之水利，一旦毁弃，不可谓非天也，以为不能再举之事，仍复坚完，不可谓非人胜天也。继蒙总镇黄公善抚军民，城野宴如，人力所至，天亦佑之。今岁果雨旸不愆，年丰以登，是皆各上宪之所赐也；是皆李公能成其各上台之美意之所赐也；又皆陈君能成李公美意之所赐也。是用勒诸贞珉，以告来者。

兴安州衡口铺生员张龄恭撰并书。

衡口铺千工军民同立。

清康熙二十四年三月谷旦。

实立小垱沟，勿损！

万工堰碑

时间：清乾隆十五年（1750 年）三月

地点：不详

规格：碑圆首，额题"万古堰记"，高 210 厘米，宽 98 厘米。

资料来源：《安康碑版钩沉》（李启良、李厚之、张会鉴、杨克搜集整理校注，陕西人民出版社，1998 年版）。

衡河西岸旧有万工垱，渠口败废久远，询之父老，无从溯其原委。其东岸则千工、永丰二堰，迤逦南流，灌田万亩。而西岸独为斥卤，咸叹故渎之已湮，惜地利之未尽。乾隆四年，集议修复，物力耗费殆将九载，凡我小民可谓勇于图始矣，而呼吸不灵，程工无法久之，升斗难捃，各怀倦志，遂使积年之民力共弃之而不惜。十三年春，余莅任入境，道经其所，停骖问之，各有难色，至且以为必不可成之功。余虽未核情形，已心疑其说矣。抵任后乃亲往踏看，龙口虽觉稍低，而踪其水道渠迹，业已至于李家坝以南，是其必能引水到田也。特以水冲龙口，其患在知修渠而不知治河。挑令河洪东注，使涛流不得西向，而龙口内一带土渠遂成稳固之基。过此以住正当河冲，天然石崖壁立，内有石沟十余丈，其宽五尺，其深九尺有余，虽有巨波无能为灾，所谓"为山九仞，功亏一篑"者，此其是矣。无如民贫力竭，势如弩末，援照预借公费捐廉扣补之例，申请大宪预借公费银二百金，其不足者以交代之余谷二百石敷焉。已蒙允行，是岁十一月甫及动工。余旋有军需之役，属水利同知曾公授以方略专其责成。至十四年三月，水虽通流，修田已见成效。乃余回任后，遂细勘视，尚觉未尽如法。是年冬，仍复捐资百金，庀徒凿沟，引之使长。其于坍淤者用岁修民力之半，至十五年三月而其功乃成。五月廿后，因天雨水发，单骑往视，吾民已不事催督，修筑久竣。弥望青葱相与，鉏莠壅禾，见余至，即于田畔跪献村醪，笑语盘桓。余亦辗然色喜，快与诸父老乐观厥成，顿释向者物议之烦矣。遂为商其利弊，定为章程，并述三年经营始末，以示吾民之抚有斯业者，深维成功之匪易，而慎为珍惜保护，余窃有厚望焉。

——万工渠道自受水起至退水槽止，计长一千二百五十余丈，宽二丈，内开挖民地作渠，共计受水田六亩五分，旱地四亩。自龙口至道士沟，田地不能受渠水之利，所挖渠道每亩受价银二两，受水之家按地出银，补给渠道地价。即着业主书给卖契，呈官印照，交堰长收存，以免日后业主争执。道士沟以下至退水出月河止，田亩俱受渠水之利，所有挖开渠路之后，业主不得以未曾受价、赔累粮赋，借口争执。

——杨家河上下一带之田，除已受水之田一十八亩外，尚有河坝地一百余亩，地势极低，俱系沙底，现在田亩久受杨家河之水，其余地亩如欲修成水田，仍用杨家河水，不许受万工堰水。若受万工堰水，势一趋下，则道士沟以下地势稍高，概难得水矣，日后勿得徇情滥予。

——杨家河以下自杨兴伦田起，至窑沟河北赵天爵田止，受水之田共三百余亩，每日夜灌田二百亩，许放水二日二夜。

——窑沟河南以至双岔沟止，受水之田一千余亩，每日夜灌田二百亩，许放水五日五夜。

——双岔沟以下至街南杨焕田止，受水之田七百余亩，每日夜灌田二百亩，但路远需时，兼沿渠不无透漏，许放水四日四夜。

——衡口街南较街北地势稍平，修田最易，但此堰渠自起工至工竣，街南之人并未出夫，公议日后街南之人欲修水田，应照街北之人，每亩补出夫银八钱以资堰务公用。

——万工堰受水之田，共二千二十五亩，公议日后遇修渠工、河工，每二十亩出长夫一名兴工，通力合作，如有避夫一名，与不及时上工者，除补正夫外，罚夫五名。

——堰渠一带有田之家，苦乐宜均，各宜恪遵定例。如有恃强凌弱、霸占水利，以及偷水，利己害人者，察【查】出即将已成石渠重加开浚，长二丈，宽五寸示罚。倘不遵者，禀官究治。

兴安州知州河南刘士夫撰并书。

清乾隆十五年三月吉日，万工堰众受水户刊立。

重修杨泗老爷庙宇碑

时间：清乾隆五十年（1785年）四月二十四日

地点：紫阳县原松柏乡桂花村南王庙墙外

规格：平首方趺，身首一体。高101厘米，宽60厘米，厚5厘米。楷体左行竖书，正文4行，行约40字左右。

资料来源：《安康碑石》（张沛编著，三秦出版社，1991年版）

募化重修杨泗老爷庙宇

东自□星，西鉴□雷音（下缺）震旦（下缺）兹者石邑之莲花石，系汉源之注派，握凤山之险阻（下缺）水明王庙宇一所，年深岁月已久，庙宇倾颓，众姓愚民□□斯□，虽有心重修，感念独力难为，相邀众善，捐资助费，共成修建。□德之□，保障庶民，则万古不朽矣。

（以下捐资名目均从略）

铁匠秦玉山，王有章，地理师汪汉杰，山主辛九如，木匠谷荣芳，砌匠张金榜，石匠孙得富同立。

皇清乾隆伍十年四月二十四日公立。

月河铁溪堰碑

时间：清乾隆五十六年（1791 年）八月

地点：原竖于汉阴县在城铺铁溪沟三官庙内，后弃置于汉阴县原月河乡政府院内

规格：圆首方趺，身首一体。高 133 厘米，宽 58 厘米，厚 9 厘米。额部左行横镌阳文楷书"万古千秋"四大字。碑文精楷体左行竖书，正文 5 行，行 34 字，余为人名及分水名数和行水规则。

资料来源：《安康碑石》（张沛编著，三秦出版社，1991 年版）。另见《安康碑版钩沉》（李启良、李厚之、张会鉴、杨克搜集整理校注，陕西人民出版社，1998 年版）。

圣训曰："和乡党、息争讼，莫若于水。"夫水例均而乡党自和，轮放公而争讼自息。水例固甚要也，且各堰俱有轮放之规。余等南关铁溪堰，历年多载，未均轮放，强者□□，□□受害，雀角日起，争竞时闻，是水不均之故也。众等公议呈禀，□蒙□宪注册，立簿在案，后不分屯、民，水通沟渠，按期轮放，永遵圣训，以息争端。恐后人不古，特立碑石，以垂永远不没之义举耳。同乡练保等立。

（以下"经理首人"三十六人姓名从略）

开列均派：

官平口左一尺九寸注东，右二尺七寸注西。东渠田十一石四斗。中平口左一尺三寸注中，右二尺三注西。中渠田六石。西渠田十石八斗。上三渠共田二十八石二斗，俱系六日六夜一轮。龙眼上下田二斗，竹园后田二斗，竹园上田三斗，三处轮流日期，鸣鸡接水，天明即止。官堰上百步王家堰田五石二斗，平口右三尺四寸注官堰，左一尺五寸注彭、蔡、王田。王家堰下平口左一尺二寸注蔡、王田，右三寸注彭田。蔡、王平口，王水四寸注中，蔡水八寸注左右，放左封右，放右封左。官堰上二百步，王堰田六斗，日夜行磨眼水一寸五分，空注。自轮之后，恐有不法之人偷放水者，鸣众公议，大则罚钱八百修庙，小则罚油五斤敬神，毋得徇情私放。勒石告闻，奕世同揆。

大清乾隆五十六年岁次辛亥八月吉日同立。

铁溪明王宫重修戏楼碑

时间：约清乾隆五十九年（1794 年）

地点：汉阴县原月河乡泗王庙院内

规格：圆首方趺，身首一体。高 160 厘米，宽 74 厘米，厚 10 厘米。额镌"万善同归"四大字。碑文楷体左行竖书。

资料来源：《安康碑石》（张沛编著，三秦出版社，1991 年版）

重修戏楼碑志

尝闻莫为之前，虽美弗彰；莫为之后，虽盛弗传。铁溪明王宫在昔丹楹刻桷，庙廊峥嵘，诚为汉邑巨观。但历年久圮，且构者再矣。迨后林海风折，歌台杌陧，荒芜□甚。癸丑岁，阖境善士□袖乐施，一时鸠工庀材，百堵皆兴，至甲寅秋而乐楼、墙垣、□□、钱炉、神帐、甬道、左右两廊，莫不次第具举。其中设万寿圣座，左塑文昌圣容于一堂，衣冠灿烂，庙貌焕然一新。约计费资三百余金，经三载始告竣焉。迄今览胜者，登彩楼而瞻凤阁，恍拟瑶台□宫；观镛钟而聆□□，何殊钧天之乐。未始不叹前人之创作，幸赖今之传于后。而今之继于后，尤望后之复□继于后，斯其传不朽而神人永奠矣。兹特弁数语，以镌于石，并著捐资姓名于后。

邑庠生□人氏徐世藩薰沐敬撰并书。

（以下著捐资姓名一百五十余，均从略）

大济堰棉花沟水道争讼断案碑

时间：清咸丰二年（1852 年）四月初一日

地点：原嵌于安康市汉滨区建民办事处头档村兴宁寺墙壁，后拆寺建校时重嵌于头档小学院墙中

规格：圆首方趺，身首一体。高 166 厘米，宽 77 厘米。碑阳刊王馥远《大济堰棉花沟水道争讼断案碑记》，碑阴附刊安康知县陈仅《大济堰棉花沟水道议》。楷体左行竖书，共 52 行，行 50 字。

资料来源：《安康碑石》（张沛编著，三秦出版社，1991 年版）。另见《安康碑版钩沉》（李启良、李厚之、张会鉴、杨克搜集整理校注，陕西人民出版社，1998 年版）。

大济堰棉花沟水道争讼断案碑记

尝查棉花沟古制是闸，旧例无笕。而下牌贡生罗维新等，以闸需人工，于道光二十八年腊月将废古闸，强修渡水石笕，使浊水笕上浮行，清水笕底沉流，以为一劳永逸之计，实与生员王馥远等庄基性命大有妨害。生等不能坐待陷溺，原以违旧创害，恳勘饬停。公□罗维新等于特调安康县正堂加四级卓异候升加一级纪录十二次陈宪案下，蒙批：候唤案讯勘查夺。该约先行传谕停修，毋违干咎，绘图附。新等随以背义陷公具诉。批：候诣质讯查夺。时陈主卸事，署安康县事洵阳县正堂加五级于莅任，生等以势出不已，复恳饬停具恳。批：候集讯，合同临审呈验。新等亦以叩恳作主恳案。批：查新等所呈，各执一词，本县甫经莅任，亦难臆断。但此等举动，必须两无所妨，方为善事。倘益此损彼，不惟本县碍难核准，即尔等揆情度理，于心何安。姑候择日亲诣，相度地势，俯察两造舆情，是否应行兴修，再行示遵，毋多渎。经勘未断，至二十九年六月，陈主回任，新等以济私害众补催。批：候唤讯勘夺。生等亦以赖闸为笕呈案。批：候讯明勘夺，仍着暂行停修，毋违干咎。已经照旧州印合同讯断，新等不遵，至陈主三十年二次回任，新等复以吁恳诣勘续案。批：候查卷集案讯勘。生等亦以设计蒙蔽诉恳饬停、以□□命具诉。批：该处堰沟应修与否，自应候本县讯勘后断明定夺，何得私自抢修，致起争端。候即谕止，仍静候集训，毋诉哓争。业经踏勘，仍照合同断示。奈新等又不遵断，辄以串诓未遂，翻控生等于钦加道衔陕西兴安府正堂加五级纪录十次王案下，批：查棉花沟之水，关系十六牌屋宇地亩，是否修笕为便，抑或照旧挑浚，安康县既经亲勘，候檄行该县，就近讯断，毋得偏执滋讼。批示回县，陈主唤讯断，新等抗不到案。陈主因作《大济堰棉花沟水道论》一册一通，呈候府宪鉴核断示。至咸丰年三月初三日，特授安康县正堂加五级记录十次刘莅任，唤案讯明，不准新修石笕。断示生等与罗维新等，仍照乾隆三十六年州印合同具结。两造各服，具结存案，词缴详府。

具遵依：贡生罗维新，小的李庭魁、罗应甫，今遵到太老爷案下，遵得案奉府宪批讯，生等以串诓未遂等情，上控王馥远等一案，今蒙讯明。缘生等棉花沟与王馥远等上下二牌，四六分修，业已栽清界石，但逢沟积淤泥，仍照乾隆三十六年州印合同，上牌修理六分，下牌修理四分，遇有损坏，各修各界，不敢争论。所有上下别闸，照旧修筑。生等甘愿出具遵依是实。

具遵依：生员王馥远，总约王兴，民人王永升，今遵到太老爷案下，遵得案奉府宪批讯，贡生罗维新等以串讹未遂等情，上控生等一案，今蒙讯明。缘生等棉花沟与罗维新等上下二牌，四六分修，业已栽清界石，但逢沟积淤泥，仍照乾隆三十六年州印合同，上牌修理六分，下牌修理四分，遇有损坏，各修各界，不敢争论。所有上下别闸，照旧修筑。生等凛遵咸服，所具遵依是实。

县刑科书吏王德荣经工勒石。

大清咸丰二年四月初一日。

大济堰棉花沟水道议

大凡古人一政之设，一利之兴，其可以守之百年而不变者，必其权衡斟酌至当，可以垂诸永久而后出之。后之人但当循其成迹，救偏补弊，而不容以私意更张，蹈师心蔑古之病。《诗》云：不愆不忘，率由旧章。《书》云：毋作聪明乱旧章。古人有言：利不十不兴，害不十不变。而况欲专利于己而诿害于人。此其在民则为莠民，在政则为莠政，而可轻言更革乎？团山铺大济堰棉花沟水结讼一案，两造经年，抗不相下。本县至回任后，以春雨连绵，二麦丛茂，不便勘验，致厪府虑，严札饬催，本县遵即赴地踏勘。查得棉花沟水发源土寨子，南流二十余里，折而西行，由王家营前，西流入付家河。自开大济堰，横截沟水，受其挹注，以资灌溉。惟沟水来源既远且迅，水消易涸，一遇猛涨，挟沙泥而直下，堰身峻狭，载沙南行数十步中立行阻塞。前人因于沟水入堰之处，就堰身南北五丈间对设两闸，沟消即启，以通堰流，沟涨即闭，以遏泥沙南行之路，俟天晴水退，积沙闸间，合上下两牌人力，挑浚积沙。五丈之间，片时可尽。又以上牌王家营，地方逼处沟南，受害独重，故挑沙人力独任六分，较下牌罗家营诸处为多。此其斟酌利害，以分轻重，立法至善。虽上牌独劳，不敢恤也。历年久远，棉花沟身沙泥日积日高，沟底已与地埒。该处地势，北高而南迤下，王家营民居去沟只二十余丈，无岁不忧水害。区区磊尺许土石，以拒水保庄，张皇拮据，苟安时日，深为可悯。至罗家营则相去三里有余，纵使沟水横流，中隔大济堰，亦已消归乌有，其情形迥不相同。乃罗维新等尚以四分人工为累，欲废两闸，而于堰心水面平铺石板五丈为渡水之笕，载棉花沟浊流于笕上，使石笕下堰水通流，日后沟沙塞积，堰水不致受淤，即可诿挑浚之工于上牌而不问，以是为下牌一劳永逸之计。诚得矣，不知水性趋下，堰岸两旁高几及丈，沟水自东直落堰中，其势固便，然非堰水满溢，万不能通流而西达付家河。且堰心东西水面狭只五尺，查下牌所置造笕石条劣与相等，即压水平铺，终难保其稳固。而南北堰流，通长无碍，非照旧用闸，无由束水拦沙。是闸仍不能不置，沙仍不能不挑。石笕之设，竟成蛇足。况沙石泥土，日见增高，棉花沟水复旺，徒恃此五丈狭笕，断不受其约束。水势旁轶，湿沙挟溜，横冲则下流立塞；泥力加增，笕石虚悬，怯载则中垫堪虞。王家营住居咫尺，当霖雨时行，保庄不暇，何能分顾堰工。迨时势危急，必至乘隙毁闸放水，以自救残生，是讼端终无已时矣。纵或上牌之人良懦畏法，而与为釜底之游鱼，甘作泽中之嗷雁，将使居民逃散，田地荒芜，而下牌之民乃欲专享大济堰之全利，并不受棉花沟之小累。岂知祸端一起，通堰同殃，下牌岂能独免？谁非赤子，何忍出此策，鲜万全法，难经久，而诩诩然自以为一劳永逸，然乎？否乎！夫专欲难成，众怒难犯，将图厥始，先谋其终。古人于农田之事，特著通力合作之文，良有深意。况上牌王家营之害业已著明，而下牌一带向号上腴。付家河之田，一亩价抵三亩，历来水旱无忧，是石笕之修不修，于下牌水利毫无损益。本县到堰履勘，由下牌经过，水田弥望，鳞宇星连，大有江南风景，安康阖境竟无其伦。而王家营民居数十家，茅舍绳枢，居其大半，丁单力弱，将伯无人。则是上牌贫而下牌富，上牌田农寡而工多，下牌田农多而工寡。贫苦之殊，劳役之判，彼此相絜，何必抑贫而崇富、杀人以为之附益耶？总之，创笕不如修闸。循古制而均民力，乡邻之间，利害同当，忧乐相助，凿井耕田，以嬉游于尧舜之世，正无事怀损人利已之心而为此纷纷也。琐琐之见，未必有当，第谅其苦心而已。谨议。四月十四日赴团山铺大济堰棉花沟踏勘情形回县，因下牌抗案，除具禀外，谨拟鄙议一通，呈候府宪鉴核断示。安康知县陈仅记。

月河济屯堰总序碑

时间：清咸丰六年（1856年）七月初六日

地点：汉阴县涧池镇军坝村东岳庙墙上

规格：长方形，高57.5厘米，宽99厘米。楷体左行竖书，46行，行28字。

资料来源：《安康碑石》（张沛编著，三秦出版社，1991年版）。另见《安康碑版钩沉》（李启良、李厚之、张会鉴、杨克搜集整理校注，陕西人民出版社，1998年版）。

济屯堰总序

原汉邑东有月河济屯堰者，系乾隆元年奉旨开修，引水以灌军坝屯田。议有成规，计水五日五夜，随立水簿二本过印，一本工房存案，一本堰长领管。至乾隆二十六年，云门街、韩家湾、冻湾开田十余石，派水二日二夜，共水七日七夜，复立水簿二本，蒙仁宪将二簿照前过印存案，共相钦遵。又至嘉庆七年，柿子树以上，后开田一石八斗五升，合堰念在乡邻，欲敦和好，与水半分，燃香轮车，复立水簿二本，照前过印存案，计水七日八夜一牌，八日七夜一牌，周而复始，历年无异。突于道光三十年六月初四日，有监生沈兴洽甫买张泽中田，顿灭水例。堰内武生刘绍杰、武生刘德盛、商民李安瑞、文童刘作诗等，将伊车打碎，并殴伊佃，伊即捏词具控。蒙庆厅主于七月初八与十七，连讯两次，被工书、堰长作弊，诬蛊刘作诗取去水册。蒙堂讯明，本是诬蛊，堰长具有遵结，以致水例未得结案。八月二十八，刘绍杰等具控，刘府宪仍批回厅，又讯两次，屡追工房、堰长水册，并沈兴洽所存蔡管业之老契，均称遗失。至咸丰元年三月初五，刘绍杰具控，陈道宪批：该堰轮流放水，如果历来议有章程，沈兴洽何敢恃强截放、淆乱旧规；工书白际太因何抗不呈送水册，是否希图□混？仰兴安即速行提人、卷并派轮水册，核查研讯，究断详报。词发，仍□。初十日，王府宪讯究未结。十一日，府台亲勘堰路，并验东岳庙墙上水单，即命誊录，随带回府。廿四，堂讯起，连讯四次，至廿八结案，断令沈兴洽自应照众人公议之簿为断，不得以一人之地契为凭。刘绍杰等，具有遵结。至九月初七，刘绍杰等于厅主案下，另报堰长刘吉太，蒙饬水册二本过印，一本工房存案，一本堰长领管，具有领字。饬照旧轮办理，毋得乱规。今于咸丰六年五月十七日，有生员沈兴潮，初买沈兴洽田，亦系违例强车。堰内武生刘德盛、监生刘作诗、监生李邦德等，将伊车打碎两次，即捏词具控。徐厅主翻案，蒙批卷：查此案前经本府讯断，应以众人公议之水簿为断，不得以一人之地契为凭。沈兴洽所买张泽中之田，地契内载有日行车水字样，惟柿子树一带田地，皆系轮流车放，应照众议。详奉批准在案，该生何得妄冀日行车水之说。殊属非是。着将承买契约先行呈验，听候核夺可也。二十三，刘德盛等诉呈，批：仰即遵照沈兴洽前后批词，仍按公议水册轮流车放，两无争竞，何必多此呶渎。并饬。二十四，沈兴潮复呈，蒙批：查前案，本府移知讯，详文内并无移令上堰有日行车水字样，惟柿子树之田共九家，计种一石八斗五升，派水半分，沈兴洽自应照众人公议水册轮流车水，不得违众滋讼等语。该生应照府断，详奉批准据，轮流放水，以免争竞而滋讼端。吊核先后卷宗，碍难查办所呈。着不准行呈验契，三纸一并发还收领，毋再渎恳干咎。诸公批判，固凭天理，况《书》云：作善降之百祥，作不善降之百殃。谚曰：家收不如国收，国收不如天下收。乃有贪昧之徒，只知损人利己，独不思天理既失，何由得其丰稔乎？嗣后照例均放，必然上苍默佑，物阜民安矣。特轮水渠道，照册刊石，永守成规云耳。柿子树以上受水一夜，计种一石八斗五升，共水半分；冻湾受水一日一夜，内除刘玉治独水半分以外，计种五石一斗，共水半分，连独水共一分；韩家湾受水一日，计种五石五斗，共水半分；铺西云门街受水一日，次轮其夜，计种二石，共水半分；高渠受水一日一夜，计种四石四斗，共水一分；又高渠受水一日一夜，计种四石二斗，共水一分；中渠受水一日一夜，计种三石四斗，共水一分；又中渠受水一日一夜，计种二石八斗，共水一分；杜家渠受水一日一夜，计种三石六斗，共水一分。以上所派水分多寡不一，因田沙泥，均匀摊派。此堰轮水，以日出日入为度，头轮其日，次轮其夜。道光三十年过印水册刘德盛存。

咸丰六年七月初六日阖堰人等同立。

石王垱水利碑

时间：清咸丰六年（1856 年）八月

地点：安康市汉滨区原四合乡上截河坝

规格：碑圆首，额饰"龙凤"纹，中题"永著为例"四字。碑高 125 厘米，宽 57 厘米。

资料来源：《安康碑版钩沉》（李启良、李厚之、张会鉴、杨克搜集整理校注，陕西人民出版社，1998 年版）。

尝闻不愆不忘，率由旧章。亦谓有例不灭，无例不兴。则水之灌溉田亩而不可依古制乎？既自康熙四十六年五月二十日，三渡铺上捷【截】河坝士民罗士纶、刘养知、郝昌雍等呈为州主大宗师老爷，派定水例，代祈朱标印钤，垂为久远以杜争端事。按此垱有坝田一百四十四亩，山田估有一十八亩。其受水石王沟，派定水例，九日一轮，坝田八日八夜、山田一日一夜，周而复始。自立例之后，务期各守尔典，不得恃强欺弱，捷【截】沟修垱，搭洞过沟，以致山水有余而坝水不足，庶几公道彰而争端杜矣。如有紊乱者，许执字赴官，以违例治。谁知年深日久，竟有占据上沟闸滩聚水，使我下牌无滴余漓者。于是公论难平，经同乡保，特据州主老爷批文，勒诸碑石，以期率由旧章，共安无事之天耳。

批云：浚渠修堰，工力既同；引水灌田，利赖宜一。若涉伪枯，遂非公道；所议平直，谁敢紊乱。永著为例，共享盈凝福也。

大清咸丰六年岁次甲辰八月上浣谷旦。

三渡铺上捷【截】河坝下牌受水众等同立。

息讼端杜争竞告示碑

时间：清光绪十一年（1885年）三月二十六日

地点：紫阳县原太月乡垭子村

规格：碑方首，左上角残缺。碑高155厘米，宽80厘米。

资料来源：《安康碑版钩沉》（李启良、李厚之、张会鉴、杨克搜集整理校注，陕西人民出版社，1998年版）。

钦加同知衔特授紫阳县正堂加九级随带加二级纪录十次卫，为遵批出示晓谕以息讼端而杜争竞事。案奉府宪转奉臬宪批发生员田维丰以忧□蠹役，上控涂丰盛等一案，提案讯问，移饬本县查断，禀奉批示：查此案讼延数载，前经本府提讯，令照旧章分水，札饬该县详细勘明。传集两造老年地邻、佃户等，查讯十二年前如何分水，秉公断结去后。兹据禀称该县勘讯：查该□田维丰文契，仅有松树梁水分，并无葛藤□大沟水分，其界仅抵沟心。涂丰盛约注大沟水灌溉，界址亦抵沟心。且两造田数相等，其自生石槽即系□□□□□据现经该县详勘，查讯明确，断令照昔年老堰形迹，田维丰仍在靠阳坡石槽水口处照旧接堰，□□□水口之水灌田，至靠阴坡石槽水口仍旧听其归沟顺流而下。涂丰盛在下面原日老堰头处照旧接水灌田，田维丰不得阻拦阴坡水口之水，涂丰盛不得在上面紧接水口处修堰。饬令两造遵断立碑，以垂久远。该县所断甚为公允，仰即示谕两造照断立碑，永远遵守，以杜争竞而息讼端各等因，奉批合行，出示晓谕。为此示，仰该两造及地邻老佃人等，刻即遵照府宪批示：田维丰仍在靠阳坡石槽水口处接水修堰，接阳坡水口之水灌田，至靠阴坡石槽水口仍旧听其归沟顺流而下；涂丰盛在下面原日老堰头处仍旧接水灌田。田维丰不得阻拦阴坡水口之水，涂丰盛亦不得在上面紧接水口处修堰。该两造等其各凛遵批断，立碑以垂久远而杜争竞。倘敢两造如有□□故违示谕者，定即提

□□□各宜禀遵毋违，特示。右仰通知。

光绪十一年三月二十六日，告示。押。实立玄古湾，勿损。

莲花石建修泗王庙碑

时间：清光绪十九年（1893年）

地点：石泉县松柏乡桂花村泗王庙内

规格：长方形，两面均镌文字。正面开头为碑序，仅5行，满行24字，以下及背面均为捐资名目。高63厘米，宽104厘米，厚4.5厘米，楷体左行竖书。

资料来源：《安康碑石》（张沛编著，三秦出版社，1991年版）

盖谓人心乐善，无论何时，有一善行若决江，沛然莫御。今我地莲花石建修泗王庙，历有年所。自同治初年，发逆窜境，将庙焚毁，未能恢复。延至光绪十九年，岁稍丰稔，约集四乡募化，远近仁人，乐施功德，倾囊捐资，共襄善举，重修前殿，以继前徽。兹当告竣，特将信善人名目刊石二面，以垂千古。是为序。

（以下捐资名目均从略）

凤亭堰公议放水条规碑

时间：清光绪二十六年（1900年）十月

地点：原在汉阴县凤亭乡新华村新铺梁李姓家中，1988年移至汉阴县文化馆文物室

规格：长方形，高50厘米，宽79厘米。楷体左行竖书，正文24行，满行20字。

资料来源：《安康碑石》（张沛编著，三秦出版社，1991年版）。另见《安康碑版钩沉》（李启良、李厚之、张会鉴、杨克搜集整理校注，陕西人民出版社，1998年版）。

公议放水条规五则

一议：凤亭堰水，出自老龙池。遇天旱之年，私堰移榨，公堰滴水绝流，非同心协力接堰，不能决得水来。自后议有定规：凡放轮牌水者，不论斗数多

少,皆必至老龙池接堰。若有偷安、不登山接堰、徒放现成水者,准同众将他渠口封塞,分放伊水。违议,即同堰长禀究,以警惰民。

二议:本堰各有名分之水,有等强悍之徒,窥无人守,黑夜偷水,一经查出,投鸣堰长,酌水多少,分别轻重,议罚入公。违者禀究。

三议:已经分定之水,宜于各安农业,照数轮放。有等奸狡之徒,窥无人来,将平水改窄易宽,渠旁暗挖窟眼,为害不浅。一经查出,投鸣堰长,罚钱五百文,入龙王会以充公用。违者禀究。

四议:佃户种田多者,皆有移此救彼之心,然水只得调下,不得调上。若有恃强之徒遇水混调,不分上下,准众放水者,投鸣堰长,仍照常规。违者议罚,以警强悍。

五议:堰长巡查堰口,奔走上下,议得每石水工谷五升,约计收谷六石余斗,以一石入龙王会以充公用,其余概归堰长工食。违议禀究。

以上条规,历年久远,不改旧章。每轮一毕,周而复始。自后亦依成规:上无截头之堰,下无余水之接;所有堰口磨眼水只宜平眼开放,不得拦堰概【溉】灌;即轮牌水,以日出日入为度,不得逞强多放。今同众会开水册,仍遵古例,永杜后世纷争。因刊石碑,以垂不朽。

头牌水共十六石,万家水共四石七斗五升,缓集水共三石六斗。

高家水共五石四斗五升,廖家水共四石三斗,双坝军田水共四石八斗。

兰家水共十二石,胡家水共十八石,老水共五石三斗五升。

宋家水共二十一石,邓家水共四石三斗。

新水共二石四斗,杨家水共六石五升。

刘山水共四石六斗,叶家水共六石一斗。

光绪二十六年孟冬月谷旦立。

凤亭水分牌暨公议修堰章程碑

时间:清光绪二十七年(1901年)十一月

地点:汉阴县原永宁乡民主村三官庙东壁

规格:碑长方形,系由两块石板相接而成,高60厘米,前石宽50厘米,后石宽70厘米,通宽120厘米,厚4厘米。楷体左行竖书,前石16行,后石14行,满行均22字。

资料来源:《安康碑石》(张沛编著,三秦出版社,1991年版)

凤亭古堰在厅城东南三十五里，引大龙王沟水，共灌一道，分东西二渠，灌救南乡涧池铺一带田亩。东渠水名牌数古例：头、高、蓝、宋、新、刘、万、廖、胡、邓、杨、叶、缓集、双坝、老名目；西渠水名古例：肖、樊、高、杨、伍、伍、朱、朱、管、陈、陈、艾、石、朱、新名目。其田有新增水额，仍照旧规。历年章程，并无紊乱。所有水分牌数，开列于后。

遐思古人开创凤亭堰，灌田三百六十余石，设立水分牌数，每牌水分总计若干石数，八日八夜轮转。非不法良意美，岂知世远年湮，田业更主，变诈多端，稽之旧册，皆属私造，老成云亡，并无质证，以致奸猾诈增水数，豪强任意兼并。相沿已久，难以争衡，但渐不可长，物极必反，虽欲无讼，岂可得乎？禀请宪谕，饬涧池铺凤亭堰堰长重造水册，议定章程，以杜争端。务令各水牌名录列悉数，每牌某人名下应得水分若干斗数，亲自画押，认真着寔。倘有非分妄争水数者，许合堰攻击禀究。今将造就水册二本送印，一本存于科房，一本给发堰长，俾百姓照册轮水，互相亲睦，咸歌甘棠，永照千古。

窃思力田必须灌溉，而后可以收获。堰非众力截榨，遂不能引水入田。可见修堰为农家之要务，诚不可缓也明矣。乃不谓凤亭力田数十余户，而赴堰工者寥寥无几，以致人心懈怠，忿恨不平，虽有几个弱佃负土运石筑堤，不过聊且粗略，欲保堰无罅崩颓，岂可得乎？更有一种强悍之徒，历年修堰以来，并无半功及堰，及堰修成，伊则安享轮水，兀自分毫不让，殊深痛恨。今堰长请凭同堰绅粮长老议定章程，接水计工：凡各分一斗水以及八九斗者，修堰不到，罚出工钱一百廿文；有一名【石】水以及八九石者（者），罚出工钱二百四十文；其余仿此。倘有推诿抗敌者，许堰长同众禀究，毋贻后患。

光绪二十七年仲冬月谷旦立。

太白庙小龙王沟五堰残碑

时间：不详

地点：汉阴县原小街乡太白庙院内

规格：碑上半截已缺。方趺，残高110厘米，宽77.5厘米，厚8厘米。楷体左行竖书。碑阳刊小龙王沟赵家堰、王家堰、白家堰、舒家堰、梓桐堰等五堰水分及放水条规，碑阴镌立碑人名目。

资料来源：《安康碑石》（张沛编著，三秦出版社，1991年版）

（上缺十余字）数百余石，历有过印水簿，各以平水石码轮流分放。白家堰系轮流七牌（下缺十余字）赵家堰轮流共水四十八石五斗，五日四夜，四日五夜，周而复始；王家堰（下缺十余字）十三夜，周而复始；王家堰磨眼水灌溉太白庙田。舒家堰六牌轮放（下缺十余字）轮流共水一百六十一石二斗，八日八夜，周而复始；蔡龙箕桐梓堰（下缺十余字）一存堰门，一存堰长。同堰之人，难以时见，恐放水争论，是以齐集（下缺十余字）悉将放水老例条规垂于碑石，各自循规守旧，永敦雍睦之□云。（下缺十余字）有新开堰渠者，堰长鸣锣，众堰人毁挖新堰，同众议罚。

五堰（下缺十余字）不得任意淘挖，如不照例者议罚。

王家堰、舒家堰、桐梓堰，俱以（下缺十余字）水，各牌轮水，以一日一夜为定。赵家堰五日四夜，或四日五夜，轮（下缺十余字）不照例者议罚。

各堰每牌放水，各照名下水分立码分放（下缺十余字）口敲低平水石及于平水两边、底下偷水者，齐众议罚。

堰（下缺十余字）水价钱廿文，每工价钱八十文。凡来修，必要大男，清早上（下缺十余字）堰长即算，找补清楚，不得拖延。

各牌轮水，各有定分，不得（下缺十余字）着一人上堰巡守；如无人上堰，将伊码封塞，不得异言。

（碑阴所镌立碑人名目从略。名目后可见"堰长况元""生员邝鸣谦书""石工刘廷礼"等字样）

第三编　著述类

水北有七女池，池东有明月池，状如偃月，皆相通注，谓之张良渠，盖良
所开也。

——（北魏）郦道元撰，《水经注》卷二十七《沔水》

许氏世谱

逖，字景山。尝上书江南李氏，李氏叹奇之，以为崇文馆校书郎，岁终拜
监察御史。后复上书太宗，论边事，宰相赵普奇其意，以为与己合。知兴元
府，起酇侯废堰以利民。

——（宋）王安石撰，《临川文集》卷七十一

乾道六堰

兴元府山河堰溉民田四万余顷，世传萧何所为。嘉祐中，史炤奏"上堰
法"，获降敕书，刻石堰上。乾道七年，吴拱修六堰，浚大小渠六十五，复见
古迹，溉南郑、褒城田二十三万余顷。五月，诏褒之。

绍兴七年五月，吴玠等修兴元府洋州渠堰，诏奖之。

——（宋）王应麟撰，《玉海》卷二十三《地理》

出知兴元府，大修山河堰。堰水旧溉民田四万余顷，世传汉萧何所为。君
行坏堰，顾其属曰："酇侯方佐汉取天下，乃暇为此以溉其农，古之圣贤，有
以利人无不为也，今吾岂宜惮一时之劳，而废古人万世之利？"乃率工徒躬治
木石，石坠，伤其左足，君益不懈。堰成，岁谷大丰，得嘉禾十二茎以献。

——（宋）欧阳修《欧阳文忠公文集》卷三十八《司封员外郎许公行状》

迁山南西道节度使。漳以褒中用武之地，营田为急务，乃凿大浤以导泉
源，溉田数千顷，人受其利。

——（宋）路振撰，《九国志》卷七《武漳传》

狗溪迎湫，祈雨辄应

夏雨渴久矣，秋苗犹槁然。至诚通祝版，灵觌逐香烟。

桐袚应无讼，困仓定有年。曹公三大堰，一夜满民田。

——（宋）文同撰，《丹渊集》卷十三《狗溪迎湫，祈雨辄应》

平陆延袤，凡数百里，壤土演沃，堰埭棋布，桑麻秔稻之富，引望不及。

——（宋）文同《丹渊集》卷三十四《奏为乞修兴元府城》

重修山河堰

（宋）王素

画隼精明破晓暾，恰逢寒食过江村。

轻烟飞絮汉中道，白苇黄茅渭上屯。

人力万工支水派，天心两邑溉川原。

柳营一饱源头看，夜雨新肥拍岸痕。

——（清）厉鹗撰，《宋诗纪事》卷五十四

兴元府褒斜谷口，古有六堰，浇溉民田，顷亩浩瀚。每春首，随食水户田亩多寡，均出夫力修葺。后经靖康之乱，民力不足，夏月暴水，冲损堰身。绍兴二十二年，利州东路帅臣杨庚奏谓："若全资水户修理，农忙之时，恐致重困。欲过夏月，于见屯将兵内差不入队人，并力修治，庶几便民。"从之。

兴元府山河堰灌溉甚广，世传为汉萧何所作。嘉祐中，提举常平史炤奏上堰法，获降敕书，刻石堰上。诏中兴以来，户口凋疏，堰事荒废，累增修葺，旋即决坏。乾道七年，遂委御前诸军统制吴拱经理，发卒万人助役，尽修六堰，浚大小渠六十五，复见古迹，并用水工准法修定。凡溉南郑、褒城田二十三万余亩，昔之瘠薄，今为膏腴。四川宣抚王炎表称拱宣力最多，诏书褒美焉。

——（元）脱脱等撰，《宋史》卷九十五《河渠志》

七年，王炎言："兴元府山河堰世传汉萧、曹所作。本朝嘉祐中，提举史炤上堰法，获降敕书，刻石堰上。绍兴以来，户口凋疏，堰事荒废，遂委知兴元府吴拱修复，发卒万人助役。宣抚司及安抚、都统司共用钱三万一千余缗，尽修六堰，浚大小渠六十五里，凡溉南郑、褒城田二十三万三千亩有奇。"诏奖谕拱。

——（元）脱脱等撰，《宋史》卷一百七十三《食货上一（农田）》

九月，以川陕宣抚吴玠治废堰营田六十庄，计田八百五十四顷，岁收二十五万石以助军储，赐诏奖谕焉。

——（元）脱脱等撰，《宋史》卷一百七十六《食货上四（屯田常平义仓）》

玠与敌对垒且十年，常苦远饷劳民，屡汰冗员，节浮费，益治屯田，岁收至十万斛。又调戍兵，命梁、洋守将治褒城废堰，民知灌溉可恃，愿归业者数万家。

——（元）脱脱等撰，《宋史》卷三百六十六《列传第一百二十五》

璘至汉中，修复褒城古堰，溉田数千顷，民甚便之。

——（元）脱脱等撰，《宋史》卷三百六十六《列传第一百二十五》

政守汉中十八年，六堰久坏，失灌溉之利，政为修复。汉江水决为害，政筑长堤捍之。

——（元）脱脱等撰，《宋史》卷三百六十七《列传第一百二十六》

七年，四川宣抚使王炎奏开兴元府山河堰，溉南郑、褒城田二十三万三千亩有奇，诏奖谕。

——（元）马端临撰《文献通考》卷六《田赋考六》

汉中府志水利

南郑县

廉水河堰　石梯堰　杨村堰　老溪堰　红花堰　黄土堰　石门堰　石子拜堰

其山河、马岭、野罗、鹿头见褒城堰志，盖两县共利之也。

褒城县

山河堰在县南，长三百六十步，横截龙江中流，而东绕资以溉田，乃汉相国萧何勊筑，为丰储计，曹参落成之。古刻云：巨石为主，琐石为辅，横以大木，植以长桩，列为井字。蜀诸葛亮驻汉踵其迹，宋吴玠、吴璘相继修筑，至今利赖。其下鳞次诸堰，皆渊源于此。　金华堰县东南六里，乃山河堰水折流之总渠也。　第三堰县南五里，乃龙江下流，分东西两渠，南、褒、汉中共之者。 高堰 舞珠堰 大斜堰 小斜堰 龙潭堰 马湖堰 野罗堰 马岭堰 鹿头堰 铁炉堰 四股堰 流珠堰县南八十里，星浪喷迅，势力若流珠，亦萧何所筑也。嘉靖二十八年，堤岸倾圮，用力寔艰，邑监生欧本礼相方度宜，浚源导流，编竹为笼，实之以石，顺置中流，限以桩木，胼胝数月，方克毕工，至今赖之。

城固县

杨填堰县北一十五里，出壻水河。宋开国侯杨从义于河内填成此堰，故名。城固县用水三分，洋县用水七分。 五门堰县西北二十五里，出壻水河。元至正间，县尹蒲庸以修筑不坚，改创石渠，以通水利。弘治间，推官郝晟重开之。俱有《记》。 百丈堰县西北三十里，横截壻水为堰，阔百丈，故名。 高堰 盘蛇堰 横渠堰 邹公堰 承沙堰 倒柳堰 西小堰 上官堰 枣儿堰 周公堰 沙平堰 东流堰 坪沙堰 西流堰 流沙堰 鹅儿堰县东北十里，宝山之麓，相传二龙化鹅戏水，堰崩，故名。

洋县

斜堰县北五里，堰居灙水下流，岁苦冲崩。万历十七年，知县李用中以石条横甃数丈许，仍东开土渠，灌溉资之。土门堰县北十里。 灙滨堰县北一十五里，堰水所给甚远，下有断涧二，岁每为板槽引水，值水横发，槽辄沦落，田涸稿，民甚苦之。万历十五年，知县李用中创石槽二，极为完固，始永济矣。有《碑纪》。 苧溪堰 二郎堰 高原堰 三郎堰

西乡县

金洋堰在县东武【午】子山后，有大渠一支，分小渠二十有五，其名不具载。 五渠堰 官庄堰 平地堰 空渠堰 东龙溪堰 西龙溪堰 惊军坝堰 洋溪河堰 高川河堰 高头坝堰 长岭冈堰 黄池塘堰 罗家坪堰 梭罗关塘堰

沔县

马家堰 石门堰 白崖堰 石燕子堰 天分堰 山河堰 金公堰 三岔东堰 三岔西堰 石刺塔堰 罗村堰 金泉东南四十五里源泉涌出，灌田千余顷。 莫底泉东南四十里，泉出不竭，俗传无底，灌田百余亩。

宁羌州

七里堰州西七里，嘉靖间知州李应元修，溉田十余顷。 他近溪处所多有小堰。

按：筑堰溉田，为利最大，厥工亦最艰，岁出桩赀，岁动夫力，苟无法以变通之，则利源反为害丛矣。故议者谓篠箐之宜置也，拍筑之宜坚也，冲崩之宜稽也，堰长之宜择也，夫册宜清，桐口宜石，而灌序之宜定也。盖置则桩可省，筑坚则堤无溃，冲崩稽而补修有数，乾没者何所作其奸？堰长择而督率得人，规避者何所施其巧？夫册综以清，斯无偏苦之忧；栅口砌以石，斯无盗挖

之弊。若上四下六之次序有定，则上坝下坝土分愿各得所称水利者，信乎其为美利，而积于不涸之源，流于不竭之潴矣！

——（清）顾炎武撰，《天下郡国利病书》第十八册《陕西上》

宋绍兴二十二年，利州东路帅臣杨庚奏称，褒斜谷口，旧有六堰，灌溉民田。靖康之乱，民力不能修葺，夏月值水，冲坏堰身，请设法修治。

——（清）顾祖禹撰，《读史方舆纪要》卷五十六《陕西五　汉中府褒城县》

陕西水道图说（节录）

汉水出汉中府嶓冢山，合沔水、黄坝河、褒水、马崖河、铁冶河、潜水、沙河、子午河、泾洋河东流，经兴安府合楮河、岚河、越河、黄羊河、洵河、吉水河，又东入湖北境。吉水河自湖北南流入境，至兴安府注汉水。嘉陵江上源曰西汉水，自甘肃东流入境，经汉中府合斜峪河、八渡河南流入四川境。斜峪河出汉中府。下邳水、永宁河俱自甘肃东流入境，会焉合南流，注西汉水。东江出汉中府，南流入四川境。洛河出商州，东流入河南境。丹河、淯河亦出商州，丹河合沭河，淯河合色河，俱东流入湖北境。

——（清）贺长龄编，《清经世文编》卷一百十四《工政二十》

布政使衔陕西按察使乐园严公墓志（节录）

两江总督陶澍云汀安化

复委公兴修水利。先是公在汉中，因平坝田衍艰灌溉，履视山河、五门、杨填大小百余堰，皆加疏治。至是欲广其法于全秦。奉檄视沣、泾、灞、浐、渭、汭诸川，郑白、龙首诸废渠，疏凿蓄泄，规划具备。

——（清）严如熤撰，《乐园文钞》卷首《墓志》

布政使衔陕西按察使乐园严公神道碑（节录）

大学士汤金钊敦甫萧山

复以君修复汉中渠百余堰，溉沃万顷，将溥厥利于全秦。檄视沣、泾、灞、浐、渭、洛诸川，郑白、龙首诸废渠，百坠垂兴，万人睽仰。

——（清）严如熤撰，《乐园文钞》卷首《神道碑》

修班公堰记

嘉庆七年，余在洵州，闻友人班君逢扬于南郑治南，引冷水河水作堰，灌七里坝、娘娘山以下地，日役数百人，不数月工成。余心韪，班君当军书旁午，而汲汲谋厚民生，得治术之要也。

十三年冬，余摄篆汉南，询之吏民，则曰：堰自七年创修，规模粗就。班公去，堰旋淤塞。今灌溉之利，近堰口上坝田千余亩而已。乃至堰所勘视，其堰口在冷水河东李家街子，经赖家山、石鼓寺、大沟、黄龙沟、梁滩河、娘娘山，至城固之乾沟，共计上、中、下三坝四十余里。自渠口至上坝，开渠工一千五百丈，三坝人民通力合作，渠身在坝者，各开各渠。渠身由中坝而下，窄且浅，又就山根开渠，当山沟横水十数处涨发，拥沙石填平。数年来，仅存沟坎形迹，无所谓渠。天下事善作者不必善成，善始者不必善终。余恻然伤之，乃属三坝士民，而告之曰："汝三坝开渠，原议就地之可开水田者，按亩摊夫费。官工距村远，夫之赴工次者，裹粮野宿。中坝十数里，下坝三四十里不等，是中、下二坝劳费更重于上坝。既已通力合作竣官工，上坝幸得水，水未至中、下而工停，是上坝藉众力以得利，违初议而专利。天下有与人共事，已专其利，不启争端、祸端者乎？恐上坝之利非利也，未完之工必合三坝公修，以底于成。"金曰："唯唯。"载度地势，距山脚数十丈，另买地开渠身。上坝至下坝一律开挖，深广以一丈二尺为准。旧进水龙门，高、广五尺，水入颇少。添龙门一座，高、广如之，俾水之进渠者，得加倍于龙门。上编竹笼装石，下木桩横砌河中，作拦河。各山沟水之进渠者，另作小渠，障其沙，而引其流。其横水大渠不能容，则于渠上铺木石，令截渠径，注之大江。檄府照磨陈君明申董其役，庀材鸠工，渐次开修。十四年，水至中坝。十六年，至下坝。十八年，下坝三工原议开田之地，水足用。计上坝自赖家山、石鼓寺起，至黄龙沟、灌湖广营、白庙、七里、上坝等处田三千二百余亩；自黄龙沟至龙家沙河，灌中坝田二千余亩；自龙家沙河起，至城固沙河止，灌七里、下坝、土营、牛营等处田四千二百余亩。往时旱地亩岁收粟豆五六斗，自改水田栽稻谷，亩收三石有余，合京斗六七石。三坝民用渐饶厚。定水约：上坝于开渠时地近，夫较众，经理龙门有起闭责，而田土兼沙，不耐旱，准细水长流。中下土稍厚，且梁滩、娘娘山沟有山水浸注渠中，中坝轮四日夜，下坝三工轮十三日夜，周而复始。下坝用水，将中坝各洞口全行避封。官工一千五百丈，遇有应行修浚，下坝分五百丈，上、中坝分一千丈，各就所分段内修筑如法。自十三年起，岁岁增修，至十八年工始完竣，则信善成善终之难也。士民请堰名，勒石以垂久远。余曰："班太尹为尔民谋厚生，创始之劳，不可忘也。名之曰班公堰。"

嘉庆十八年冬十二月记。

——（清）严如熤撰，《乐园文钞》卷七《汉南杂著畿辅水利附》

山河二堰改修渠身堰堤记

山河第二堰引黑龙江水，溉南郑、褒城田八万亩。堰口上倚土阜，盘钜石；下沿江筑堤，水从堤内行注之渠。江源发凤州东北，蟠折岩谷间数百里，至是出谷口，径洩平原，汹涌甚。堤立江中，岁有冲塌患。嘉庆七年，前观察虚舟朱公于顶险处倡修石堤，治大青石成条，纵横镶砌。仿海塘作法，联以环，钳以钉，灌以米浆，计长五十余丈，经费八千有奇，工颇巩固。九年夏，山涨发，堤隳，石条随冲去。十年，郡侯新安朱君以前工不可废，凿石重砌，十一年蒇事。十二年秋，复隳于水。频岁当大田需水，堤辄冲坏，拦抢工费不赀，秋稼减收，两邑之民瘁焉。十四年，余绾符此间，念厚民生，堰渠为大，而欲兴大利，先祛大害。往来江干，周咨博访，因思堤仿海塘工甚善，而山水海水不同，潮汐水势平，山水陡急，涨时推沙拥石而来，石之钜者如房如柜，如车轮洄漩。堤根与石相砰击，外石得水助，堤石不能敌，一石碎损，水浸入堤，堤根漩空，而全堤石皆倒塌。夫堤至用石工坚实矣，尚不能自存，将终无法祛其害耶？稽古圣人治水，掘地由地中行，不与水争地，堤筑江中，屹然当水冲争矣。堤旁地宽敞，黄壤坚致，如于原渠东移数十丈，另开渠身，是堤在江中者。今且举移进之空地，均为堤，堤附岸为固，水决不能汕刷，堰口对巨石筑拦坝。所引水，分江流之二三，非全河水可比，则亦力弱而易防。商之父老、士庶，众谋佥同。乃买渠东民地二十一亩五分九厘，另开渠一百零三丈三尺。渠身上广八丈，底宽四丈，深三丈，共出土一万八千五百余方，所出土移渠西，帮堤身。其拦坝堤身，均灰土坚筑，督工匠细溜匀和，鎚夯碶各数以八。坝高广五丈，堤长七十九丈，底宽二丈，顶宽七八尺不等。形斜坦，仿河工走马式。山水发时，水以渐而涨，不受砰击伤。渠开于十五年十一月，至十六年四月，坝堤各工均完竣。用夫工二十一万零，灰以十万计，银八千二百余两。煜倡捐五百金，外按渠所灌田摊钱，亩钱七十八文。工省而费均，市民踊跃，故得迅速告成。自是堰口永无冲刷患矣。督工委员候补县丞李茂梁朝夕工次，劳瘁不辞。襄事则首士褒城生员马某、周某，南郑生员王某，均能黾勉从事。例得书，是为记。

——（清）严如煜撰，《乐园文钞》卷七《汉南杂著畿辅水利附》

西乡县修磨沟河堤记

西乡县治北磨沟河，源导四方山，蟠山沟中三四十里，至县治东北三里许出谷口，合簸箕河，流至北城根，绕而东，再折而南，与木马河会。河出谷口，溉东西坝田数百亩，旧有堤夹束之。近年来，四方山林木开垦，沙石随涨下，河身填高，怒涛汹涌，堤卑薄不能御，两坝民大受其害。嘉庆二十四年，山水暴涨，都司署在东关者尽冲没，都司张君仅以身免。道光二年，秋霖泛滥，千把衙署、兵房、武库荡然无存，东、西、北关客店民房坍塌者数百间，河水趋壕，有突入城之势。官民惶恐，防维者屡日夜。前汉中守贵君勘灾至县，亲诣山口，见河身出山甫百余丈，折而东，经百数十丈，又折而西，水势盘曲，郁不得逞，以致当西折处，堤冲决开。议从东折处开河身直下，顺其势以导。捐赀属西乡令张君廷槐治之。工未竣，会余查抚恤至西乡，代理方令传恩请曰："城遭水患，缘磨沟河河身高，堤卑薄，不能抵御，必得浚河身，复其旧，就老堤加高培厚，夹水出城，东南径归木马河，庶可无虞。"余沿河履勘，相度形势，方令言不谬。顾其工甚巨，不能请项修，而甫出沈湮之民，又未可责以工作也。踌躇者久之。方令慨然曰："此司牧事职，虽暂摄篆，敢以五日京兆诿弗治！"乃捐廉俸，庀材鸠工，出河身沙石，运离岸二丈余。挖河底老土，加筑两岸。堤底宽一丈六尺，顶八尺，高六七尺不等。其河身出谷口大湾，照贵守原议，另开直河，而于近城由北转东，亦恐其过于盘曲，阻水不得畅流。另买地，作河身百余丈，而河流膏直险工十数段，购石灰和土筑之。计自谷口，经城北，达东关，东南至木马河，共□百□十□丈，日役夫二三百名，募值需钱二十千。经始于十二月初吉，至三年二月二十日，八旬而工竣。方君虑河虽浚，而四方山仍旧开挖，则沙石之来，未免旋修旋淤。又议将山封禁，委员逐段查看，官荒不许垦，价买者补值作官荒，劝谕山民蓄树木。近城薪柴贵，蓄禁之利与开挖等，民胥悦从，详明立案。自是县治东北关厢村庄永无沦溺患矣。嗟嗟！吏治之偷也，吏于间阎疾苦，恒漠不相关，间有动于中，则又以大工作非己力所能举而置之，此民困之所由莫苏也。方令一代理耳，毅然以捍御为己事，举数十年之积患而弭之，仁心为质，奋勉有为，尹铎之保障，讵有过哉？爰志之，以告后之守兹土者。

——（清）严如熤撰，《乐园文钞》卷七《汉南杂著畿辅水利附》

修郡城北关外山河堰大堤记

乌龙江合北栈各山涧水，流至褒城县石门洞下，洒为山河头、二两堰，东西分流。头堰圮，江流全注二堰。堰自褒城金华洞下流入南郑境，经上汉卫、高桥，绕郡城东，至三皇川、十八里铺，而 [溉] 入汉江，盘折近百里。堰旧制：渠身宽六丈，深一丈六尺，沿途分注各筒渠浸小，而总以宽三丈为率。北岸沿小坡溉田，尽在南。当浚渠之始，取渠身土筑南岸堤，洞口安放堤底，堤甚高厚。数十年来，堤旁民贪小利，铲削堤根，堤身日薄。乌龙江因老林开辟，山涨拥沙石而下，填高江身，沙石旋灌入渠口，渠底亦填高。涨时怒涛浮浮，堤不能抵御，屡有冲决，虞郡城。自石马堰下收天台山、石碑口、宝峰寺、吴家沟、栗子沟、横水数处，遇山水、江水同时涨发，势尤猛。计十年中，石马堰堤决凡三，红岩、李官、高桥、瘦牛岭、张家台、华家洞决一二次不等。每决则稻田数千亩谷淤压，北关三里店、东关塔儿巷、吴家营、余家营、汪家店各民房胥冲倒，东北城垣亦多泡塌，官民苦之。道光二年，秋霖多，害尤剧，士民禀请浚渠补堤，取北岸土填南岸为抵御计。余檄南郑令万君华、汉中府经历应君先斌，会同查勘。二君逐一履看，相度形势，以堤非大修，则患无由弭。议渠身必复宽三四丈、深一丈六尺之旧，堤身高二丈，底宽二丈，顶宽七八尺，用石灰和净土坚筑，庶永资捍卫。余韪之，顾其中有难者。堰堤岁修旧规：近洞口并前作洞口处为官工，各洞田户通力合作；如距洞远，堤下有田地，则地户各筑门面，为私工。穷家地一块，堤或至数丈数十丈，鬻其业尝不能支费，以故工程草率，旋筑旋圮。此次大修，非官斶工，本连官私工胥筑，派谙悉工程之员总理其事，决不能迄用有成。万君慨然曰："此守土者之事也。"请斶廉俸以倡。应君曰："职司水利，堰渠大工，曷敢辞！"于是道府暨绅耆之好义者，均出赀以助涓。吉十一月望日，庀材鸠工，广渠身三丈至四五丈，尽出渠底沙石，挖北培南，溜净黄壤，和灰架橼，夯筑虚土七寸，八鎚八夯，筑坚至五寸为度。旧洞口堤根空虚，购青枫木作桩,排列锭至老底,镶筑灰土,共计官私工一千八十丈零六尺。木桩以根计者,六百余件;椽以尺计者,一千八百余丈;石灰以担计者,六十五万觔;土以方计者,五千六百余方。日用夫役六百余名,甫百日而工竣。是役也,原估工费五千金。应君朝夕工次,躬亲督察无惰,工亦无虚糜,竟得以三千青蚨藏厥事。工坚料实,十里之中堤,隆起如小阜,障狂澜,回洪流,城关村镇自此永无昏垫患,应君之劳不可泯,而万君为民请命,不惜解囊出重赏,以倡大工大役,民无输将苦,则尤足为有土风。爰志其颠末,贞诸石民石。时道光三年三月谷旦。

——(清)严如熤撰,《乐园文钞》卷七《汉南杂著畿辅水利附》

修李家堰石洞水平记

水利之兴,其足资灌溉,厚民生者不独溪河也。高陵深谷,夏潦秋霖之为山涨者,皆可因地势凿陂塘,设法潴蓄,以济大田之涸。南郑汉江北既有山河第二堰、第三堰,纳乌龙江水为利矣。天台山巍然峙郡东北,千岩万壑,飞泉喷涌,岂仅以供游眺哉?昔之良牧为民生计,以邑北乡地势高燥,视南坝为瘠,凿地为池,以润干枯。老君坝各乡数十里中,处处有小陂塘,而上下王道池、草塘、月塘、顺池、南江池、铁河池、江道池、高池、塔塘、三角塘、老张塘等十二池为最巨。王道池宽三百六十亩,顺池、南江池均广二百八十亩,他池宽百余亩、数十亩不等,溉田近二万亩,北乡之民实利赖之。顾利之所在,争心以生,民既相争,利亦旋失。查天台各山沟水,注李家堰,堰旁小坝十余,溉田各数十亩,其正沟自西而南注之各池塘,冬春干涸,无所谓争。夏秋山水涨发,正沟由石桥分水处南行一里余,注王道池,接注下王道等三池。石桥桥洞下分水为东沟,东流四里许注顺池,接注南江等七池塘。各池塘所灌田,藉堰沟引水潴蓄,以备栽莳。正沟底高,水难入渠。东沟势低,得水较易。嘉庆八九年,使水人户因分水洞口高低不一互殴,屡伤人,势汹汹,官往勘验,则两造各聚众以俟,吏役惧生事,阻官行讼,久不决。堰身沙石淤塞,堰田干涸者屡年。十四年春,余劝农北乡,屡至其地,自堰头至分水处,已洞然胸中矣。四月初,余再至老君坝,赏各勤农,乃谕父老曰:"汝北乡之生计日憔悴,讵非以堰事未结,堰田失灌溉利耶?水利者,不患寡而患不均,均则彼此相安,乡党之谊以全,而陇亩之利以复。汝王道池、顺池所争,余以得其要领,父老盍从我一勘视。"诸父老唯唯。余策马从天台山麓,沿李家堰,上下数十里，逐一指其形势，语诸父老曰："汝等十二池塘溯源竟委，工实不易，而机关全在石桥上下寻尺之地。今吾有均水法，审度于石桥分水处，将桥墩上正沟底用水平准定，垫石一丈，令水可畅行。至王道池，桥洞口分水注东沟者，用石垫平一丈。东沟虽低，既经垫石，则趋下之势杀，顺池足用，而不过洩正沟之水。近桥四尺五寸，立两石桩，洞内设闸板，忙水视石桩尺寸，彼此均用闲水。每年八月初一日为始，下闸拦水，先灌王道池。十日起闸，顺池挨灌，亦以十日为期，周而复始，各池塘灌足。及山水暴涨，即开闸起板，俾水由东沟[洫]入汉江。如此，则各池收水均无畸重畸轻，可相安以复灌溉之利。"诸父老胥悦服。乃鸠工琢石条，镶砌洞口内外水平两处，官工、私工派夫开挖。余间日一督视，不两月，水平成，堰身堰堤均修浚如法，水得畅流入渠。是岁十二池灌田及堰经由各小坝稻田均稔收。父老请将均水复堰之规勒石，以垂久远，乃援笔而记之。

——（清）严如熤撰，《乐园文钞》卷七《汉南杂著畿辅水利附》

修杨坝堰堰堤洞门记

引湑水河作渠，五门堰而外，杨坝堰为最巨。城固、洋县二邑田资灌溉者，二万四千余亩。堰头在斗山对岸，筑堰堤河中，绕杨侯庙、丁家村至宝山，沿山麓而东，渠身甫入平地，共计十里有余。丁家村以上，堰与河并行，屡有冲刷患。丁家村下，渠身东折，距河渐远，而渠东北有洪沟、长岭沟，收各山山水。每逢暴雨，挟沙由沟入渠，旧设有帮河、鹅儿两坝，以洩横水。嘉庆十五年夏秋，河水屡涨，堰口淤百余丈，渠道当杨侯庙前冲去一百一十余丈。河流夺渠北民地，行上下决口，在河中、洪长二沟水注渠中。宝山东西沙石壅塞，与渠平，秋禾无成，民嗷嗷有艰食咨。十二月二十二日，余自省垣回，抵堰所履勘，上下至，再至，三相度形势，审其受害之由，在渠与河争地，而旧堤实未坚稳也。乃与首士贡生蒙兰生、生员陈鸿等议，买沿河民地二十余亩，于淤塞处辟河，稍东开新渠六十丈。其冲塌渠身杨侯庙一带，内逼丁村堡基，不能另开渠道，将买地除六尺为驳岸，沿河砌堤内外，俱用石、油、灰、沙土和匀炼筑，高丈许，坎外用大竹编笼，装石叠砌，钉木桩联络，以护堤根。笼仿前邹令芦囤法，每个长一丈二尺，中宽三丈，石入不能出，水冲摇则愈实，且竹在水中最耐久。鹅儿坝上下委官督工，挑浚渠底，通彻无滞。十六年四月，工稍就绪。是岁有秋，然堤系抢修，堰口至秋间仍有淤积，新修堰堤当河水直冲，根基未稳固。首事兰贡生等议于堰口复前明万历年间五洞旧规，乃将堰口挖出本土，用大木板平砌，琢眼加桩，覆石条为底，宽三丈四尺，两旁各压砌石条五尺，中空二丈四尺。中洞宽三尺五寸，洞旁用石条修砌。左右各二洞，宽视中洞少杀，均高七尺。顶盖长石条数层，高一丈二尺。洞作闸板闸坎，水涨时下闸，以阻泥沙。洞两岸用油、灰、沙土炼筑，南北各三十二丈。新渠用竹笼装石砌堤，宽丈许，杨侯庙下堤加镶竹笼二层，中筑三矶，杀水势。自是堰身通畅，堰堤完固矣。至渠口拦河，向用木圈装石，横绝中流，密布巨桩，遇大水辄冲去，水小又无用，屡年苦之，俱改用竹笼装石，横砌数层，较洞口低二尺，仍用竹笼铺宽丈许，以防水之搜根冲坑，水大翻浸而下，水小则障拦入渠，亦较木圈为省便。自十六年春兴工，至十七年夏，各工次第完竣。用竹二十一万二千二百六十觔，桩三万一千一百八十根，桐油一万三千三百四十九觔，石灰一十九万四千零二十七觔。石条宽一尺，厚六寸，计一百丈。石梁宽一尺二寸、厚八寸、长八尺者五十七条。通计工费钱一万零三百二十余千。按城三洋七，所灌田按亩均摊，洋田在中下，岁欠不能敷应，蒙贡生捐垫银一千二百余两。是役也，水险而势散漫，余惴惴乎惧无济也。士民人等黾勉从事，踊跃输将，迄用有成，俾得捍大患而兴大利。蒙贡生兰生实为功首。而筹画布置，则洋县文生陈鸿训、武生高鸿荣、城固文生丁鸿章之力为多。其久住堰所，则武生李调元、袁守儒、张文炳，监生林喜春、卢天叙、耆民朱继魁、罗文广，其劳均有不容没者。嘉庆十七年十月谷旦。

——（清）严如熤撰，《乐园文钞》卷七《汉南杂著畿辅水利附》

修渠说三

西北渠利，其为水田种稻，惟宁夏、汉中。若秦之郑白渠，灌麦粟而已，今亦无存者。宁夏地极高寒，汉唐两渠所艺稻撒种，以利速成，收谷甚薄。汉中之渠，创之萧、曹两相国，诸葛武侯、宋吴武安王兄弟先后修治，法极精详。汉川周遭三百余里，渠田仅十之三四，大渠三道，中渠十余道，小渠百余道。岁收稻常五六百万石，旱潦无所忧。古之有事中原者，常倚此为根本。屯数十万众，不事外求粮。其治渠之善，东南弗过也。盖尝讲求其故，一则在择水。稻田水宜清宜煖，浊不宜秧苗，冷则苗不长，发而迟熟。汉中水，汉江为大，然用之溉田者，则湑水、灙水、廉水、乌龙江、老水河、洋川、木马河数水，皆注汉支河。汉流大难用，支河小而易于堤防也。畿辅大河，桑乾、滹沱、漳、卫发源山西塞外，至畿辅，流已大。然各小河之委输大河者，支派繁多。凡山向阳者，水性不甚寒。泉脉从石隙出，其流必清。畿辅大山阴面，在山西塞外，本境为东南面山，皆迎日出。择其源旺脉清，得十数处，作渠十数道，可溉田数千顷。又沙河之水，为沙中浸出，性亦不甚寒。淘出作渠溉田，甚可耐旱。汉中有南沙河、响水子各渠，岁收稻不下十万石，其明验也。其一在择土。五方之土，黄壤、白壤、青黎、黑坟、赤埴，色各不同，性亦互异，种植各有种宜。种稻则宜泥涂。沿海沮洳，固多涂泥。顺津、保河之间，地多泉脉，涂泥亦自不少。大约种稻之土，泥壤为上，泥多带沙者次之，泥沙相半者次之。黄壤带沙，沙细杂少泥，亦可用。若纯是黄壤、白壤、青壤、亮沙，则决不可用。宜稻之地，沃野亩六七石，次亩四五石；不宜稻之土，岁丰不过一二石。渠修而土不宜稻，徒费工本，不可不慎也。其一在修渠身。垦田之地低，作渠之地高，高则可由上灌下。渠身择土性稍坚者治之，渠身一道，盘纡常百里、数十里。择引水之地，尤必求洩水之地。引水之地得而渠有头，洩水之地得而渠有尾。所引之水，或即还本河，或径归大河，在相地势，通盘预为筹定，而后可兴工。如汉中湑、廉各渠之水，有仍归湑、廉，有径放汉江。要之，所引之水，不可大迫。渠身往往行数里、十数里，方始灌田，则可免灌沙冲筒之患。渠身宜广宜深，如溉田至五六万亩，则渠身须广三丈，深一丈二三尺，进渠之水常有二三尺，方可敷用。渠堤即用挖出土筑之，必须坚筑。其堤当在溉田一面，分水筒口就渠底穴堤砌之，无田一面空之，以收野潦助溉。筑时遇对面有潦沟，尤须加功。一在分筒口。渠所灌溉有近渠身之田，有隔渠身半里、数里之田。凡大渠一道，必分堰口数十道，灌田数百亩、千亩、数千亩不等。堰渠一道，又必分筒口十数道，灌田十数亩、数十亩、百亩不等。堰口宽、长各有尺寸，启、闭各有日期。计所进之水，足灌其田，不致干涸而止。额灌田足用，余水湃之下游，下游又作水田。雨水多之岁，亦可有收。故凡湃水田于大渠，工作不派夫，费不入常额。堰筒分水，有《周官》川浍、沟洫遗意，但彼以沟洫之细洩之，川浍以为蓄，此则以正渠之大洩之，堰筒而蓄之。田额田有余，湃之余田，而仍归之河，井然不可乱。孟子所谓"经界之必先正"者，此也。一在修龙门渠，与溪河相接。引水进渠处为龙门，乃一渠之咽喉，不能迎水则水不入渠，迎水而太当溜，则涨发时有决冲之患，故作龙门，必得借小阜石确，硬上为要，旁汲河流，以辟正溜门，须狭于渠，譬之门为口渠，为颡口之所入，颡大始能容之。门两剥岸，用灰土坚筑，炼成一气。各包十丈为上，用窑砖砌四五进，亦可砌石为下，石缝过大剥落，易于浸水，如河流过大，龙门下数十丈、百余丈作减水坝，则堤身不至冲塌。龙门得法，为旱为潦，有水之利，无水之害矣。一在作拦河。龙门既用旁吸，则水非直入，必于正河截之，水方能以进渠，则拦河为要，南中拦坝，往往用石，石砌断河中流。而萧、曹遗制不然，用木桩长四五丈，纵横植水中，磊以乱石，似近乎竦。不知南中土薄，挖数尺即见根，连根砌灰石，可坚。北土厚，挖至数丈不见根，砌以灰石，水遏不得过，搜根冲湍，石下则空，而必顷，不如磊以乱石，择其流之大者入渠，而仍听石隙之水下流，则势不急，而无搜根之患。此似疏而实密，常法之可久也。至水涸之时，需水孔亟，则用板用席，令其点水不滴可也。或作拦河之处，而有湍激之势，则必用木圈、竹笼盛石，椓以巨桩，工费所不可惜者。凡此六事，皆汉中作渠溉田行之数十年而有利无害者。西北可以相通，仿而行之，利济无穷矣。

——（清）严如熤撰，《乐园文钞》卷七《汉南杂著畿辅水利附》

汉中之乌龙江、湑水河各水、民循堰渠之规，田收灌溉之益，盖有利无害者，自数十年来，老林开垦，山地挖松，每当夏秋之时，山水暴涨，挟沙拥石而行，各江河身渐次填高，其沙石往往灌入渠中，非冲坏渠堤，即壅塞渠口。

——（清）严如熤撰，《三省边防备览》卷五《水道》

汉中水利说

严如熤

汉中山河大堰三道，拦乌龙江水作堰，乌龙江即让水也。头堰绕褒城城下，至新集入汉，已久圮。第二堰由褒城之金华堰入南郑，经上汉卫、高桥、三皇川，激入汉川，环绕百余里，灌田八万余亩。第三堰在二堰下五里，至沙河下九真坝入汉，溉田二万余亩。相传为萧酂侯、曹平阳侯所创。考史，汉高祖元年四月至汉中，七月即由故道出取三秦，是时曹平阳侯从征，而酂侯于三秦既定，即以丞相镇抚关中，其在汉南为时无几。兹往来堰上，查其堰身广六丈至三丈，深一丈七八尺，分水之堰计数十处，大者亦广一丈有余，深至一丈，其由堰而灌田者，每堰又各有小渠数十道，类古川浍沟洫之制。至用拦河纵横，钉巨木桩，磊以乱石。不疏不密，拦河收水入大渠。灌田由下而上，下坝水远，一日灌至六日，上坝水近，七日灌至十日。下坝用水，将上坝各堰口封闭，水涨之时，则由各激口洩水，蓄洩均有成法，又有纠合，以司其总。堰长分管三堰，小甲各管小渠，冬春鸠工，起沙培隄，上下三坝，各分段落，一应堰工，事宜井井有条，数千年来，循之则治，失之则乱，虽鄷侯元勋才大，恐亦仓促不能定也。窃以商鞅废阡陌，汉中尚为楚地，至楚汉之际，犹有存者，鄷侯因川浍沟洫之遗，浚而为渠，故无事开凿之劳而收灌溉之利，其后武侯、武安则又因鄷侯之旧，加以修治，汉中水利遂为东南堰渠所不能及，观此益叹先王立法之良也。

——（清）贺长龄编，《清经世文编》卷一百十四《工政二十各省水利一》

修复各堰渠示父老

严如熤

神禹治沟洫，耕凿歌尧乡。

郑白二渠浚，关中称富强。

汉南天下脊，形胜扼井疆。

自古用武地，转输侪雍梁。

膏沃千万顷，稻田水泱泱。

内以足民食，外以裕军粮。

美利怀创始，萧鄷曹平阳。

武侯继修治，宣抚为参详。

导源皆太白，潆湑乌龙江。

渠身随地势，洞湃依田庄。

工役分棍段，蓄洩有旧章。

规随乎画一，小变即召殃。

二千余年来，士女饱壶浆。

幸逢重熙世，人物乐繁昌。

棚民盈川楚，山垦老林荒。

翻动龙蛇窟，犁锄快截肪。

夏秋盛霖雨，砰訇裂层冈。

沙石拥而下，河身高于堂。

大田苗枯槁，官吏屡忧惶。

时势虽迁易，人力贵能匡。

或稍移渠道，或更高曲防。

冷廉沙溢养，工微谋易臧。

山河迫谷口，开港辟急泷。

襄南齐宣力，安澜得永庆。

杨填势纷挐，三七分城洋。

岸波既撞击，山涨更雷硠。

移渠改拦河，事颇费权量。

五门尤隳颓，东流日汤汤。

河拦千丈险，堤筑十里长。

沙浮根难稳，地低流易狂。

竹絙多于麻，石围大如仓。

连年劳民力，区画计无良。

绸缪迫时日，抢护脱衣裆。

驰驱几晨夕，心竭参军杨。

老成仗蒙贡，勤劳依吴庠。

张陈诸士族，急公力勖勤。

灌溉幸无误，高廪起村场。

补苴纡口前，善后尚彷徨。

亩钱输水利，催呼日扰攘。

堰长小甲儿，莫秖肥已囊。

冲激河难定，东西变沧桑。

莫开洴旁地，额田数有常。

不启洞口板，下游稼无伤。

涓涓虞有害，济济自成祥。

规模定前哲，余知漫更张。

守先人无怨，和衷天降康。

殷勤语父老，铭勒永毋忘。

自注：汉南九邑，堰渠数百道，灌田百余万亩，始于鄐侯转巴粟佐军，诸葛武侯、吴武安兄弟规划中原，相继修冶。山河大堰引龙江水，杨填堰、五门堰引湑水河水，共溉田千余万亩。近年水涨冲堤，岁有抢修之役。巡抚董公教增饬经历杨名飏管理，劳最著。其地士民蒙兰生、陈鸿训、吴镜皆与有力。

——（清）邓显鹤辑，《沅湘耆旧集》卷一百二十七

勘定油浮湃水口状

看得：油浮湃为五门堰八湃之一，而上板堰、陡渠堰则又油浮湃内之上游下流也。湃内田三千三百亩，自上板而下为堰凡六，灌溉之利，其业相安者，盖自有此堰以至今日矣。尹官等因昨岁亢旸，怨泽不下逮，倡照夫使水、每夫一寸四分之说，汪养龙等遂以变坏古制纷纷吁告。念系国税，民命所关，非亲历阅，难以定案，因单骑躬诣六堰查验。向来水口有用石条者，有用平木者。上板堰水口六尺七寸，其东渠并余福洞共二尺三寸，西渠一尺八寸五分，皆系古制。渠头许辅等，堰长田世禄、胡义等众口一词；即尹官亦供，向来如此也，则西渠三寸五分，东渠七寸八分之非古制明矣。即尹官等陡渠堰古制原系二尺三寸，东边南渠亦系五尺，东边北渠亦系一尺六寸，西边渠亦系一尺一寸，若以上板堰两渠旧制为汪养龙等私增，则陡渠堰三渠又谁为增之而宽阔？若此乎，至每夫一名水口一寸四分之说，稽之水册，既不曾载，翻阅夫簿，亦无此项。尹官等词内据以为证者，堰长田世禄并徐典史、工房左元赞也。乃田世禄供云不知，徐典史谓出之尹官等之口，左元赞亦供不知。及细讯之尹官，且更茫然。夫油浮湃水田凡三千三百亩，其间庐野，而托业者畴不仰望此水，以稼以获，输将于是乎出，俯仰于是乎足。顾以数人无稽之论，一旦变坏古制，争端一起，数世不止，诚非地方之福也。盖古人立法，自有深意，若非尽善，何能经久？今据各渠头所报水口旧制，合之舆论，允宜遵守。尹官等私意纷更，本当重拟，姑念悔过，均杖以警。汪养龙等所称上板堰正湃水口原系四尺八寸，为尹官等添夫加增一尺九寸，今审相沿已久，又无凿据，姑照六尺七寸，不许再起讼端。查六堰上下各渠水口或系平木或系石条，今议除去平木，俱用石条，悉照古制尺寸，底用石板，高低悉照本堰，不得过低。盖上板等堰在上，陡渠堰在下，旱岁不无偏苦，若上下渠口渠底修理无弊，便可永息争端，另造旧制水口册一本，仍请批示，勒石堰傍，以垂永久，为此备申。

——（清）曾王孙撰，《清风堂文集》卷十三《公移一》

勘定春省堰水口状

看得：韩一道等，永利堰使水人户也。先年堰崩入汉，合坝惊惶，请之当事，买地凿沟，引羊头、杜通二堰剩水，以资栽插，建堰曰春省，盖五十年于兹矣，二堰之人初无间言也。生员张际会，杜通堰之一户耳，居近堰傍，潜掘地而东注，使流水绕门，于张生则得矣。其如九女坝数百家秋收无望，何此一道等所以有酷杀万命之控也？蒙宪批发，遵即亲诣踏勘。春省堰在羊头、杜通二堰退水沟上，旧址依然，不可泯灭。虽九女坝田得藉灌溉之利，而于二堰实无纤毫之损。张际会之掘之也，不过惑于形象之说。夫石人之田而求富贵，吾恐富贵不可得，而际会之心田已芜秽不治，是诚可忧也。已今议，令韩一道等将春省堰修筑坚固，下用石条，上甃以砖，其杜通堰退水上流，不许际会阻塞，仍立石堰上，永息争端。至掘堰之事，张钦原未与闻，特以军厅书办，水利在其掌握，不免大言，故为一道等并控，而事从兴利起见，相应从宽免拟。

——（清）曾王孙撰，《清风堂文集》卷十三《公移一》

笇仕得汉川西乡令，即清凉川古洋河也。有金洋堰，岁可得粟数千石，年久堙塞，川变为陆，民失其利。公早夜焦思，经营筹划，修堰渠一道，计十里许。榛莽芜秽之区，今竟成耕桑沃壤矣。

——（清）魏宪撰，《枕江堂集》卷十一《赠魏愽郡司马戴雪看序》

陕西按察使赠布政使严公神道碑铭 代萧山汤相国（节录）

其知汉中府也，承兵燹后，民困军骄，散勇逸匪伏戎于莽。于是举工赈，修渠堰，完仓廪，以足民食；联营伍，治堡砦，严保甲，以固民卫；慎讼狱，禁邪说，以正民俗……复以君修复汉中渠百余堰，溉沃万顷，将溥厥利于全秦，橄视澧、泾、灞、浐、渭、汭诸川，郑、白、龙首诸废渠百坠垂兴，万夫睽仰。

——（清）魏源撰，《古微堂集·外集》卷四

陕安道宪余公复杨填堰城洋三七用水旧例碑记

昔召信臣为南阳太守，为民作水约束，刻石立于田畔，以防纷争。杜预都督荆州诸军，修召信臣遗迹，分疆刻石，使有定分，公私同利，此后世分水之制所自始也。洋县、城固所共之杨填堰，水源出太白山，旧例：洋田七分，城田三分；用工三七，用水亦三七。其说始于明万历李时擎《新建杨填碑》内。其用水三七之定例，十日之内，城固洞口开三日夜，洋民不得封闭；洋田用水

之时，城固洞口闭七日夜，城民不得擅开。盖合堰洞口共计七十有二。若上流洞口不封，下坝即无涓滴之润。古人良法美意，至此极矣。

康熙二十六年，旱魃为虐，不循三七之例，上坝壅遏泉流，下坝尽成焦枯，号呼控诉。蒙前任太守滕公会同城、洋两邑侯勘验，至三申详，道宪立碑垂远，照旧例三七用水，饬上流不得要截，永为定例，载于《府志》。岁月既久，良法又弛。乾隆四十三年，上坝稻田如罦，嫩绿盈畴；下坝尚未分秧，赤壤莫救，洋县绅耆控诉邑侯崔公讳象豫，会同城固邑侯朱公讳休承，和衷详议，仍循旧例三七分水，旬日之内，秧水周遍，民解愁颜。但城田居上流，去河近，水易涸；洋田居下流，去河远，水耐久。续议城固洞口遇三、六、九日，开放三昼夜，余日皆洋民封闭。二公皆一时循良，欲于每岁插秧之后，稍加变通，仍不失立法之本意，拟收获后立碑存案。而崔公以铜差去任，碑不果立。今年四月、五月，公与太守严公闵雨载切，杨填堰上坝业已插秧旬日，下坝仍属干土。洋县绅耆陈牒宪辕，祈申旧例，仍用三七分水，以救偏枯之患。公详核《府志》及城、洋二县《志》，洞鉴古人立法之公，近日废法之私，先发告示封条，命堰长水甲封闭上流洞口，次委经历杨君亲至堰所督循旧章。而城固绅士初具公呈曰："只闻三七分工，并无轮日用水章程。"公批曰："强辨饰非，自相矛盾，生等狗一己之私，心存畛域，本道则视同一体，法在秉公。"再具公呈曰："三七用水，昼夜不分，城不能截洋之流，洋不能封城之洞口，历来如此。"公批曰："城《志》系城邑绅士同邑令纂修，修志者旧，独非该生等之前辈。如轮日封水，与城田窒碍，维时绅士等亦当念贻累子孙，何以不白之邑令厘正，竟详载刊刻，直待生等今日分办耶？其将谁欺？"公冰鉴高悬，周知情伪，业已断案如山，不可不大书深刻，以垂久远。记曰："创衡诚悬，不可欺以轻重；规矩诚设，不可欺以方圆。古人立三七分水之例，创衡与规矩也。后人废此法，折衡而偭规矩也。今公申明此法，是举暂废之衡与规矩。复悬之，复设之也。三令五申，俾城、洋士民共遵勿违。中以著美政，下以成善俗，上以致天和，岂不体与？"震川客金州而闻之，以此为两县之大幸，非独洋之幸！乡人请书其事于石，此汉晋之遗法也，又乌可以已！

—— （清）岳震川著，《赐葛堂文集》卷四《记论》

杨填堰开渠筑堤碑记甲子

昔杜君卿作《通典》，自谓征诸人事，将施有政，故田制之下，继以水利，自史起而下至李袭称载十余人，大抵皆有地治之责者也。马氏《通考》则以三代之沟洫坏，而后水利之说兴，旱则利，潦则害，故决与修并用。顾氏亭林论唐之水利，天宝以前最盛；自大历至咸通，史犹不绝书，而叹后世之吏者，数十年无闻也。戴氏东原注《考工记》曰：先王不使出赋税之民治沟与浍，而令治洫浍者当其赋税，农功水利之大，皆君任之，非民之责，旨哉斯言！使其生于唐宋之前，《通典》《通考》《日知录》《天下郡国利病书》必采此伟论无疑也。

城、洋县所共之杨填堰，宋开国侯杨公所修也。前人立法，城三洋七，水利工作，以此为准，遵循弗改，数百年矣。堰下一里许有洪沟、长岭沟，素为患，是以有帮河、鹅儿两堰以泄横流。

嘉庆七年夏秋之际，积雨连旬，洪沟之水先决旧渠，次溃新岸四百余丈。沙泥自长岭沟下者，填渠过半。是年，稻田之收，仅十二三。仲冬之月，绅庶公议，言人人殊。城固顾明府、洋县石明府率诸绅者祷于杨公祠下，神示吉卜，仍修旧渠，孰公无私，孰静有智，咸推生员张君重华，年七十余，矍铄不衰，毅然为己任。且谋于城固丁君龙章，筑独角之堤凡五，水势自西趋北，猛厉无前，触堤之角则分而为二，散而无力，如好斗之人，遇拔山盖世之勇，屹然不动，喑呜哑咤，而千人已废矣。筑长堤四百余丈，又借余赀补帮河、鹅儿两堰，设闸蓄泄，法善于旧，用洋钱五千余贯、城固二千余贯。若依东原太史之说，此财当出于官，不当出于民，然自二年用兵至于今，山南守令戴星出入，节使镇将频来境上，石明府从绅士之请，缓仲春一月征税之期，斯已恤民隐矣。而张君固非若史起之为县令，李冰文翁召杜之为郡将也，以老诸生刊六月之期，建百年之利，除万家之害，故亩钱三百，而输者无怨，贫则纳谷，不责所无，而高其直，此古良臣循吏之用心也。允矣！张君之无私而有智也。堤堰既成，岁以丰稔，张君又与八村农夫约曰：一夫插堤二柳，可以固基勿坏，治堰又资其材。众皆欣然从事，春柳怒发，蔚然成材，此昔人之所行，而张君能与之合，讵不伟欤？用大书高碑，示后之有济人者。

——（清）岳震川著，《赐葛堂文集》卷四《记论》

二十九日　四十里青桥驿，尖属褒城。十五里有观音碥，有瀑布泉，上刻"别有洞天"四大字，又有贾大中丞捐修栈道碑。下为褒水，即黑龙江，又名紫金河，源出太白山，自东北入褒城境，历马道、青桥至鸡头关下出平原。东为山河大堰，灌田数十万亩，流入汉江。

城外四围皆水田，引黑龙江作山河大堰，通以沟渠，溉田数万亩。境内平原自沔县起，至洋县止，东西约长三百余里，南北宽三五十里，群山环抱，汉水合流，内为平壤，外则险巘崇岩，东乃饶风、金峡，西则栈坝、阳平，南为子午、巴山，北则鸡关、凤岭，处处均属险要，诚西南之重镇，天府之雄藩也。

初四日　三十里桃花店，尖属南郑。三十五里城固县，宿城西渡。汶川河发源北山，入于汉江。城在平原，七里六门，街市繁盛。城外水田亦多，皆引壻河入堰，有五门、百丈等十八堰。

初八日　出城即行碥路二十里，上马岭关，甚险峻。又十里下坡路，平坦二十里至池河，尖属石泉。饭后十里入汉阴界，又十里高粱铺，有分水岭，月河发源于此，土人取以灌田。自此下至安康县界约百里俱水田，与江南无异。

以汉江泛滥，筑堤以卫城，东曰长春，西曰万春，南曰万柳，北曰北堤，城内街市繁华，商贾辐辏，一大都会也。

——（清）王志沂著，《汉南游草》

批南褒田户具控藉闰升期一案同治七年六月

古人立法便民，息争止讼，全在均齐和协，一秉大公。本道莅职汉南，两郡二十属子民皆归统辖，有何厚薄致涉偏徇，此士民之所易知，亦即尔等田户可共信者也。查堰水灌田乃因天地至足之源，以施民生普济之利，但能多灌一亩即可多活数人，故自秦汉以来，君相皆孜孜讲求，载在志乘，岂困仓囊箧中物据为己有者可比？三皇川既编列版图，上输国课，每年捐资修堰，亦按亩均摊，是该田户出力无一不与众同，而独逢置闰在五月以前，每受制上游不能播种，人情急则生变，诚可怜悯，亦可忧危，必欲械斗寻仇，酿成巨案，尔上坝田户亦何利之有？今年本道目击情形，秉公核断，无非欲尔等桑梓和协，共享绥丰，自信偏党全无，情理兼尽，乃尔等饰词上渎，屡次哓哓，岂但本道不能判行，即详至抚辕，上达天听，曲直所在，不待智者。而后知尔等原禀谓，三皇川即九女坝，系康熙年间私置荒地，本无水分等语，查三皇川与九女坝一东一西，两不相涉，何得张冠李戴，此有意欺饰者一也。南郑使水人户分上下汉卫、高桥洞、三皇川为三坝，备载《府志》，具系朝廷正供，岂得例以私垦荒田谓无水分？此有意欺饰者二也。查《府志》及所呈康熙五十六年《碑文》，俱云照依上四下六定例。前人立法本属公平，而尔等原禀并钞出碑文一纸均改为上六下四，以图蒙混，是何居心？此有意欺饰者三也。农以时为重，古人瞻蒲望杏，不敢愆期，故《孟子》云："民事不可缓也。"若节过芒种尚不能栽插，即本年秋收无望，而尔等谓三皇川栽秧虽迟，发生甚易，此有意欺饰者四也。尔等招集妇孺，抗令不遵，致使下坝田夫来署喧哗，现在正分别查办，而尔等转将南邑县主及褒学老师填砌多词，希图眢听。试思众田户果真安分，何至严挈；学官不奉札饬，安能越俎；该绅衿果无唆使把持情事，何至取辱。此皆一面之词，有意欺饰者五也。康熙年间《碑文》定以五月初一日封水，系为上下坝各不偏枯起见，本无流弊，至今奉行。惟原议未想及闰月一层，是其疏漏。现处一百数十年之后，情形更有不同，全在地方官民设中乃心，议事以制，即如国家颁行条例，年份稍久，尚须修改，岂有田产轇轕之事竟不凭情理，不审事势，但靠一远年碑文为定者乎？总之，人心不古，私智日萌，下坝之人既不能委曲求全，上坝之人尤不能设身处地，一则凭积年之势任意把持，一则执有理之词率众喧闹，核实究办，厥罪惟均。本道历任二年，亦未必再逢夏闰，惟念此南褒两邑相近在百里之内，尔等子孙长育于斯，亲友征逐于斯，不能任恤以睦邻，渐因怨嫉而成痼，心实忧之。是以日夜筹度，欲为尔等斟酌尽善，释嫌隙而跻乂安，永杜忿争械斗之患，此乃本道推心置腹，统计初终，为尔两造士民大局起见，岂来禀所谓利一家病一家哉？尔等两造田户经此次明白批示之后，若不各自悔过，妥为调停，再敢匿情饰词，一心抗阻，则尔等向日刁健情形，了如指掌，宪章具在，勿谓本道不能执法也！特谕！

——（清）何桂芬著，《自乐堂遗文》

宋山河庙诗褐山河庙在河东店，诗碣砌壁上，行书，大字

蚕起登车日未暾，荛烟蒌草北山村。

木工已就萧何堰，粮道要供诸葛屯。

太白峰头通一水，武休关外忆中原。

宝鸡消息天知否，去岁创残未殄痕。

山河庙石刻诗尾阙二字。钦差总制四川、湖广、陕西等处军务太子少保都察院右都御史彭命工补刊，时正德甲戌春三月也。

此诗刻相传宋南渡，和尚原战后，吴涪王感作。宋末，此庙被水冲塌，失去尾二字，并题名俱无。至明正德时已相去三百余年，总制彭公泽始续二字补

全，为时已久，无可考据，只填写已衔而已。然诗之语气，榷是涪王时事，或云阎苍舒代书。罗秀书识。

——（清）罗秀书等著，《褒谷古迹辑略》，同治十三年刻本

宝庆题名

纪国赵彦呐敏若畍堰修禊事，阆中龙隆之景南、普慈刘炳光远、广汉耿吴谦甫、新沔程以厚伯威、左县刘平之西淑、古繁彭顺成季行、潼川白巨济普叔同徕。玩玉盆，埽圢潭，舣舟衮雪，步莘确，登石门，拂古翰，从容瀹茗而去。"衮雪"旧有亭，须复规度云。宝庆丙戌前熟食五日。

——（清）罗秀书等著，《褒谷古迹辑略》，同治十三年刻本

山河庙诗碣 楷书，碑砌庙壁

暇日，行部视水利，谒二公祠，怅然有感，因书以为司民牧者劝。

汉祚炎隆四百秋，萧曹事业冠群侯。

当年将相今何在，惟有山河堰水流。

明万历己丑重午之吉。

川南朝石郭元柱【桂】题。

——（清）罗秀书等著，《褒谷古迹辑略》，同治十三年刻本

山河庙诗碣 行书甚佳，碑砌庙内

无数青山与道迎，路人知我绣衣行。

连朝好雨新渠足，喜见田间话泰平。

自春徂夏节频移，慰汝辛勤奋锸施。

衣食有源须记取，万家烟火鄹侯祠。

却忆吾家上将才，军屯潴溉万塍开。

如今生享农田利，只合催耕使者来。

绿柳阴中水利图，几回相度费工夫。

不知饱吃行厨饭，可对南山父老无。

偕乐园太守、吉人明府、寯峰郡佐巡阅山河堰，作堰利，始于汉萧相国，复兴于宋吴武安王兄弟，故第二、三章及之。

嘉庆己卯四月陕安观察史者南海吴荣光书。

——（清）罗秀书等著，《褒谷古迹辑略》，同治十三年刻本

堰口镇珠

山河堰口有大石如珠圆，即浪高数丈，石终不没，人传为镇堰宝珠。

云根地脉结珠圆，闪烁晶光古堰前。

真似石犀能制水，花村千载浪恬然。

——（清）罗秀书等著，《褒谷古迹辑略》，同治十三年刻本

兴元府有山河堰，世传汉萧何所作。嘉祐中，提举史照上修堰法，降敕书刻之堰。绍兴以后，户口凋敝，堰事荒废，炎委知兴元府吴拱修复，发卒万人助役，尽修六堰，浚大小渠六十五里，南郑、褒城之田大得沃溉。诏奖谕拱。

——（清）毕沅撰，《续资治通鉴》宋纪一百四十二

褒斜谷口古有六堰溉民田。春，首户出夫修葺。靖康之乱，民力不足，暴水坏堰。绍兴中，帅臣杨庚请夏后差屯兵修治，从之。兴元府山河堰世传汉萧何所作。嘉祐中，史照奏上堰法，降敕书刻石堰上。中兴以来，堰事荒废，旋修旋坏。乾道七年，委统制吴拱经理，发卒万人，尽修六堰，浚大小渠六十五，复见古迹，凡溉南郑、褒城田二十三万余亩。宣抚王炎表称珙力最多，诏褒美焉。

——（清）阎镇珩撰，《六典通考》卷一百九十六《沟洫考》

二十三日，给事中兼直学士院胡世将言，吴玠等能忧国恤民，发戏下之众，以兴渠堰，广灌之用，为富国与强兵之资，宽疫瘵远输之急，其体国之忠，有足嘉者。臣谓宜因以风励将帅，使咸知朝廷之意，各务究心，兴修水利，措置营田，以省馈运而宽民力，欲望将今来降诏敕牓文，令有司行下诸大帅及统兵官等照会，将王俊、杨从义等特赐旌赏，以为忠劳之劝。从之。

——（清）徐松辑，《宋会要辑稿》食货六一

十六年正月二十一日，知兴元府杨政言，契勘本府山河六堰，浇溉民田顷亩浩瀚，自来春首，随民户田亩多寡，均差夫力修葺，昨经兵火，民力不足，多因夏月暴水冲坏堰身，若修葺不如法，遂失一岁之利。今措置，如遇渠堰损坏，民力不足，即于见屯军兵下等人内，量差应副，并力修葺。从之。

——（清）徐松辑，《宋会要辑稿》食货六一

九年正月二十一日，利州路提刑司言，保明到、王俊、杨从义、田晟修葺兴元府洋州两处，修到渠堰溉田所增苗税，乞依已降指挥旌赏施行。诏吴玠，令学士院降诏奖谕，余各与转一官，依条回授。

——（清）徐松辑，《宋会要辑稿》食货六一

十七日，尚书右仆射都督诸路军马张浚言，勘会兴元府洋州所用渠堰浇溉民田数目浩瀚，昨自兵火之后，例皆坏，今吴玠遣发将兵，及委知兴元府王俊、知洋州杨从义部押官兵同共修葺，并已就绪，望赐奖谕，仍乞降黄牓，抚劳将兵。从之。

——（清）徐松辑，《宋会要辑稿》食货六一

十月十四日，利州路提点刑狱公事张德远言，兴元府褒城县山河六堰灌溉褒城、南郑两县田八万余亩，内有光道拔一渠，决坏年深，民力不能兴修，下流闭水，率多改种陆田。今岁正月内，判兴元府吴璘亲率将士代民修塞，仍作偏堰，勒回别渠弃水，并入光道拔，下流诸堰坚固，前日陆种去处复为稻田，其利甚博。诏吴璘，令学士院降诏奖谕。

——（清）徐松辑，《宋会要辑稿》食货六一

代定兴公批城固令五门堰禀

禀册阅悉。该县五门堰要工，岁派民钱五六千串，深为苦累。经现署新疆库车同知前署城固令张开鉴，于同治三年以办公余款置田二百亩，嗣又添为三百余亩，议定每年租利不准提用，俟本大利厚，岁息积至三四千串，方可拨归堰工，该民即可永除摊派。良法美意，深属可嘉。前由张丞塞外具禀，请饬查办，当由封令。禀称：开办之初系邑绅王喆经手，同治九年以后归绅富卢

觐光管理，旋由侯令会同查核历年账目契约，輵輵不清，亏短甚巨，因卢绅不服，致周守亲查，因周守所议未妥，批饬侯令再往查算。兹据造册会禀前来，其情形业已洞明，而办法尚多姑息。如所称，现存官田及发商存款实足三万串之数，以岁息八厘计，可得钱二千四百串，此项息钱今年之子即为来岁之母，由亩生子，由子生孙，孳乳循环，有加无已，以本部院计之，国能经理得宜，不过六七年即可子大于母。来禀谓须十余年，周守前禀谓须二十年，殊不可解。果能如本部院所言，得钱即放，收租即粜，辗转居积，何待多年。如本钱真过六万，岁息即近六千，堰民可以永除科敛。兹据禀称，拟以岁息二千余串全数拨归堰用，尚不足堰工一半之需，小民仍须摊派，殊失立法本意。仰仍开谕堰民，前此为劣绅所误，悠忽垂二十年，事已如此，幸尚有基可为，姑再茹痛数年，为一劳永逸之计，欲速见小则不达不成，甚非策也。此次经本部院饬查严办，期于必成而止。惟事不惩前无以毖后，此事虽由王喆奸贪，卢绅昏贸，而历任印官所司何事于邑中如此大政，听其把持二十余年，毫无过问，是该令人人木偶，故该绅岁岁侵渔。本部院遥度情形，不但劣绅乾没，恐历任之官吏丁差无不仰食陋规，从中染指。观于张丞所禀，前令晋省，欲提堰费三百串作川资，即此可见一斑矣。若执既往不咎之说，后来者何所警畏？仰布政司查取同治九年以后城固县历任各官职名，各记大过三次，此后如有擅提堰款者，勿论公用私挪，一经查出，即照亏短钱粮之例，立即撤参，以为玩泄者戒。封令未经禀请，擅动堰费一千串作为春振，殊属荒率。前禀自认筹还，此禀又云窒碍，拟即请作罢论等语，是该令提用之初本无筹还之意，现值认真查办之际，应令如数赔交，以警专擅。但念二十年来之城固令无一人问及此事，自封令到任后采听胪言，更易绅董，卢、王二人之鼻窦甫能和盘托出，地面从此核实，存款从此有着，是该令虽有擅提之咎，亦有经理之功，功过相抵，姑免赔还，以彰公道。至王喆，系四川违误人员，经管六七年，漫无查考，至众议不容，乃欺卢觐光昏庸易制，姑令接管，又使其党陈新铭厕身局内，潜肆把持。来禀犹谓有始事之劳，查张丞以余款置田，并非王喆捐办。受事之初既多含混，交待以后又欠清厘，查算之时复感刁阻，而且遗书塞外，荧惑张丞，种种奸欺，无功有过。其侵冒虽无实迹，而陈新铭系其私人，由其引用，陈姓所亏之钱即与王喆所亏无异。禀称陈姓故绝，应令已故王喆之家属查照原亏数目，代为赔补，以警奸贪而济要款。卢觐光既系该县富绅，接管此等要工巨款，宜何如洁己奉公，乃定章岁一结账，俾众周知，而卢绅二十年来从未清算一次，及封令任内被人指控，改派堰绅清算，犹敢隐匿簿籍，把持抗阻。平日所置局中田产，有有田无约者，有有约无田者，又将生息活钱私行借给徐鸿仪、黄奋志等至八百余串，其并未存放取息，自行挪用，酌量减让以后尚有一千七百余串之多。营私误公，实堪痛恨。而犹抗不遵断，敢出狂悖之词，妄称冤抑。来禀犹谓其人素长厚，长厚者固如是乎？须知此项全为堰民所设，堰费多增一分之息，堰民即少出一分之钱，数千串之息早一日成功，即数千户之民早一日免累。梓桑膏血，尽在王喆、卢觐光两人之手，而延误至此，使堰民历年所出水钱数逾十万串以外。穷源溯本，卢、王二绅之咎，万死何辞。据理而论，卢绅亏短之项，应令按本计利照数持出，方为公允。乃除息钱不计外，侯令减让一次，周守又减让一次，仅令持出一千五百串了事，不知该守令等何爱此一人之糊涂，而不念数千家二十年之痛苦。今由本部院断定，卢坤虽死，应令其家属实缴出吞没堰费一千七百串，不得短交分文。至陈新铭、董海门二人，亏短钱五百六十四串，该二人虽皆故绝，然陈姓系王喆私人，亏款已令王姓代赔，董姓系卢觐光所用，即著卢姓代赔，务令卢王两家交足亏短堰费五百六十四两而后已。如敢抗违，由该令提属严追，绝不宽贷。此项堰本经此番追查以后，本愈大而息愈丰，务须切谕新首赵、吕两生，不得蹈彼覆辙，亦不得视为畏途。须知卢、王二绅之得咎，系属自取，地方谅有公评，官长并非黢刻。本地公事，必须本地正绅实心经理，明任劳怨，实则暗积阴功。如果办有成效，本部院敬礼之不暇，岂肯摧辱挑剔耶？此后遵照原议，必须积至息钱四五千串，足敷一年堰费，不再摊派堰民而后已。盖小民凡短之见，每贪近利而昧远图，而为民父母之心，当计成功而筹全局。仰布政司分别移行该管道府，转饬城固县查照更订章程，二年一易首事、一算账目，除册报本道府外，并照清册二分，赍申本部院及布政司衙门查考。该县遇有更替，即将田赋局照仓库之例，列入交代项下，移交后任接收，并由该管堰绅出结备查。以后地方无论何项公事，不得动发商之本，田赋局内亦不得存无息之钱。凡更换堰绅，查照向例，由阖县公举，由该令关订，隆其礼貌，方可责其成功。理财用人谊当如此。现在封令丁忧，本人李令从前在官时漫不经心，业已记过示警，此后务须矢慎矢勤，力成善举，以副委任。切切。余照禀办理，仍候督部堂批示。缴册存。

　　——（清）樊增祥撰，《樊山批判》卷一《批》

率众填渠酿命比照滨海群殴

陕抚题：曾长寿等共殴王启才身死案内，汪之柱因舒欣等故违旧章，私开堰口，辄行率众理论填渠，虽讯无预谋纠殴，亦无鸣锣聚众情事，惟汉江沿边堰渠甚多，近年每因忿争，动辄聚众斗殴，例无率众填渠酿命伤人治罪之条，将汪之柱比照沿江滨海混行斗殴例，为首满流，余发寅等均比照伤人之犯，拟以满徒。道光三年案。

——（清）祝庆祺撰，《刑案汇览》卷三十七

水令

《王起传》：山南东道节度，滨汉渠堰联属，吏弗修治，起修复，与民约为水令，遂无凶年。

按：此一隅之令

——（清）沈家本撰，《历代刑法考·律令四》

清严如熤备兵陕安，巡抚卢坤委公兴修水利，先是公在汉中因平坝田衍艰灌溉，躬履山河、五门、杨填大小百余堰，皆加浚治，至是欲广其法于全秦，奉檄视沣、泾、灞、浐、渭、汭诸川，郑、白、龙首诸废渠，疏凿蓄泄，规划具备，而社仓、义学诸法亦以次推行焉。

——（民国）徐世昌撰，《将吏法言》卷七

陕南灌溉之利，自汉迄今，已极发达。有开堰渠以利用天然重力者，以南郑褒城之山河堰（溉田七万余亩），城固洋县之五门、杨填等堰（溉田八万余亩）为最。其次冷水河等堰（溉南郑田三万余亩），廉河等堰（溉褒城南郑田一万五千余亩），文川等堰（溉城固田三千三百余亩），小沙河等堰（溉城固田一万二千亩）。再其次则为西乡等河堰，溉田近万亩。其他则为山间之小堰，以及利用筒车水车之堰。最著者为汉阴之恒口，石泉之池河，各有稻田万余亩。总计陕南水田，虽不能得其确数，约近三十万亩。虽山间小坪，有水可用，无不用之。惟堰制窳旧，管理不得其宜，讼案纷出，水量不知贮蓄，虚耗者多，是不能不为设法以改革者也。

——李仪祉著，《陕南水利要略》，载黄河水利委员会选辑：《李仪祉水利

论著选集》，水利电力出版社，1988 年版

清宣统三年龙王沟凤亭堰水分牌底册

东渠：头牌水共十六石，十七户；二牌高家水共七石六斗五升，十九户；三牌蓝家水共十二石，二十三户；四牌宋家水共二十三石，四户；五牌新水共二石四斗，十四户；六牌刘山水共四石六斗，二十户；七牌万家水共四石七斗五升，二十一户；八牌廖家水共四石三斗，十户；九牌胡家水共十八石，二十户；十牌邓家水共四石三斗，二十一户；十一牌杨家水共六石零伍升，二十九户；十二牌叶家水共六石一斗，三十一户；十三牌缓集水共三石六斗，六户；十四牌双坝水共四石八斗，九户；十五牌老水共五石三斗五升，十一户。

西渠：头牌肖家水共二石七斗，八户；二牌樊家水共五石二斗五升，十二户；三牌高家水共三石七斗，十五户；四牌杨家水共三石七斗，十五户；五牌半分伍家水共五石二斗五升，十二户；六牌全分伍家水共三石五斗，四户；七牌半分朱家水共四石二斗五升，十三户；八牌全分朱家水共五石七斗七升半，十九户；九牌管家水共三石五斗七升半，十六户；十牌上分陈家水共三石四斗五升，二十一户；十一牌下分陈家水共十石六斗三升，十二户；十二牌艾家水约二石三斗五升，约九户；十三牌石家水约三石二斗，约十二户；十四牌朱家水约二石八斗，约十三户；十五牌新水约一石七斗，约三户。

——张沛编著《安康碑石》，三秦出版社，1991 年版

谚语

王莽二年串（穿）高堰，同时修建五门堰。

未坐城固县，先拜五门堰。

宁管五门堰，不坐城固县。

五门堰报水荒，打一丈报十丈。

——郭鹏主编，《城固五门堰》（汉中地方志办公室、城固县文化文物管理局、城固县水电局、城固县龙头水利水管站内部资料）

五门堰章程沿革

张亮

道光十九年，汉中府正堂俞公核定章程（详见碑记），自是以后，堰首改为官聘，而民间不得闻问。至光绪中叶，弊文滋起。县官之贤否不等，贪辈夤缘多方，若关书由运动而得，则堰事虽乖理敢做。或堰工费良，田畴缺水，官为庇荫而农民莫可奈何；或开支不实，浮派水钱，既通官知而田户不得稽问。遂致有"未到城固县，先访五门堰"之歌，益讽县官注重堰务，剔除民弊之意也。又有"宁管五门堰，不坐城固县"之谣，益疾堰首交结，官长倚势图财之词也。光绪十二年，县官齐泽用一城内高姓为首事，时值六月，堰工失修，因致秧苗枯槁。黄家湃田户告于县署，官不为理，众农民持槁苗赴衙呼歔，官即以闹堂治罪，押打多人，将状头功名革去，县官寻亦撤职。光绪三十四年，堰工草率，灌溉乏水，夏至已过旬余，稻秧尚多未插，农民上控，道宪委水利厅赴堰勘查得实，另委首事接管，及查阅账项，浮支滥出，亏空多款，田户要求赔偿，县官仍怀祖护，众田户张心一等上控省垣，堰首因之自尽，互讼年余，又诉抚藩两宪，批饬汉中府正堂"秉公详办"，幸太守恩公不徇私情，持平判结，遂改定章程，通禀上台立案，以除弊端。堰务仍责县官监督，首事改由田户开会公推，名为总理；督账二人，督工一人，曩由首事私用，改由田户同选，俱名协理。如少数人所举弗妥，众得当场斥驳不从。推选既定，联名呈报县署备案，并请官与所举总理、协理各发委状，以专责成，任期仍一年为限。堰有工程，召集阖堰代表开会公议；或派水钱，召集代表开会公摊；任满，召集阖堰代表开会宣布账项，并当场改选，如田户连举得连任之；其账算后缮具清折一份，并全年账簿仍呈县署阅核，再写清单四张贴于县城四门，俾众周知。由是堰之工程众将与闻，堰之收支众将共见，堰首不能轻藐田户，田户得明瞭堰首，而前弊尽革矣。

民国二十五年夏仲，省水利局发水利协会、分会组织大纲各一份，并民有堰渠款产保管会通则一份，令本堰立水利协会及款产保管委员会，各湃可立分会，已集众讨论未果。行至秋，汉南水利管理局促令本堰成立水利分会，规定正会长一人，副会长二人。又：今后堰务统归本水利局管理，无须县政府监督；凡选举职员，当呈本局监视发委；修堰工程，收支款项，当呈报本局核查；如征水谷，当呈请本局酌量及督催；有交涉纠纷，当呈请本局处解，于是县政府卸其监督责任，而堰事之推行遂多困难矣。二十六年春，奉汉南水利局杨局长令，将堰总理改为水利分会会长，协理改为会计员、督工员。二十七年冬，汉南水利局裁撤，选举堰首及一切堰务，复归县政府监督。至二十九年开会选举会长、职员，又用投票公推焉。

——城固县水电局编，《城固县水利志初稿》（内部资料）

第四编　期刊类

汉江上游之概况及希望（节录）

李仪祉

第二章　灌　溉

　　秦岭以南之灌溉事业，与在秦岭以北者异。盖秦岭以北可溉之地甚多，而可供灌溉之水量则甚少。岭南各川较岭北无不流长水旺。可惜平地甚少，故灌溉地面颇受限制。陕南水田分为三类：

　　（1）山坡平坦处，加以人工制为平畴，取用山泉及蓄收雨水。

　　（2）河坪，沿河两岸高出河床之地制为平坦，引用山涧之水。以上二者大抵叠石为岸，面积甚狭，以地形关系多作阶级式。

　　（3）平原，如汉中、汉江两岸平原，宽数十里，绵延百余里。其灌溉规模亦较宏大。

　　汉江与渭河同，其本身之水用以灌溉者甚少（褒城谚云："汉江不田，龙江不船。"）。灌溉之利，尽在其支流。近有提倡引用汉江之水以供灌溉者，计有二处：一为沔县城外，民国十三年陕西水利局曾派工程师前往测量设计，引汉江水以溉定军山前之地数千亩，尚未实施。民国二十一年，经陕南政治专员姚丹峰开渠未竟。二为洋县湑水河口附近汉王城之旁。前清道光时曾有人以沙包筑以溉汉江南岸之田，为水冲坏而废，堰名"铁桩堰"。近洋县建设局长华定泰复提倡之。旧日堰址紧在湑水河口之下，湑水河冲下之沙甚多。河口以上汉江右岸有花岗岩突出成矶，名曰"鸥鹁嘴"，颇利筑堰。惟对岸则为沙质，河身平浅而宽（约千尺）。所拟灌溉之田为小江坝下至黄安坝约五十里。南岸山脉迫近河岸，可溉之田狭长一道，为数不过千余亩。若用巨大工程筑堰，恐得不偿失，不如用机器引溉尚为易行。惟燃烧汽油或煤油之引擎，于此决不能用。木料或木炭化为汽（气）体，以为发动之燃料，可以推广行之。

　　汉江支流不论大小，几无不有灌溉之利，就其最著者言之，则为沔县之养家河，褒城、南郑之濂水、褒水、冷水，城固洋县之湑水，洋县之灙水、马步河、酉水、金水，西乡之牧马河、洋河、小峡河、法西河、法东河、丰渠河，石泉之池河，汉阴之月河及其支流，安康之恒河及黄洋河，洵阳之坝河。

灌溉之法

（1）有利用天然重力，筑堰截河流之一部分，或其全部，引渠流至田间者。堰之大者可供灌溉千亩以上至万亩，名曰"大堰"。筑堰引溪涧之水，仅可灌溉十数亩至数百余亩者，名曰"小堰"。大堰之最著者如襄城之山河堰，城固之百丈堰、五门堰、杨填堰，南郑之芝字堰、班公堰，安康之千工堰。其堰为垒石填沙土为之，或编竹为长笼，纳石于笼中，纵横铺于河床，以木桩定之，如班公堰、五门堰、杨填堰等。小堰则皆垒石为之，甚为简易。著名各堰，后当分别论述之。

（2）有筑堰抬高水头，靠河岸留一水道，而安设筒车轮以汲水至田者。此法用于较高之水田，以洋县之酉水、金水，石泉之池河，安康之黄洋河为最多。筒车之制以竹为轮，大者径可三丈，轮周安设齿板及竹筒五十至六十个，每筒容水之量半升至四分之三升，轮齿为水力冲动与水车同。轮周之筒汲水而上，至最高处，泻水于一木槽内，流至田间。筒车堰有为一家所私有者，亦有许多家数合力为之者。

（3）有翻车以汲水至田间者，间或有之，而不多见。

（4）有在山间筑池蓄水以供灌溉者。所蓄之水，大半恃山坡流下之雨水，雨水缺乏则田亦旱干，故乡人名此等田曰"雷公田"。

陕南各县各堰名称暨灌溉田亩一览表，如表4-1～表4-8所示。

表4-1　城固县各堰名称暨灌溉田亩一览表

河名	堰名	灌田亩数	备考
湑水	高堰	一千三百余亩	
湑水	百丈堰	二千七百余亩	
湑水	五门堰	三万七千余亩	
湑水	杨填堰	二千六百余亩	
汶水	西小堰	三百二十余亩	
汶水	上官堰	三千余亩	
汶水	枣儿堰	三百余亩	

河名	堰名	灌田亩数	备考
小沙河	上盘堰	一千二百余亩	
小沙河	二盘堰	一千七百余亩	
小沙河	导流堰	四千一百余亩	
小沙河	沙河堰	四千三百余亩	
小沙河	小沙河堰	八百五十余亩	

表 4-2　西乡县各堰名称暨灌溉田亩一览表

河名	堰名	灌溉亩数	备考
洋河	金洋堰	四千五百亩	
小峡河	圣水堰	六百亩	
法西河	高头坝堰	一千七百亩	
法西河	五渠堰	一千七百亩	
法西河	项家堰	一千七百亩	
法东河	法东堰	一千亩	
丰渠河	空渠堰	八百亩	
丰渠河	侯家堰	七百亩	

表 4-3　褒城县各堰名称暨灌溉田亩一览表

河名	堰名	灌田亩数	备考
褒水	山河堰	八千余亩	
褒水	金泉堰	三百亩	
褒水	凡河堰	一千二百亩	
濂水河	青龙堰	二千五百亩	
濂水河	荒溪堰	一千七百亩	
濂水河	流珠堰	一千四百余亩	
濂水河	鹿头堰	一千八百亩	
濂水河	铁鹿堰	二千七百亩	

表 4-4　南郑县各堰名称暨灌溉田亩一览表

河名	堰名	灌溉亩数	备考
褒水	山河堰	三万一千六百余亩	
冷水	冷水堰	一万八千九百四十余亩	
濂水	濂水堰	一万零五百余亩	

表 4-5　安康县各堰名称暨灌溉田亩一览表

河名	堰名	灌田亩数	备考
月河	千工堰	七千八百亩	
月河	万工堰	三千亩	
月河	永丰堰	七百亩	
南沟水	南沟堰	一千余亩	
黄洋河	黄洋堰	一百余亩	用筒车汲水

表 4-6　洋县各堰名称暨灌溉田亩一览表

河名	堰名	灌田亩数	备考
溢水河	溢水堰	一千五百余亩	
湑水	杨填堰	一万八千余亩	
溢水河	二郎堰	八百亩	
溢水河	三郎堰	三百余亩	
灙水河	灙滨堰	一千八百亩	
灙水河	土门堰	一千三百余亩	
灙水河	斜堰	五百亩	

表 4-7　石泉县各堰名称暨灌溉田亩一览表

河名	堰名	灌田亩数	备考
珍珠河	七里堰	一百余亩	
硙峰河	硙河堰	二百余亩	
大坝河	大坝堰	一百余亩	

续　表

河名	堰名	灌田亩数	备考
双乳河	双乳堰	一百余亩	
月河	月河堰	四百六十亩	
池龙沟水	池龙堰	九十余亩	
中坝河	中坝河堰	百余亩	
文子河水	文子河堰	百余亩	

表 4-8　沔县各堰名称暨灌溉田亩一览表

河名	堰名	灌田亩数	备考
油州河	山河东堰	三千亩	
油州河	山河西堰	四千亩	
黄沙河水	天分东堰	三千六百余亩	
黄沙河水	天分西堰	一千五百亩	
养家河水	养家河诸堰	共约六千亩	

以上表中所记，略择其大者，其他小堰灌溉不在内也。

诸河堰中，以褒水之堰较为整齐统一。褒城东门外之山河大堰名为第二堰，实即惟一堰年。盖先有筑堰于褒城县治上游鸡头关下为第一堰，今已全废。今之所谓山河堰者，传云汉萧何、曹参所创，有古刻记其建筑法，巨石为主，锁石为辅，横以大木，植以长桩。今所筑之堰，则为垒石中填泥土，堰长约八百尺至九百尺。堰址宽一丈二尺，顶宽八尺，出水一尺，高约三尺。修堰费约三、四百元。上游任其三，下游任其二。堰之东端即为渠，渠口宽八十尺。旧日以石矶分为五洞，上搭桥板，某年以泻水不及，毁其三，今存东边二洞。渠与河身以石壁相隔，建筑颇为坚固。渠岸上即为河东村，渠绕村东行，凡七十余里，沿渠开洞口灌田。第一洞口名"高堰子"，在渠口下五里，洞凡四十二，分上八道，中六道，下四道，及三皇川二十四水口，由高堰子起至汉中以东十八里铺止，灌田二十余万亩，志书所载及人民所报者失之过少，诚汉南水利之巨者也。水量甚富，而限于惯例，致水不能尽其利。向例褒城拦河堰，于旧历正月十五日以后动工，工分五段，共须八百余工，由各洞分任。近则用包工者多，以致堰工颇形潦草。二月中堰成，清明以前开水，开水后四十日名曰"秧水"。夜灌下游三十里,昼灌上游四十里。四十日后,先尽上游用水,水不能下,至五月初一起始封水,封水者,封上游十四道之洞口(但高堰子在外永不封闭),令水流下以灌下游,初六上游各洞口复开。自此每逢一日则封(初一,十一,二十一);逢六则开(初六,十六,二十六),至七月十五为止。但插秧若迟,或时令过晚,则下流水不足用,辄向上游借水,对于上游各洞堰长略至馈赠。

洞口以金华堰为最大(金华堰为第二洞口),宽八尺四寸,水深三尺。洞之最小者宽不及一尺。洞口皆以石壁为之,以木板封闭。有洞口之下分为数支者,如金华堰下分小堰七首,舞珠堰下分小堰五首。各洞之水灌溉有余,则以排入汉江,名曰"湃水"。上游水量有余,宁以排入汉江,而不以补下游之不足。盖人民狃于习惯,恐成新例也。褒水大水之时,冲下泥沙及石砾甚多,石砾尚鲜入渠,而泥沙则随流而入,辄淤渠数十里,沿渠口并无闸门,河水不论大小皆得畅然入渠,故每岁挑淤亦为极苦工事。向例渠中挑淤,上、中、下各道,皆自行挑挖,惟上游得水较易,不挑亦无大害,而下游则深受其弊,故每逢挑淤之时,上下游辄有龃龉。清制,汉中水利由留坝厅同知监管,故每岁筑堰挑渠均按时巡查督责为之,颇称便利。民国后,无专管水利专官,而以其权归于各县县长,县长限于辖境,备顾其境内,以致水利区域之包括两县以上者,支离分裂,百弊丛生,任人民互相推委(诿)争夺,讼案纷起,不可不为注意。褒城拦河堰漏水甚多,且堰之中间留有泫口,流量亦有每秒四立方公尺之多,盖褒水下游虽不通航而常用以泭北山之木,至汉中,故河中亦不可无水。拦河堰下游约十里有第三堰,即利用此湃水灌田千余亩。又有第四堰者为新计划,尚未成功。

冷水河在汉中以南,源出汉山。汉山下有石池,俗名小南海,即水源也。又与红花水相合,南流入于汉江,灌田之堰凡五:①杨公堰(杨大坦筑),堰以垒石堆沙为之,灌左岸田四百亩,渠长四里。②复润堰,堰址在郭家坝,亦垒石堆沙为之,灌右岸田四千余亩,渠长三十余里。③隆兴堰,堰址在祖师箭,亦为垒石堆沙所成,并编有竹坝,河底沙质。此处适当冷水河与红花河会口之下,筑堰形势甚为便利,渠长十五里,灌左岸田约四千余亩,本堰址在复润下约十五里。④芝字堰,堰址李家营,在祖师箭下二十里。堰以扎石笼为之,灌左岸田二千余亩,渠长五里。⑤班公堰,堰址在芝字堰下,扎石笼为之,灌左岸田一万余亩。

各堰或由人民自动为之，或由地方官提倡，上下各不相谋。而芝字、班公两堰相距太近，时有水利纠纷。芝字堰与隆兴堰同灌左岸之田。隆兴堰颇易构造，而芝字与班公堰则河岸甚宽，筑堰颇难，故若以芝字堰所灌之田归并于隆兴堰，不惟每年筑堰工费可省，而管理亦较整壹。班公堰址以河中有沙洲分水为二股：东面一股筑拦河堰长一千二百七十五尺，宽十四尺，高四尺；西面一股为正堰，长一百五十尺，宽三十二尺，高约五尺。留四洞口以湃余水。堰之西端，即为渠口，分为二洞，每洞宽约六尺半，水深一尺余。每岁筑堰费约三四百元，分为八工，每工首事一人，每堰堰长一人，合力为之。

汉中水利次于山河堰者，即为湑水河各堰。但其工程则艰苦数倍，每年修理堰费，所耗不资。湑水发源于太白山，南流至庆山出山谷而莅平地。湑水河第一堰名曰"高堰"，即在山口以内约五里。堰以垒石为之，长三百余尺。渠口即就左岸山角凿石为之，渠之东岸则砌石填沙砾所成。渠身宽十五尺，水深二尺。入渠之水每秒约二立方公尺，但沿途仍湃放河中者甚多。谷内河底颇平衍，山口两山相夹，谷宽七百余尺，两岸山岩系花岗岩。庆山则当山口外之左方，屹然独立。河水流量，此处每秒约八立方公尺。高堰灌右岸伏牛山以下田一千八百余亩。其下游十里为百丈堰，灌左岸田三千七百余亩。其下游又五里为五门堰，灌右岸田二万八千余亩。五门堰渠沿伏牛山角而行，复折斗山山麓，其渠最长，分九洞八湃，附以水车九辆，工程最巨。其渠口堰以石壁为之，留有五门，故名"五门堰"。其下又十里则为杨填堰，灌左岸田约三万亩。百丈、五门、杨填堰，拦河之堰，皆以石笼、木椿为之。洞床俱为沙质，每遇洪水不免冲毁，或至完全被水冲去，故每岁修堰之费少则数千元，多则数万元，常为民累。杨填堰下又有汉兴堰，距河口不远，在汉王城附近，其堰即旧河底之沙挑起堆高为之，灌田二百余亩。湑水河各堰用水，向例先尽上游，以次及于下游，故高堰及百丈堰灌溉最为需足，杨填堰之水则颇感困竭。今年洋县杨填堰渠稻田多改种包（苞）谷，以缺水故也。民国十七年杨填堰以被旱灾，居民逃亡甚多，以水田最多之处，犹然如此，殊可慨也。按湑水谷口内，其地形地质颇适于筑水库。杨守正《百丈堰干沟议》曾曰，余循山麓相水势议以灰石塞山之南口，自东而西挑渠长二百丈，深三尺，阔二丈，由庆山北归升仙口河内，一劳永逸之利也。余意若谷内筑成水库，则两岸开渠分引五堰所灌之田，皆由此库供给，不必复于下游河势宽衍之处支节筑堰，而水量时有储蓄，即遇干旱亦永无感水不足之苦，是大可改革者也。又近年来百丈堰拟增开灌溉田亩，为杨填堰所反对，讼案垒垒（累累），各执其是。若水量不足，此等纠纷殊难解决。若筑一水库而取消各堰，则一切纠纷迎刃而解矣。

附五门堰说明书一件。其工程困苦，可见一斑。其他两堰类此。

城固县五门堰说明书

城固县北三十里有五门堰，创自莽汉居摄年间，接湑水河流，灌田三万七千余亩，为城固县人民养命之源。湑水河发源陕西太白山，汇集众派，出升仙口。沿河堰堤凡四，五门堰居第三，在湑水河之右，承流建筑石梁，梁底辟列五洞，东二西三，洞口高逾五尺，宽比高少数寸，为下游九洞八湃进水咽喉，故名为"五门堰"。又于二洞角东边截断河流，修长堤一道堵水入洞灌田，堤约一百五十余丈，斯为堰坎，即岁岁所修理者是也。每当旧历仲春，首人赴堰购竹编笼，外圆内空，径二尺二、三寸，长短不一。迎水置顺笼，顺笼后摆丁笼如丁字形，横直辅佐，并力捍御。笼中实石块，隔三尺许，皆插木桩一根透过笼身，使不得摇动。如遇摊壕，必先填石下楗，楗以木造，四角四大柱，高一丈一、二尺，柱之两端各用木椽四根，四面穿卯联络，并于两边密贯小椽，以便关拦。石块有方式，有长方式，与房屋之间架相似，惟楗柱下端略宜开展，取其磐安稳固，将楗安置河底上，以重物压定，迅速填石，徜水深湍急，可并列数楗，名为"马道楗"，楗后如再竖楗，名为"倍楗"，即依前法，楗上挨次置笼，一层不足；再覆一层。皮面之笼，总以高低适宜，平坦无阻为合宜。然后与笼楗之接水方面铺草筑沙，弥缝隙漏，名为"沙坎"。沙坎宜与笼齐，堰坎宜与五洞口上唇齐。老农云，水满五洞，尽能敷用。五洞内容纳流行之处，曰"官渠"，离五洞里许。官渠左坎，设退水龙门四洞。不数武横架官渠，设倒龙门四洞，疏通沟洫时，遮封倒龙门，开放退水龙门，水可归还大河。需水时，遮封退水龙门，开放倒龙门，水可直注官渠。河水暴发，则将两处龙门完全揭启，以泄水势，堰坎可保无虞。但五门堰附近，河底概系游沙小石，一值惊涛奔浪，堰坎即被冲刷，有一载溃数次者，有终岁或数年无一遗者，因农田灌溉无常，旋溃旋修，不敢迟滞，此历代相沿修理之旧法也。并无何种新法，可以改良。有谓不用竹木，建石墩若干座，留龙门若干道，另制闸板，司其启闭。有谓以优良柏木，林立排列，打入河底最深之处，用洋石灰筑紧，上砌石条，俾灰石木混结团体，可望坚如铜铁。然此均因用项浩繁，猝难凑措，欲作辄掇。是以历任首人，限于经费奇绌，视堰务如传舍，只好因陋就简，培薄增卑，暂为维持而已。现在物价腾涨，工资昂贵，即照平常修法而论，岁需不下六、七千元，若见险工，或一万元或数万元不等，民贫财困，前途即不敢设想。堰在辖境广袤五、六十里，其田亩之多，工程之大，为诸堰冠。县城四面皆是堰田包围，如不栽秧收谷，即成绝大年荒，关系人民生命，殊非浅鲜。当路伟人，如能俯念同胞，拨助巨款，改良修理，全堰农民，自当踊跃争先，通力合作，来尽义务，刻期藏事，堰坎永无崩裂之患，间阎常有盖藏之乐，衣食既足，礼义自兴，则国富民强，长治久安之道，未始不于提倡水利为嚆矢也。谨具说明，聊备考察。五门堰总理张文锦、田培桢。

此外地方人士拟开之水利，则有安康之黄洋河。黄洋河稍有灌溉之利，皆用简车汲水，为利无几。黄洋河入汉江之处，两岸地势平衍宽约四、五里，长约七、八里，名曰"东坝"，黄洋水穿过其间，而不能引以灌溉，殊为恨事。地方人士拟于上游鸡冠山筑堰引渠。光绪二十一年县令曹公曾捐廉开渠，款绌而止。余意筑堰可在鸡冠山下游约二里处，两岸石岩较近，约一百五十公尺，利于筑堰，下接所筑旧渠，亦易为功，此堰高五公尺，即可引水入渠中，下游溉田约可二三千亩。

陕南各县除倚汉江略有平坝外，余皆万山重叠，人民就其涧谷略制坪地，有水可引则以种稻，无水可引则种包（苞）谷，故其灌溉之地，皆零碎片段，然合而计之，亦颇可观。洵阳县灌溉之田约有三千六七百亩，就中以洵河之水为利甚多（水坪田三千亩）。镇安灌溉之地有三千余亩，以洵河及金井河之利较多，乾佑河次之。而诸涧谷之水为数甚夥。留坝灌溉之地不及千亩，以武关河及紫金河为较夥。闻县长言，该县可辟水田尚多，如郑家坝、黑羊坝，人民稍有力皆能自行垦辟。而凤县则仅有水田约五百亩，大半皆属安河之水，至古道河则平衍多沙而乏灌溉之利矣。

吾国人民无官师指导而垦殖田畴，修筑河道，其智力颇有令人欣服者。余由茶镇踰山岭而至新铺镇，穿锅板沟、砚子沟及云沟，沟底皆制坪为稻田，而沿一面山脚凿为水渠，渠堤则为行道，山水不致冲毁稻田，而灌溉之利源源不绝。由南垦至留凤关，循清洋河两岸密植柳树，保护河岸上下十余里，河岸甚形整齐，两岸之田资以保护，皆良法也。

秦岭以北灌溉之利可分为二系。①渭河以南，灌溉之水皆源出秦岭，大半为稻田。②渭河以北，由北山来诸河水或泉水灌溉，但无稻田。

属乎第一系者，宝鸡县有清涧河，灌溉数十亩。岐山县之崛山沟水，灌溉朝阳里（俗谚有云，东西崛山水，灌遍朝阳里。不需人之力，天公浇到底），稻田若干未考。又斜谷水，亦名石头河，有岐水渠及茹公渠，灌溉一千六百余亩。又有美荔渠灌溉七百二十亩，郿县斜谷水梅公渠灌齐家寨一带三千余亩，石头河灌田四千余亩，汤峪河灌田四千余亩。此外有泉十数，亦灌田约七八百亩。周至黑水河贯州渠灌田三千余亩，黑河渠灌田一千一百亩，田峪河渠灌田五百二十亩，清水河渠灌田二千余亩，耿峪河渠灌田四百二十亩，苇源渠灌田六百亩，蚰蜒渠灌田二百亩，芦河渠灌田七百二十亩，仰天渠灌田三百六十亩，鄠县太平河灌田八千八百六十余亩，涝峪河灌田四千七百八十余亩，曲河灌田六十余亩，长安太平河灌田三百余亩，高官峪水灌田七百余亩，沣河灌田约三千亩（咸阳在内），潏河灌田百余亩，浐河灌田约五百亩，镐水（即石鳖峪水）灌田一千三百余亩，大义峪水灌田三千余亩。此外尚有泉水灌田甚多，合计亦在二千亩以上。

属乎第二系者，以汧阳县之汧水河为利最溥，灌汧阳县地近四千亩，又灌凤翔地四百亩。凤翔周围有凤凰泉及龙王泉，灌田二百亩。又有他处二泉灌田数十亩。宝鸡虢镇附近有数泉灌溉约二百亩。岐山有雍水太慈渠灌田五百八十亩。扶风有漆水无灌溉利。漳水（由岐山入境）灌县城附近二百余亩。武功贾赵河沿河略有灌溉，但用井水者多。兴平及咸阳无引河流灌溉者，兴平沿黄山麓有泉数眼灌溉数百亩，而凿井灌溉则甚发达，估其全县灌田之井当不下五千有余眼，井深由丈余至三丈余。咸阳、长安渭河两岸灌田之井为数亦不少也。

以上仅就此次旅行范围略记梗概，至陕西其他各处之水利，以后再为考察云。

——原载民国《水利月刊》第 4 卷第 5、6 期。

城固县水利志

刘钟瑞

一、总说
二、湑水河系之水利
三、南沙河系之水利
四、文川河系之水利

一、总说

研究一县之水利，须从各项水文记载起始。本县水文，已另详水文志内，本篇仅就农田水利稽考纪述。查本县河流，以汉江为主，行经县境之中，西自桃花店之小寨里入境，至大营坝北岸纳文川河，南岸纳南沙河；迤逦东流，再于南岸纳华山沟、龙王沟、沙河及秦家坝诸细流；北岸在汉王城以下，有湑水自西北来会。县境之平原，以文川河、湑水及南沙河流域为最大；渠堰连属，水利亦溥。此外南北山中，每有局部平坝（本县称溪流附近冲积之小平原为平坝），如秦家坝中之五堵门，武圣山中之盐井坝，平地斜长二三百亩不等。今按各河系将水利事业分述如后。

二、湑水河系之水利

湑水河，源出太白山南，行丛山中，迄升仙口出山谷，流入平原，东南行二十公里，由洋县境之汉王城入汉江。升仙口以上流域，面积约一三〇〇平方公里，均系山岳地带，不宜耕种。由升仙口以下，地势坦平，始着灌溉之利，河之右岸，有高堰、五门堰及新堰，左岸有百丈及杨填两堰，共计灌田约八万余亩，就中以五门堰灌田最多。高堰、百丈堰及杨填堰次之，新堰灌溉仅三四百亩耳。

（一）高堰

高堰引水，在升仙口以上深北沟间。就湑水河之急湾，因依河势，用石料筑堰。由河之右岸引水，傍河而行，八百公尺之后，即可分水灌田。下行一点五公里，至升仙村之东，经杜家堡、许家庙至万家营之东北，渠中余水均退入五门堰干渠中。本堰因引水地位甚高，而下游又为五门堰所限，故灌溉面积仅达二千余亩。此堰之创始已不可考，但就形势推测，必较五门、杨填等堰之创修稍迟，且必兴废靡常，似可断言。盖高堰灌溉范围既小，必有邑令徇升仙、许家庙等村之请，有鉴于五门、杨填诸堰水利之溥，始在湑河谷中引水。又恐有碍下游用水，故渠水尾闾仍使接通五门堰干渠。且引水于湑河谷中，水位诚已提高，然湑水洪涨，首祸高堰。而灌溉面积有限，一遇大堰冲毁，自无力恢复，是以知其屡兴屡废也。

高堰引水部分，位于山谷高仰之地，来水甚易，且上游亦无渠道，不虑截水之害，而就地石料丰富，故拦河硬堰工程简单，只干堆块石而已。洪水冲后，征工就地堆起，所费甚小，惟因渠道大部靠山，洪水易入渠道，故排洪闸甚多，节节设置，以保安全。该渠水量丰富，田亩不多，放水时全部任便放流，无轮次之繁也。

（二）五门堰

1. 史迹

五门堰位于高堰下十里，在许家庙之东，由湑水河右岸开渠引水。工程创始已甚久远，据本县旧志载："元至正间，县令蒲庸，以修筑不坚，改创石渠一道，与湑水相望而下，抵斗山北麓，上抱石嘴，半中筑堤，过水碧潭。去此上流，横沟五门，恐水或溢，约弃入湑水，用保是堤。因名曰五门堰。"明万历三年，县令乔起凤重修堰堤石峡，创修庙宇门墙，平均洞湃水利。万历二十三年，县令高登明又重加整理，坚固修葺，并捐廉将洞湃水口易木为石，以祛争水。据本县旧志载："高令审其来由，亲诣堰所，看得旧用木桩易坏，于是捐俸易买石条、石灰，各照旧规修砌。"又载："五门堰因桩木修理不能坚固，令议石灰、石条砌水门五洞，宽阔二十余丈，水流势大亦无阻滞，小龙门堤岸共计三十七丈六尺，令议井字椿木石灰修砌，空流水口五丈，名为活堰，以备退水。"所谓小龙门堤岸，即将湑水左岸，因势筑成滚水坝，并预流低坝，长五丈，以备平常水位时宣泄。而引水洞门，原属木制，以易腐朽，完全改为石砌五洞，故称"五门堰"。今日所见砌石护墙工程，虽代有修葺，非复原形，而高令之彻底改造之功，实具永远之意。清康熙十一年县令毛际可，将全渠加以挑浚，水大通行。二十五年堤崩，县令胡一俊申请修筑，较前益坚（《城固县志》）。道光十七年，洞梁倾塌，县令雷明阿重新修筑并详记各洞之长宽高度，是以每次之修整，均有进步之设施。

2. 引水

现时小龙门之堰，以基址为沙石，每虞冲毁。堰之上下水位之差，约三公尺，则沙底防止渗漏长度，最少应在二十公尺以上。在昔年水下工程学术未阐明以前，此项工程措施颇属不易。旧法系将地址清除以后，即立桩木，纵横相隔五尺至一丈，中间及顶端复以横木相连，使之牢固，即成"捲木"。中实大顽石，如每块石料太小，则另编竹笼，实于"捲"中。笼内装以小顽石，俟装满一笼，再用竹笼封顶，以防走失。捲上水方面用稻草压平，实沙及红土，再压小石子一层，外坡约成一比二。小水及中水时期可防止一部分渗漏。木捲下水方面，以顽石为底，另用长形竹笼，每笼径二尺四寸至三尺，实以顽石，铺于堰面。顺铺横铺各半，坦坡一比六至一比十，长度约六丈。此项铺砌，在中水位时，甚为有效。惟大堰过水高度，达五尺以上时，则以水流速度甚大，竹笼及顽石均不能胜其冲刷，因而走失或下沉。且竹笼尾端连于河底之一段，不能消失水之冲刷力，致将河底冲成深潭，而竹笼亦因之不能稳定。是以岁修之费，与年俱增也。

引水口与原河成直线而与大堰相连，交为坚固之石堤，所以遏余水，使滚过大堰。而引水堤正位"顶冲"，最大缺点，即对于中水小水位时，河底滚沙常由引水洞口而入渠。每洞大小不一，兹将由右（西岸）至左各洞之尺度，列表如次（表4-9）：

表4-9　五门堰五洞尺寸表

洞别	一号	二号	三号	四号	五号
高/公尺	2.55	2.30	2.26	2.21	2.21
宽/公尺	1.17	1.32	1.36	1.38	1.38
面积/平方公尺	2.98	3.84	3.07	3.05	3.05

附注：编号由右向左（按渠方向言）洞顶距渠顶平均2.2公尺（各个相差甚微）

由上表可计算各洞引水量之每秒立方公尺数如下（表4-10）：

表4-10　五门堰五洞进水量推算

项别	洞别					总量
	一号	二号	三号	四号	五号	
河水面与洞顶平高时	7.0	7.8	7.8	7.8	7.8	38.2
河水面高于洞顶一公尺时	12.5	12.8	13.0	12.8	12.8	63.9
河水面与堤顶正平时（高于洞顶2.2公尺）	16.5	16.6	16.7	16.5	16.5	82.8

渠水操纵，另于引水口之下五百公尺后，设退水闸一座，闸为四孔，平均宽二点二七公尺。闸板之上下，所以调剂渠水量，使余水退入湑河，以防侵害

总渠。此闸系全部工程之咽喉，闸壁、闸槽均以石砌，闸底铺石。惟以铺砌尚短，故不时须加修葺。

3.灌溉面积

总渠由退水闸下南行，经万家营东折东南行，经竹园村后湾沿斗山北麓，傍山开石，绕过斗山复南行，经高家湾南行，灌溉面积，由此东南益广，一望平畴，尽收水利。总渠西限于汤家山，绕而西行，至龙头镇之南，即所谓西高渠范畴矣。

由总渠分水，设有九洞八湃。据碑帽所载，列表如后（表4-11）：但仅列洞湃之名称及灌溉之亩数；而未详各湃灌溉所及村堡。大约每湃灌溉，不仅属一村一堡，而一村之中或有湃洞兼用。加以水田人事之变易，故各湃地位，均难参考。但若以总渠为经，分渠为纬，各列相距之尺丈，则于读志者不少之便利。兹于实际调查之后，并列各湃各洞之位置。

表4-11　灌溉地亩表

农渠	高令万历三三年	水口	清嘉庆庚午年
唐公湃	683.5		1217.45
道流洞	151.0	一尺八寸	3256.62
上下高洞	213.0	一尺六寸	
青泥洞	1074.0	二尺〇寸	
双女洞	278.0	二尺〇寸	
庙渠洞	148.0	一尺四寸	
药木洞	275.0	二尺〇寸	
肖家湃	1475.0	一尺〇寸	2087.65
演家湃	1241.0		1058.60
黄家湃（中沙渠）	8205.0	三尺九寸	2872.9+2411.9+3995.0
苏家橙槽	48.0		
鸳鸯湃	4776.0	二尺九寸	765.36+1143.17
黄土堰	819.0	〇尺九寸	
油浮湃	3300.0	二尺八寸	4896.47
东高渠	108.0	〇尺四寸	
水车湃	3459.0	三尺八寸	611.82

续　表

农渠	高令万历三三年	水口	清嘉庆庚午年
王家洞	156.7	一尺〇寸	
王乾洴	449.0	一尺〇寸	
张家洞	137.5	一尺四寸	
高家洞	12.0	〇尺三寸	
任家洞	82.0	〇尺八寸	
大小橙槽	260.0	七寸八分	西高渠 5219.35
砖洞渠	77.5	三寸九分	
小汉渠中沟渠	656.7	三尺七寸九分	
大汉渠	2366.5	一丈一尺〇九分	
花梨渠	2204.0	一尺一寸三分	
高渠	521.0	二尺六寸六分	

按："洴"之解释为小支渠。由总渠将渠岸挖开缺口，用石或砖按照应分尺度砌足。按灌溉面积分作"洴"者计八处。"洞"之分水法，系在总渠渠岸之下，高出渠底若干，用砖石砌成方洞。其进水洞口可随意开启或堵塞。洞之出水口，仍开小农渠，输水入田。水口之尺寸由以往之观察，尺度当系营造尺。其数于"洴"之小支渠，即指支渠入水口之宽度。其唐公演家两洴，尺寸阙如。恐系小支渠进水宽度，业已砌成，早有定规，故未再列入上表。其余洞之尺寸，均属"方洞"。是以渠水由洴或由洞入田，其洞口"横断面"，均称公平。但尚忽略渠水"流速"一项。

农田之分水，须根据灌溉面积之大小，以规定用水量。其用水量之单位，应为每秒钟由总渠流入支渠若干立方尺之水量。若仅限以"横断面积"，则渠水易高，每横断面流出之水量不同。纵令渠水等高，而洞之偏斜，洞之坡度，及洞之出入口，均足影响水量。是以新式分水，求其平均，为解决用水纠纷之公正方法也。

复按旧志载："额定水车九辆，每辆灌田不过二三十亩，今后安车务要轮板增大，听其自然打水，不许拦截官渠"。所称水车，系以木作幅，成车轮形，轮端各幅间，均钉以横板，宽一尺长二尺至三尺。全幅计十八板，或二十四板不等。幅间斜挂细长小斗，每斗容量为宽四寸长一尺五寸。车轮横板由水流推动，每个小斗，由渠中取水上升至顶，即倾入固定木槽之中。再由木槽导至农渠中。车轮速度，每秒钟二转以上。车幅没入水中，仅以木板为限；故升水高度，适为车轮之直径，不计横板。如水田较渠水面相差四尺，即车轮之直径须大于四尺。水车之动力，既采用渠水流速之动力。若渠水流速每秒在二尺以下时，往往不能推动水车。必也总渠渠道之降度甚陡，渠水流速，常在二尺以上三尺半以下为最合宜。盖流速若再较三尺半为大，则总渠渠底渠岸之土壤，万难承受水之冲刷，势非铁渠不可。旧制水车九处，在一方面固可普及水利；兼可缓和渠水流速，使易受范。与现今之沿渠设置"跌水"制相仿。

灌溉范围，按诸汉南水利管理局调查，共计水田六六〇〇〇亩。然经泾洛工程局设计测量队，于二十八年实测，五门堰灌溉地亩，为五四点一六平方公里（业已除去村庄道路）。以每六一四点四平方公尺折合旧亩，应得灌溉亩数为88197.5亩。较诸上项呈报水田，出入甚大。须俟土地清丈，及土地注册完成，方可知灌溉确数也。

4. 管理

五门堰自昔由官府聘用堰首，主管全堰事务，田户不得闻问（汉南水利管理局档案第六十二号）。自清光绪末叶，经四里（五门堰区分田户为四里半）田户大兴改革，即由田户公选堰首。每里议举堰首一人，全堰另举总理一人，均由县政府加委。任期均为一年，连举得连任。至民二十年，对于堰上公产，另设经费局；对于每年工程支配，则设有堰局；各设经理二人。故执行工程及征收经费，均可遇事公开。二十三年陕西省水利局设汉南水利管理局，曾遵照陕西省水利通则，令饬五门堰堰局组织五门堰水利分会，及五门堰产款保管委员会。至二十六年五月十六日，两会同时成立。计分会设会长一人，副会长二人；保管会设委员九人。以二人为正副主任，常川驻会。所有人选，均由灌溉范围内之公民，公开选举。保管会之职责，据汉南管理局档案二四七号"须彻底清查堰产数目，每岁派谷须妥为保管，向后每年秋初约计全年费用，尽先由原有堰产收入支配，如有不足，再呈局核定派收水谷数目，布告征收，每年决算，须呈报核销"。从兹五门堰之管理事宜，已根据法令纳入正规。

按五门堰堰产，前于清光绪辛丑，邑侯张育生，以原置堰田二百亩，每岁之收入，不敷修工费甚巨。因商同四里绅粮田户，按亩派水钱八百文，共收水钱两万余串，放本生息。合原买田亩之生产，足以维持堰务。厥后又陆续置田四百余亩。共计堰田六百余亩。多系"硗薄下田"（五门堰呈水利局档案）。每年可出息款约五千元。

5. 堰工

自民国十六年迄今，按诸档案记载，堰首工程，累有修补。

十六年秋，"冲崩堰坎"，即将小龙门滚水堰冲毁。

十九年"堤堰冲毁"。

二十二年"堰崩洞塌"，小龙门滚水堰冲毁。又引水洞口之五门，冲塌二门。共用修理费约四万余元。

二十四年堰崩两次，用款一万九千余元。

二十六年秋，大水冲毁堰堤。

二十七年入夏以后，雨水甚大，河水暴涨，堰堤冲坏，约需急水堰费，一万八千余元。

按上项记载，则十二年之间，有五年大修，动辄巨万。是以证明堰工及洞工均未臻一劳永逸之境。而管理不善，则利民之水田，反足以病民。兹将二十六年岁修工程用款，列表如下（表4-12）：

表4-12 二十六年滑水河五门堰岁修工程用费表

岁修工别	春堰			急水堰			冬堰		
项目	数量	用款	百分率	数量	用款	百分率	数量	用款	百分率
竹料	209 488 斤	3456.50	40.9%	76 322 斤	1373.80	26.0%			
捲撑木	1021 根	112.31	1.3%	2277 根	261.86	5.0%			
小桩	15 337 根	613.56	7.3%	112 根	5.76	0.1%			
鹅桩	437 根	158.15	1.9%						
稻草	2 354 斤	105.78	1.2%				47737 斤	214.74	3.0%
桐油	10 664 斤	403.83	4.8%						
石灰	12 387 斤	97.26	1.1%						
编笼	26 773 丈	503.33	6.0%				816.1 丈	146.90	2.1%
填笼石工	15 088 丈	1659.68	19.7%		225.63	4.3%		365.05	5.2%
杂工		433.10	5.1%		286.16	5.4%			
杂费		896.61	10.6%		524.24	9.9%		362.93	10.7%
木料				455 根	855.50	16.2%	693 根	1260.80	17.8%

岁修工别	春堰		急水堰			冬堰		
下捲工			36 捲	1296.0	24.6%	63 捲	2772.00	39.2%
打捲拆笼杂工				451.15	8.5%		1047.4	14.7%
俸薪							518.70	7.3%
合计	8440.10	100%		5280.10	100%		7088.16	100%
二十六年度共计用款 20808.36 元								

按上表，春堰，急水堰及冬堰工程，均以购办竹料，及填笼石工，与下捲工，用款为最多。而每岁之修理，曾不能抵御来岁之洪水，故工程指导，确属切要矣。

6.水利纠纷

五门堰进水口水量，小水时（即五洞水位未能达于洞顶时）预估每秒约十立方公尺。以如许水量灌溉八万田亩，若依次公平轮流引用，则水量不虞不足。但民有渠堰，向多纠纷，若加以分析，则不外以次各种形式。

（1）距水源较近水田，往往以用水量有保障，多不尽力爱护渠堰，致贻下游以口实。

（2）每次洪水冲崩堰堤，管理者事先未尽职责，而事后复工对于用款，每多未尽公开，致起纠纷。

（3）地户多以自身利害，窥测全局，常生误解。

祛除之法，宜遵照法令，遇事公开，平心静气，共谋渠堰之久远，使全堰民众食德于不自觉之中，成为发挥民治之主要事业。今者本堰组织管理，业经就绪，岁时丰稔，可以预期。行见四里民众，沐春风而谈稼穑，更藉渠堰之联系，作我民族之团结，邦人君子，其共勉诸。

（三）百丈堰

1.史迹及灌溉面积

百丈堰，位于五门堰引水口上八百公尺处，拦河筑堰，在湑水河左岸引水。堰工以顽石铺底，以木框为架作捲，又实顽石及沙。滚水堰面身，用竹笼装石，横竖铺砌上游，并用稻草及沙子粘土，培打成一比六坡，堰顶约宽三公尺。下游滚水坡，为一比五，似嫌太陡。堰之左端，近引水口处，留六公尺洪门一孔，较堰顶低一公尺半，以调剂五门堰之用水。引水口，为潜水孔三孔，平时任水流入，洪水时期加闸板，以防止特别大水侵入渠道。渠道由引水口下行二里，经西原公南，迤逦东南行至东原公以东，即入杨填堰灌溉范围，总计面积约三千四百亩。按水源及地势，均较杨填堰为佳，但以水政未曾统一，故杨填堰在吕家村附近，另独立作堰。

百丈堰，创始甚久。明万历邑令高公登明，于改建拦河堰之后，并改修引水洞口为石工潜水洞。藉（借）以管理渠水流量，其高宽尺寸如下：（按渠方向由右向左量）

第一洞 1.66m 高、1.61m 宽　　第二洞 1.63m 高、1.40m 宽　　第三洞 1.48m 高、1.11m 宽

拦河堰本身，计长一百五十公尺，连同上下游护岸工程，长约百丈，故名百丈堰。堰工以材料未坚，故不时冲崩。而全堰灌溉面积，仅为三千四百亩，每岁之修理堰费，由受益田亩均摊。加以征工掏渠清沙护岸，故每亩每岁对于渠工之负担，约一二元。

2.引水及管理

本堰引水设备，为潜水孔。故河底流沙，易随水流滚入渠中。现时沿渠两岸，积沙累累。虽渠底之宽不及三公尺，而积沙之高，则逾四五公尺。而来日方长，防沙之设备，在本渠为紧要第一工程。

灌溉范围，南邻湑水河，而陡岸不时崩陷，河水侵入，稻田全毁。是湑河防洪工程，亦属切要。本堰以灌溉范围较小，且地居湑河上游，故管理较易，纠纷甚少。人口组织，原为百丈堰经理制，嗣于民国二十六年间，由汉南水利管理局，予以改组为百丈堰水利分会，设正副会长各一人，负责管理全堰事务。

（四）杨填堰

1.史迹

杨填堰，在东原公下二里，引湑水河水，经左岸于家村、陈家村、宝山村、西留村抵两家洞而入洋县境。灌田二万四千亩，据传堰工肇始汉初，至宋开国侯杨从义，采屯田政策，鸠工修堰，因始民为杨填堰。

2.引水

杨填堰水源，系引用湑水河水。但在旱季，湑水河水量全部为高堰百丈堰

及五门堰所引用，而杨填堰以地居下游，仅有湑水河床中之泉水，聚集堰首，流入干渠而已。其流量不能超过每秒二立方公尺，以维持全区二万四千亩之插秧，确属不足。入夏以后，雨水适宜，则河水尚有节余，可资引用，得庆丰稔。故杨填堰最严重之问题，为插秧季节，勿失水量。硬堰拦河，长六五六公尺，虽工程浩大，而堰面坡度甚小，故每年皆有冲毁。进水亦设有五洞（尺寸详另表）进水口上游，约一百公尺。有左来山沟，雨后淤积过甚，该堰为冲刷进口淤沙，免害渠身起见，特设冲刷闸两孔，以资宣洩淤积，诚良策也。杨填堰首部分闸洞尺度表，如表4-13所示。

表4-13 杨填堰堰首部分闸洞尺度表

项别	闸洞					冲刷闸	
号次	一号	二号	三号	四号	五号	第一孔	第二孔
高（公尺）	2.30	2.30	2.30	2.30	2.30	2.00	2.00
宽（公尺）	0.86	1.16	1.16	1.16	0.86	3.70	3.60

3. 灌溉面积

灌溉范围，溥及城洋两县，因就杨公祠中组织有城固三分堰及洋县七分堰。城固三分堰管理渠道二十五洞，各洞均由干渠向南分水入农渠；又水车八处，由干渠水流击动水车，升高水面，以灌干渠以北高地。共计在分局登记水田，为六千余亩。占全部灌溉区域十分之三，故名三分局。自两家洞东半口起，入洋县境至水磨渠止，向南分水四十七洞；水磨堰之东，向东北及东南各分支渠；北支下抵谢村镇湃入汉江，南支由智果寺以东湃入汉江。计洋县境内共计登记水田一万八千余亩，占全部工程十分之七。总计登记灌溉面积为二万四千亩。但按泾洛工程局设计测量队地形图中共计二二点一○平方公里，计为三六○○○亩，较登记面积尚有超出。当俟正式清丈后，方可确定灌溉面积也。

4. 管理

杨填堰既为两堰公有，故有三分局及七分局之管理组织。三分局辖丁村宝山留村上苏村下苏村及柳家寨等六地；七分局辖留村马畅湑水铺庞家店五间桥智果寺白杨湾谢村镇等八地。旧例七分局有总领首事，三分局则仅设首事六人。所有首事均听总领指挥，现均改组为水利分会，由分会长指挥一切。堰工岁修有固定工头三十名，三分局占九名，七分局占廿一名，均为世袭制，他人不得争管。而每段工程又系包于此固定工头，故工作效率及工程单价，均随工头而固定。工程做法及材料之使用，均一任工头调度，则工程已失其坚固性。按堰工由西流河波岸起至五洞口波岸止，长约二里，而上下水位之差，约有二公尺，是引河入五洞口，须先挑深引河，并堵筑西流河，则水势方易入渠。但西流河一段，为湑水河洪流中泓，湃之过高，则洪流冲毁之机会正多，是引水设备，尤须再四研究也。

旧日堰产甚微，仅有水田二十亩、旱田五十四亩，多半属于退水闸上之劳金，故不能作为岁修之底款。每岁工程用费，均系按亩摊派，在常年约三四千元，至鸡工冬工或局部损坏，则用款亦时常超出二万余元。故水田每岁负担之岁修费，亦属可观。

（五）新堰

新堰位于县东三合井，引湑水河水，灌汉王城右岸以上水田五百余亩。工程甚小，水利分会亦于廿九年由汉南水利管理局派员组织成立。

（六）汉兴堰

汉兴堰位接新堰，溉湑水右岸汉王城以下田约四百亩。水利分会亦于廿九年由汉南水利管理局派员组织成立。

（七）湑惠渠灌溉计划

按湑水河灌溉情形，既如上述。方之灌溉原理，多头引水，不如拦河设固定堰一处，分东西两干渠，分别接通旧有渠道。并以节余之水量，及抬高之水位，复可扩充灌溉范围，并将已有灌溉利益之地区，使之分水平允，渠道整齐，负担划一，是以有湑惠渠之设计。

湑惠渠于廿八年，由经济部泾洛工程局设计测量队从事测量及设计，已全部完成。预计可灌溉水田达十五万亩，全部用款约估为一百七十六万元，已经呈准中央认拨工款一百万元，其不足工款，由陕西省政府就水利事业费中筹拨。属稿时业已筹备湑惠溉工程处，不日即将施工，今将工程概要采录，供资参证。

湑惠渠工程概要　湑水灌溉，兼及两岸。北沿山麓，南抵汉江，西至汶川河。与褒惠渠衔接，东以溢水河为界。如将来水量有余尚可渡过溢水，引溉洋县城西田地万亩。兹将各项工程，分述如次。

1. 潜水堰

引水工程，建于升仙口坡树档村下。垂直河身作潜水堰，长一百公尺。河底石砾砂基，堰身用石料浆砌，堰顶用 agol 流水型，上下游石砌海漫，以防渗漏。堰上游两段，各建分水堵，长十五公尺，俾来水易于入渠，并有东流作用。进入闸口经冲刷后，减少淤值，渠水含沙量不多，得保无害。

2. 进水闸

东西岸均在堰断建筑，与堰顶平行各三孔门，用双页上下对开，水自孔中溢流。下有门槛，高于渠底五点五公寸，阻沙入渠。闸门净宽二公尺，进水孔高一点〇八公尺。三孔平时进水八秒秒，洪水时可任意启闭。闸墙用料石砌面，块石砌心，闸台以石拱建于闸墙上。闸门启闭用手摇轮齿机。

3. 冲水闸

与进水闸联合建筑，两岸各两孔，与进水闸同宽。其西岸闸孔之一加宽五公寸，以便木筏通行。闸中线与堰顶垂直，闸底较渠底低八公寸，闸门单页上提，淤沙可随时冲去，其闸台及机械等，与进水闸大致相同。

4. 退水闸

东西干渠，各在进水闸下游五六百公尺处，建退水闸。闸底低于渠底，以宣泄各干渠首段意外水量。又渠断面至此增大，俾泥沙沉积，可由退水闸随时冲去，渠道下游可免汛□及淤塞之弊。

5. 分水闸

东干渠道，在桩号 9+496.51 处，设分水闸。渠水一部辟支渠导入旧杨填堰以溉该堰原溉田亩。迤下干渠断面缩小，土工及建筑物均可减少。西干渠在桩号 10+561.25 处，设分水闸。辟支渠导入旧五门堰，以溉原溉地亩，迤下干渠专溉新增田亩。

6. 渠道

干渠两道，东干渠长二九点七公里，西干渠长二二点六公里。滑水西岸旧有各渠道，顺应地势，纵横交错，分溉各方。干渠建成后，可用旧渠为支渠，以溉原有田亩。新辟区域，另建新渠。引溉旧渠水量，应依灌溉面积，重新分配。其遗弃未溉地亩，可辟新渠渡越旧渠以溉之。

滑水含沙量不大，渠底比降用四千分一，即可不至淤积。东西干渠流量相同，故渠断面亦同。渠底宽四点八公尺，岸高二点五公尺，岸坡内外均用一点五比一，以免坍塌。预定水深一点六三公尺，适用流量八秒秭。渠岸宽二点五公尺，可作普通马车通行大路。东干渠首段六一一点七五公尺，西干渠首段五一八点二六公尺，渠底比降用二千五百分一，断面仍如上述，藉容意外水量，并使进水畅利。

东干渠在桩号 9+496.51 处，分水入旧杨填堰。西干渠在桩号 10+561.25 处分水入旧五门堰。以下堰渠底宽，减为四点二公尺，流量为四秒秭。

7. 建筑与统计

（1）潜水闸一座，东干渠二九点七公里，西干渠二二点六公里。

（2）进水闸及冲刷堰二座，退水闸二座，分水闸二座。

（3）隧洞二段，渡槽二座，跌水八座，陡坡三段。

（4）桥梁二十五座，平桥十三座，涵洞五十七座，斗门三十座。

三、南沙河系之水利

南沙河源出四川南江县属之天池稞黑龙洞流入本县南境，经双龙寺及大小二盘坝，有东河（亦名方家河源出白鹤梁）来会，水流稍稍有定。至五郎关下王家营出山峡，纳东南来之山水。再十八里，经上元观，至曹家坝，附近流入汉江。

南沙河，所纳山溪，均流经沙岩，一经风化，黄沙随流而下，至五郎关以北，砂邱累累，而平常河水反由沙中潜行。故河床本身仅为排洩山洪之用而已。

南沙河系之水利，以上元观为中心。最西为上盘堰，灌溉范畴，达王家湾寥坝及青龙滩，至安家渡，与南郑冷水河之班公堰灌溉渠尾相望。最东为导流堰，达唐家营，李家营，莫爷庙而至苟家渡。全部引水堰为十三处，灌溉面积为二万七千亩，因属同一水源，各堰各相度地势，东西依次引水，故南沙河实为多堰制之灌溉水道。

堰别——由松山寺起，向山谷中上溯一公里，为上盘堰，向南沙河左岸引水。稍下二百公尺，为二盘堰之引水洞。再次至松山寺下为三盘堰引水口，再下一公里半，为韩小堰渠首，并紧与平沙堰相连。再下一公里，为万小堰及刘小堰之渠首，再次八百公尺，为莲华堰首。再下一公里三百公尺，为军民堰。

以上均系由南沙河之左岸，引水灌溉左岸平原。于松山寺之对岸向上五百公尺，为万寿堰首。渡小河而下，为陈小堰及导流堰渠首。莲华堰首之对岸，为沙平堰及吴小堰渠首。军民堰下对岸，尚有老鸦堰，但效能甚微。各渠灌溉面积如次表（表4-14～表4-15）：

表4-14　由南沙河左岸引水各堰灌溉面积表

堰别	上盘堰	二盘堰	三盘堰	韩小堰	平沙堰	万小堰	刘小堰	莲华堰	军民堰
灌溉面积/亩	3907亩	4885	2005	500	1700	60	394	1000	107
堰首距上盘堰距离/公尺	0	200	1200	2500	2550	3450	3500	4000	5200

表4-15　由南沙河右岸引水各堰灌溉面积表

堰别	万寿堰	陈小堰	导流堰	沙平堰	吴小堰	老鸦堰	两岸共计灌田22894
灌溉面积/亩	360	432	4800	650	300		
堰首距上盘堰距离/公尺	500	700	720	4500	4700	6600	

按本河系各处所称之堰，与渠通用。各堰引水处，仅有引水洞，或属有节制之引水口，而有横跨河中，并无固定之"堰"，纵有导水设备，大多以沙为梁，以遏小水，或以竹木编篱，拥（拥）以沙土，洪水来侵，均遭冲没。

南沙河各堰，旧为经理或首事及堰长制。民廿四年汉南水利管理局，依照陕西省水利协会暂行组织大纲，督饬士绅，组织南沙河水利协会，并于各堰组织水利分会，均于同年先后呈报成立。堰务之养护及管理，由此渐入轨道。兹将各堰情形，分述于后。

（一）上盘堰

上盘堰原名盘蛇堰，象形渠道之蜿蜒，有如盘蛇，旋改称上盘堰。传系开自元代，只灌田五百亩，至明洪武十八年扩充十六渠，范围渐广（汉南水利管理局档案组字第31号及政字第9号），位居各堰之首，故所灌地为松山寺一带较高地段。据碑记载灌溉面积，为二千三百三十九亩，厥后稍有扩充，已达三千九百零七亩。民十六年堰民公议，将堰渠规模重加扩大。计自堰首以至坪水档渠身，一律开为一丈之宽，堰堤均筑高厚一丈。进水通畅，灌溉便利。引水洞为涵洞式，高六尺宽二尺。涵洞外置木闸板，以节制水量，并拒流沙入渠。全渠约长十五里，分为二十工；上部十一工为垫水，下部九工为牌水。

按"工"为本渠按地形分出之农渠。各灌田有一定地域，将来修理全渠或堰首工程时，即按工出夫，以均农民负担。"垫水"系全渠放水后，各农田引水口须高出渠底若干，以能引用大渠上部之水为限。其余存下部之水为垫水，此种分水既不妨害下部引水，复可切合农田用水。"牌水"系渠水渐次下流。水量渐微，须采各农渠轮流灌溉，方可足用。轮流时由管理者填发水牌，注明各工用水起迄（讫）时刻，凭牌用水。垫水系工名及灌溉亩数表，如表4-16所示。

表4-16　垫水系工名及灌溉亩数表

垫水系工名	嵩山工	刘家工	上李工	上王工	下李工	上散工	方家工	许家工	下散工	卢家工	丁家工
灌溉亩数	520	267	182	10	84	111	146	66	139	101	87

牌水系工名及灌溉亩数表，如表4-17所示。

表4-17　牌水系工名及灌溉亩数表

牌水系工名	药树坝	宁家工	吴家工	赵家工	王家工	张家工	树柏工	毛家冲	新复工
灌溉亩数	48	111	71	105	131	121	222	254	79
用水时间	一昼夜	二昼夜	一昼夜	二昼夜	二昼夜	二昼夜	三昼夜	三昼夜	一昼夜

按旧规每年立夏日，开引水洞引水，以十日为荒水，即将渠道之渗漏及新工均予以充分时间，使全渠湿透。十日之后，下部按牌轮水，每轮为十七日。

（二）二盘堰

二盘堰，引水形势甚佳。位于上盘堰下二百余公尺。分上下二洞，上洞曰老洞，下洞曰斜叉新洞。因南沙河水流中泓，每有变更，如上洞引水不易，则下洞仍可以纳入一部分河水，以利灌溉。二洞相距约一百公尺，中间沙堤，则遍植竹树茅草，以护堤岸而保洞身。按本堰创始于明洪武二年（汉南水利管理局档案政字第九号），以后代有兴废。上洞口于民二十三冲毁，二十四年开工重修，二十五年春完成。洞长二丈四尺，宽二尺四寸，高六尺，内置闸板。下洞口为光绪初年所建，洞长一丈八尺，宽三尺六寸，高六尺。干渠长五里，底宽一丈，深一丈五尺。下分五支渠，又分三十六小渠，长约六里。渡山水沟，建有石飞槽，长有二丈八尺，宽六尺。灌溉面积，为四千八百八十五亩。在南沙河左岸，为最大之堰渠。

本渠引水情形，因南沙河尽系流沙，年久淤积，河床日高，进水尚易。但每年用水，须先将洞口前积沙挑挖，以畅其流。于是冲入渠身之沙日多，渠底日渐淤高，渠堤愈低，防洪颇难。且进水口之上端，高出河底仅有数寸，其下部分五尺余，则尽埋于河床之下而无用，以后修理，实有升高之必要。往昔修筑方法，系将水抽干后，整一平面，再用青杠木方墩作为枕木，枕木之间，实以桐油白灰泥。枕木之上再用青杠木板铺平，以长钉固于枕木上。木板上铺五六寸之料石一层，其上再按洞之所需尺寸砌筑。但洞底皆系软沙，水易透过。最低层既为木垫，经久则腐，因而上层料石易于沉陷。欲策久远之计，则将来方法，不能不加以改善。

按砂底河床，其"潜流"甚大。如引用河水，以防止潜流之损失为第一。故各项工事之地基，务须伸至不透水层，然后再拦河筑木板桩一排，使潜流无所逃避，可逐渐升高至河床以上，易于引用。又砂底河床引水入渠之流水，速度务使适合于实际，即不得使流速过急或过缓。过急则水流挟砂以入渠，过缓则挟砂有停滞。与其人工淘浚，不若以水攻砂为得计。

本堰公产，有堰田一亩九分，堰头沙地一段，其他无固定基金。所收租谷，作为春季修沟看护堰堤即堰长薪金等之用。堰务零星用款，由会长垫付，遇有改善或培修等工程则招集会议，报请查勘后量工派谷，按工由各渠头负责催收转缴。上洞口二十五年修复时，所需工程费共为六千零四十余元，由各田户按亩分担。及二十七年夏，下洞口完全冲毁。上洞新堤外墙等均有倒塌，渡槽亦毁一半。当时南沙河各堰受灾程度，以本堰为最。

（三）三盘堰

三盘堰在二盘堰下约里许，与导流堰相对。传系开于明洪武元年，其详已不可考。进水洞与上盘堰情形略同，分为二洞口，第二洞口所以辅助第一洞口，遇有毁坏，不知贻误灌溉，干渠长约十里，分高渠、磨渠、苏渠三支渠，又分十三小渠。溉田二千零五亩。在洞口建立之初，原系河堰两平，后因河床淤高，堰身落低，一遇洪水，洞口常有淤塞之患。如遇旱年，水为上游各堰引用，则本堰水量，时苦不足。二十四年水利分会，曾有改良培补之举，将洞口分别砌补重建并将河堤加坎以畅水流。

本堰公产，有堰田二亩七分，沙地八亩，收入甚微。遇有工程，即临时征夫或派谷，其办法大致与他堰相同。

（四）韩小堰

韩小堰在三盘堰下约二里，汪家河口对岸。开于明万历十七年，至清初扩充，分为四支渠，溉田五百亩。干渠长约五里。进水洞宽高各二尺，渠底宽二尺五寸，深二尺。民二十七年秋，山洪暴发，冲毁堰首及三盘堰交界处之河堤，及二道进水洞堰身亦淤塞近平。

（五）平沙堰

平沙堰系由韩家营东，开渠引水。创始于明洪武十八年，以后逐渐扩充，分东西二支渠，灌田约一千七百亩。二十七年秋，被山洪将堰堤及进水洞桥梁等冲毁，泥沙淤满堰身，后经修复。

（六）万小堰

万小堰，在韩小刘小两堰之间，溉田六十余亩。向设首事堰长，专责管理。

（七）刘小堰

刘小堰，由上元观下开渠引水。创于明万历十一年，初开溉田不多，以后扩充分为九支渠，溉田三百九十四亩。

（八）莲华堰

莲华堰系由上元观开渠引水，为宋朝鄢姓所建，名曰鄢家堰，溉田数十亩。至明时其他田户加入，合力改造，假莲华寺办公，遂改今名。分上下二坝，每坝有堰长一人，负责分配水量，共约溉田一千余亩。自刘小堰至本堰堰首，堤防最为薄弱。二十三年冲决后，虽曾修成新堤，而工程低薄如旧。

（九）军民堰

军民堰，系于清乾隆四十五年开成。因地居南沙河下游，并无渠道，仅溉田一百零七亩。

（十）万寿堰

万寿堰，在南沙河上游右岸，与二盘堰相对。灌溉汪家营一带之田。进水洞口高宽各一尺。干渠长二里，沿山蜿蜒而流，分中渠、漕渠、新渠三支渠，各长二里。传系开于明万历年间，年远代湮，其详无考。灌溉面积，颇不整齐，分平田及高田二种：平田直流，约灌二百二十余亩；尚有水冲沙压田三十余亩，民力未逮，久未垦复；高田利用水车，约灌一百三十余亩；两项合计三百六十余亩。进水洞于民二十三年被山洪冲塌，经众集议，每平田一亩，出钱五串；高田每亩三串四串不等。平田每亩出夫二名，高田每亩一名半，共筹七十余元修复之。

（十一）陈小堰

陈小堰在南沙河右岸，与导流堰并列居东，渠顶相连。创始于万历四年，进水洞宽约一尺，高二尺；渠底宽二尺，深三尺，长三里。分上中下三牌，灌汪家营田四百三十二亩。向无堰产，每年普通养护费约十元左右，由田户按亩分担，每亩每年并出夫三名，共同修护。

（十二）导流堰

导流堰，在万寿堰下约里许，汪家河上约二里，由蔡家滩石洞进水。创始于明洪武六年，至嘉庆年与陈小堰合并为一处。后于道光二十五年，因与蔡姓起讼，将堰头移至汤巷子，又与陈小堰分开。进水洞正当东南之山水入河口北，易被冲崩。洞宽二尺，高三尺。渠深约一丈五尺，底宽一丈，上口宽四丈。干渠长约三十里，分上中下三牌。溉李家营、董家营、黄家村、杜家堡、舒家窝、莫爷庙田约四千八百余亩。为南沙河右岸最大之渠堰。旧例设有堰局，每年春季召集各田户及渠头，讨论岁修办法。立夏节，举行放水礼。遇有工程，酌量繁简，按亩派谷。堰长于每年冬季由各田户，每亩给谷一升，作为酬劳。堰产在月起寺，有山庄一处，每年计收租谷二十四石，其余纯系河滩，粮银三两余。二十三年重新按牌编制，由各分渠管理。普通养护每年需款五百余元，由各田户分担，每年每亩，并须出夫一名。

（十三）沙平堰

沙平堰，俗名娃娃堰，由唐家营西开渠引水。创始于清康熙年间。干渠长约十里，有十三支渠，灌田六百五十亩。旧例若遇天旱，拦水上至石卡，下抵洞口。东西各渠，俱以河心为界。倘堰水缺乏，由首事及堰长，督饬渠头分水，自下而上，谓之牌水。依次轮流，不得紊乱。堰身于每年清明前后，由渠头督夫挑修，田户每亩出夫二名，以外并不需款。秋收后每田一亩，出谷一升，为堰长酬劳。至培修堰洞，或十年一次或二三十年一次，需款按照田亩分上中下三等摊派。惟本堰堰头包有一渠，名曰古树堰，位居本堰上游。相传本堰开创时，系借用古树堰头，故每遇修洞，古树堰只挖草饼，不摊使费云。

（十四）吴小堰

吴小堰，创于明万历年间。分为二档，合计灌田三百余亩。

（十五）老鸦堰

老鸦堰，在南沙河下游右岸，溉田约五十余亩。开创历史已无可考，该堰亦无进水洞之修筑，只在河堤外堰头上游挖宽约丈余，长约四五十丈之深沟。全取地下浸水与河中渗漏之水以灌田。每遇亢旱，即有水量缺乏之虑。该堰每年无甚工程，惟在春季派夫疏通渠道而已。倘遇天旱，即将堰头上之沟，派夫挖深，藉（借）以增大浸水。

四、文川河系之水利

文川河即北沙河，亦名门水，发源于文川镇西北约六十里之山谷中。溪流迁回，水量甚小；行至文川镇北约十里，出山口后，河面略宽，曲折较少；东南行约三十里，由沙河营入汉江。河床多为沙石，河面宽度，平均约三十公尺，坡度甚大。谷内地势狭窄，水源短浅，故河水因雨量之大小，涨落无定。不通航运，纯灌城田。

文川河出山谷后，流于东西二高原之间。利用河床天然坡度，引水灌田，历史甚久。全河共有堰渠三道，位居上游右岸者曰西小堰。由西小堰迤下里许曰上官堰，在左岸导水东流，灌溉范围最广。位于下游者曰枣儿堰，左右岸开堰，利用以上而言余水及渗漏之水。再下尚有一插柳堰，规模最小，灌田不过百余亩耳。

文川河上游，多系沙土，渗漏颇大。下游多为粘土，蕴水较易。惟以水源不旺，一遇天旱，水量常苦不足。西小上官两堰，以地势接近，时因争水发生纠纷，甚或此扶彼堵，结群械斗，酿成巨案。

全河各堰，旧例均系由地方士绅推举经理，负责管理。及民二十七年，始由汉南水利管理局派员指导，组织文川河水利协会。兹将各堰情形分述于后：

（一）西小堰

西小堰，在上官堰上约里许；溉文川河西岸田约七百余亩，因地形多土岸壁立，致引水不易，灌田较少。而进水设备，更为简单。每年春季，于用水期前，由堰长征派民工，用河光石修筑硬堰，拦水入堰，以导河水流入渠中。

（二）上官堰

上官堰，在西小堰下约里许；进水设备，颇为简单。每年农历二三月间由堰长征派民工，用河光石堆修硬堰，拦河引水。渠口亦无闸门等设备，且河流中泓，变迁不定，近来进水口外，乱石错列，河流不畅。惟因河东地形便利，平原较广，灌溉面积，约三千四百余亩，为文川河流最大之堰渠。由渠口下行里许，至杨家营附近，横跨一干沟；（为高原之排水沟）平时无水，旧于交叉处干砌石坝，名曰腰堰；长十九公尺，宽七点五公尺，高一点五公尺，渠水横贯而过。倘届下季雨水一多，则干沟内山洪下注，腰堰即被冲毁，而渠道因之断流。雨季过后，再依样砌筑，年年冲决，岁岁修复，劳民伤财，殊不经济。堰堤多为沙渠，防护之力甚微，故崩决泛滥之灾，亦无岁无之。民二十七年，经汉南水利管理局派员勘测。拟于干沟处将渠道上移，修一涵洞，使渠水由干沟下通过，以免冲决。

（三）枣儿堰

枣儿堰位居文川河之西岸，在上官堰下游，即利用西小上官两堰之废水及渗漏水，灌田约达七百亩，渠堰均甚简单。再该堰向下尚有一插柳堰，灌田仅百余亩，全赖河中湃漏之水。

——原载《陕西水利季报》第 5 卷第 3、4 期合刊，陕西省水利局编印，1940 年 12 月

汉南之水政与水工

张嘉瑞

前言

北洛水、渭水、汉水和陕北黄土丘陵、秦岭巴山所生之水文、地文及气象造成陕西三个不同的地区——陕北、关中与汉南是也。在这三□地区里，水渠及其灌溉方法与农作物及李□之配合各自不同；因而管理各地区里旧有灌溉事业时是要适合各地区的特性方能尽善尽美。况各自地区的特性不仅是水文地文及气象而已，尚有历史造成的政治设施及民间习俗，其不合现代科学方法及合理性自不待言。今以新制而理旧业在这蜕变的过程中是一件苦事。作者旅居汉南五载，对旧有灌溉事业略有访问，今就管见所及，不揣愚陋，来写汉南之水政与水工，或可稍供海内贤达研究汉南水利之助云尔。

一、水政

灌溉事业之管理工作是由民政与技术配合而成的，二者缺一不可，所以水利管理局的主官是在一面做县令，一面做工程师。民政与技术配合而成的灌溉管理工作名曰水政。

□□汉南水政有三要件须做到。第一，增进水政效率，使水政力量传布到每个角落；第二，安定堰民，减少纠纷；第三，认真岁修工程，调整用水，以资防止旱潦。

先言增进水政效率，使水政力量传布至每个角落：

汉江上游流域面积有四万九千五百平方公里，大部皆在汉南水政地区以内，就政治辖境言是二十二县，共有汉江支流四十七道，每道支流都有繁盛的灌溉事业，较大的渠道有一百三十条，小渠不可胜计。此一百三十条渠水溉稻田五十万亩。若就全部地区大小渠道的总灌溉力言，可推算有二百万亩稻田。稻田的密度集中在南郑、城固、洋县、西乡、褒城、沔县等六县境内，盖所谓汉中盆地，实位在此六县。至安康附近则仍应以大谷视之也。在二十二县内四万余平方公里的地区，对一百三十道渠道操纵水政工作，其效率有何值得深思的。

自从汉高皇兴办汉南灌溉事业以来，直至民国十六年北伐止，汉南的水政也随着政治一代一代的演变着，但是无论如何演变，总脱不出污吏与土劣的手掌，因而造成汉南水政上复杂内情。北伐奠定后，陕西省政府曾公布水政法规多种，并以保甲、自治、政体三体合一，组成水利协会水利分会制度，以控制各渠，法至善也。然而要使水政效率增加，必须（甲）加强协会——使协会长有权力控制全流域各渠之水政水工；使协会经费充足，俾便活动，选任名流为协会长，以孚众望，俾利职责。（乙）分区督导——就汉南全地区二十二县各渠水政水工之繁简及地形交通便利分为若干区，每区设协会若干，派员常川驻节，巡回督导，调整水量，预解纠纷，监察汛工，整饬勤惰。（丙）办理计政——各渠堰水利分会每年经常费、汛工费及岁修费，虽有法定堰产保管委员经收、保管、经支，然岁入与岁支预算与计算，地区广大，各渠情况不同，无法审核，多浮收滥报，失信于民，影响水政。今就各流域组成计政委员，按财政会计公库及审计控制本流域公款收支，如此公清民顺，自增水政效率。（丁）训练堰首——堰首为干帅人才，以全汉南地区论，员额可观，直接管水，直接管工，向无训练，流品不齐，欺官欺民，影响水政，兹以严格甄别后，分期训练之，授以公民智识、水工技术、水政法规，务须公正勤政，民无怨色而后已。换言之，即已经训练之堰首，对于推行水政克尽厥职也。四者完备，水政力量自然传布至每个角落矣。

次论安定堰民，减少纠纷：

汉南民人好讼，屑（宵）小争执，即诉诸公堂，况水利为养命之源，岂肯放松，甚至连讼数次，费银累累，在所不惜。汉南水田密布如此，使社会纷扰不安，情况可想而知。换言之，及水政不良也。今欲安定堰民，减少纠纷，务必（甲）除暴安良——暴徒（土豪、劣绅、流民、奸细）为挑唆纠纷之主干，彼等欲把持堰务，从中渔利，其位置常防公正人士取而代之，故使堰民间不断发生纠纷，使贤者视堰务为畏途。若将暴徒肃清，绳以国法，以贤良堰民出任堰务，则纠纷自少。（乙）巡回预防——民众所起之水利纠纷多由公忿（愤）与私恨合成，发生之初，极易解决，时日稍长，公忿（愤）愈大，而私恨愈深，遂成诉讼。若派员常赴各渠巡回查访，遇有纠纷之起，即设法调处了解之，非难事也。或竟施用方法，不使纠纷暴发即行消忿释恨，至万不得已而起诉者，皆系重大案件，而民间纠纷减少自多，堰民安定矣。（丙）彻底解决悬案——汉南常有数十年或数百年未曾解决之水利案件，或似是而非之判语，致使纠纷仍存而再起，于是有利用此种悬案以争水权者。纠纷不止，官民痛苦，为今之计，将各悬案逐件研究，用科学方法，秉公判定，使无法翻案或吹毛求疵以续起纠纷，则堰民自安定矣。

再论认真岁修工程，调整用水，以资防止旱潦。

经常雨顺之年，各渠灌溉区域内，下坝常不得充分水量，何况汉南常有旱潦之灾，现于一年。下游先旱，不得灌田，无法插秧，即勉强候上中坝插毕，通融借余水插秧，而为时已晚。至六七月间，设遇阴雨连绵，不见阳光，气温降低，稻田无热可收，稻苗不能发育，至收获时，荒草满畦而已，遑论水政。今宜（甲）调整用水——不准上中坝支渠泻余水入河，虽在上中坝法定用水期间亦应使余水流至下坝以补不足。（乙）实行下坝提前放水制度——将每年各渠开水日期提前十天或十五天，作为预放，使此预放之水全溉下坝，下坝可尽量施溉，不受全局规定周期之缚，上中坝则因未在开水后水权期间，自不争执，至正是开水后，来水多少并不影响插秧，如此上中下各坝，统系早插之稻，六七月霖雨时稻已结穗，受灾无几，绝无成草之理，致使颗粒无收也。（丙）冬工疏浚——汉南堰民惧冷且不勤于工，各渠干渠向不利用冬季及初春人力闲暇而疏浚之，以致流量减少，影响生产。兹强迫各渠堰民冬工疏浚，增加大断面，顺利坡度，以减人为之灾。（丁）春工加强建筑物——汉南各渠之拦河坝以及闸洞湃口常于洪水期辄被冲毁，斯时正在农作物急水之时，强修不及影响灌溉，兹于春工派员监督，务使工坚料实，以期耐久而免冲毁。

以上三宗诚修明水政之要道，亦民政与技术配合之工作也。

水政稍有端倪，灌溉事业走入正常轨线后，吾人即应与农业家合作办理各种农作物需水量之决定经济用水，水土之关系，改良籽种，纠正放水及插秧之季节与时间，肥料之施用等等，以冀达到水利之最后完满效能。

二、水工

汉南各渠统是古老遗迹，并非科学方法造成，闸坝洞湃之布置，渠道断面坡度之构成，散给系统之安排，多不合理，既先失去引水效率又不经济而有陈年日久之岁修费，兹者国家期待资源之增益，人民希望水利之保固，实有用科学方法、近代技术改善旧渠之必要，此种改善工作名曰水工。

水工是纯粹技术工作，水政是技术与政治配合而成之工作。因此每年之岁修以及闸洞湃口之修改水量之调整是水政不是水工。

水工事业应分四部进行，第一步调查资料，第二步研究，第三步测量设计，第四步施工。步调紊乱，成果即不圆满。

汉南水工亟应进行者有三宗：

（甲）南沙河水利改善工程——南沙河淤沙甚厚，堤防单薄，设遇洪汛冲决两岸水田且河水潜成漫流，两岸渠道，皆取渗水，河自不能尽被各渠吸收，损失水源甚大，故防沙浚河培堤以及改善灌溉系统增加灌溉诚为需要。

（乙）改善塘池输水道工程——汉南各塘池效能较佳者多系引用冬春河水注塘，塘内所蓄之水量，仅供插秧，每年雨水调顺，尚可维持灌溉，设遇雨不及时，惟有引用河中洪水注塘补救，设逢河水来源较短，坡度急降，则洪汛经五七日排泻后，流量突减，且各河上流多有渠田，雨后五七日，亦需引水续溉，自无余水使注塘池，亦规例所不许，于是塘池仅能引用此雨后五七天之洪流，而各塘输水渠之断面及坡度并非配合此五七日之时效，而使所有塘池皆能于此五七日一一输送注满也，故必须改善之，而使塘田有名有实情形普遍，需要甚急。

（丙）文川河各渠改善工程——文川河西萧上官两堰纠讼多年，兹水政力量彻底判定，所费工款亦不少，不施行改善工程，另立灌溉系统藉（借）以增加生产，国家人民俱有增益也。

三、控制汉南水政与水工之合理机构

汉南之水政与水工既论述矣，而汉南之水政与水工应有如何之机构以控制之，是能合理化，诚亦有讨论之必要，鄙意谓合理的机构组织应分三个部门——总务、水政、技术，兹排列于后（表4-18），藉供参考。

表4-18　控制汉南水政与水工之机构

	总务	文书
		会计
		事务
主官	水政	法政——以法政专家任之，办理调解及预止纠纷，组织水利协会分会讯问案件，调整各级人事。
		工务——以水利专家任之，办理岁修，调整用水，并会同勘验调解纠纷。
		农事——以农田水利专家任之，办理经济水分以增水效率，改善种籽以增强农产并调查农作物需水量以鉴定用水。
	技术	以水利技术专家任之，专事水工调查研究设计以及施行各河系渠道之改善工程。

——原载《陕西水利季报》第6卷第1期，1941年3月，陕西水利局编印

石泉汉阴安康三县水利调查报告

杨炳堃

第五区魏专员呈请开发月河黄洋河水利，及安康汉阴防洪工程，并调整各旧有渠堰之管理事宜，堃奉令前往勘查，忽忽十日，未能详尽，特就见闻所及，报告如次，并分别附具意见，藉供参考。

安康区山岭重叠，平原甚少，汉江谷内亦无广大之平地，且从无引用灌田者，其重要支流，月河流域，自汉阴下达安康百公里间，本身及各小支流，如恒河，傅家河，板峪河等，谷道忽宽忽狭，形势自然，颇饶灌溉之利，惜平地过少，水量亦不足，实感无法发展，而各支流流域，近年林木稀少，水无含蓄，雨季则汹涌滚流而下，危害农田村舍，汉江本身在安康附近，砂碛甚多，河幅过狭，且受月河等各支流之灌注，黄洋河之顶冲，盛涨时越溢入城，为害甚巨，至各旧有渠堰，多年无人管理，工程窳败，任水溢漏，不知改善，惟在用水时，争夺强霸，管理之法亦急待改善，兹分述之。

一、灌溉防洪及旧有渠堰管理现状

（甲）灌溉

1.石泉县

石泉县众山环绕，平地极少，西区两河口以下，及饶风镇以下东区池河附近，山势开展，沿两河，饶风，池河，珍珠，大坝，耷家，谋家等河左右，或拦河作堰，或用筒车引水灌田，以饶风河之兴仁堰为最大，灌田约千亩，各堰共灌田约四千亩。

2.汉阴县

月河流域为本县主要平原，灌溉亦以月河为最溥，有头二三等堰渠，灌田约近万亩，其支流板峪，池龙，添水，双乳等河，及大小龙王沟水，均截流灌田，以板峪河之永丰头二三等堰为最大，以大小龙王沟水灌田为最多，统计全县各大小河流，灌田共约四万余亩。

3.安康县

安康灌溉之利，以恒河为最，傅家河次之，其他各小河流沟渠，地势可利用者，均已拦堰或凿塘蓄水以灌田，渠堰以恒河之千工堰为最大，万工堰次之，傅家河之大济堰又次之，全县各堰灌田亩数约三万有奇。

兹将三县较大渠堰列表如左（表4-19）：

表4-19　三县较大渠堰名称及灌田亩数表

县别	石泉县								汉阴县														安康县								
河名	两河	饶峰河	珍珠河	大坝河	池河	眢家河	谋家河	其他沟溪	月河	板溪河	龙王沟	铁溪河	卢峪河	墩溪河	仙溪河	沐溪河	观音河	池龙河	钟河	田禾沟	双乳河	其他沟溪	恒河			傅家河	赤溪河	南沟水	黄洋河	磨沟水	其他沟渠
堰名	两河堰	兴仁堰	七里堰	大坝堰					头二三堰	永丰堰	凤亭堰	铁溪堰	庐峪堰	墩溪堰	仙溪堰	沐溪堰	观音堰	池龙堰	钟河堰	田禾堰	双乳堰		千工堰	永丰堰	万工堰	大济堰	赤溪堰	南沟堰	黄洋堰	磨沟堰	
灌田亩数	800	1000	300	300	500	200	200	500	10000	300	200	500	600	900	700	200	500	200	200	300	300	10000	10000	4000	3000	1000	1000	200	200	500	
备考					筒车吸水																								筒车吸水		

表列各堰，泰半感水量不足，尤以恒河之万工永丰等堰为最，汉阴以下，冬水田甚多，农人治地知识颇足，盖地狭人稠，不能不努力变地为田，增加生产，此种风习，应尽量提倡光大也。

附石泉汉阴安康三县灌溉区域图

（乙）防洪

1. 汉阴

月河傍汉阴城东流，夏秋洪水逼近城垣，西关平地，冲坍甚多，地方官绅，屡谋排流保岸之法，二十三年经省水利局技正谢昶镐勘查，拟具丁坝保岸工程计画（划），惟只修成第一坝，用块石及石灰三合土所筑，尚称坚固，但以方向错误，原应向上挑而改向下挑，以致水沿坝下流后，倒漾在坝内廻施淘刷，势甚汹（凶）猛，下游再未坝筑，反加危险，应即设法改良，并添修下游二坝。

2.安康

安康位于汉江之南岸，屡受水患，近百年来，大水凡六次，以清同治六年为最大，道光十二年咸丰二年次之，均已翻越入城，最近以民国十年七月一次为最大，幸未入城，但每次县城附近之庐舍田地，均已淹没，损失不赀，居民于水大时则避入新城，或高原之上，为避水患计，除另筑新城外，于旧城东西门外及新城之北筑有三合土护城坝及交通堤，北城外临河筑有旧式水榷四座意在挑溜，惟榷短而低，功效甚微，东门外至黄洋河口崖岸，全为沙土，现虽淤有沙滩，但大水时水流近岸，则冲刷甚速，仅有一片平地，若经崩毁，亦觉可惜，黄洋河峪外左岸情形不同。

附汉江安康附近平面图　安康（水西门）附近历年最高洪水痕断面图

（丙）旧有渠堰管理情形

各旧有渠堰，多年来无人管理，一切窳败，大水之时，任水溢流而不知蓄，渠道筑堤工程，亦均敷衍了事，以致水不足用，强夺洳门，时有所闻，甚至沿河平地，任水冲刷坍崩，而无人提倡修护，如大济堰之第五挡，早被月河冲毁，此急待设法，促其组织团体，善为管理也。

二、意见

（甲）关于灌溉者

（1）石泉县之两河，饶风河正支流各堰，均须整理。

（2）汉阴县之月河正支流各堰，亦须整理扩充。

（3）在月河越梅东铺下之郑家坝，筑较高之堰，多蓄洪水，开渠经恒口镇北陈家营，东行纳恒河水至萧家院沿山东行，纳洋芋河水，再东行之李家坝五里铺，秦郊铺，汇傅家河直至王家台，河南亦沿山东行，则不特恒河各堰，可资救济，而自新建铺至傅家河西岸之旱地，全可改为水田，可增加灌溉面积一二万亩。

（4）恒河傅家河旧有各坝，亦须整理。

（5）黄洋河鸡公岩下筑坝（二十三年经省水利局谢技正设计有案）除节制该河流量，以免顶冲汉江，与防洪计画（划）有关外，并可引渠灌安康东关外黄洋河左岸之田约三千亩。

（6）月河流域各小支流沟溪，应在山峪内筑简单坝蓄水节流。

（7）各县应按照省水利局指示蓄水办法，凿塘植树治地，并尽量增加冬水田。

（乙）关于防洪者

1. 汉阴县城

应按照省水利局规定之丁坝计画（划）修筑（县存有案）并将已成之第一坝在水侧加修护戗，坝头改为下迎圆头，稍改坝之方向，如嫌原计画工费过巨，则按原计画（划）坝址之位置，周围签打木桩，中填丸石，则所费极省，征工可为之。

2. 安康县城

汉江在安康县城附近，河面甚狭，滩碛极大，黄洋河口对过之石碛沙滩，高而且大，其下八弓崖下崖岸渐窄，大水不及宣洩，上游十五里为吉河，五里为月河，每逢山洪涨发，吉月二河增溢水量乘怒涛而下，倘黄洋河亦同时涨水，则顶横壅（拥）塞，无法下流，尽量高涨，县城附近，可涨至二十余公尺，于是横流漫溢，翻越入城，汉江势大，则溯黄洋河而上，所有该河左岸县城东西平地，均没入水，损失不赀，防御无积极切实办法。消极之法：①月吉河流域内各支流及两旁山谿，均按蓄水法截流治地，月河本身筑堰，减少流量。②黄洋河上流筑坝（如灌溉节内所述）。③大北门外黄洋河。上游筑挑水坝，挑溜攻刷沙滩。④炸除黄洋河口外石碛。⑤挑挖弓崖下沙滩。东关东庙至黄洋河口之崖岸，须设法护之，以防崩坍，可沿崖根植行柳，或用埽工，石滩炸得之块石，可取以作挑水坝。

上述种种，除筑坝炸石工程，须设计筹款办理，其他蓄水工事，与灌溉有关，可责成人民自为之。

（丙）关于旧有堰渠管理之调整

各旧有堰渠以水政失修，情形恶劣，如上所述，改善之法，不外促各堰组织水利协会，有堰产者并组织款产保管委员会，期领导有人，集中力量，改善工程，及详处纠纷，其需要技术方面指示，或较大工程，需测量计画（划）时，则由水利机构代为办理。

惟社会积习，向狃于民不治民之习惯，纠纷事件恒以官厅一言为决，安康距省辽远，管理不易，各县政府政务纷繁，且亦乏技术人员，补救之法，或扩充汉南水利管辖区域，及于安康。或扩大安康水文站组织，使之监管各旧有渠堰之修护，及调处争执。汉白路通达后，交通便利，汉南水利局亦可随时派员巡视也。

三、附记

此次调查，以时间仓卒，未能周详，且仅系初次之踏勘，未能拟具详细计画（划）及预算，应俟决定兴修时，再派队测量，详细计画（划）估算也。

——原载《陕西水利季报》第 2 卷第 3、4 期合刊，1937 年 12 月

牧惠渠灌溉工程计画

一、绪言

汉中水利自古有名，自汉以降，萧何曹参倡导于前，杨从义严如熤班逢杨辈代有创修或改善，诚以土壤佳上，气候温暖，水田麦稻两熟，收获数量倍于旱地，人民对于水利极为重视，对于用水，亦富知识，故河渠沟溪，凡力之所能及者，均已利用之，计较大河流如汉江牧马河等，曾经尝试引用，惜以工程艰巨，功败垂成，至今徒留"汉江不灌田"之谚耳。

有清以前，汉中设有水利专官，除管理旧有渠堰外，并设法改善及扩充。民国后，管理机关中断，水政失修，更以地方多故，民穷财尽，旧有者尚听其日渐淤废，更不遑有所开发。年来国事日危，政府认为农村崩溃，不足以谋复兴，对于生产建设，提倡不遗余力。二十二年汉南水利管理局成立，四年以来，对于旧有渠堰之整理，已渐入正规，惟汉中连年荒歉，地方财力容有未逮，尤有仰仗于中枢，况交通日繁，人口随之增加，原有水田之生产，将不敷当地之所需，故开修渠堰，为不可缓之图。

考汉中平原各县，计有大小渠堰百三十道，灌溉总面积约六十万亩。西乡县属堰渠凡三十一，其灌田尚不足三万亩，较之他乡，实瞠乎其后，水利之开发需要尤切。前人曾拟开引牧马河灌田，（鲤鱼堰）乃以工程艰巨，未竟其功。本年初，李局长仪祉莅汉视察，循江东下，认为沔县之汉江，西乡之牧马河，均可引渠灌田，定名为汉惠牧惠。汉惠规模大，测量设计费时日，牧惠简而易，命汉南管理局即行测量设计。爰于三月杪，派队施测，历两月地形测量，渠道勘定，坝址钻探，均已先后竣事。图幅整理后，即从事设计，以灌溉面积有限，须顾及工程经济问题，且以交通不便，对于各种工程应用之材料，以采用当地所产者为原则，视经济情形而定各部工程之设计，惟仍未详尽，且

尚需切实研究，施工时或有更改，故谓为初步计划。兹将计画（划）概要，分述于后。

二、牧马河概况

牧马河发源于城固属之五郎沟，东流入西乡境，纳钟家金家等沟水，至贯子山折而北流，河势渐大，至古竹坝汇沙河经马鬃滩东行，过西乡东北行七十里入汉江，长凡三百余里，流域面积约三千一百平方公里，在柳林子以上，约一千四百平方公里，平时三千斤民船，可通至西乡，千斤民船，可至马鬃滩，支流以金洋河为最大，可通三千斤民船，至镇巴县，沿上游至山峡中，至距西乡十五里之柳林子以下，两旁山势渐展开，至西乡东十五里，会洋河后，又复入峡，河床降度约千分之一，流量据考查所得，最小每秒三立方公尺，最大可至每秒九百立方公尺，平时水清无泥沙，大水时含沙量亦不过重量百分之一，西乡全年雨量，自二十五年五月至本年四月，计共七一二点四七公厘，本流多用筒车溉田，支流以金洋河溉田最多，约七千亩，其他为数甚少，倘雨量失时，则田亩荒弃，不能称利。

三、灌溉面积及需水量

因坝顶高度与溉田面积有连带关系（有时亦参照工程情形），故须先定溉田面积，以地形图观之，等高线以在五○○及五○一以下者，间隔较远，地势平坦，在五○○及五○一以上者，间距甚近，地势陡峻，换言之即由坝顶高度所生之水头，可溉田在五○○及五○一以下者为最经济，过此则增高一公尺，所增面积无几也，本此推算，北岸可溉田五千余亩，南岸亦可溉五千亩，并可补充金洋堰水量不足之田一二千亩，两岸共计可溉面积约一万余亩，全部植稻，稻罢种麦。

农产物既以稻为主禾，故需水量亦以稻为准则计之。据各地试验（参阅水利设计手册）以本区域内，气象及土质情形，稻之需水紧要时期为六七八三月共九十日，每月需水量须三百三十公厘，姑除去本区域内雨量（六七八三月每月以百公厘计），再加输耗失及蒸发（每秒○点三立方公尺），决定七日溉田一次，每次需水深一二○公厘；干渠流量一立方公尺则足用，为将来扩充计，可定为每秒三点○立方公尺，如是则南北二渠，共需牧马河之水量为每秒六点○立方公尺，以附近各地雨量记载，及西乡之水位记录流量曲线图，并考察沿河走船夫，三立方公尺约为牧马河之最小流量，故两渠之水量，无不足之虞。

四、工程设计及估价

（甲）拦河坝：拦河坝拟筑于王至岭，牧马河至此河身缩窄至百五十公尺，两岸俱系石崖，河底系沙砾石块，大者约一公寸，石与沙之比约为百分之二十，经钻探结果，河床下三公尺均系沙砾，未见石层，今参照河床情形及经济状况，坝式定为印度式片石滚水坝，坝顶高度为假定水平面上五○一公尺，坝高四点七公尺，坝长一五○公尺，面水坡一比一，退水坡一比五，除中心墙一道厚三公尺为一比三比六混凝土筑成外，余均为大块片石砌成，中心墙下打木板桩一排，以防渗水，又于中心墙下游二十五公尺处，筑二公尺高消力坝，以消水力，而固河床，共计需款八万六千元。

（乙）引水闸及冲沙闸：引水闸及冲沙闸各两座，分筑于拦河坝之两端，引水闸及冲沙闸每座各一孔，宽三公尺，又冲沙闸门槛低于引水闸门槛一公尺，全部挡土墙用一一六洋灰石灰沙浆砌石做成，闸门用木板做成，并镶以铁板，计每座需洋一万二千五百元，共计需洋二万五千元。

（丙）排沙闸：大水时引水闸万一关闭失效，则干渠必淤，兹拟于二干渠引水闸下，各另修排沙闸一座，以防此弊，每座需洋三千元，两座共需洋六千元。

（丁）干渠：北干渠计长六点九八公里，南干渠计长五点四公里，纵倾斜度均按二千五百分之一，渠底宽一点五公尺，两岸坡度为一比二，共计土工二五○○○○公方，按每公方一角五分计，共需洋三万七千五百元。

（戊）渡槽干渠穿过载家河三里河诸水时，渠底高于河床，凡河内流量，大者用木质渡槽，将水渡过，两端挡土墙，用一比一比六洋灰沙浆砌石做成，平均每个按一五○○元计，南北二渠共需渡槽三个，共计洋四五○○元。

（己）涵洞：渠道穿过小山沟时，修筑涵洞，以排山沟洪水，涵洞用一比四石灰浆砌砖做成，平均每个按一千元计，南北共十三个，计需洋一万三千元。

（庚）桥梁：南北两渠桥梁均用木料修造，每个按二百二十五元计，共十个，计需洋二千二百五十元。

（辛）斗门：两渠所需之斗门，暂以十座计，用一比四石灰浆砌砖做成，斗门用木板镶以铁片，每座工料按二百元计，共需洋二千元。

（壬）堤防：拦河坝筑成后，上游水位提高，王至岭以上，牧马河北岸甚低，故须另筑堤岸，以防洪水漫流，堤顶宽三公尺，面水坡一比二，并铺砌石块以防冲刷，外坡亦为一比二，但不铺石块，堤长一点三公里，土方及石方，共需洋二万三千九百元。工程估价表，如表4-20所示。

表4-20 工程估价表

工程名称	拦河坝	引水闸及冲沙闸	排沙闸	土方	堤防	渡槽	涵洞	木桥	斗门	地价	迁坟	工程预备费	工程管理费	共计
数量	1座	2座	2座	250 000公方		3个	13座	10座	10座	240亩	300座			
单价/元		12500	3000	0.15		1500	1000	225	200	20	5			
共价/元	86 000	25 000	6 000	37 500	23 900	4 500	13 000	2 250	2 000	4 800	1 500	20 000	20 000	246 450
备考	坝高4.7公尺长150公尺中心墙及木板桩各一道	每座引水冲沙闸各一孔	每座排沙闸一孔	支渠及农渠不在内	堤顶三公尺两面斜坡均为一比二但面水一边用石块铺砌									

五、渠成后之利益

汉中一带，以气候土壤之优越，水田一亩可抵关中水地三四亩，渠成之后，全部种稻，每亩收获量最低以三石计，可增三万石，至少亦值洋三十万元，一年之增益，已可抵工款而有余，至于地价高涨之利益，尚未计及也。

六、结论

查上项计画（划）灌溉面积，共计稻田一万亩，就中有用泉水灌溉者，约二千亩，唯水量不充，时有缺水之虞，而在灌溉面积以内之村庄道路坟墓等占地约一千亩，故实在由旱地改成稻田者，计七千亩。（益以原有泉水灌溉之面积共约九千亩）全部工程需费二十四万六千余元，每亩工程费计二十七元三角，按诸地亩获益计，自属有益，衡以本省财力，则似属过多，但牧惠渠为陕南各渠之发轫，故不得不详加慎审，期于工款经济原则及工程信用下，获得最大之效果也。

——原载《陕西水利季报》第 2 卷第 3、4 期合刊，1937 年 12 月

为汉惠渠灌溉区域清丈地亩告民众书

刘钟瑞

汉惠渠自去年七月一日完成放水，帮助农民插秧育苗，沔县区域之内增加财赋达六百余万，比以渠道初成，将大自然地形，切断的切断，填起处填起，对于区域以内排水工作，虽无时不加注意，但仍难免观察未周，顾及不到之弊，而补救之策，要在一方面运用渠道，一方面研究排水，务使全渠效率与年俱进，方不负创办水利者之初衷，在工程方面，须求其尽美尽善，在管理方面应如何推动，余意欲水利之久远，第一要发挥民众自治之效能，政府管理仅可能及大者远者，民众自治方可责轻利溥，是以每村之中拟定公举渠保一人，以司各村内之指导，每年（由大渠引水入农渠渠引水口曰斗）之内，由渠保公举斗夫一人，以司各斗之水量分配，将来各斗之间，再举水老一人，以司各斗之联系，或有怀疑在新县制下，保甲人员即可充当，农民管理人员，何必另起炉灶？此中组织情形与保甲不同，第一各渠保，斗夫，水老，务须以农为业，而久居当地者，第二既属务农为业，则各家各户之田丘特别关心，易发挥其自治心理，第三渠道经过之处，因限于天然地形，不一定均与保甲之划分尽都符合，有此多端，故政府仍设渠保，斗夫，水老，以辅助管理之效能，而奠定农民之基础，往昔渠堰每多纠纷，或以分水不公，或以上下水之争议，则引起民众之意气用事，是水利未享，而农民徒滋扰攘。今者渠道流水有一定速度，渠道容水有一定限度，渠道分水有一定地方，各斗灌溉区域笼统言之，已有大致之数目，而此疆彼界，狡猾者每据之以施其狡展，如各斗分水则虚报地亩，以为施灌水田惟恐不多，及划清负担，则地亩又惟恐其不少，其尤者如家有良田四处，分居村之东西南北，而南面一角之地，或以特殊关系未受水益，则该家可武断谓良田四处，均未见水，殊不知大渠水量有定，一家多用即其他民众势必少用，方诸情理诚系不公。

征求灌溉之普遍，及分水纳费之平衡，惟有得□丘田地，以至清丈清楚，

以后农民种植情形，用水情形，及收获情形，均可区分，地之权属，在实际情况之下，均可明了，或曰土地陈报前已经办，何劳此次清丈，殊不知陈报，为普遍□业，而清丈为局部之根本事业，将来国家推行地政当以清丈为依据。

本处清丈范围，均于大渠之南，汉江以北地段，不论□有水地或旱地、或村庄、□园、均在清丈之列，清丈地时，□各农户须□指地畔，故由本处制发木桩，各农户自动将地畔用木桩□清，将来清丈即依木桩作为界线，清丈用公尺为单位，每亩以六一四点四公尺折合，此项折合亩数，或须与各农户原管业执照不尽符合，但为划一计，将来渠上分水，即依上项清丈亩数为准，而对于田赋亩数则暂不更易，倘各农户对于本处清丈发生疑问，可迳呈本处覆丈，惟每亩须交纳覆丈费若干，如发现原丈确有错误，即代为更易，而将覆丈费退还，原户如覆丈无误，其覆丈费即抵作覆丈费用，不再发还，以示限制，本处清丈人员均有固定报酬，决不收受任何招待，如有金钱上之骚扰，仍希望民众检举，总之，清丈地亩与地亩注册，和用水管理有密切关系，务希灌溉区域以内之农民，切实协助，完成清丈事项为要。

——原载《陕西水利季报》第 7 卷第 1 期《陕南水利工程专号》，1942 年 6 月

管理汉南水利之刍议

祝绍周

第一章 引言

今天举行中央训练团南郑各通讯小组第五次联席会议，依照上次会议决定：此次会议学术讲演由毛鸿志董克恩两位同学担任，讲演防疫防毒事宜，兹毛董因事缺席，本席利用此一段时间谨将最近对于汉南水利研究心得中之关于"如何管理"问题，专一提出和各位同学研讨，敬祈教正。

我们在研究之初，应将汉江流域和汉南三渠梗概，先有一个概念，兹分别简述如后：

一、汉江流域

汉江水源出自汉南的宁强（旧宁羌）县之嶓冢山，上流在幽邃的峡内，行经乱山之中，至宽川铺出峡，达大安镇，会沔水襃河，注汉江趋南郑境，转向东北行达城固北纳湑水，东洎洋县，为汉江上游。再东流经白河襄南注长江，

会水武汉，越赣皖，趋苏境而入东海。

二、汉南三渠

上渠即汉惠渠、褒惠渠、湑惠渠。

（1）汉惠渠，西起沔县武侯祠，东抵褒河，北至云门山麓，南止江滨，灌溉沔褒两县农田，渠成以前六万亩，渠成以后再增四万亩，三十年五月完工。

（2）褒惠渠即旧山河堰，渠道于河东店上约一公里处，达周寨建分水闸以分新渠及旧山河堰之水，新渠沿西汉公路东南行再折而东行于南郑北原上再趋城固纳入文川河，灌溉褒城南郑城固农田，渠成以前约六万五千亩，渠成以后增溉七万五千亩，预定本年六月十五日放水。

（3）湑惠渠，系干渠两道，灌溉湑水两岸之北沿山麓南抵汉江至文川河，与褒河衔接，东以溢泥界之农田，现兹渠可溉七万亩，将来渠或以后可增溉八万亩刻正夕毅进行中。兹将上渠灌溉表列如后（表4-21）。

表4-21　汉南三渠灌溉表

渠名	原灌溉亩数	增益灌溉亩数	合计
汉惠渠	60 000	40 000	100 000
褒惠渠	65 000	75 000	140 000
湑惠渠	70 000	80 000	150 000
总计	95 000	195 000	390 000

陕南地多黄壤，含有自肥作用，只是雨量不足，时有旱荒，历代兴衰，每以水政为左右，现值抗战建国加紧完成之际，陕南农田水利关系国际（计）民生至巨，一渠完成，功在地方，可想而知。

第二章　汉南水利上的大积弊

过去汉南水利局，所谓水政，不过将班公堰五门堰等修理修理，使其比较能用而已，事实上如何，我们但听汉南的一句俗语即可想而知，我常听人说："不愿做城固县，但愿管五门堰"，又听说：五门堰的收入每年有一千几百担谷子，所谓堰首及主事的一班人，每年除修修堰做做戏摆摆酒以外，即无所事，还有一宗额外的大宗收入，因为此地相沿已久的恶习，下游的农田，要仰上游的鼻息，每年总要把一大宗礼奉上，否则不能受益。这不过是举了一个小小的例子，本席感觉到水利上秕政太多，现在新渠完成以后，应用科学的方法，合理的手段，来管理水利，发展生产，来移转不当的费用，使其至当，来建设"新陕西"谋陕西人民的福利。

第三章　管理机构的改革意见

汉南水利机关是水利局，但是各渠完成以后，汉南水利局已尽其最大的可能最大的势力，原来的组织事实上已不当存在，事实上需要的，是今后设一如何予以合理管理一面除弊一面兴利的管理机关，管见所及，以为今后应设各渠管理局，其组织与任务，试拟如下（图4-1）：

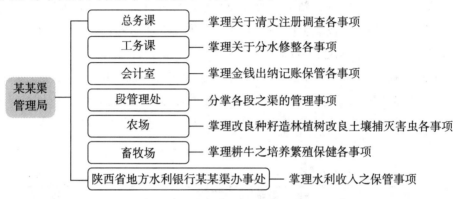

图4-1　各渠管理局组织与任务

以汉南三渠各设一管理局，为使各渠管理确实，分段设管理处，受制于管理局，局设各科室及农牧场：总务课专管土地山川沟渠之清丈事项及转移买卖注册事项和调查事项。工务课专管工程上的修改整理和分水及调查各事项。会计室掌司经临各费的出纳保管记载事项。为使生产力加强，局以下分设农场和畜牧场，分掌①农场方面之选择良种，造林护堤，肥料改良及科学制造绿肥骨肥祛除害虫，改良土壤等等，尤其如改良种籽，制造肥料（大都会多有"肥料公司"之组织，汉南亦应筹设，收集天然及人工制造之肥料，如骨肥绿肥堆肥等等），使得不能耕种的瘠地变成肥沃。②畜牧场方面之培育动力家畜——耕牛，防瘟，繁殖，使耕地增加以后，耕作动力随之而增，而且民间远道购牛，所费甚巨，设或归途被拉用征用，就无力再行购办了，为政府畜牧，人民就近购买，岂不便利，倘有耕地而无耕牛，即不能增产，故此举甚重要。各渠水利，公家设局管理，大宗收入（详下节）应有一保管机关，即由本身设置水利地方银行，各渠管理局各设一办事处，收纳现金缴行存用。

以上，不过就管理方面而论，另外，为谋整个汉南水利合理计，再由各渠管理局局长和地方有关水利人员组织"汉南水利委员会"为建议机关。

第四章　巨额收入与分配

汉南水利，过去为一般豪劣把持收费，虽无确数，但为数必不甚低，将来各渠设局以后，所有过去陋规积弊应一扫而空，化私为公，化零为整，其收入额之巨当可惊人；兹计算收入如下：

（1）各渠完成后，可以灌溉水田约计四十万亩，每亩可以收谷一石二斗（此间老斗）乃至二石，姑按每亩每年收入五百元计，四十万亩，年收总额为二万万元。

（2）水利征收费用，按百分之二计，测每年可收四百万元。受益农户，每亩负担仅八元，事属轻而易举。

水利上大宗之收入，应使其用于正途，因此，水利银行的设置自属必要，且省府建设厅往往限于经费，对于地方应办事宜，无力建设，现在省水利局有此巨款，为双方联系进行，由建设厅设计，由水利局投资，更可每年生生不息的做许多生产建设事宜。

再计算水利上的支出，三渠经常的岁出，以一渠每年五十万，计三渠合计一百五十万元，尚余二百五十一万元，公家多此一宗巨额收入，以建设地方，当然民受其利。

第五章　如何建成此艰巨任务——毅力与勇气

三渠完成，年增大米，至少卅万石（老斗）即供给十万人之大部队，长年驻训，亦可军糈无虞，陕南人民不但不怕荒歉饥馑，并且可以丰足有余，政府管理得法，年增巨额收入，一切建设，均能逐一实现，不致徒托空言，只是要把不良的旧习推翻，新制度建立起来并具有坚强的毅力和勇气，非具有革命的精神，不能达到目的，地方土劣把持上坝头敛财肥己的恶习气，已有多年，已经形成了一股"恶势力"，同时，他们□身利益过于关切，好像已在熬犬口中的一块肉，要去挖他出来，弄得不好，还要被他咬一口，可是天下无难事，只要有毅力，有勇气，和"恶势力"去奋斗，当然可以达到最后的成功，今天特把他提出来，和各位同学商讨，尤其是陕南籍的各位同学，更□桑梓，祸福所关，不论在城在乡，扩大正义的宣传，将来本席将此刍议，贡陈于本省当局，和中央主管各关系会部采择施行以后，可以顺利进行，减少阻力，各同学应竭诚赞助，期底于成，是所盼望，本席谨以管见代作"学术讲演"，所见简陋，

敬希教正（五月三十日于南郑）

——原载《陕西水利季报》第 7 卷第 1 期《陕南水利工程专号》，1942 年 6 月。

祝褒惠渠放水谈到新兴水利与旧堰

李蕴之

在此长期抗战物质缺乏的时候，经三年努力，褒惠渠竟然放水了，滔滔绿水顺渠而下，灌入广大的田亩，除旧有的山河堰所能灌到的水田外，又可增加了水田七万余亩，因此可以加多了后方食粮的生产，安定了人民的生活，也就是增加了前方抗战的力量，这是政府投资农田水利的大成功，而褒惠渠之能如期放水，不能不归功于主持者的惨淡经营，及各位同人的苦干精神——陕西省的公务员待遇，比较其他各省都低很多，同人中有的仅能维持最低的生活，有的则将连最低的生活已不能维持，而竟能在困苦艰难之中，将此巨大之事业使其完成，这完全是苦干的精神所维系。确为吾水利界之光荣——今天放水之日，就是同人事业告成之时，看到渠水满田，此种快乐，想已将三年的劳苦补偿了吧！谨为诸同人祝贺。

有的人怀疑，既有山河堰也很不坏了，而再费几百万元修筑褒惠渠为甚么？再褒河水量，只灌旧有水田已感不足，争水情形已连年发生，如更增加五六万亩，岂不是将原有田亩的利益减少？这种说法，初听也很有理由，惟详细研究，则兴修新褒，大有必要，谨就所知，略陈于下：

含沙问题：到陕南不论哪一个旧堰去看一下，渠道的两岸都高起似山，这些似山的废物，完全是河里的沙子顺流而下，到渠道坡度较缓的地段，就沉水下来，渠底淤高以后，妨碍水流，不得不淘挖出来，年年如此，因而成山了，而所费的工，则不知多少，而渠放水不能畅流，新式的渠呢？在河水没有入渠以前，河底的沙，可以从冲沙闸冲走，进渠道以后，即便再有少量沙的话，仍有沉沙槽，按时又可挑到河内，因此沙子不会到渠内一步，渠水量可以固定，挖沙的工，也可以省去了。

拦河堰持的久：旧堰的所谓硬堰（即拦河堰）多以卵石砌成，最讲究的五门堰，也加竹笼木骨而已，稍大些的洪水，就会冲毁，每年修理要好几十万元，而一被冲毁，渠水立时，就可断流，田禾收获，即成问题。新式的拦河坝，乃由料石灰泥砌成，其形状大小是科学方法计算出来的。它的力量，能抵御本河最大的洪水，一劳永逸，每年的修理费所省不赀。

　　渠水量的操纵，旧堰渠里的水量，随河水的涨落而无一定，所以常有田里不需要水，而渠水过多，且有田亩被冲的可能，新式工程，渠首有进水闸门，节制其入渠的水量，河水少时，虽不能使其加多，但可使全部流入渠里，河水大时，可以只使需要的水量流入渠内。

　　排洪的设备，常有渠道多半下游比上游大，其原因是沿渠各田内的雨水，都流入渠内，再由渠内退入河里，山洪暴发的时候，渠被毁了，田被淹了的情事，常常发生，新式渠道所遇的旧渠等，全用涵洞式渡槽及排洪桥等渡过，所以渠道上大而□小，不致被毁，田地可以安全可靠了。

　　分水问题，旧渠分水，只以洞口大小为准，于是有的进水多灌田少，宁可将余水湃入河中，绝不愿将洞口减小，有的洞口小而灌田多，欲得足水而不能，眼看着他渠的宝贝的水流走而不能得到，于是争水情事，连年不断，因此食粮收获，亦复减少，新式工程，分水均用斗门，用科学方法管理，只能供给各田所需用的水量，于是水尽其用，田水足量，民无可争了。

　　上下争水问题，向来旧堰上不管下，好比一个河道，上下有好几道堰水渠不只足用，且尽量使河水入渠用不完的使其流走，而下游的堰则水量不足，以致插秧不够，秋收无望，但习惯这样，无法可想——今年本人亲眼看见城固五门堰渠水，已因太多自堤顶漫过计算其所灌之田，则只需全量三分之一已很足用，其余之水，全渠流入河，但下游的杨填堰则水量很少，灌田不足，但上游的水，绝不肯少放些水，使下流的渠，也可以有水可用，诚为可叹，新的工程，对于水量是统筹的，某田需要多少水，就放多少水，既可足用，亦可平均，争端可无从而发生了。

　　水量问题，褒河水量，在陕南诸河中为最大，而山河堰只灌田七万亩，虽然大旱之年，或有不足之情形，但平常的年头绝对不是不够而是把水全被上游田户放走，所以才感不足。但我们不能拿旱年头为准，当然平常的年头为多，假若好的年头增加收获量，而旱年也并不比河水量所可能收成的少，一定是合理的吧。

　　——原载《陕西水利季报》第7卷第1期《陕南水利工程专号》，1942年6月。

褒惠渠放水后的几个问题

沈肇炳

褒渠工程，自廿八年十月开始，迄卅一年三月试水，费时逾二载，用款四百万元。兹以正式用水，业已开始；用敢将一二管见，与邦人君子讨论之。

用水量之分配：查稻田用水，每次以一公寸半计，再加以百分之三十三之渗漏蒸发损失，则每秒一立方公尺之水量，每日可灌田七百二十亩；依一般良好水田之例（俗称稳水田），每灌一次，可支持二十日以上，姑以十五日计，则水量达该渠最大水量每秒十五立方公尺时，可灌田十六万二千亩之谱。但以各地土性不同，沙质之田，每灌一次，只能支持一二日，是则沙田一亩之用水，将十倍于稳水田之用水，如是将来对于水费之征收，似宜酌定标准，以每年用水次数之多寡而定。且为粮食之增产计，亦宜予稳水田之优先权；盖政府兴修水利，其目的在增加收获，收取水费，不过作管理及养护之经费，非所以为牟利计也。

用水之道德：水量之分配，既如上述，则以现时灌溉区域之可能灌溉田亩计之，绰绰有余。但以人性恶劳好逸，用水之时，只知开洞，而灌毕之后，每即懒于封闭，任水排下。干渠上游之用水田户如此，即足以影响下游之用水田户。当局对于田户用水，早已订有条例，甚望用水田户，排除旧习，绝对遵守，以期利益普遍，而能发挥褒渠之最高效率焉。

斗渠工程之进行，干渠所以输水，而引水入田，更当挖筑斗渠网。干渠因土方稍大，业由省府明令南褒城三县全县民工修筑，早已全部完工，足以见当局对于农田水利之重视。至于斗渠，例由受益田户，自行修筑；但自三月初试水，以迄于今，斗渠之修筑，尚未能达到理想之程度；虽云由于去岁歉收，农民乏力，然亦有内在之困难：盖地方明达之士，对于斗渠，每自动联合农民，同力修筑，故成效易着，如赵寨、崔家沟，及田家营等地是。然亦有许多为富不仁之田户，故意破坏进行；修筑之时，利用贫户急于变地成田之心理，拒不出工，而贫户则只得忍痛加工，待斗渠完工，彼则坐享其成。再者斗渠下游之田户，每受上游田户之挟制，修筑之时，上游田户每拒不出工，即或出工，每当上游完工，即置下游于不顾。流弊所及，足以影响灌溉田亩之增加。甚望当局制定修筑斗渠之条例，庶能除此颓风，而于民食军糈，少有裨益焉。

（4）科学化之推进：水土经济，为一极复杂之科学；泾惠渠灌溉田亩已逾七十万亩，每亩收麦逾一石，产棉逾一百斤，而先贤李公仪祉犹以为尚未发挥效率达百分之五十。愚意当局宜每隔五至十公里，设立农场一座，从事研究学理，指导田户，庶使地尽其利，田无荒芜也。

农田水利事业，千头万绪，推进改革，亦非一二年所能收效；以上不过拙见所及，举其一二。其他如副产业之推广：培养森林，足以解决陕南之煤荒；广植桑麻，足以解决衣料之缺乏，而促进农村之繁荣；而跌水上水力之利用，更可作发电之原动力；是则在诸当局之领导及社会人士同力以促进焉。

——原载《陕西水利季报》第 7 卷第 1 期《陕南水利工程专号》，1942 年6 月。

一年来汉惠渠灌溉工程概况

张寿荫

汉惠渠灌溉工程，自去年六月三日试水，灌田，正值天道亢旱，农田插秧需水之时，乃昼夜未停，普施灌溉，农田得以插秧者达二万八千亩，农民增加纯益三百万元，沔县倡办之县立中学，募集稻谷基金六百石，于十五日内完全集齐，树陕南各渠之楷模，在地理上汉褒两渠为兄弟渠，灌溉面积相接壤，汉惠渠于客岁七月一日举行放水典礼，迄今恰及一周年，谨在庆祝褒惠渠放水盛典之前夕，将汉惠渠年来之进展作一节略之叙述：

汉惠渠灌溉事业，可按增添工程，分水灌溉，组织民众，养护渠道，及农田获益等五项，加以说明：

甲、增添工程：拦河大坝，去夏放水时节，尚留有缺口，以放水甚切，暂用片石堵齐，至秋间大河水迫，即将缺口部分，全部补齐，且将大坝海漫下方之消力槛设备做齐，并略予加强，客岁放水仅达十六公里之黄沙河畔，至黄沙河之下，尚有土方五万余方，藉冬令征工之时，将全部土渠工程完全做齐，由渠首至渠尾，计长三十一公里，放水之后，业已畅通无阻，去岁沿渠排洪工程在实地考察，认为尚有数处必须再补充排洪设备，渠道方可安全，如三公里处之三四沟之排洪木桥，已改建石拱双孔隧洞，李家沟洩水坝，已经改修为平安排洪水道，堰河河底隧道，已将全长之半数，由乱石式铺顶改做为流水坝式铺顶，以期安全，沿渠涵洞之迎水方面，均用灰土予以加强之保护，虽就工程上所必需，予以增修，惟以人才材料两均缺乏，只得以最经济方法因陋就简，予以整饬，而今时最感迫切者为各处木营涵洞，已均不能胜任排水，俟秋收后，必须另行加强，方可不致□事，沿渠斗门暂以木制，既不耐久，尤易为民众偷启，故经济稍有充裕，仍以换置铁斗门为稳妥。

乙、分水灌溉：汉惠渠横穿堰河及黄沙河两处，旧日堰河上，有山河东西堰，黄沙河上，有天分东西堰，一向插秧之时，水量均感不足，诚以两河水量限，灌溉面积达五万余亩，故感水量之不敷分配也。去岁放水之后，已得抢救荒田达二万八千八百亩，仍以汉渠放水时间过晚，而力与心违，本年四月，在播种期间，试放渠水，至每秒八立方公尺，则育秧工作，仅用七日时间，即以足用，至本年小满节，插秧期间，渠中试放每秒十一公方大水，六日之内，所有秧田完全插齐，计共旧水田五万亩，及新增水田二万亩，均已获得插齐，现在仍继续将旱地变为水田，预计全区之中，可扩充水田至八万亩，其无力改田者，各以人力畜力两感缺乏，至明岁夏间，或须将全部面积十万亩之灌溉，完全普及。

丙、组织民众：依照灌溉章程，各村应公举渠保一人，每一斗渠之系统，由渠保公举斗夫一人，司斗门之启闭，及分村之分水，各斗之上，另举水老多人，组织水老会，在本年插秧之前，会招集全体水老斗夫会议一次，借以普遍用水方法，及各人应负责任，与夫工程处及民众之联系等事，一年一来，民众用水甚有秩序，而修沟及整渠，尤为努力，本年秋间，仍拟普遍推动修沟及修路，以利用水，以便农民运输，其新增水田之农渠，均已事先予以技术上之领导，顺利推行。

丁、养护渠道：全渠各项建筑物，多以经费关系，率从简陋，因而养护工作，不得不时刻注意，现拟逐段将木制建筑物，改为砖石垒砌，并多用永久材料，以加固工程，其土渠工程，多以干渠初成，土垫甚大，尤以填土方面，下垫尤多，虽时加修缮，仅能维持遇水现状，拟予秋收之后彻底再予整理，工事繁琐，而费时必须沿渠植草植树、完全普遍、土渠方可臻于安全。

戊、灌溉获益：去年水田插秧之统计，收益农田达二八二七〇亩，全部农产物价值约九百万，因旋用渠水而获到之利益为三百万元，本年度灌溉水田达七万五千亩，预计农产收获达五千万元，其半数为渠水上之纯益，约为二千五百万元，其旱地用作水田，地价增益一项约为二千万元，较诸已用之全部工程经费计三百三十万元，已超出十倍之上，现正从事清丈及注册工作，以期农民有合理之收获，而对于工程上有公平之担负。

汉惠渠之效益，既如此之伟大，至全部土地施水之后，农业增产岁有增加，而本年度尤有进者，即沔县黄龙岗，上位属高源，经地方及行政长官，与本处之合作努力，已完成旱地灌溉渠道，扩充旱田四千亩，用款仅二十万元，费时仅四阅月，诚以汉惠渠成，人民对于水利认识，较为切实有以致之，本年秋间，仍谋于汉江南岸，再辟汉惠南渠，仍得水田八千亩，嘉惠农民固非浅鲜，尤有赖于吾陕各级长官及各方人士，详予指导。

——原载《陕西水利季报》第 7 卷第 1 期《陕南水利工程专号》，1942 年
6 月

褒惠渠旧田之给水与排洪

张嘉瑞

陕西水利局将旧山河堰用新技术改造，并扩大其灌溉效力，渠成，命名褒惠，是以褒惠渠溉田有新旧之分，各得七万亩焉。余于廿九年奉命执汉南水利管理局事，管理陕南旧堰渠，山河堰其最大者也，曾注意及之，绩三年之研究，颇知其利弊，兹于褒渠放水之日，改旧树新之时，爰就旧田之给水与排洪问题，提猷当轴聊备申贺云尔。

给水于旧田，余主另置支渠，直接由新干渠引出，渡过旧干渠（即俗名官河）分支溉田，支渠若干，各再分支若干，当视地形及灌溉面积而定，旧洞支渠农渠可用者利用，否别另辟新县，以合理化为原则，何以如此，兹申论之。

第一，山河堰旧例失调，牵动用水，利不易溥，而水浪费，上劣借其滋事，整饬弗能，废旧干渠及水洞后，旧例立刻打破，控制裕如。

第二，山河堰上八洞，田少水丰渠短，明口子渠道迂回遥远，三皇山田高渠低，下三道农渠田纲乱离，中六道居封水之尾，因此当荒水时，（全部统不封洞任其自吸水量）则以遥远受亏，若□封水，则又为五天时效所限。褒惠渠经旧渠究送若干水量始足旧田之需乎，难事也。

第三，吾人穿渠引水溉田，其需水总量，自当恃渠水供给，天雨来否弗顾及也，但吾人若考察陕南各堰渠需水来源，半靠天雨半恃堰流，盖因陕南雨量丰富，各堰渠水量有盈，好事者辄以利己动态，引渠续之，以接余水，经年累日，则成堰田而得水权矣，设遇天旱，水量自不敷分给，所续农渠，非经当初整个计划所拟，自不能散给周全，于是争水之讼起矣，山河堰位居汉中，何能例外，龙江铺三堰，一大部仰仗二堰上四洞湃水，三皇川续于二堰之尾，十八里铺南部之田，又续于三皇川，褒渠若经旧干渠送放按照田亩总数所需之水量，设遇天旱，自不敷用，新渠之效，被其复掩矣。

第四，旧干渠在八里桥以上，统系沙底，渗漏甚大，吸水甚凶，褒渠所定每秒十五立方公尺水量，对此种大量消耗，恐未计及也。

由上四项观之，旧田仍用旧渠给水，势甚困难，可断言也。

旧田排洪，为南郑县城附近一大问题，余主排洪与给水分建渠道，而旧干渠（即山河堰官河），专负纳洪之任，此排洪去路，拟利用沙堰子沟，西关影珠桥沟，东关漫水桥沟及清明寺沟，只须将接连关河之进水口扩大，建成凹口，置于适当地位，即可试申言之。山河堰旧干渠，起自河东店，终于十八里铺，横断褒河窑厂沟间之平川，北坡径流洪水赖以排洩，设若二十四小时内降雨超过七十公厘时，即有每秒八十立方公尺泥水，通过李家桥附近之山河堰旧干渠（即官河）其中每秒三十立方公尺，由褒河洪涨涌入，每秒五十立方公尺，由北坡洩聚，斯时如适逢封水，上十四洞统被封闭，则赖以排赴汉江者，仅明口子及通过二道关之旧干渠而已，且明口子以东尚有伍家沟等之洪流，而明口子及通过二道关之旧干渠泻量有限，山河堰旧干渠势不能容纳，于是有李家桥之决口，南郑北关及东关以至七里店，常受溃水之灾矣。

山河堰旧干渠，（官河）既收如此凶盛之洪流，其赖以均匀排出者，全恃右岸附近之大小五十洞口，即旧田之支渠也，其任务引水灌田，且兼排洪，以致水量大小不定，渠身忽溃忽淤洞中要□且水口宽大者，已被刷成深沟，引水不便矣。

给水渠与排洪道，既兼用不便，且已有冲深之沙堰子等四沟，给水引用又不宜，吾人何妨将给水排洪分开，以沙堰子等四沟专作排洪之用，旧干渠专作纳洪总道，另由新干渠引水渡过旧干渠，再散给旧田，岂非合理而且安全之策欤？

——原载《陕西水利季报》第7卷第1期《陕南水利工程专号》，1942年6月

湑惠渠工程计划及实施现状

耿鸿枢

湑惠渠工程初步计划，早在二十六年春，业已拟定，二十八年秋，施测灌溉区域地形，该年冬草定计划，编制预算，期以实施，惟因工款无着，工乃延搁，三十年秋，汉渠既成，兴筑湑渠，要求迫切，因以比年□期时愆，旧有湑水各堰，时感水荒，经各方努力，得于三十年九月初成立工程处，筹划施工。

一、计划

考湑水河为汉江支流之一，源出太白山南麓，行丛山中，迄升仙口出谷，于城固城东七公里处汇入汉江，全程约一百五十余公里，上游平原稀少，瀑跌颇多，灌溉航运，均难利用，升仙口以下，当汉江溢地东端，位居汉江左岸，地势平衍，土质肥腴，筑堰灌田，昔时已兴，及今已开之堰凡六，计河东有百丈杨填两堰，河西有高新五门汉兴等四堰，共计灌田约八万余亩，就中以五门堰工事较好，灌田亦多，约居半数，惟各堰工程，墨守古法，挥河工事，颇为简陋，均用井字捲木及竹笼各实石为之，乃以竹木孔沿靡定，故年有朽毁，因之工事烦殷，养护费巨，倘洪流过大，堰身冲崩，则修理之费，更形加巨，复以各堰，独自为政，以致上下分水不匀，累年争讼，议者每诿之水量不足或渗漏过巨，是皆非扼要之谈，实则多因各堰工程设备不善，堰闸简陋，渠道折曲，以致泥砂淤积，水流不畅，复以上堰引水不加限制，排水多洴汉江，故下堰时感水荒，乃至轮灌不足，湑渠计划，要以排除上述缺点为前提，依度地势，宜于升仙口筑堰挥河，东西各晒一渠，以资引水，东渠灌范北沿山麓南至汉江西起湑水东接溢水，河东两堰旧有水田包括在东渠灌溉范围之内，西渠灌溉范围北沿山麓南至汉江东起湑水西抵汉川，河西四堰旧有水田包括在西渠灌溉范围之内，纳诸堰于一首，以便易于节制，避免虚耗水量，藉增灌溉面积，旧堰计共灌田约八万余亩，新渠成后可灌田十六万亩，计增灌八万亩，据卅年十月间估计共需工款九百一十八万余元，以十六万亩折合，计每亩应摊工费为七十余元，兹将旧堰养护费（每亩平均需二十元）除过，则增灌田亩所需全部工程费为七百五十九万元，每亩应摊工费为九十五元，然旱地拟为水田，每亩年可增益二百元，全部可增益一千五百万元，工程用费，一年期间，便可相抵，而地价增值还未计入，□属发展生产建设之要图。

复考初步计划，原有蓄水之议，嗣因实测地形所得，施筑蓄水工程，所费甚巨，按照现行计划，只减灌庆山以东一带旱田约一万亩之数，惟此带地势特高，引水提高十公尺，尚不能全部施灌，而引水提高，势将增加渠水工程（堰闸均须抬高），非但抗战期间物质所不许，即就经济原则而论，亦所不值（约增全部工程费一半有奇），倘为施灌，此带旱田之计，应酌于湑水上游，选地引水，俾省费效亨，而免影响全部工程。

关于渠首及渠道各部工程设计及参考资料，均另文详述，兹不复赘，仅将全部工程预算表全部工程颁明表及施工程序表，分别于后：

（表附于后）

二、实施

滑惠渠工程处于三十年九月初成立，期以两月工作，俾将旧有计划加以整理，并重新定预算（原预算系于二十八年冬季统计，因工料高涨，不能应用），原定渠线尚有斟酌处，因时间会辛，故仅按原定渠线略加整理，并将建筑物重新拟定，计划与预算历经两月，大致草成，分别编制，呈送审核。原拟施工期限为两年，设修工程定于卅年冬底赶齐，堰闸各工，以需料较多，修置费时，定于卅一年秋洪过后施筑，其他渠道上工程，尽先备料，期于卅一年春季次第施工，定线工作于三十年十一月中便即着手实测，详勘地势，比度长短，线定后随测纵横断面，勘定建筑物，计算土方，丈量渠道占用地亩，给制图表，西渠计长一八点五公里，于三十一年一月间全部竣事，二月中整理建筑物图表，三月初继续施测东渠渠线，长二十三公里，预计于四月底可告竣，惟因预算于三月间方始核准，而工款亦未能大量拨到，致全部工程未能按预定计划进行，在预算未核定前，除定线工作实施外，并于堰首部分勘查石场，采取石样，选定地址试烧白灰，石场及灰场，现已采定，均在升仙口附近，取用捷便，堰址地位，亦详加研讨，并探试河床情形，至今还未发现横河石床，复因修置大量水泥困难，参照国内外代水泥报告书，试烧代水泥，迄今工作两月有奇，所得结果还未能满意，预于最近派人到綦江代水泥厂考察，以作参证，倘此项代水泥能成功，则全部工程可挹益良多，故刻下所急于成就者，斯为最要，全部工程均拟采取承包制，避免少受物料涨价之影响。

滑渠预算，系于三十年十月间拟定，十二月初同盟国便对倭宣战，物价陡涨，工料价格倍增，复以最近缅甸交通断绝，物价又复猛提，往时预算，今已不是用，而农贷款本年度分配五百五十万，仅核原预算半数有奇，然物价是否能从此稳定，还未能逆料，惟望工款能按时拨到，则筹划之策，可逐步进行，庶几先做一步，便可少受一步困难，更期社会人士，多加协助与指导，俾使工程早日得成，幸甚！

——原载《陕西水利季报》第7卷第1期《陕南水利工程专号》，1942年6月

陕西省汉南水利管理局施政三年来报告（由二十九年四月起至三十一年六月止）

张嘉瑞

局史：汉中盆地之水利管理，肇自西汉以迄于废清，历代设有专官，民国以来附水政于县吏，管制乏术，利疲工败，陕西省政府有鉴于此，爰于民国二十二年七月一日成立汉南水利管理局，荐任陈靖主其事，管辖区域，南城洋西褒沔留七县，迨至民二十五年，改任杨炳堃长局事，加强组织及经费，并添聘工程师扩充辖区，以至五六两区二十二县，延至民二十七年十一月，以省府减缩案内，奉令停办矣。

恢复经过：民二十九年三月，建设厅厅长兼水利局局长孙，南巡莅汉，目睹裁局后国计民生之损失，忧心如焚，立即分别呈函省府，及有关厅处，拟请恢复汉南水利管理局，以资整饬汉中盆地之百流渠堰，加强粮食生产，而增抗战力量，当蒙省府会议通过，遂于二十九年四月一日恢复成立，荐派张嘉瑞代理局长，以迄于今。

管辖范围：经本局之请求，将原来隶属之安康河谷地区抛出，专管汉中盆地，汉江支流，养家河，濂水河，冷水河，南沙河，灙滨河，溢水河，湑水河，文川河，天台山水，褒河，黄沙河，及旧洲河等，十二河系所引堰渠百道，分布于南城洋西褒沔六县境内，河系水利协会十二，堰渠水利分会八十六，灌溉面积五十余万亩。

法定执掌工作：省府颁布本局组织规程，指示执掌如左：

（1）整理汉南各县水利并办理注册登记。

（2）管理汉南各县渠堰之修理及使用。

（3）调处汉南各县人民水利争议。

（4）调查汉南各县水利研究其改良扩充方法。

所称汉南辖区，为南城洋西褒沔等六县。

组织及经费演变：本局于二十九年恢复后，每月给经费一千元，置二股，辖事务员三人，指定由褒惠渠调用技术人员（事实当不可能）。三十年度，废股改课，填技术员额二人，月给经常费一千七百二十五元，三十一年度，本局遵令依参议会建议，曾拟俱加强组织及经费，以资管制此汉南之百渠，而发挥其效力，借助抗战，粮食增产，尚未蒙批准，而本年度经费，因通案职工增薪之故，本局经费亦添至每月二千二百九十元，但若实际研究，则知赖以发展事业，推动工作之事业，（在经费内）反由每月五百元，减为二百元，以致工作困难，超支负债累累，若非本局早将各堰下层人员训练就绪，多能深明苦干爱国大义，遵令认真引导堰民，早修渠，早放水，早插秧，则本年本局之贻误，恐不易脱去也。

施政策略：本局于二十九年四月恢复成立时，适逢天旱，适遇插秧季节，而前任所组织之各堰渠分会，自廿七年裁局后，亦无形解体，本局急一面派员招致各堰人员，恢复成立水利分会，一面就汉南气候雨量以及各渠个性，研究旱潦灾害之成因及防御，迨至三十年度，本局深思若以现有之微小人力财力，于所辖之百流堰渠之水利分会，以及六县境内之散形水利，按照组织规程上指予执掌工作推动，势不可能，况以本局之权力，应做之事业千兴万绪，全面前进，不惟势不可能，而且势必顾此失彼，对国计民生自无裨益，于是毅然决定，以"安定堰渠秩序，增产抗战粮食"之方针，拟定工作策略三项，埋头苦干，不再贪揽工作。

（1）成立并加强各河系水利协会（前期水利协会多未成立），以辅助本局人力财力之不足，并巩固各堰渠之团结协和，免去无谓纠纷争讼，使本局得以管制裕如。（例似现行之专员制度）

（2）训练堰首，使有明了党义，拥戴领袖，爱护国家，及尽力抗战之道德，水利工程及测绘农事之学术，盖必如此，堰渠方得赖有合理之领导，因堰首为管理堰渠之基干，直接管工直接管民故也。

（3）制定防御旱潦工作，一曰种植早熟农作物，二曰冬工疏浚渠道淤积，三曰春工深淘滩低修堰，四曰空田存水阶垱储水，五曰各堰下坝提前放水提早插秧，凡此五项，皆系从侧面射入各堰渠，不违水利法规，不背各堰旧例，土豪劣绅不觉刺激，在汉南常遇一年之中，先旱后潦，若以次行此五项工作，全部插秧不成问题。

工作成绩：

（1）成立并加强各河系水利协会，选定年高德重热心公共事业之长老十二人，分别担任本局所置十二河系协会长，并将协会经费核定，人事充实，予以权力，予以优礼待遇，十二人中，多系知名年长之士，持身公正，该会长等任职后，颇能勤劳，将该管河系渠内各堰渠，提纲挈领，巩固加强，各堰渠分会分别审查，予以充实，或剔除，或合并，现成立坚强之水利分会八十六，所有纠纷，易者事前即予消灭，繁杂者就地予以排解，催动冬春工程，强制存水放水，有助予本局实多多也。（汉惠成立后并去二河现存十协会）

（2）办理堰首训练班，本局呈准办理各堰渠堰首训练班后，即于三十年十月开始授课，十一月初完毕，计□到新堰首几十名，多系高级小学毕业，尚有初中及初职毕业二三人，皆年富力强，曾授以党义公民水利法规之大意，灌溉测绘农种工程及会计之常识，毕业分发各堰渠工作，颇能勤奋工作，其成绩有数端：

①完成各堰渠勘测详图五五幅为前所未有。

②大量推动冬工疏渠扩展至农渠支渠。

③扩大存水及提前放水，本年（卅一年）五月中旬及下旬雨量得以利用，并强催农民一面割麦一面插秧，赶至芒种各堰渠大部栽插齐全。

（3）施行防御旱潦工程，五项工程于廿九年冬即开始逐步施行，其中最要者，为提前放水提早插秧，于三十年初夏办理，本局以此项工程为创办，且本局人力财力有限，故决定除濂水，冷水，及褒河三河系各堰渠，由本局直接派员领导工作外，其他各河系堰渠，则令协会长督导之，卅年度之一旱一潦二十九年平度尤甚，但本局行此策略，强插成活者三万六千八百七十亩，得米三六八七〇担。

三十一年督饬受训堰首，大量推动，共存水二四四九九〇五点〇立方公尺，疏浚渠道三二九四八三点〇公方，赶至芒种，汉南十河系各堰渠，大部插秧齐全矣。（往年芒种过后始大量插秧，较往年早完半月，按夏至过后，即不能插秧，往年夏至前十日，为械斗纠纷最多之时，多不能掌齐）（能利用五月份雨量填水插秧者恐尚系处女工作也）

——原载《陕西水利季报》第 7 卷第 1 期《陕南水利工程专号》，1942 年 6 月

创办提前放水插秧报告书

张嘉瑞

一、缘由

稻居陕南食粮之主，需水之多，亦位各农作物之冠，关于水之运用如何，陕南殊不可忽视也。

陕南位汉江上流，虽被列长江流域，究与下江不同，吾人披览历年水象记录，以及陕南大地之自然情况，即可知矣，其不同之处约有下列数点：

①陕南六七八九四个月中六月正居雨量最小之月，适于此月插秧，

②陕南八月九月易逢雨潦，晚稻适值此时结穗，

③下江平地港汉湖沼，农田四周被水包围，有时埂外水面高于田面，田土不易干燥，陕南则相反，

（4）下江农田是由水中夺出，（与水争地）陕南水道池塘，多由人工建成。

以上四项皆有害于插秧之生长，六月约当农历四月下旬以至五月正插秧之时也，而田中麦黄收割，土地干燥，需要大量之水以注之，方宜插秧，此批水量约一○○公厘，吾国江南试验之水稻需水量，总数九○○公厘左右，而此泡田之一○○公厘水量则未计入，盖因下江地潦不甚需要也，此一○○公厘泡田水，实握陕南稻粮之命运，缘无此水量，即不能插秧，夏至过后，虽有透雨，已误期秧，勉强插秧，九月雨潦，亦不能收获也。

六月降雨次数虽频，然仍应视每次质量若何，设若三日一阴五日二雨，每次不过降雨数公厘，合计每月虽有五六十公厘，亦无济于事，实因一则田川不能起水涌于阡陌，二则我国旧谚四月南风大麦黄，正日暴蒸发之月，土中所收滴点降雨，易被收入空际也，若六月能有一次雨量，降落在四十公厘以上，则稍施灌溉之水以助之，丰收预期矣。

当今陕南旧有渠堰，其灌溉面积，皆较初年开凿时扩大几倍，设若六月雨量淡薄，渠水不易达灌区上游，误秧期矣，此灌区下游，即后世扩增者，世人不明此理，动辄即以某堰某年未能栽插齐全为宪，下游农民亦常以某年未见水为争讼，盖因入渠量，只符原有灌区之用，古人筑堰开渠，并非无计划也。

雨顺之年，六月插秧不成问题，惟陕南经常雨顺之年居多，旱年不多见，即遇一次旱年，济以历岁存米，亦可平安渡过，惟抗战后移民大增，且粮为决胜之本，岂可再逢旱年乎？本局有鉴于此，并目睹二十九年旱灾之苦，拟定防御旱潦工作，而对插秧前之水，加以控制工作，即提前放水提早插秧是也。

二、提前放水提早插秧办法

管理旧渠难于管理新渠，新渠根据科学并新技术作成，水有定量，田亩有定数，灌溉系统布置合理，故对于控制水量易事也，旧渠一切零乱，各有旧规及相沿习惯，在水利通则上，已取得立场，因此设有改变放水规程，则必引起

阡陌间之乱动，非上策也，陕南习惯用水期外，任何支配水量，不以违背法例论，本局深研当地一切情况，及农作物与需水相关之理，拟定在用水开始前，争取水量与时间，以济各渠下坝易受旱潦之田，并不引全渠堰民之异议，即提前放水插秧也。

陕南习惯，年于小满前，各渠择日举行放水仪式，由是日起，即应按规放水，开水日前却无人对水量过问，因不甚需要也，今于各渠开水日提前二十天，先行放水，不举行仪式，定名"预放"，以此提前之全部水量，直放送下坝各田储满，以备插秧，一则不背法规，全渠不易引起争执，二则上游小麦未熟，并不需大量之水，顺水人情都乐为也，下坝得水后，即督促插秧，此种"早稻"，八九月虽遇雨亦不妨也，小麦收获，上坝近水楼阁，插秧自不成问题，如此实行后，全渠统可栽插齐全，丰收有望矣。

三、本年旱象

陕南本年自四月起，即雨泽稀少，至六月初旱象更现，因鉴于去年之灾，人心恐惶，六月落雨八次，其中竟三次有雨无量，最大一次只二三、七公厘，其他未有一次超过五公厘者，较去年旱灾之六月尤少一一、二公厘，若以二六年丰年六月之一○六、三公厘论之，相差更甚矣。（雨景图）

四、提前放水插秧前奏

欲使提前放水插秧效能圆满，须将下列二种工作事前办完善：

（1）冬工疏浚渠道：渠道为输水之本，陕南各渠年久失修，淤塞塌溃，已失输水之最大效能，虽提前放水亦无济于事，本局于去年十二月起，即派员四出，督率各渠分会长渠首征集堰民，从事渠道疏浚工作计至本年三月止，共竣渠道二七四公里，共作土方二十一万五千九百八十九方。

（2）劝导各渠下堰堰民多种早熟农作物，各渠受旱灾失利地段，常在下坝，提前放水插秧，亦系对下坝谋利救济而设策，但下游若无空田，或所植农作物统系小麦，其成熟期与上坝一致，则提前之水因下坝小麦未割，不能利用，及至下坝小麦割毕，放水之时，正上坝小麦收毕插秧之期，亦循例开水矣，焉能放水独至下坝乎，故下坝欲取提前放水插秧之利，须种植早熟小麦或大麦豆菜等，可较普通小麦早熟半月，吾人即争取此半月闲水以备下游插秧，此半月闲水，实国计民生之本，抗战之基也。

五、本年初办提前放水插秧情形与成效

本局深觉在陕南旧堰渠区域，欲防御旱潦增加粮食，惟有提前放水插秧为上策，本局拟得此策略后，即于二十九年冬季开始创办，全力以赴之，除将冬春工程依计划开工并劝导人民种植早熟农作物外，即积极进行提前放水插秧工作，本局以人力资力有限，除派员赴各堰渠，督促各分会长堰首加强努力外，特于褒河濂水及冷水，集中本局人力，亲往阡陌指挥堰民，办理提前放水插秧。

本局此种策略，在本年因系创办，除小心翼翼工作外，各堰渠各地习惯，自当迁就，以缓冲复杂之障碍，约分数件进行：

甲、用空田加高田埂作小塘提前储水蓄水。

乙、正式开水前提前放水。

丙、正式开水后上坝小麦未熟下坝提前放水。

丁、无论上下堰各支渠下段统提早插秧。

办理以来尚称顺利，在本年旱灾甚于去年之情况下，本局在褒冷濂三水流域，共强插秧三万六千八百七十亩，每亩以得米一石，（三百旧斤）值洋四百元计，共值洋一千四百七十四万八千元，设若本局未行此策略，则无此三万石米之额外收获。

提前放水插秧之效可简括言之：

甲、各堰渠下坝已得储提前之水，虽遇旱年渠水减少亦不误插秧，南郑东三皇川山河堰下坝尾田，本年例外共插七千亩（三十年）。

乙、提前所插之秧，至六月泽稀少时，已有半月以上生长，苗体强壮，虽整月无雨，亦不枯死（南郑东三皇川去年受旱，并未提前放水插秧，循例用水后，仅争余水插三千亩，六月内天旱渠水不济枯死大半）。

丙、早稻至八月之初已结穗，不受旱潦之灾（南郑西门北门外各支渠，去年未提早插秧，至八月淫雨月余，统变成草，粒穗未结。）

——原载《陕西水利季报》第 7 卷第 1 期《陕南水利工程专号》，1942 年6 月

后　记

　　本书是我的博士学位论文《明清以来陕南水利社会权利秩序研究》的副产品，更确切地表述应该是原材料。2018年，在经历了八年的屡败屡战后，我终以36岁的高龄进入华中科技大学法学院攻读博士学位，承蒙孙旭师推荐，李力师不弃，得以忝列门墙，进入法律社会史的研究领域，探寻法律、历史与社会之间的奥义。在喻家山下求学的日子里，我经常与李力师环喻家湖行走，李力师一路行走，一路指教，使我受益良多。我的博士论文选题就是在这一次又一次的喻家湖行走中完成的。李力师时常告诫我，法史研究一定要注重史料，从史料出发，通过对史料的解读得出结论。这也使我明白了，法史学研究如果不夯实史料的根基，哪怕运用再新潮的理论、范式、方法，都只是搭建空中楼阁，根本经不起风吹浪打，更经不起历史与现实的考验。正因如此，我才把搜集陕南水利社会的相关史料作为研究工作的首要任务。今天，《陕南水利社会史料辑稿》终于完稿了，也算能够对自己有个交待。傅斯年先生在《历史语言研究所工作之旨趣》一文中说："上穷碧落下黄泉，动手动脚找东西。"找史料要上天入地，要手脚并用，要跋山涉水，还要坐冷板凳，的确是件苦差事，但这个苦差事带来的乐趣与快意，也许只有当事者才能真正地体会与享受。如果能够经由这些通过稽古钩沉得来的史料，阐幽发微，得出前人未曾论述之新理论，那更是人生一大快事。

　　法史学的学术研究之路是条窄路，我能够坚持下来，自然少不了老师、同事、朋友以及家人的大力支持，内子红丹和儿子马修更是给予了家庭的温暖与关爱以及前进的勇气和力量，在此向你们致以最诚挚的、发自内心深处的谢意。在史料辑录过程中，汉中地方文史专家熊黎明兄向我提供了他收藏的几部稀见的地方文献，使本书的脱漏之憾得以减少；青年书法家、陕西理工大学艺

术学院院长严都峭兄为本书题写了书名，使本书增色不少，在此特别致谢！陈
显远、张沛、李启良、李厚之、张会鉴、杨克、鲁西奇、林丈昌等诸位前辈学
者在汉中、安康碑刻史料整理辑录方面做出了卓越贡献，使得本人在辑录水利
碑刻史料时有了充足的资料来源，在此特向以上前辈致以崇高的敬意！

  本人学力有限，功底浅薄，加之史料庞杂，故未能便览拙目所及，难免挂
一漏万，还望各位方家批评指正，不吝赐教。

  是为记。

胡佳骊

壬寅年端午